Polymerphysik

Claus Wrana

Polymerphysik

Eine physikalische Beschreibung
von Elastomeren und ihren
anwendungsrelevanten Eigenschaften

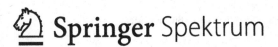 Springer Spektrum

Claus Wrana
Polymer Testing
Lanxess Deutschland GmbH
Leverkusen, Deutschland

ISBN 978-3-642-45075-4   ISBN 978-3-642-45076-1 (eBook)
DOI 10.1007/978-3-642-45076-1

Die Deutsche Nationalbibliothek verzeichnet diese Publikation in der Deutschen Nationalbibliografie; detaillierte bibliografische Daten sind im Internet über http://dnb.d-nb.de abrufbar.

Springer Spektrum
© Springer-Verlag Berlin Heidelberg 2014

Planung und Lektorat: Dr. Vera Spillner, Sabine Bartels
Redaktion: Dr. Michael Zillgitt
Einbandabbildung: © Thorsten Martin, TME-Foto.de

Gedruckt auf säurefreiem und chlorfrei gebleichtem Papier

Springer Spektrum ist eine Marke von Springer DE.
Springer DE ist Teil der Fachverlagsgruppe Springer Science+Business Media.
www.springer-spektrum.de

Vorwort

Dieses Manuskript basiert in wesentlichen Teilen auf der Vorlesung *Einführung in die Elastomerphysik*, die ein Bestandteil des Weiterbildungsstudiums der Kautschuktechnologie der Universtät Hannover ist. Desweiteren ist sie ein zentrales Element des Masterstudiengangs Rubber Technology an der Qingdao University of Science and Technology.

Mit der Vorlesung soll den Studenten ein Einblick in die Konzepte und Modellvorstellungen der Polymerphysik ermöglicht werden. Dabei steht die praktische Anwendbarkeit der polymerphysikalischen Ansätze und Modelle im Vordergrund. Auf die detaillierte Herleitung einiger Konzepte und Modelle, wie zum Beispiel die des Zimm- oder des Reptationsmodells wird deshalb zugunsten der Demonstration der praktischen Anwendbarkeit verzichtet.

Ziel ist dabei, die Eigenschaften von Kautschuken, ihren Compounds und den daraus hergestellten Vulkanisaten mit einigen mehr oder weniger einfachen physikalischen Modellen zu erklären und zu verstehen. Dazu werden die zentralen Grundgedanken und die wichtigsten Konzepte der Polymerphysik vorgestellt, diskutiert und an einigen praxisrelevanten Beispielen überprüft.

21. Oktober 2013, Claus Wrana

Inhaltsverzeichnis

1 Aufgaben und Ziele der Elastomerphysik

In den letzten Jahrzehnten wurden klassische Werkstoffe wie Metall, Holz und Papier zunehmend durch hochwertige Polymere mit maßgeschneiderten Eigenschaften ersetzt. Dabei leistet die Polymerphysik als Basiswissenschaft einen wesentlichen Beitrag bei der gezielten Entwicklung und Optimierung von polymeren Werkstoffen (Eisele (1990)).

Durch die Charakterisierung molekularer Bewegungsvorgänge und Deformationsmechanismen, von Phasenumwandlungen sowie inter- und intramolekularer Wechselwirkungen liefert die Polymerphysik dabei ein auf molekularen Vorstellungen basierendes Verständnis der physikalischen und technologischen Eigenschaften. Dieses Verständnis ist eine Grundvoraussetzung sowohl für die zielgerichtete, effiziente Modifizierung und Optimierung bestehender Produkte als auch für die Entwicklung neuer polymerer Werkstoffe.

Der dabei ablaufende Innovationsprozess erfordert eine ständige Rückkopplung des Polymerphysikers sowohl mit den synthetisch, analytisch und anwendungstechnisch arbeitenden Chemikern als auch mit den Verarbeitern polymerer Werkstoffe, den Verfahrenstechnikern, den Konstrukteuren und den Designern.

Bislang existiert noch keine geschlossene Theorie, welche die physikalischen Eigenschaften von Polymeren in ihrer Gesamtheit auf die Struktur und die Eigenschaften von Kettenmolekülen zurückführen kann. Dagegen sind eine Reihe leistungsfähiger quantitativer Ansätze zur Beschreibung polymerspezifischer Phänomene wie z.B. Gummielastizität, Viskosität, glasige Erstarrung, spezielle Deformations- und Bruchmechanismen, Mischungsverhalten, Kristallisation und Schmelzen entwickelt worden.

Die vereinheitlichte Darstellung aller Phänomene in einer einzigen Theorie setzt sowohl die Kenntnis von Gestalt, Kraftfeld und Rotationspotenzialen der Makromoleküle als Grundbausteine der Polymere als auch die Kenntnis der Gesamtheit ihrer Wechselwirkungen voraus. D.h. zur vollständigen Beschreibung ist die Kenntnis sowohl der inter- als auch der intramolekularen Potenziale nötig.

Die Gesamtheit der Makromoleküle stellt dabei ein Vielteilchensystem dar, bei dem die Individuen Wechselwirkungen aufeinander ausüben.

Da bei den meisten Makromolekülen die starke chemische Bindung der Monomerbausteine in der Kette und die normalerweise nur leicht behinderte Drehbarkeit um diese Bindungen charakteristische Merkmale sind, versucht man die für verdünnte Polymerlösungen entwickelten Modelle der statistisch geknäulten Polymermoleküle auf den amorphen Festkörper zu übertragen.

Allerdings ist es bis heute nicht gelungen, eine quantitative Theorie des amorphen Festkörpers zu entwickeln, die sowohl die Eigenschaften des einzelnen Moleküls als auch die Wechselwirkung zwischen allen Monomeren quantitativ berücksichtigt.

Zur Zeit werden im Bereich der theoretischen Polymerphysik verschiedene Ansätze verfolgt, die sich mit Hilfe von Näherungsannahmen und spezieller computerunterstützter Simulationstechniken der angestrebten Zielsetzung einer vollständigen quantitativen Beschreibung der Eigenschaften polymerer Werkstoffe und ihrer Zurückführung auf die chemische Struktur annähern.

Für den in der Industrie tätigen Polymerphysiker, der meistens mit praxisrelevanten Problemen von hochgezüchteten, oftmals sehr komplex aufgebauten mehrphasigen oder verstärkten Polymersystemen konfrontiert ist, sind die bisher existierenden theoretischen Ansätze allerdings nur zum Teil einsetzbar.

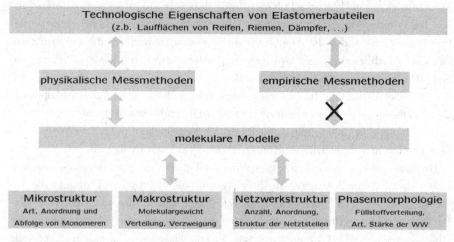

Abb. 1.1 Zusammenhang zwischen technologischen Eigenschaften und polymeren Strukturparametern

Zum gegenwärtigen Zeitpunkt basiert die industrielle polymerphysikalische Forschung noch zu einem großen Anteil auf bewährten empirischen und semiempirischen Ansätzen.

Das Ziel des industriell arbeitenden Physikers ist es dabei, eine Verbindung zwischen den technologischen Eigenschaften von polymeren Werkstoffen (z.B. Laufflächen von Reifen, Riemen, Dämpfungselementen etc.) und den strukturellen Eigenschaften der Polymere herzustellen und somit eine Grundlage für eine gezielte Entwicklung bzw. Optimierung zu schaffen.

Die grundlegende Vorgehensweise ist in Abb. 1.1 skizziert. Ausgehend von der Entwicklung physikalischer aussagekräftiger Messmethoden können im Idealfall Struktur-Eigenschafts-Beziehungen entwickelt werden, die eine quantitative Interpretation praxisrelevanter technologischer Eigenschaften auf der Basis molekularer Modellvorstellungen zulassen.

Dies ist allerdings auch im beginnenden 21. Jahrhundert nur die Ausnahme und nicht der Normalfall. Für eine Vielzahl von Problemstellungen wird nach wie vor auf empirische Methoden und Verfahren zurückgegriffen.

Ein Schwerpunkt der Arbeit des Physikers in der Industrie bestand und besteht auch heute noch darin, diese etablierten empirischen Methoden und Verfahren durch geeignete physikalische Vorstellungen zu ersetzen, um somit bessere, aussagekräftigere Werkzeuge zu schaffen, die zu einer effizienteren Neu- bzw. Weiterentwicklung polymerer Werkstoffe führen.

2 Grundbegriffe

Übersicht

Das Ziel des Buches ist die Vorstellung und Diskussion der zentralen Grundgedanken und wichtigsten Konzepte der Polymerphysik.

Der wesentliche Fokus gilt dabei der Beschreibung und Interpretation der mechanischen und dynamisch-mechanischen Eigenschaften von viskoelastischen Körpern, da diese normalerweise das Einsatzgebiet von elastomeren Werkstoffen bestimmen.

Zum Einstieg werden die Grundlagen der linearen Deformationsmechanik für den idealen Festkörper und die ideale newtonsche Flüssigkeit vorgestellt und auf den viskoelastischen Körper übertragen. Dazu werden die grundlegenden Experimente und Gleichungen diskutiert.

Zur Interpretation der dynamisch-mechanischen Eigenschaften werden sowohl einfache phänomenologische Modelle als auch molekulare Theorien, wie Rouse- und Reptationsmodell, dargestellt.

Abschließend wird das nichtlineare Deformationsverhalten idealer viskoelastischer Systeme durch einfache thermodynamische Überlegung abgeleitet und auf reale Systeme übertragen.

Zur besseren Lesbarkeit findet sich am Ende jedes Abschnitts eine kurze, durch eine Umrahmung gekennzeichnete, inhaltliche Zusammenfassung.

Um die Kernaussagen dieses Buches auch für Leser zu verdeutlichen, die kein Faible für die mathematische Ableitung physikalischer Sachverhalte haben, sich aber für die komprimierten Aussagen der physikalischen Beschreibung von Elastomeren interessieren, möchte ich auf den folgenden Seiten eine geraffte Übersicht des Inhalts geben.

2.1 Spannung, Deformation, Modul und Viskosität

In der linearen Deformationsmechanik setzt man voraus, dass eine lineare Beziehung zwischen der auf einen Körper wirkenden Kraft und der resultierenden Deformation besteht. Eine Verdopplung der Kraft würde damit eine Verdopplung der Deformation verursachen. Man bezeichnet die lineare Beziehung zwischen Kraft bzw. Spannung und Deformation als das Hookesche Gesetz. Bei Elastomeren gilt die Annahme der linearen Beziehung im Allgemeinen nur bei kleinen Deformationen.

Geht man des Weiteren davon aus, dass Elastomere isotrope, inkompressible Körper sind, d.h. dass ihre Eigenschaften homogen sind und ihr Volumen sich bei Deformation nicht ändert, so kann der Zusammenhang zwischen Spannung und Deformation durch eine unabhängige Größe, die als Modul bezeichnet wird, beschrieben werden. Wirkt eine Kraft senkrecht zur Angriffsfläche, so wird das Verhältnis aus Spannung τ und Deformation $varepsilon$ als Elastizitätsmodul E bezeichnet. Bei einer parallel zur Angriffsfläche wirkenden Kraft wird das Verhältnis als Schubmodul G bezeichnet.

$$\tau = G \cdot \gamma \quad \text{bzw.} \quad \sigma = E \cdot \varepsilon$$

Auch bei der Charakterisierung des Fließverhaltens von Elastomeren setzt man voraus, dass der betrachtete Körper isotrop und inkompressibel ist. Im linearen Deformationsbereich findet man dann eine lineare Beziehung zwischen der Scherrate bzw. Schergeschwindigkeit und der wirkenden Kraft bzw. Spannung. Das Verhältnis von Spannung und Scherrate wird als Viskosität η bezeichnet (näheres hierzu in Abschnitt 3.1 ab Seite 27).

$$\tau = \eta \cdot \dot{\gamma}$$

Deformiert man Elastomere, so beobachtet man ein Verhalten, das weder einem Festkörper noch einer Flüssigkeit zugeordnet werden kann. Die Deformation eines Festkörpers (man denke hier an eine Feder) durch eine auf ihn wirkende Kraft erfolgt instantan, d.h. unabhängig von der Zeit, während die auf eine Flüssigkeit wirkende Kraft eine mit der Zeit anwachsende Deformation zur Folge hat. Als Beispiel sei hier eine durch ein Rohr strömende Flüssigkeit genannt.

Eine auf ein Elastomer wirkende Kraft verursacht ein von der Zeit abhängiges Deformationsverhalten. Damit werden aus den zur Beschreibung des Deformationsverhaltens eingeführten Modulen zeitabhängige Größen. Nur in Grenzbereichen können Elastomere durch ideal elastisches oder ideal viskoses Verhalten beschrieben werden. Im normalen Anwendungsbereich zeigen Elastomere ein ausgeprägtes zeitabhängiges Deformationsverhalten, das als Viskoelastizität bezeichnet wird (siehe Abschnitt 3.6 auf Seite 38).

2.2 Dynamisch-mechanische Analyse

Bei der dynamisch-mechanischen Analyse wird ein viskoelastischer Körper einer periodischen Beanspruchung unterworfen. Für den Fall einer rein sinusförmigen Beanspruchung antwortet die Probe im linear viskoelastischen Bereich mit einer zwar phasenverschobenen, aber weiterhin sinusförmigen Deformation. Der Phasenwinkel δ zwischen angelegter Spannung und resultierender Deformation ist in einem Bereich von $0°$ und $90°$ definiert. Bei einem Phasenwinkel von $0°$ wird die gesamte Energie des Deformationsvorgangs elastisch gespeichert, der Körper verhält sich wie ein idealer Festkörper. Bei einem Phasenwinkel von $90°$ wird die gesamte Energie dissipiert, d.h in Wärme umgewandelt, der Körper verhält sich wie eine ideale Flüssigkeit. Viskoelastische Medien besitzen einen Phasenwinkel zwischen $0°$ und $90°$ und haben damit sowohl elastische als auch viskose Eigenschaften.

Zur analytischen Beschreibung eines viskoelastischen Mediums wird der komplexe Modul $G^\star$ (in diesem Fall der Schubmodul) eingeführt. Dieser besitzt zwei Komponenten, den Speicher- und den Verlustmodul G' bzw. G''. Diese entsprechen dem Anteil der gespeicherten und dissipierten Energie (näheres in Abschnitt 3.8 auf Seite 46).

$$\begin{aligned} G^\star &= G' + i \cdot G'' \\ &= \frac{\hat{\tau}_0}{\hat{\gamma}_0} \cdot \cos\delta + i \cdot \frac{\hat{\tau}_0}{\hat{\gamma}_0} \cdot \sin\delta \end{aligned}$$

Zur Charakterisierung der dynamischen Eigenschaften von Elastomeren stehen drei Möglichkeiten der dynamisch-mechanischen Analyse zur Verfügung.

Bei der temperaturabhängigen Messung sind Frequenz und Deformations- oder Spannungsamplitude konstant, nur die Temperatur wird variiert. Üblicherweise kühlt man einen Probekörper auf unter $-100\,°C$ ab und misst dann bei konstanter Heizrate bis zu Temperaturen von $100\,°C$ bis $150\,°C$. Aus den temperaturabhängigen Modulkurven können dann elastomerrelevante Parameter wie die Glasübergangstemperatur, bei Kristallisationsneigung die Schmelz- und Kristallisationstemperatur, der Temperaturbereich der Gummielastizität und der Übergang in den terminalen Fließbereich extrahiert werden.

Bei der frequenzabhängigen Messung sind Temperatur und Deformations- oder Spannungsamplitude konstant, nur die Frequenz wird geändert. Üblicherweise erhöht man die Messfrequenz dabei in logarithmischer Teilung, typische Messbereiche starten bei 10^{-2} Hz, dann wird mit 4–8 Punkten pro Frequenzdekade bis zur apparativ begrenzten Maximalfrequenz von höchstens 1000 Hz gemessen. Aus den frequenzabhängigen Messungen lassen sich Informationen über das Relaxationsverhalten von Segmenten der Polymerkette auf unterschiedlichen Längenskalen extrahieren. Des Weiteren können dynamisch-mechanische Belastungen von elastomeren Bauteilen nachgestellt und bewertet werden.

Die amplitudenabhängige Messung, bei der sowohl die Frequenz als auch die Temperatur konstant ist, wird vorrangig zur Beurteilung von gefüllten Elastomeren eingesetzt. Gestartet wird eine amplitudenabhängige Messung üblicherweise bei kleinen Amplituden. Mit Erhöhung der Amplitude kann eine im Elastomer vorhandene Struktur, wie z.B. ein Füllstoffnetzwerk, abgebaut werden. Dies resultiert in einer Abnahme des Moduls mit steigender Deformationsamplitude. Damit eignet sich die amplitudenabhängige Messung von gefüllten Elastomersystemen zur Charakterisierung von Polymer-Füllstoff- und/oder Füllstoff-Füllstoff-Wechselwirkungen oder einfacher ausgedrückt zur Beurteilung der Dispersion von Füllstoffen in der Polymermatrix.

2.3   Modelle

Zur Beschreibung des frequenzabhängigen Materialverhaltens eines viskoelastischen Mediums wurden sowohl phänomenologische als auch molekular fundierte Modellvorstellungen entwickelt. Die einfachsten Modelle zur phänomenologischen Beschreibung sind das Maxwell- und das Kelvin-Voigt-Modell. Beide bestehen aus zwei Elementen: einem idealen Festkörper, dargestellt durch eine Feder, und einer idealen Flüssigkeit, dargestellt durch einen Dämpfer. Beim Maxwell-Element sind Feder und Dämpfer in Serie geschaltet, während das Kelvin-Voigt-Element eine Parallelschaltung beider Elemente darstellt.

Eine charakteristische Größe beider Elemente ist die sogenannte Relaxations- oder Retardationszeit $\check{\tau}_R$, die anschaulich die Grenze zwischen viskosem und elastischem Verhalten wiedergibt und sich aus dem Verhältnis der Viskosität η des Dämpfers und des Moduls G der Feder berechnet:

$$\check{\tau}_R = \frac{\eta}{G}$$

Ist die Dauer der mechanischen Belastung deutlich kleiner als die Relaxationszeit, so zeigt das Maxwell-Element rein elastisches Verhalten, ist sie deutlich größer als die Relaxationszeit, so ist das Verhalten rein viskos (siehe Abschnitt 3.10.1 auf Seite 64). Für das Kelvin-Voigt-Element ist das Verhalten genau umgekehrt. Ist die Dauer der mechanischen Belastung deutlich kleiner als die Retardationszeit, so zeigt das Kelvin-Voigt-Element rein viskoses Verhalten, ist sie deutlich größer als die Retardationszeit, so ist das Verhalten rein elastisch (siehe 3.10.2 auf Seite 70). Für Zeiten im Bereich der Relaxations- bzw. Retardationszeit wird bei beiden Elementen in gleichem Maße viskoses wie elastisches Verhalten beobachtet.

Da das frequenzabhängige Verhalten von Elastomeren im Allgemeinen nicht durch ein einziges Maxwell- oder Kelvin-Voigt-Modell vollständig beschrieben werden kann, verwendet man zur Darstellung des dynamisch-mechanischen Verhaltens generalisierte Maxwell- bzw. Kelvin-Voigt-Elemente. Diese werden durch die Verschaltung mehrerer Maxwell- bzw. Kelvin-Voigt-Modelle gebildet, wobei beim generalisierten Maxwell-Element mehrere Maxwell-Elemente parallel verschaltet werden und beim generalisierten Kelvin-Voigt-Modell mehrere Kelvin-Voigt-Elemente in Serie geschaltet sind.

Beim generalisierten Maxwell-Element werden Relaxationsstärken und -zeiten durch ein Relaxationsspektrum dargestellt. Dabei wird die Relaxationsstärke als Funktion der Relaxationszeit aufgetragen. Das resultierende Spektrum beschreibt das Verhalten aller enthaltenen Elemente im nicht relaxierten Zustand, d.h., für sehr kleine Zeiten. Beim generalisierten Kelvin-Voigt-Element stellt das Retardationsspektrum die Retardationsstärken und -zeiten aller enthaltenen Kelvin-Voigt-Elemente im relaxierten Zustand, d.h. für sehr große Zeiten dar. Bedeutung haben die Relaxations- bzw. Retardationsspektren bei der Konstruktion und Beurteilung von dynamisch belasteten Bauteilen. So bieten einige Finite-Elemente-Programme die Möglichkeit, das dynamische Belastungsprofil eines Bauteils auf der Basis eines generalisierten Maxwell- oder Kelvin-Voigt-Elements zu simulieren (siehe Abschnitt 3.10.5 auf Seite 80).

Zur molekularen Beschreibung der in einem Polymer ablaufenden Relaxations- bzw. Retardationsvorgänge geht man davon aus, dass Polymere aus langen Kettenmolekülen bestehen, die einer Dehnung infolge von Abstandsänderungen der Atome oder einer Biegung infolge von Valenzwinkeländerungen großen Widerstand entgegensetzen. Wären keine weiteren Bewegungsmöglichkeiten vorhanden, so müssten sich Polymere ähnlich wie Metalle verhalten. Die hohe Dehnbarkeit von Polymerketten ist eine Folge der Rotation von C-C-Bindungen der Hauptkette. Durch diese Rotation kann sich eine geknäulte Polymerkette unter einer wirkenden Kraft strecken und nach dem Entfernen dieser Kraft aus entropischen Gründen (dazu später mehr) wieder knäulen.

Für die Rotation einer C-C-Bindung ergeben sich aus energetischen Betrachtungen drei nahezu gleichwertige Zustände, die trans-Lage und zwei um 120° gedrehte gauche-Lagen. Bei endlicher Temperatur kann eine trans-Lage durch Aufwendung einer gewissen Energie in eine gauche-Lage wechseln; gleiches gilt für den umgekehrten Schritt. Berechnet man die zeitabhängigen Änderungen der trans- und der gauche-Lagen, so ergibt sich ein exponentieller Zusammenhang zwischen der Relaxationszeit $\check{\tau}$, der Barrierenhöhe U_o und der inversen Temperatur $\frac{1}{T}$.

$$\check{\tau} = \check{\tau}_0 \cdot e^{\dfrac{U_0}{kT}}$$

Ohne ein äußeres mechanisches Feld sind die gauche- und die trans-Lagen energetisch gleichwertig; damit sind Rotationen von gauche nach trans genauso wahrscheinlich wie Rotationen von trans nach gauche. Als Folge stellt sich ein Gleichgewicht mit der gleichen Anzahl trans- und gauche-Lagen ein. Wird einer der beiden Zustände (trans oder gauche) durch ein äußeres Feld, z.B. eine angelegte Kraft, in einen energetisch günstigeren Zustand bewegt, so wird das Gleichgewicht gestört, und es werden pro Zeitintervall mehr C-C-Lagen in diesen Zustand wechseln, als ihn diese verlassen. Nach längerer Zeit wird sich ein neues Gleichgewicht der Zustände einstellen, wobei die Anzahlen der trans- und der gauche-Lagen nicht mehr identisch sind. Je kleiner die Relaxationszeit $\check{\tau}$, umso schneller wird ein neues Gleichgewicht erreicht. Die Relaxationszeit $\check{\tau}_0$ gibt den Grenzfall sehr hoher Temperaturen an, d.h., die maximal erreichbare Relaxationszeit. Der Überschuss an trans- bzw. gauche-Lagen im neuen Gleichgewicht führt zu einer Änderung der Kettenanordnung und damit zu einer zusätzlichen makroskopischen Deformation (mehr dazu im Abschnitt 3.11.4 auf Seite 109).

2.4 Glasprozess

Der Glasprozess ist von großer Bedeutung für nahezu alle Eigenschaften von Polymeren. Oberhalb einer kritischen Temperatur, die im Folgenden als Glastemperatur T_G bezeichnet wird, sind Polymerketten beweglich und können durch die Rotation von C-C-Bindungen deformiert werden. Unterhalb von T_G ist dies nicht mehr möglich, die Beweglichkeit ist quasi eingefroren.

Polymere, deren Glastemperatur oberhalb der Raumtemperatur liegt, werden als Thermoplaste bezeichnet, während Polymere, deren Glastemperatur deutlich unterhalb der Raumtemperatur liegt, als Elastomere bezeichnet werden. Der Glasübergang ist ein Effekt, der sich außer in den mechanischen Eigenschaften noch bei vielen anderen Größen bemerkbar macht (wie z.B. spezifisches Volumen, Enthalpie, Entropie, spezifische Wärme, Brechungsindex etc.).

Zur molekularen Beschreibung des Glasprozesses existieren im Wesentlichen zwei Theorien, die sich schon im Ansatz prinzipiell unterscheiden. Zum einen wird versucht, den Glasübergang als thermodynamisch definierten Phasenübergang zu beschreiben, zum anderen werden kinetische Theorien diskutiert, die den Glasübergang durch einen Relaxationsprozess in einen Nichtgleichgewichtszustand interpretieren.

Im Folgenden wird nur die Theorie des freien Volumens diskutiert, da diese heute hauptsächlich zur Beschreibung des Glasübergangs verwendet wird. Für alle anderen Modelle sei auf die entsprechenden Kapitel bzw. auf die weiterführende Literatur verwiesen.

Bei der Theorie des freien Volumens geht man davon aus, dass Platzwechselvorgänge nur ablaufen können, wenn genug freies Volumen vorhanden ist. Dieses freie Volumen ändert sich mit der Temperatur. Bei hohen Temperaturen ist es so groß, dass alle Platzwechselvorgänge ungehindert ablaufen können, das Polymer hat damit die Eigenschaften einer viskosen Schmelze. Reduziert man die Temperatur, so nimmt das freie Volumen proportional zur Temperatur ab. Dadurch werden Platzwechselvorgänge erschwert, und demzufolge reduziert sich die Beweglichkeit von Kettensegmenten. Ab einer bestimmten Temperatur ist das freie Volumen so gering, dass im Zeitfenster der Messung keine Platzwechselvorgänge mehr beobachtet werden können. Das Polymer ist glasartig erstarrt.

Analytisch wurde die Theorie des freien Volumens von Williams, Landel und Ferry beschrieben (siehe Abschnitt 3.12.2 auf Seite 124). Das Resultat ist die bekannte WLF-Gleichung

$$\log a(T) = \log \frac{\eta(T)}{\eta(T_G)} = -\frac{c_1 \cdot (T - T_G)}{c_2 + (T - T_G)}$$

Dabei ist T_G die Glastemperatur des untersuchten Polymers, c_1 und c_2 werden als WLF-Parameter bezeichnet. $\eta(T)$ und $\eta(T_G)$ sind die bei den Temperaturen T und T_G gemessenen Viskositäten der Polymere.

Als praktische Konsequenz der von Williams, Landel und Ferry abgeleiteten Beziehung kann der Einfluss verschiedenster Parameter, wie molekulare Zusammensetzung der Monomere, molare Masse, Kettensteifigkeit etc., auf die Glastemperatur qualitativ und in manchen Fällen auch quantitativ beschrieben werden. Im Folgenden werden die wichtigsten Faktoren, die den Glasprozess beeinflussen, zusammengefasst und im Rahmen der Theorie des freien Volumens beschrieben. Näheres dazu findet sich in den jeweiligen Abschnitten und der ausgewiesenen Literatur (Weiteres siehe Abschnitt 3.12.3, ab Seite 138, bis Abschnitt 3.12.10).

■ Bestimmung der Glastemperatur
Eine Vielzahl von empirischen Methoden zur Bestimmung der Glastemperatur basieren auf der Berechnung von T_G aus Inkrementen, die strukturellen Untereinheiten zugeordnet werden. Diese Untereinheiten können aus Monomerbausteinen oder aus ganzen Kettensegmenten gebildet werden. Durch eine geeignete Wahl der Untereinheiten gelingt es in vielen Fällen, Glastemperaturen aus einer additiven Überlagerung der Einzelbeiträge abzuleiten. Die Gewichtung der Einzelbeiträge der Untereinheiten kann dabei durch ihre Kohäsionsenergie bestimmt werden. Van Krevelen und Hoftyzer führten molare Glasübergangsfunktionen ein und legten damit den Grundstein für eine praktikable Ermittlung von Glastemperaturen.

■ Glasübergang bei Copolymeren
Von Gordon, Taylor und Fox, Flory wurden semi-empirische Beziehungen zur
Berechnung der Glastemperatur von Copolymeren abgeleitet, die – abhängig
von der Zusammensetzung der Copolymeren – eine analytische Berechnung
der Glastemperatur ermöglichen. Diese Beziehungen sind nur dann anwendbar, wenn alle Komponenten des Copolymeren amorph sind. Ist nur eine Komponente kristallisationsfähig, so kann die Glastemperatur des Gesamtsystems
nicht mehr auf der Basis des freien Volumens berechnet werden.

■ Einfluss des Molekulargewichts
Die Abhängigkeit der Glastemperatur vom Molekulargewicht kann durch das,
im Vergleich zu einem Segment in der Kettenmitte, größere freie Volumen eines
Kettenendes erklärt werden. Daraus folgt unmittelbar, dass sich die Glastemperatur mit abnehmendem Molekulargewicht zu tieferen Temperaturen verschiebt.

Ist das Molekulargewicht größer als ca. 100 kg/mol, so kann der Einfluss der
freien Kettenenden auf die Glastemperatur bei praktisch allen Polymeren vernachlässigt werden (weiteres siehe Abschnitt 3.12.5 auf Seite 147).

■ Einfluss der Kettensteifigkeit
Erhöht sich der Kettenquerschnitt eines Polymers, so führt dies allgemein zu
einer Erhöhung der Steifigkeit der Hauptkette und damit zu einer Abnahme
des freien Volumens. Damit erhöht sich die Glastemperatur mit steigendem
Kettenquerschnitt. Dieser Zusammenhang ist allerdings nur gültig, wenn sowohl die räumliche Anordnung der Ketten als auch die für eine Rotation der
C-C-Bindung notwendige Aktivierungsenergie unabhängig von der Steifigkeit
der Kette sind.

■ Einfluss von Seitenketten
Erhöht man die Flexibilität von Seitengruppen, so erhöht dies das freie Volumen und bewirkt damit eine Absenkung der Glastemperatur T_G.

■ Einfluss von Weichmachern
Eine Verschiebung der Glastemperatur zu tieferen Temperaturen durch die Zumischung eines niedermolekularen Weichmachers tritt immer dann auf, wenn
die Glastemperatur des Weichmachers unterhalb der Glastemperatur des entsprechenden Polymers liegt und zumindest in den relevanten Konzentrationsbereichen eine Verträglichkeit zwischen beiden Komponenten vorliegt.

■ Einfluss der Vernetzung
Die Glastemperatur steigt mit zunehmendem Vernetzungsgrad an. Ursache ist
die durch die Vernetzung reduzierte Kettenbeweglichkeit. Bei der Schwefelvernetzung ist dieser Effekt deutlich stärker ausgeprägt als bei der Vernetzung
mit Radikalen und γ-Strahlen. Im Bereich technisch relevanter Vernetzungsgrade kann der Einfluss der Vernetzung auf die Glastemperatur vernachlässigt
werden.

■ Einfluss von Füllstoffen

Durch die Zugabe von Füllstoffen werden die Temperatur- und die Frequenzlage des Glasprozesses eines Polymers im Bereich von technologisch relevanten Füllgraden in der Regel nicht oder nur geringfügig beeinflusst.

2.5 Vorhersage von Eigenschaften

Die Theorie des freien Volumens stellt eine für Polymere allgemeingültige Beziehung zwischen Temperatur und Frequenz her. Bei bekannten WLF-Parametern ist es damit möglich, das Verhalten von Polymeren bei Temperaturen und Frequenzen vorherzusagen, die messtechnisch nicht zugänglich sind. In der Praxis wird dazu die sogenannte Masterkurventechnik verwendet. Dabei wird versucht, die bei verschiedenen Temperaturen gemessenen frequenzabhängigen Module durch Frequenzverschiebung zu einer einzelnen Kurve mit deutlich erweitertem Frequenzbereich zusammenzufügen (näheres hierzu in Abschnitt 3.11.3 auf Seite 103).

Durch die Erweiterung des messtechnisch zugänglichen Frequenzbereichs lassen sich dynamische Beanspruchungen, die in technischen Bauteilen bei sehr hohen bzw. sehr tiefen Frequenzen ablaufen, im Experiment abbilden. Der Vorteil dieser Vorgehensweise liegt darin, dass die teilweise aufwändige und/oder langwierige Neu- oder Weiterentwicklung von Bauteilen durch die Charakterisierung ihrer Eigenschaften an Laborproben effizienter und kostengünstiger durchgeführt werden kann. Eine leistungsfähige und richtig parametrisierte Labormethode kann somit ein wichtiges Tool für eine schnelle und effiziente Optimierung sein.

Allerdings ist es essentiell, neben der Temperatur und der Frequenz auch die Art der realen Beanspruchung möglichst exakt nachzustellen, denn diese bestimmt die dynamisch-mechanische Größe, die zur Vorhersage der technischen Eigenschaften eingesetzt werden kann. Üblicherweise wird zuerst die Art der Beanspruchung analysiert, danach wird die Frequenz bzw. die Zeitdauer der Belastung abgeschätzt. Aus beiden Vorüberlegungen werden dann Messbedingungen extrahiert, die eine Abschätzung der relevanten technologischen Größen auf der Basis ihrer dynamisch-mechanischen Materialeigenschaften ermöglichen. Betrachtet man die Deformation eines Gummiballs als Beispiel für eine typische Belastung eines elastomeren Bauteiles, so kann das Sprungvermögen des Balls aus den dynamisch-mechanischen Eigenschaften des Elastomers bzw. des Compounds berechnet werden. Für den springenden Ball ist der Verlustfaktor $\tan \delta$ ein Maß für die während des Kontakts mit dem Boden dissipierte Energie. Je kleiner der Verlustfaktor, umso geringer die Energiedissipation, umso höher springt der Ball.

2.6   Gummielastizität

Bisher wurde ausschließlich die Kinetik von Polymerketten auf der Basis von molekularen Relaxationsvorgängen diskutiert. Eine quantitative Beschreibung der dynamisch-mechanischen Eigenschaften ist auf der Basis dieser rein kinetisch motivierten Modellvorstellung nicht möglich.

Im Bereich des Glasübergangs kann das dynamisch-mechanische Verhalten von Polymerschmelzen phänomenologisch durch eine Serie von Maxwell-Elementen beschrieben werden. Der Speichermodul der glasartig erstarrten Polymerschmelze entspricht der Summe der Federkonstanten aller Maxwell-Elemente. Die Relaxationszeit, bei der ein Maximum des Verlustmoduls beobachtet wird, bezeichnet man als mittlere Relaxationszeit des Glasprozesses.

In einer phänomenologischen Betrachtung können die durch Verhakungen und Verschlaufungen von Polymerketten verursachten elastischen Anteile durch ein zusätzliches Maxwell-Element charakterisiert werden. Die Federstärke des Maxwell-Elements, die den Plateauwert des Speichermoduls beschreibt, stellt ein empirisches Maß für die Verhakungsdichte der Polymerketten dar. Das Dämpfungselement des zusätzlichen Maxwell-Elements charakterisiert das viskose Verhalten der Polymerschmelze.

Die Relaxationszeit des zusätzlichen Maxwell-Elements gibt die Zeit an, die zum Lösen eines Entanglements benötigt wird. Ist die Dauer einer Belastung deutlich kleiner als diese Relaxationszeit, so stellen die Entanglements mechanisch stabile Verbindungen zwischen Polymerketten dar, die rein elastisches Verhalten zeigen. Ist die Dauer einer Belastung deutlich größer als die Relaxationszeit, so sind alle Entanglements gelöst, die dynamisch-mechanischen Eigenschaften werden durch das Abgleiten von Polymerketten bestimmt und entsprechen somit einem ideal viskosen Medium.

Die klassischen molekular fundierten Modelle zur quantitativen Beschreibung der dynamisch-mechanischen Eigenschaften von Polymerschmelzen sind das Rouse- und das Reptationsmodell, beide werden im Folgenden kurz vorgestellt. Eine ausführlichere Darstellung findet sich in Abschnitt 3.14.2 auf Seite 175 und im Abschnitt 3.14.4 auf Seite 197. Für alternative Modelle wie das Zimm- oder das Mäandermodell sei auf die Abschnitte 3.14.3 und 3.14.5 verwiesen.

2.7   Das Rouse-Modell

P.E. Rouse entwickelte 1953 ein semiempirisches Modell zur Beschreibung der Dynamik von Polymerketten. Dazu nahm er an, dass die Beweglichkeit von Polymerketten in einem Lösungsmittel durch zwei Effekte charakterisiert werden kann. Zum einen verursachen statistische Stöße der Polymerkette mit Lösungsmittelmolekülen eine zufällige Bewegung von Kettensegmenten (analog der Brownschen Bewegung). Andererseits wird die Bewegung der gesamten Polymerkette im Lösungsmittel durch Reibung eingeschränkt. Ersetzt man das Lösungsmittel gedanklich durch die Polymerschmelze, so beschreibt das Rouse-Modell die Diffusion einer Kette in einem viskosen Medium aus gleichartigen Polymerketten. Dabei werden Verhakungen bzw. Verschlaufungen von Ketten allerdings nicht berücksichtigt. In guter Näherung ist dies nur für sehr niedermolekulare Polymerschmelzen erfüllt.

Zur quantitativen Beschreibung der viskoelastischen Eigenschaften fasst man in einem ersten Schritt genau so viele Segmente bzw. Monomere einer Polymerkette zu Submolekülen zusammen, bis diese gegenüber ihren Nachbarn frei drehbar sind. Man erhält eine statistische Kette, die auch als ideale Gaußsche Kette bezeichnet wird. Die Flexibilität oder Steifigkeit der realen Polymerkette ist dann proportional zur Anzahl der Segmente bzw. Monomeren in einem Submolekül. Je mehr Segmente für die Bildung eines Submoleküls benötigt werden, umso steifer ist die reale Polymerkette. Der Vorteil der Substitution einer realen Kette durch eine ideale Gaußsche Kette liegt darin, dass alle relevanten Größen aus einer rein statistischen Betrachtung abgeleitet werden können.

Im zweiten Schritt werden die Submoleküle durch Massekugeln ersetzt, die durch elastische Federn verbunden sind. Die Interaktion der Submoleküle erfolgt nur durch die an den Massepunkten angreifenden elastischen Federn der direkten Nachbarn. Die Interaktion mit weiter entfernten Nachbarn wird vernachlässigt.

Die Darstellung der idealen Kette durch ein System aus Federn und Massen ermöglicht eine analytische Beschreibung der Dynamik der Polymerketten. Mathematisch wird dies durch ein System von gekoppelten Differenzialgleichungen modelliert und durch ein Verfahren gelöst, das als Eigenschwingungsanalyse bezeichnet wird.

Man erhält ein Spektrum von Relaxationszeiten mit einer kürzesten und einer längsten Relaxationszeit. Die längste Relaxationszeit beschreibt die Relaxation der gesamten Kette und ist damit proportional zur Viskosität der Polymerschmelze. Das Rouse-Modell sagt einen linearen Zusammenhang zwischen der Grenzviskosität und dem Molekulargewicht bzw. der Länge der Kette voraus. Die kürzeste Relaxationszeit beschreibt den Übergang in den glasartig erstarrten Zustand. Für Zeiten, die deutlich kleiner als die kürzeste Relaxationszeit sind, ist keine Bewegung von Kettensegmenten möglich. Das Polymer ist glasartig erstarrt.

Der Vergleich mit experimentellen Daten zeigt, dass der Modul im Bereich der glasartigen Erstarrung mit dem Rouse-Modell nur qualitativ wiedergegeben werden kann. Die mit der Rouse-Theorie berechneten Modulwerte sind dabei mindestens um einen Faktor 20 kleiner als experimentell bestimmte Werte. Der Grund für die große Abweichung liegt vor allem in der Definition der Submoleküle. Alternative Modelle, wie das Mäandermodell von Pechhold, geben den experimentellen Sachverhalt wesentlich besser wieder.

Der Bereich des Glasprozesses und der Bereich des viskosen Fließens werden vom Rouse-Modell richtig beschrieben, solange die Ketten eines Polymers zu kurz sind (bzw. das Molekulargewicht zu niedrig ist), um Verhakungen und Verschlaufungen (Entanglements) auszubilden.

Ab einem kritischen Molekulargewicht führen Verhakungen und Verschlaufungen von Ketten zu einer Erhöhung der Viskosität. Experimentell findet man eine durch ein Potenzgesetz beschreibbare Beziehung zwischen Viskosität und Molekulargewicht.

2.8 Das Reptationsmodell

Das Reptationsmodell beschreibt den Einfluss von Verhakungen und Verschlaufungen auf die Dynamik einer Polymerkette. Dabei wird vorausgesetzt, dass die Beweglichkeit einer Kette durch die Verhakungen und Verschlaufungen (engl. Entanglements) mit ihren Nachbarketten eingeschränkt ist.

Die eingeschränkte Beweglichkeit einer verhakten Kette wird durch die Begrenzung ihrer möglichen Konformationen auf das Volumen einer Röhre modelliert. Der Durchmesser der Röhre entspricht dem mittleren Abstand zweier Entanglements. Kettensegmente zwischen zwei Entanglements sind frei beweglich. Ihre Dynamik kann mit dem Rouse-Modell beschrieben werden. Die Bewegung größerer Kettensegmente ist durch die Verhakung mit Nachbarketten behindert. Die gesamte Kette kann sich daher nur entlang ihrer Kontur bewegen. Die Konturlänge der Kette definiert die Länge der Röhre. Die schlangen- oder wurmförmige Bewegung der Kette in der Röhre wurde von De Gennes als Reptation bezeichnet.

Der zeit- bzw. frequenzabhängige Modul ist proportional zu dem Anteil der Kette bzw. zum Anteil seiner Kontur, der sich noch in der Röhre befindet. Die mathematisch sehr anspruchsvolle Ableitung führt zu einem charakteristischen Spektrum von Relaxationsprozessen. Der Plateaumodul

$$G_e = \frac{\rho R T}{M_e}$$

ist dabei indirekt proportional zum mittleren Molekulargewicht M_e eines Kettensegments zwischen zwei Verhakungen und Verschlaufungen.

Das Molekulargewicht M_e ist eine rein polymerspezifische Größe und damit unabhängig von der Länge der Kette bzw. von ihrem Molekulargewicht. Eine flexible Polymerkette wird mehr Verhakungen und Verschlaufungen mit ihren Nachbarketten ausbilden und damit ein geringeres Molekulargewicht zwischen zwei Entanglements aufweisen als ein Polymer mit steiferer Kettenstruktur. D.h., je höher der Plateaumodul, umso flexibler die Kette.

Viskoses Fließen wird erst erreicht, wenn sämtliche Verhakungen mit Nachbarketten gelöst sind. Dazu muss die Kette vollständig aus der Röhre diffundiert sein.

Die Zeit, die dazu benötigt wird, bezeichnet man als Reptationszeit. Im Bereich des viskosen Fließens ist die Grenzviskosität im Reptationsmodell proportional zur dritten Potenz der Kettenlänge bzw. zur dritten Potenz des Molekulargewichts.

$$\eta \propto M^3$$

Experimentelle Daten lassen sich mit dem Reptationsmodell gut beschreiben, wobei der glasartig erstarrte Zustand nach wie vor durch das Rouse-Modell erfasst wird und damit nur qualitativ wiedergegeben wird. Allerdings ist zu beachten, dass alle bisher diskutierten Modelle ein Polymer mit Ketten gleicher Länge beschreiben. Die meisten technisch hergestellten Elastomere erfüllen diese Voraussetzung nicht und besitzen eine teilweise stark ausgeprägte Verteilung der Kettenlängen im Polymer. Dies führt vor allem im Bereich des viskosen Fließens zu Abweichungen zwischen Theorie und experimentellen Daten.

2.9 Einfluss der Kettenarchitektur

Eine analytische Beschreibung der Verteilung von Kettenlängen bzw. Molekulargewichten kann durch eine verallgemeinerte Mischungsregel erreicht werden. In Kombination mit dem sogenannten Double-Reptation-Modell kann ein quantitativer Zusammenhang zwischen der Molekulargewichtsverteilung und den dynamisch-mechanischen Eigenschaften hergestellt werden (Näheres dazu im Abschnitt 3.14.6 auf Seite 218).

Auch für langkettenverzweigte Elastomere findet man im Bereich des viskosen Fließens deutliche Abweichungen gegenüber dem Fließverhalten linearer Systeme gleichen Molekulargewichts. Da durch die Langkettenverzweigung mehr Entanglements entstehen, wird mehr Zeit benötigt, um diese zu lösen. Eine verzweigte Struktur relaxiert deshalb langsamer als eine lineare. Berechnet man aus der Relaxationszeit einer verzweigten Struktur mittels verallgemeinerter Mischungsregel und Double-Reptation-Modell das Molekulargewicht, so führt die höhere Relaxationszeit zu scheinbar höheren Molekulargewichten. Der Vergleich mit den durch Gelpermeationschromatographie (GPC) gemessenen Molekulargewichtsverteilungen zeigt für verzweigte Strukturen deutliche Unterschiede. Während die dynamisch-mechanischen Daten ein zu hohes Molekulargewicht vortäuschen, findet man für GPC-Messungen einen gegenteiligen Effekt, d.h. ein scheinbares zu niedriges Molekulargewicht. Ein Vergleich beider Messungen ist somit eine indirekte Methode zur Bestimmung von langkettenverzweigten Strukturen in einem Polymer.

Eine weitere, semi-empirische Methode zur Identifizierung von langkettenverzweigten Strukturen wird als Van-Gurp-Palmen-Plot bezeichnet. Dabei wird eine frequenzabhängige Messung des Moduls bei verschiedenen Temperaturen durchgeführt, anschließend wird der gemessene Phasenwinkel gegen den Betrag des Moduls aufgetragen. Durch diese Auftragung wird die Abhängigkeit von der Frequenz eliminiert. Molekulare Relaxationsvorgänge mit unterschiedlichen Relaxationszeiten sind damit nicht mehr zu unterscheiden. Da die längste Relaxationszeit mit der Kettenlänge eines Polymers verknüpft ist, ist der Van-Gurp-Palmen-Plot eine vom Molekulargewicht unabhängige Darstellung der dynamisch-mechanischen Eigenschaften. Bei Polymeren mit relativ breiter Molekulargewichtsverteilung führt die Existenz von langkettenverzweigten Strukturen zur Ausbildung eines lokalen Minimums des Phasenwinkels im Van-Gurp-Palmen-Plot, wobei kleinere Werte des Minimums einen höheren Anteil an Langkettenverzweigung anzeigen.

Der Van-Gurp-Palmen-Plot ist damit eine einfache Methode zur Identifizierung von langkettenverzweigten Strukturen in Elastomeren. Je größer der Anteil an langkettenverzweigten Strukturen umso geringer der Phasenwinkel im lokalen Minimum.

2.10 Vernetzte Systeme

Unter Vernetzung versteht man die Ausbildung eines makroskopischen, dreidimensionalen Netzwerks durch die mechanisch stabile Verbindung von Kettensegmenten. Bei vernetzten Kautschuken konvergiert der komplexe Schubmodul nach langen Zeiten bzw. bei kleinen Frequenzen gegen einen konstanten Wert, der proportional zur Netzstellendichte ist und sich aus zwei Anteilen zusammensetzt.

$$\lim_{t \to \infty} G(t) = \lim_{\omega \to 0} G^\star(\omega) = G_x + G_e$$

G_x ist proportional zur Anzahl der Netzstellen. G_e gibt den Anteil an Verhakungen und Verschlaufungen wieder, der durch die Vernetzung fixiert wurde.

Das Vulkanisationsverhalten eines ungefüllten Kautschuks kann einfach durch eine MDR-(Moving-Die-Rheometer-)Messung bestimmt werden. Dabei ist der Endwert des Drehmoments proportional zur Netzstellendichte. Variiert man die Menge an Vernetzer, so können aus den Vulkameterkurven sowohl die Effizienz der Vernetzung als auch die Dichte der bei der Vernetzung fixierten Verhakungen und Verschlaufungen berechnet werden (siehe Abschnitt 3.15 auf Seite 233).

2.11 Füllstoffe

Der charakteristische Einfluss von Füllstoffen auf die dynamisch-mechanischen Eigenschaften kann durch die Variation der Scher- oder Deformationsamplitude bei konstanter Frequenz und Temperatur verdeutlicht werden.

Liegt keine Interaktion (d.h. keine physikalische und/oder chemische Wechselwirkung) zwischen viskoelastischem Medium und Füllstoff vor und ist eine Wechselwirkung zwischen den Füllstoffen auszuschließen, so ist die Erhöhung des Moduls eines gefüllten Systems durch die hydrodynamische Wechselwirkung analytisch vollständig beschreibbar. Existieren Füller-Füller- oder Füller-Polymer-Wechselwirkungen, so werden verschiedene Modelle, wie Occluded Rubber, Cluster-Cluster-Aggregationsmodell, Bound Rubber oder das Konzept der immobilisierten Schicht zur Beschreibung der amplitudenabhängigen Effekte diskutiert. Bisher ist allerdings kein Modell in der Lage, die gummielastischen Eigenschaften von gefüllten Elastomeren in einem geschlossenen Modell vollständig zu beschreiben.

Experimentell kann der Einfluss von Temperatur und Messfrequenz durch die Einführung eines Verstärkungsfaktors quantifiziert werden. Dabei sinkt die Amplitudenabhängigkeit von Speicher- und Verlustmodul mit steigender Temperatur. Die Stärke von Füllstoff-Füllstoff und/oder Füllstoff-Polymer-Wechselwirkungen kann aus einem Arrhenius-Plot von Verstärkungsfaktor und Temperatur bestimmt werden. Bei Erhöhung der Messfrequenz steigt die Amplitudenabhängigkeit von Speicher- und Verlustmodul. Experimentelle Ergebnisse zeigen, dass der aus dem Verhältnis der Module von gefülltem und ungefülltem System berechnete Verstärkungsfaktor frequenzunabhängig ist. Damit wird die Frequenzabhängigkeit bei gefüllten Systemen ausschließlich durch die Polymermatrix verursacht. Die praktische Konsequenz dieses Ergebnisses ist, dass für Messungen der Amplitudenabhängigkeit von gefüllten Systemen die Frequenz frei wählbar ist, solange das beteiligte Polymer im gummielastischen Bereich ist.

2.12 Verarbeitbarkeit

Ein dem amplitudenabhängigen Verhalten von gefüllten Elastomeren ähnliches Verhalten findet man bei der Betrachtung der scherratenabhängigen Viskosität von gefüllten und ungefüllten Elastomeren. Die Kenntnis der Abhängigkeit der Viskosität von der Scherrate ist notwendig, um die Verarbeitbarkeit von Elastomeren und deren Mischungen bewerten zu können. Soll beispielsweise die Extrudierbarkeit einer Elastomermischung beurteilt werden, so muss die Viskosität bei den während des Extrusionsvorgangs auftretenden typischen Scherraten von $20\,s^{-1}$ bis $5000\,s^{-1}$ bestimmt werden. Eine geringere Viskosität in diesem Bereich deutet dann auf eine bessere Verarbeitbarkeit hin.

Zu beachten ist, dass nur die wenigsten Kautschuke eine lineare Beziehung zwischen Spannung und Scherrate aufweisen. Mit steigendem Molekulargewicht führt die Ausbildung von Entanglements zum sogenannten strukturviskosen Verhalten, das dadurch gekennzeichnet ist, dass die Viskosität mit steigender Scherrate sinkt.

Allgemein findet man bei Elastomeren verschiedene Arten von nichtlinearem viskosem Verhalten. Im Fall von zeitunabhängigem Fließverhalten kann der Zusammenhang zwischen Viskosität und Scherrate in fünf Fälle unterschieden werden.
Bei ideal newtonschem Verhalten ist die Spannung immer proportional zur Scherrate, die Viskosität ist konstant und scherratenunabhängig. Bei strukturviskosem
Verhalten ist die Viskosität nur bei kleinen Scherraten konstant, oberhalb einer
kritischen Scherrate sinkt die Viskosität. Eine strukturviskose Flüssigkeit wird
mit steigender Scherrate dünnflüssiger. Bei dilatantem Verhalten ist die Viskosität nur bei kleinen Scherraten konstant, oberhalb einer kritischen Scherrate steigt
die Viskosität. Eine dilatante Flüssigkeit wird mit steigender Scherrate dickflüssiger. Eine Bingham-Flüssigkeit besitzt eine Fließgrenze. Unterhalb einer kritischen
Spannung ist eine Bingham-Flüssigkeit nicht fließfähig, oberhalb dieser Spannung
zeigt sie ideal newtonsches Verhalten. Eine Casson-Flüssigkeit besitzt ebenfalls
eine Fließgrenze. Unterhalb einer kritischen Spannung ist eine Casson-Flüssigkeit
nicht fließfähig, oberhalb dieser Spannung zeigt sie strukturviskoses Verhalten.
Zeigt eine Substanz eine zeitabhängige Änderung der Viskosität bei konstanter
Scherrate, so ist ihr Verhalten entweder thixotrop oder rheopex. Bei thixotropem
Verhalten sinkt die Viskosität mit der Zeit, während sie bei rheopexer Fließcharakteristik mit der Zeit ansteigt (Näheres in Abschnitt 3.17 auf Seite 267).

Zur Beurteilung des Verarbeitungsverhaltens von Elastomeren (z.B. Fließverhalten bei Lagerung oder Verhalten bei Extrusion, Mischen oder Walzen) ist die
Kenntnis der Viskosität sowohl bei sehr geringen Scherraten als auch bei relativ
hohen Scherraten notwendig. Da die experimentelle Bestimmung der scherratenabhängigen Viskosität über einen großen Scherratenbereich nur durch die Kombination mehrerer Messmethoden (wie z.B. Platte-Platte-Rheometer und Hochdruckkapillarviskosimeter) möglich ist, würde der Zugang über frequenzabhängige
Messungen eine deutliche Vereinfachung darstellen. Dazu wird die Cox-Merz-Beziehung verwendet, die besagt, dass die bei einer Frequenz ω gemessene Viskosität
identisch mit der bei einer Scherrate $\dot{\gamma}$ gemessenen Viskosität ist, wenn Scherrate
und Frequenz identisch sind (d.h. bei $\omega = \dot{\gamma}$). Diese Beziehung ist rein empirischer
Natur und hat keinerlei physikalische Motivation. Vor der Anwendung der Cox-
Merz-Beziehung sollten wenigstens einige frequenz- und scherratenabhängige Messungen der Viskosität durchgeführt werden. Aus dem Vergleich der Messergebnisse
kann dann die Gültigkeit der Cox-Merz-Regel überprüft werden.

2.13 Gummielastisches Verhalten

Setzt man voraus, dass gummielastisches Verhalten durch reversible Platzwechselvorgänge verursacht wird, so ist das Deformationsverhalten in guter Näherung
durch rein entropieelastisches Verhalten beschreibbar. Entropieelastisches Verhal-

ten zeichnet sich dadurch aus, dass die Bindungslängen zwischen Kettensegmenten bei Dehnung nicht geändert werden. Die einzige Folge der Deformation ist die mit steigender Dehnung abnehmende Anzahl an möglichen Kettenkonfigurationen (bei maximaler Dehnung gibt es noch genau eine mögliche Anordnung der Segmente) und die daraus resultierende höhere Ordnung. Da eine Erhöhung der Ordnung bzw. Verringerung der Entropie in einem geschlossenem System niemals freiwillig abläuft (nach dem 2. Hauptsatz der Thermodynamik), muss mechanische Arbeit am System geleistet werden. Bei rein entropieelastischem Verhalten ist die Kraft, die man zur Deformation eines Systems von Makromolekülen benötigt, direkt proportional zu der durch die Deformation verursachten Änderung der Entropie.

2.13.1 Die ideale Gaußsche Kette

Zur Berechnung des nichtlinearen Deformationsverhaltens ideal gummielastischer, d.h. rein entropieelastischer Materialien wird im ersten Schritt eine ideale Kette betrachtet. Bei einer idealen Kette sind ihre Segmente gegenüber ihren Nachbarn frei drehbar. Eine statistische Betrachtung der idealen Gaußschen Kette erklärt schon wesentliche Eigenschaften von Polymeren. So nimmt die Steifigkeit einer idealen Kette mit der steigender Temperatur, abnehmender Kettenlänge und kürzerer Segmentlänge zu (Näheres hierzu im Abschnitt 4.2.2 auf Seite 286). Reale Polymerketten unterscheiden sich von der idealen Gaußschen Kette vor allem dadurch, dass die Kohlenstoffatome in der Kette bei konstantem Bindungswinkel und konstanter Bindungslänge nur auf Kegelflächen angeordnet sein können. Wenn alle Positionen auf dem Kegelmantel gleich wahrscheinlich sind, spricht man von einer Valenzwinkelkette mit freier Drehbarkeit. Die Festlegung des Bindungswinkels reduziert die Anzahl der möglichen Konfigurationen einer Kette und erhöht damit deren Ordnung. Die Valenzwinkelkette mit konstantem Bindungswinkel besitzt damit eine geringere Entropie als die ideale Gaußsche Kette. Als Folge der geringeren Entropieänderung bei Deformation findet man eine Abnahme der Kettensteifigkeit. Die Reduktion der möglichen Konfigurationen einer Kette führt zu einer Erhöhung der Ordnung und damit zu einer Abnahme der Kettensteifigkeit.

2.13.2 Das ideale Gaußsche Netzwerk

Verknüpft man durch Vulkanisation Kettensegmente benachbarter Polymerketten irreversibel, so erhält man ein dreidimensionales Netzwerk. Für ein vereinfachtes, modellhaftes Netzwerk aus idealen Gaußschen Ketten kann eine relativ einfache Beziehung zwischen Spannung und Deformation abgeleitet werden. Voraussetzung sind die folgenden Näherungen:

- Alle Ketten enden in Vernetzungspunkten, und jeder Vernetzungspunkt ist vierfunktional, d.h., jeder Vernetzungspunkt verbindet vier Kettensegmente.
- Zyklisierungen und Verhakungen von Kettensegmenten werden vernachlässigt.
- Eine Kette ist volumenlos und hat keinerlei Wechselwirkungen mit anderen Ketten.
- Bei einer Deformation des Netzwerks ändern sich die Kettenlängen im gleichen Verhältnis wie die makroskopischen Dimensionen. Dies bezeichnet man auch als affine Deformation.
- Das Netzwerk ist inkompressibel, d.h., das Volumen bleibt bei Deformation konstant.
- Die Ketten sind im Volumen isotrop verteilt.

Ein Netzwerk, das alle genannten Näherungen erfüllt, wird auch als affines oder Gaußsches Netzwerk bezeichnet. Die thermodynamische Betrachtung des Deformationsverhaltens des affinen Netzwerks führt auf die allgemeine Form

$$\dot{\sigma} = G_C \cdot \left(\lambda - \frac{1}{\lambda^2} \right) \text{ mit } G_C = \frac{\rho\, R\, T}{M_C}$$

und beschreibt das nichtlineare Deformationsverhalten eines idealen Gaußschen Netzwerks, wobei M_C die Masse eines Netzbogens zwischen zwei benachbarten Netzstellen bezeichnet (siehe dazu Abschnitt 4.2.4 auf Seite 291).

2.13.3 Limitierungen des idealen Netzwerks

Eine der wesentlichen Annahmen des idealen Gaußschen Netzwerks ist, dass die Netzstellen in einer Probe ortsfest sind. In realen Netzwerken sind Netzstellen aber über Netzbögen mit anderen Netzstellen verbunden und damit beweglich. Bei der Ableitung des Phantomnetzwerks nimmt man deshalb an, dass Netzstellen um ihre mittlere Lage fluktuieren können. Durch diese Fluktuation wird die effektive Dehnung des Netzwerks reduziert. Die Dehnung eines Phantomnetzwerks benötigt daher weniger Kraft als die eines affinen Netzwerks.

Sowohl bei der Ableitung der Eigenschaften des idealen affinen Netzwerks als auch bei der des Phantomnetzwerks werden Entanglements, die zur Bildung von instabilen physikalischen Netzstellen führen, vernachlässigt. Die zweite und wesentlich drastischere Vereinfachung aller idealen Netzwerktheorien ist die Annahme der unendlichen Dehnbarkeit von Netzbögen.

Die Auswirkung von Entanglements und der endlichen Dehnbarkeit von Polymerketten auf das nichtlineare Deformationsverhalten wird am Beispiel der empirischen Theorie von Mooney-Rivlin und am Beispiel von zwei Erweiterungen der klassischen Netzwerktheorie, der „Van-der-Waals"-Theorie von Kilian und dem nichtaffinen Reptationsmodell von de Gennes anschaulich.

2.13.4 Die Theorie von Mooney-Rivlin

Die Theorie von Mooney und Rivlin gründet auf einer empirischen Formulierung der freien Energie eines Netzwerks auf der Basis der Invarianten der Deformation. In der sogenannten reduzierten Darstellung ergibt sich ein linearer Zusammenhang zwischen reduzierter Spannung σ_{Red} und inverser Dehnung $\frac{1}{\lambda}$. C_1 und C_2 sind empirische Parameter und haben keine direkt ableitbare physikalische Bedeutung.

$$\sigma_{\text{Red}} = 2\,C_1 + 2\,C_2 \cdot \frac{1}{\lambda} \text{ mit } \sigma_{\text{Red}} = \sigma \cdot \frac{1}{\lambda - \frac{1}{\lambda^2}}$$

Aus dem Vergleich mit der affinen Netzwerktheorie ergibt sich ein Zusammenhang zwischen der Konstanten C_1 und dem Modul G_C bzw. der Masse eines Netzbogens zwischen zwei Netzstellen M_C. Die Mooney-Rivlin-Konstante C_1 kann somit als Maß für die Netzstellendichte betrachtet werden.

$$2\,C_1 = G_C = \frac{\rho\,R\,T}{M_C}$$

Da das Modell von Mooney-Rivlin weder die Verhakung von Ketten noch die endliche Dehnbarkeit von Ketten berücksichtigt, findet man sowohl bei kleinen als auch bei großen Dehnungen signifikante Unterschiede zwischen dem von Mooney-Rivlin abgeleiteten Materialmodell und dem Verhalten eines realen Polymernetzwerks. Zumeist besteht in mittleren Deformationsbereichen ein linearer Zusammenhang zwischen reduzierter Spannung und inverser Dehnung. Dieser Bereich kann dann zur direkten Bestimmung der Netzstellendichte verwendet werden.

2.13.5 Das Van-der-Waals-Modell

Ein Modell, das die endliche Dehnbarkeit der Netzbögen berücksichtigt, ist das von H. G. Kilian entwickelte Van-der-Waals-Modell für Polymernetzwerke. Die Formulierung der Zustandsgleichung eines Netzwerks wurde in Analogie zur Formulierung der Van-der-Waals-Zustandsgleichung für reale Gase durchgeführt. Die chemische Netzstellendichte wird analog zum Gaußschen Netzwerk charakterisiert. Die endliche Dehnbarkeit der Netzbögen ist durch die Anzahl der statistischen Segmente zwischen zwei Netzstellen definiert. Die globale Wechselwirkung zwischen den Polymerketten wird durch einen semiempirischen Parameter beschrieben.

Die Übereinstimmung zwischen gemessenen Zug-Dehnungs-Kurven und den mittels Van-der-Waals-Modell berechneten Daten verbessert sich mit steigendem Vernetzungsgrad, wobei sie bei größeren Dehnungen tendenziell besser ist als bei kleinen. Variiert man die Netzstellendichte, so zeigt sich, dass diese systematisch zu groß bestimmt wird. Dies deutet darauf hin, dass im Van-der-Waals-Modell nicht immer zwischen chemischen und physikalischen Netzstellen unterschieden werden kann (Weiteres im Abschnitt 4.2.9 auf Seite 306).

2.13.6   Das nichtaffine Reptationsmodell

Die Grundidee des nichtaffinen Reptationsmodells basiert auf der Annahme, dass Netzwerke mit verschlauften oder verhakten Ketten nichtaffin deformieren. Durch die Relaxation von Kettensegmenten entspricht die Deformation der Netzbögen zwischen Entanglements nicht mehr der makroskopischen Deformation eines Probekörpers.

Die chemische Netzstellendichte des nichtaffinen Reptationsmodells ist analog zum Gaußschen Netzwerk definiert. Zusätzlich werden Verhakungen und Verschlaufungen betrachtet, die bei der Vernetzung räumlich fixiert werden. Sie können sich zwar noch entlang der Netzbögen zwischen Netzstellen bewegen, sich aber nicht mehr lösen. Im Bereich der linearen Deformation wirken die fixierten Netzstellen somit als zusätzlicher konstanter Beitrag zur chemischen Netzstellendichte. Dieser Beitrag wird im Reptationsmodell durch einen zusätzlichen Term beschrieben, wobei die lokale Relaxation von Kettensegmenten zur nichtaffinen Deformation der Netzbögen zwischen zwei Entanglements führt. Die endliche Dehnbarkeit der Netzbögen wird durch die Anzahl der Kettensegmente zwischen zwei Entanglements charakterisiert.

Im Vergleich mit allen anderen Modellen liefert das nichtaffine Reptationsmodell die beste Übereinstimmung mit den in den Beispielen verwendeten Messdaten (Weiteres im Abschnitt 4.2.10 ab Seite 312).

2.14   Gummielastisches Verhalten gefüllter Systeme

Bisher beschränkt sich die Beschreibung des nichtlinearen Deformationsverhaltens auf ungefüllte, vernetzte Elastomere. In der Praxis werden ungefüllte, vernetzte Vulkanisate selten eingesetzt. Nahezu jedes Compound wird durch die Zugabe von Füllstoffen modifiziert. Der Grund für die Verwendung von Füllstoffen wird klar, wenn man Spannungswerte bei gleichen Dehnungen in Abhängigkeit vom Füllgrad betrachtet. Diese steigen mit zunehmendem Füllgrad stark an, der Füllstoff hat verstärkende Wirkung. Die Schwierigkeit bei der quantitativen Diskussion des Zug-Dehnungs-Verhaltens von gefüllten Systemen liegt nun darin, dass sich die nichtlinearen mechanischen Eigenschaften des polymeren Netzwerks und die durch Füllstoff-Füllstoff und/oder Füllstoff-Polymer verursachten Wechselwirkungen auf komplexe Art überlagern.

2.14.1 Die intrinsische Deformation

Ein möglicher Ansatz zur Separation der nichtlinearen mechanischen Eigenschaften des polymeren Netzwerks von den verstärkenden Eigenschaften der Füllstoffe ist das sogenannte Konzept der intrinsischen Deformation. Im einfachsten Fall geht man davon aus, dass Füllstoff-Füllstoff- und/oder Füllstoff-Polymer-Wechselwirkungen vernachlässigt werden können und der Modul des Füllstoffes sehr viel größer als der des polymeren Netzwerks ist. Nach Einstein ist für diesen Fall die Dehnung der Polymerketten und den Faktor $(1 + 2.5\Phi)$ größer als die makroskopische Dehnung des Gesamtsystems. Der Faktor $(1 + 2.5\Phi)$ wird als hydrodynamische Verstärkung bezeichnet.

Vergleicht man das durch die hydrodynamische Verstärkung modellierbare Deformationsverhalten mit dem realen Deformationsverhalten gefüllter Vulkanisate, so findet man weder bei kleinen noch bei großen Deformationen eine gute Übereinstimmung. Dies bedeutet, dass die verstärkende Wirkung von Füllstoffen von der Höhe der Deformation abhängt und mit steigender Deformation abnimmt.

Zur Bestimmung der Netzstellendichte in gefüllten Systemen wird ein Probekörper mehrfach deformiert und anschließend einem weiteren Zug-Dehnungs-Experiment bis zum Bruch unterzogen. Durch die mehrfache zyklische Deformation werden die Füllstoff-Füllstoff- bzw. Füllstoff-Polymer-Kontakte abgebaut. Die intrinsische Dehnung der Polymerketten kann somit aus der verbleibenden hydrodynamischen Verstärkung berechnet werden. Zur Bestimmung der Netzstellendichte wird die Zug-Dehnungs-Kurve der vorzyklisierten Probe durch ein Materialmodell (Reptation, Van der Waals etc.) beschrieben, wobei die makroskopische durch die intrinsische Dehnung ersetzt wird (Weiteres in Abschnitt 4.3 ab Seite 317).

2.14.2 Verstärkung

Die Verstärkung von Füllstoffen kann durch eine verallgemeinerte Definition der intrinsischen Deformation quantitativ dargestellt werden.

$$\lambda_I = 1 + v(\lambda, \Phi, T) \cdot (\lambda - 1)$$

Dabei ist $v(\lambda, \Phi, T)$ ein von Deformation, Füllgrad und Temperatur abhängiger Verstärkungsfaktor. Der Einfluss von Füllstoff-Füllstoff- und Füllstoff-Polymer-Kontakten auf das nichtlineare Deformationsverhalten kann durch einen deformationsabhängigen Verstärkungsterm $v(\varepsilon, \Phi, T)$ quantitativ beschrieben werden.

Zur experimentellen Bestimmung der Verstärkung $v(\varepsilon, \Phi, T)$ benötigt man die Zug-Dehnungs-Kurven des gefüllten und des ungefüllten Vulkanisats. Die Verstärkung entspricht dem Verhältnis der Dehnungen von gefülltem und ungefülltem Vulkanisat bei gleichen Spannungswerten. Betrachtet man die Verstärkung als

Funktion der Dehnung, so findet man bei relativ kleinen Dehnungen ein Maximum, das durch klassische Füllstoffmodelle nicht erklärt werden kann.

Bestimmt man die Verstärkungsfaktoren in Abhängigkeit von der Temperatur, so sinken die maximalen Werte der Verstärkung mit steigender Temperatur. Man findet eine lineare Beziehung zwischen inverser Temperatur und dem Logarithmus der Verstärkung. Die Steigung ist proportional zur Aktivierungsenergie bzw. zu der Energie, die man benötigt, um eine Füllstoff-Polymer- oder Füllstoff-Füllstoff-Wechselwirkung zu lösen. Das Zug-Dehnungsexperiment stellt somit eine einfache Möglichkeit zur quantitativen Bestimmung der Temperaturabhängigkeit von Füllstoff-Füllstoff- bzw. Polymer-Füllstoff-Wechselwirkungen dar.

Betrachtet man die Verstärkungsfaktoren als Funktion der chemischen Netzstellendichte, so zeigen die aus den Zug-Dehnungs-Messungen extrahierten Verstärkungsfaktoren eine mit steigender chemischer Netzstellendichte korrelierte Absenkung der maximalen Verstärkung. Eine mögliche Erklärung dieses Verhaltens basiert auf der Flokkulation von Füllstoffaggregaten. Dies bedeutet, dass Füllstoffaggregate in einem unvernetzten Vulkanisat mit der Zeit zu immer größeren Clustern agglomerieren. Vernetzt man das gefüllte Polymer, so ist die Agglomeration von Füllstoffclustern eingeschränkt und nur noch für die Aggregate möglich, die deutlich kleiner als die Netzbogenlänge sind. Größere Füllstoffcluster werden vom Netzwerk fixiert und können damit nicht mehr agglomerieren. Nimmt man an, dass die Größe eines Füllstoffclusters mit der Verstärkung korreliert, so muss die maximale Verstärkung mit steigender Netzstellendichte abnehmen.

3 Lineare Deformationsmechanik

Ziel der linearen Deformationsmechanik ist es, eine allgemeine lineare Beziehung zwischen der auf einen Körper wirkenden Kraft und der daraus resultierenden Verformung herzustellen. In diesem Kapitel wird diese Beziehung zu Beginn für den idealen, isotropen, homogenen Festkörper und die ideale newtonsche Flüssigkeit abgeleitet und an einigen grundlegenden Experimenten diskutiert. Danach wird die Beziehung auf viskoelastische Materialien erweitert und sowohl im Rahmen einer phänomenologischen als auch einer molekularen Beschreibung diskutiert.

3.1 Definitionen und Nomenklatur

Zur Charakterisierung der Verformung eines Körpers durch auf ihn wirkende Kräfte werden Spannungen und Deformationen eingeführt. Die Spannung wird üblicherweise mit dem griechischen Symbol τ bezeichnet und ist als Kraft F pro Fläche A mit der Einheit Pa = [N/m²] definiert.

$$\tau = \frac{F}{A} \tag{3.1}$$

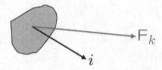

Abb. 3.1 Kraft und Fläche

Im allgemeinen Fall wirkt eine Kraft in eine Richtung k und greift an einer Fläche A an, deren räumliche Lage durch eine Gerade i charakterisiert werden kann, die senkrecht auf der Fläche steht (siehe Abb. 3.1). Diese Gerade wird auch als Normale auf der Fläche bezeichnet. Damit ergibt sich die allgemeine Definition der Spannung zu

$$\tau_{ik} = \frac{F_k}{A_i} \tag{3.2}$$

Greift die Kraft senkrecht an einer Fläche A an, ist also die Normale i auf der Fläche parallel zur Richtung k der Kraft, so bezeichnet man die Spannung als Normalspannung und kennzeichnet dies durch die Verwendung des griechischen Symbols σ anstatt τ.

Analog zur Definition der Spannung ergibt sich die Definition der Deformation, deren Größe üblicherweise in % angegeben wird, aus dem Verhältnis von Verformung ΔL und Ursprungslänge L.

$$\gamma_{ik} = \frac{\Delta L_k}{L_i} \tag{3.3}$$

Die Indizes i und k bezeichnen die Richtung des Körpers bzw. die Richtung der Verformung. Ist die Richtung k der Deformation parallel zur Richtung des Körpers, so ergibt sich die Normalkomponente der Deformation, die mit ε bezeichnet wird.

3.2 Spannung und Deformation

Bei einem ideal elastischen Festkörper stellt die Hookesche Beziehung die einfachste lineare Beziehung zwischen Spannung und Dehnung dar (siehe Gl. 3.4).

$$\bar{\bar{\tau}} = \bar{\bar{c}} \cdot \bar{\bar{\gamma}} \tag{3.4}$$

$\bar{\bar{\tau}}$ bezeichnet dabei den Spannungstensor, $\bar{\bar{\gamma}}$ den Dehnungstensor und $\bar{\bar{c}}$ den Tensor der elastischen Konstanten.

Diese doch sehr abstrakte und wohl nur dem Physiker zugängliche Darstellung wird anschaulicher, wenn man gedanklich ein kleines würfelförmiges Volumenelement aus dem Festkörper ausschneidet und sich für dieses den Zusammenhang zwischen Deformation und Spannung plausibel macht (siehe Abb. 3.2).

Wirkt eine Spannung τ_{ik} in Richtung k auf eine Fläche mit der Normalen i, so wird das Volumenelement deformiert. Die resultierende Deformation ist im allgemeinen Fall nicht nur auf die Richtung der wirkenden Spannung beschränkt, sondern wird Beiträge in allen Raumrichtungen besitzen.

Der formale Zusammenhang zwischen der resultierenden Deformation und der angelegten Spannung ergibt sich aus dem linearen Ansatz (siehe Gl. 3.4) zu

$$\tau_{ik} = \sum_{l=1}^{3} \sum_{m=1}^{3} c_{iklm} \cdot \gamma_{lm} \tag{3.5}$$

$$= c_{ik11} \cdot \varepsilon_{11} + c_{ik12} \cdot \gamma_{12} + c_{ik13} \cdot \gamma_{13}$$

$$+ c_{ik21} \cdot \gamma_{21} + c_{ik22} \cdot \varepsilon_{22} + c_{ik23} \cdot \gamma_{23}$$

$$+ c_{ik31} \cdot \gamma_{31} + c_{ik32} \cdot \gamma_{32} + c_{ik33} \cdot \varepsilon_{33}$$

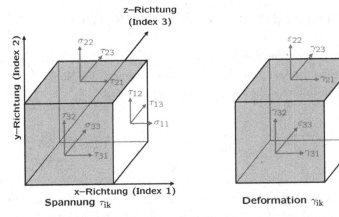

Abb. 3.2 Spannungs- und Dehnungskomponenten eines kubischen Volumenelements

Eine Spannung τ, die in Richtung k auf eine Fläche mit der Normalen i wirkt, kann Deformationen in alle Raumrichtungen zur Folge haben. Die Stärke dieser Deformationen wird durch die elastischen Konstanten c_{iklm} bestimmt.

Im Fall des kubischen Volumenelements sind 9 verschiedene Spannungskomponenten unterscheidbar (σ_{11}, τ_{12}, τ_{13}, τ_{21}, σ_{22}, τ_{23}, τ_{31}, τ_{32} und σ_{33}). Die Indices stehen für Raumrichtungen, also z.B. 1 für die x-, 2 für die y- und 3 für die z-Richtung.

Da jede Spannungskomponente τ_{ik} (gemäß Gl. 3.5) über 9 elastische Konstanten c_{iklm} mit den Deformationskomponenten (ε_{11}, γ_{12}, γ_{13}, γ_{21}, ε_{22}, γ_{23}, γ_{31}, γ_{32} und ε_{33}) verknüpft ist, sind zur vollständigen Charakterisierung des Spannungs- und des Dehnungszustands des kubischen Volumenelements 81 elastische Konstanten zu bestimmen.

Je nach den Symmetrieeigenschaften des betrachteten Körpers bzw. Materials reduzieren sich die 81 elastischen Konstanten zum Teil erheblich (Nye (1985), Schwarzl (1990)). Bei hexagonalen Kristallen benötigt man beispielsweise noch 5 und bei kubischen Kristallen noch 3 unabhängige Konstanten. Für den isotropen, homogenen Festkörper reduziert sich die Anzahl der unabhängigen Konstanten auf 2. Ein Körper (Stoff) heißt isotrop, wenn alle physikalischen Eigenschaften richtungsunabhängig sind. Zum Beispiel sind Gase immer isotrop, Kristalle nie.

Da Polymere im Allgemeinen eine amorphe, homogene Struktur besitzen und damit als isotrop angesehen werden können, wird im folgenden der Zusammenhang zwischen Spannung und Deformation ausschließlich für den Fall des isotropen homogenen Festkörpers betrachtet.

3.3 Der isotrope elastische Festkörper

Für den Fall einer uniaxialen Dehnung – d.h., die Kraft greift senkrecht zur Fläche an – eines isotropen, inkompressiblen Festkörpers nimmt das Hookesche Gesetz nach einigen Umformungen die folgende einfache Form an:

$$\sigma_{xx} = E \cdot \varepsilon_{xx} \tag{3.6}$$
$$\sigma_{yy} = E \cdot \varepsilon_{yy}$$
$$\sigma_{zz} = E \cdot \varepsilon_{zz}$$

Dabei bezeichnet σ_{yy} (wenn beide Indizes identisch sind, wird zur vereinfachten Darstellung oft nur einer angegeben, also σ_y statt σ_{yy}) beispielsweise die Spannung, die senkrecht an einer Fläche angreift, deren Fläche durch eine Normale in y-Richtung gekennzeichnet ist (siehe Abb. 3.3 links).

Die Proportionalitätskonstante E wird als Elastizitätsmodul oder Youngs Modul bezeichnet und stellt eine materialspezifische Größe dar. Die Einheit des Elastizitätsmoduls ist [Pa].

Bei einer reinen Scherung (simple shear), d.h., die Kraft greift parallel zur Fläche an, ergeben sich für den isotropen Festkörper die in Gl. 3.7 angegebenen Beziehungen.

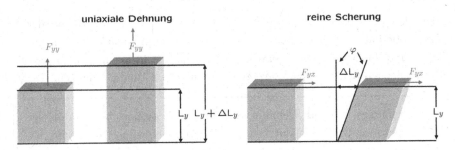

Abb. 3.3 Uniaxiale Dehnung und reine Scherung

Die Proportionalitätskonstante G wird als Schubmodul oder shear modulus bezeichnet und stellt ebenfalls eine materialspezifische Größe dar. Die Einheit des Schubmoduls ist [Pa].

$$\tau_{xy} = G \cdot \gamma_{xy} \qquad\qquad (3.7)$$

$$\tau_{xz} = G \cdot \gamma_{xz}$$

$$\tau_{yz} = G \cdot \gamma_{yz}$$

Bei der Charakterisierung der mechanischen Eigenschaften von Festkörpern werden häufig weitere elastische Konstanten, wie der Kompressionsmodul K und die Querkontraktionszahl (Poisson-Zahl) ν, verwendet. Da zwei elastische Konstanten die linearen mechanischen Eigenschaften eines isotropen Körpers vollständig beschreiben, können diese aus Elastizitäts- und Schubmodul berechnet werden.

Die Poisson- oder Querkontraktionszahl ν kann bei uniaxialer Dehnung aus dem Verhältnis $\nu = -\frac{\varepsilon_Q}{\varepsilon_L}$ von Quer- und Längsdehnung bestimmt werden.

Der Kompressionsmodul K (Einheit [Pa]) gibt an, wie stark sich das Volumen eines Körpers unter allseitigem Druck ändert: $\Delta p = -K \cdot \frac{\Delta V}{V}$. In vielen Fällen wird nicht der Kompressionsmodul, sondern sein Kehrwert, die Kompressibilität κ (Einheit $[Pa^{-1}]$), zur Beschreibung volumenabhängiger Effekte verwendet.

Allgemein können für einen isotropen Körper die in Tabelle 3.1 dargestellten Beziehungen zwischen den elastischen Konstanten E, G, K und ν hergeleitet werden (Nye (1985)).

	$(G\backslash E)$	$(G\backslash K)$	$(E\backslash K)$	$(G\backslash\nu)$	$(E\backslash\nu)$	$(K\backslash\nu)$
E		$\frac{9G \cdot K}{3K+G}$		$2G \cdot (1+\nu)$		$3K \cdot (1-2\nu)$
G			$\frac{3E \cdot K}{9K-E}$		$\frac{E}{2 \cdot (1+\nu)}$	$\frac{3K \cdot (1-2\nu)}{2(1+\nu)}$
K	$\frac{E \cdot G}{9G-3E}$			$G \cdot \frac{2(1+\nu)}{3(1-2\nu)}$	$\frac{E}{3(1-2\nu)}$	
ν	$\frac{E}{2G} - 1$	$\frac{3K-2G}{2(3K+G)}$	$\frac{1}{2}\left(1 - \frac{E}{3K}\right)$			

Tab. 3.1 Die vier elastischen Konstanten E, G, K und ν als Funktion von je zwei anderen elastischen Konstanten

Bei inkompressiblen Festkörpern (hierzu zählen Elastomere bei Temperaturen deutlich oberhalb der Glastemperatur T_G) ist der Kompressionsmodul unendlich hoch. Damit ändert sich das Volumen bei Deformation nicht, und die in Tabelle 3.1 angegebenen Beziehungen reduzieren sich auf zwei Grundgleichungen.

Der Spannungs- und der Dehnungszustand von isotropen, inkompressiblen Festkörpern werden jeweils durch eine unabhängige elastische Konstante charakterisiert.

$$\nu = \frac{1}{2} \qquad \text{und} \qquad E = 3 \cdot G \tag{3.8}$$

In Abb. 3.4 sind typische Werte für Elastizitäts- und Schubmodule für verschiedene Werkstoffe angegeben.

Substanz	E–Modul [GPa]	G–Modul [GPa]	Poisson-Zahl
Metalle			
Aluminium	71	26	0.34
Blei	16	5.7	0.44
Kupfer	123	45.5	0.35
Eisen	210	82	0.28
Iridium	530	210	0.26
Nichtmetalle			
Glas	40–90		
Diamant	965		
Thermoplaste			
LDPE	0.2–0.5		
HDPE	0.7–1.4		
Polypropylen (isotaktisch)	1.1–1.3		
Polycarbonat	2.1–2.4		
Polyamid 6.6	1.6–3.4		
PMMA	2.7–3.3		
Polystyrol	3.2–3.25		
ABS	1.5–2.7		
glasfaserverstärkte Thermoplaste			
LDPE	1.8–3.2		
HDPE	3.2–6.7		
Polypropylen	3.2–6.5		
Polycarbonat	7–13.5		
Polyamid 6.6	5–13.5		
Kevlar	100–180		
Elastomere			
Gummi, ungefüllt	0.001–0.005		
Gummi, gefüllt	0.01–0.05		

Abb. 3.4 Schubmodule, Elastizitätsmodule und Querkontraktionszahlen verschiedener Werkstoffe bei 20 °C, nach Herzberg (1976), Ehrenstein (1978) und Kuchling (1991)

3.4   Die ideale newtonsche Flüssigkeit

Bei idealen Flüssigkeiten findet man eine Proportionalität zwischen Spannung und Deformationsgeschwindigkeit, die bei einfacher Scherung als Newtonsches Reibungsgesetz bekannt ist.

Der Zusammenhang zwischen Schergeschwindigkeit und Scherspannung lässt sich verdeutlichen, wenn man sich zwei parallel angeordnete Platten vorstellt, zwischen denen sich eine Flüssigkeit befindet (siehe Abb. 3.5).

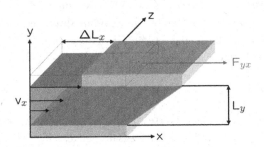

Abb. 3.5 Scherung einer newtonschen Flüssigkeit

Die obere Platte wird nun mit konstanter Geschwindigkeit v_x in x-Richtung gezogen. In der Flüssigkeit bildet sich aufgrund der Wandhaftung der Flüssigkeit ein Schergefälle der Geschwindigkeit aus. D.h., die Moleküle der Flüssigkeit, die sich in der Nähe der oberen Platte befinden, werden die Geschwindigkeit der Platte v_x besitzen, und die Moleküle, die sich in der Nähe der unteren Platte befinden, werden nicht bewegt.

Für die auf die bewegte Platte wirkende Scherspannung $\tau_{xy}\tau_{yx} = \frac{F_{xy}}{A}$, wobei A die Fläche der bewegten Platte bezeichnet, gilt $\tau_{xy} \propto \frac{\delta v_x}{\delta y}$.

Aus $v_x = \frac{\delta x}{\delta t}$ ergibt sich unmittelbar die Definition der Schergeschwindigkeit bzw. des Schergefälles $\dot{\gamma}_{xy} = \frac{\delta v_x}{\delta y} = \frac{\delta x}{\delta t \cdot \delta y}$. Durch Einsetzen erhält man eine direkte lineare Beziehung zwischen der Schergeschwindigkeit $\dot{\gamma}_{xy}$ und der wirkenden Spannung τ_{xy}, die als newtonsche Beziehung bezeichnet wird (siehe Gl.3.9).

Bei einer idealen Flüssigkeit ist die Schergeschwindigkeit $\dot{\gamma}$, d.h. die zeitliche Änderung der Scherdeformation, proportional zur wirkenden Scherspannung τ.

$$\tau_{xy} = \eta \cdot \dot{\gamma}_{xy} \tag{3.9}$$

Die Proportionalitätskonstante η wird als Viskosität bezeichnet und besitzt die Einheit [Pa·s]. Anschaulich kann die Scherviskosität η als der Widerstand einer Flüssigkeit gegen eine Scherbeanspruchung verstanden werden.

Analog zur Scherdeformation zeigt ein viskoses Fluid einen Widerstand gegen Dehndeformationen, der proportional zur Dehnungsgeschwindigkeit ist. Der Proportionalitätsfaktor wird entsprechend Dehnviskosität μ genannt (oft auch mit η_D bezeichnet).

$$\sigma_{xx} = \mu \cdot \dot{\varepsilon}_{xx} \tag{3.10}$$

Dehndeformationen von Flüssigkeiten treten in der Praxis beispielsweise beim Spinnen, beim Folienblasen, bei der Durchströmung von Düsen und porösen Körpern oder beim Zerfall von Flüssigkeitsstrahlen und Tropfen auf.

Auch bei viskoser Dehnung tritt in den Querrichtungen eine Kompression auf. Analog zum Elastizitätsmodul E und zum Schubmodul G ist auch hier die Dehnviskosität μ größer als die Scherviskosität η. Nach Trouton ergibt sich für ein ideales, inkompressibles viskoses Fluid die Beziehung

$$\mu = 3 \cdot \eta \qquad (3.11)$$

In Abb. 3.6 sind einige Zahlenwerte für die Scher- und die kinematischen Viskositäten einiger Flüssigkeiten und Gase zusammengestellt. Die kinematische Viskosität ν, die über die Dichte ρ des viskosen Mediums mit der Scherviskosität verknüpft ist,

$$\nu = \frac{\eta}{\rho} \qquad (3.12)$$

wird in der Praxis weitaus öfter zur Charakterisierung des Fließverhaltens verwendet, da sie in einfachen und preiswerten Kapillarviskosimetern leicht ermittelt und direkt zur Charakterisierung von Strömungen verwendet werden kann.

	Substanz	Scherviskosität η [Pa·s]	kin. Scherviskosität ν $\left[\frac{mm^2}{s}\right]$
Gase	Luft	$17.2 \cdot 10^{-6}$	13.3
	Stickstoff	$16.5 \cdot 10^{-6}$	13.2
	Sauerstoff	$19.2 \cdot 10^{-6}$	13.4
	Helium	$18.7 \cdot 10^{-6}$	105
	Wasserstoff	$8.42 \cdot 10^{-6}$	93.7
Flüssigkeiten	Wasser	$1.002 \cdot 10^{-3}$	1.004
	Aceton	$0.322 \cdot 10^{-3}$	0.407
	Benzol	$0.648 \cdot 10^{-3}$	0.737
	Olivenöl	$80.8 \cdot 10^{-3}$	89
	Quecksilber	$1.554 \cdot 10^{-3}$	0.115
Elastomere	L-SBR $M_W = 276 \left[\frac{kg}{mol}\right]$	ca. $1 \cdot 10^{11}$	ca. $1 \cdot 10^{11}$

Abb. 3.6 Scherviskosität und kinematische Viskosität verschiedener Werkstoffe bei 20 °C, nach Kuchling (1991) und Wrana (2000)

So geht beispielsweise oberhalb einer kritischen Geschwindigkeit eine laminare Strömung in eine turbulente Strömung über. Es entstehen Wirbel und damit Kräfte, die entgegen der Bewegungsrichtung wirken und den Strömungswiderstand deutlich erhöhen. Die kritische Geschwindigkeit, bei der eine laminare Strömung in eine turbulente umschlägt, wird durch die sogenannte Reynolds-Zahl charakterisiert, die von einer charakteristischen Länge l (z.B. dem Durchmesser eines Rohres), von der Relativgeschwindigkeit v zwischen viskosem Medium und umströmtem Körper sowie von der kinematischen Viskosität ν abhängt.

$$Re = \frac{l \cdot v}{\nu} \qquad (3.13)$$

Bei der Strömung in glatten Rohren beträgt die Reynolds-Zahl $Re \approx 2300$. Damit kann bei Kenntnis der kinematischen Viskosität ν sehr einfach abgeschätzt werden, ab welcher Geschwindigkeit eine Strömung in einem Rohr turbulentes Verhalten zeigt.

3.5 Der Relaxations- und der Kriechversuch

Beim ideal elastischen Festkörper bzw. bei der idealen Flüssigkeit sind die Module bzw. die Viskositäten unabhängig vom zeitlichen Verlauf der Deformation. Dies kann mit zwei einfachen Gedankenexperimenten veranschaulicht werden.

3.5.1 Der Kriechversuch ($\tau(t) = \tau_0 =$ const.)

Beim Kriechversuch wirkt eine Kraft F_{yx} bzw. eine Schubspannung $\tau_0 = \tau_{yx}$ ab einer Zeit t_0 schlagartig auf einen idealen Festkörper bzw. auf eine ideale newtonsche Flüssigkeit (siehe Abb. 3.7).

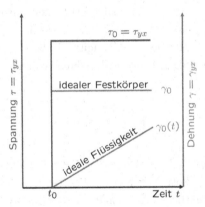

Abb. 3.7 Der Kriechversuch

Der Kriechversuch beim idealen isotropen Festkörper

Beim idealen Festkörper stellt sich als Reaktion auf die angelegte Scherspannung instantan eine Scherverformung Δl_{yx} bzw. eine Scherdeformation $\gamma_{yx} = \gamma_0$ ein, die sich mit Ablauf der Zeit nicht ändert. Damit sind die Schubspannung τ_0 und die Scherdeformation γ_0 für $t \geq t_0$ konstant (siehe Abb. 3.7). Die Scherdeformation γ_0 berechnet sich mit Gl. 3.7 zu:

$$\gamma_0 = \tau_0 \cdot \left(\frac{1}{G} \right) = \tau_0 \cdot J \tag{3.14}$$

Den Kehrwert $J = \dfrac{1}{G}$ des Schermoduls bezeichnet man als Scherkomplianz oder Schernachgiebigkeit.

Bei uniaxialer Spannung ($\sigma_0 = \tau_{xx}$) berechnet sich die Deformation ε_0 mit Gl. 3.6 zu:

$$\varepsilon_0 = \sigma_0 \cdot \left(\frac{1}{E}\right) = \sigma_0 \cdot D \tag{3.15}$$

Den Kehrwert $D = \dfrac{1}{E}$ des Elastizitätsmoduls bezeichnet man als Dehnkomplianz oder Dehnnachgiebigkeit.

Beim idealen Festkörper sind der Elastizitäts- und der Schubmodul E bzw. G, bzw. ihre Kehrwerte, die Scher- und die Dehnnachgiebigkeit J bzw. D, zeitunabhängige materialspezifische Kennzahlen, die dessen Deformationsverhalten eindeutig und vollständig beschreiben.

Der Kriechversuch bei der idealen Flüssigkeit

Die Scherdeformation $\gamma_0 = \gamma_{xy}$ einer idealen Flüssigkeit wächst nach Anlegen einer Scherspannung $\tau_0 = \tau_{xx}$ mit der Zeit (für $t > t_0$) stetig an (siehe Abb. 3.7). Die Scherdeformation ist damit eine zeitabhängige Größe ($\gamma_0 \rightarrow \gamma_0(t)$), die mit der Spannung τ_0 über eine einfache lineare Beziehung verknüpft ist. Die Integration von Gl. 3.9 führt zu:

$$\gamma_0(t) = \left(\frac{1}{\eta}\right) \cdot t \cdot \tau_0 = \varphi \cdot t \cdot \tau_0 \tag{3.16}$$

Den Kehrwert $\varphi = \dfrac{1}{\eta}$ der Scherviskosität bezeichnet man als Fluidität.

Anschaulich ist die Viskosität bzw. die Fluidität einer idealen Flüssigkeit ein Maß für die Stärke der zeitlichen Änderung der Deformation bei konstanter Spannung. Die Viskosität entspricht in Abb. 3.7 dem Kehrwert der Geradensteigung.

Für die Deformation $\varepsilon_0 = \gamma_{xx}$ bei uniaxialer Belastung $\sigma_0 = \tau_{xx}$ (siehe Gl. 3.10) gilt analog:

$$\varepsilon_0(t) = \left(\frac{1}{\mu}\right) \cdot t \cdot \sigma_0 \tag{3.17}$$

Bei einer idealen Flüssigkeit sind die Scher- und die Dehnviskosität η bzw. μ zeitunabhängige materialspezifische Kennzahlen, die das Fließverhalten eindeutig und vollständig beschreiben.

3.5.2 Der Relaxationsversuch $\left(\gamma(t) = \gamma_0 = \text{const.}\right)$

Beim Relaxationsversuch wird der ideale Festkörper bzw. die ideale Flüssigkeit zu einem Zeitpunkt t_0 schlagartig deformiert. Eine schlagartige, d.h. instantane Deformation kann nur beim idealen Festkörper anschaulich diskutiert werden. Bei der idealen Flüssigkeit ist dies aus prinzipiellen Gründen nicht sinnvoll, da die Spannung nach Gl. 3.9 proportional zur zeitlichen Änderung der Deformation ist. Eine instantane Änderung der Deformation zum Zeitpunkt t_0 würde einer unendlich hohen Deformationsgeschwindigkeit entsprechen. Zur Realisierung des Relaxationsexperiments müsste damit zur Zeit t_0 eine unendlich hohe Spannung angelegt werden. Bei größeren Zeiten $t > t_0$ ändert sich die Deformation nicht mehr mit der Zeit; damit wären sowohl die Deformationsgeschwindigkeit als auch die Spannung gleich 0.

Unabhängig von der Viskosität der idealen Flüssigkeit ergibt sich damit die folgende Beziehung für die Spannung:

$$\tau(t) = \begin{cases} \infty \ \text{für} \ t = t_0 \\ 0 \ \text{für} \ t > t_0 \end{cases} \tag{3.18}$$

Das Relaxationsexperiment eignet sich damit nicht zur Charakterisierung der Viskosität einer idealen Flüssigkeit. Dazu kann alternativ ein Experiment bei konstanter Deformationsgeschwindigkeit durchgeführt werden. Dieser Versuch ist die Basis der sogenannten Mooney-Messung und wird in Abschnitt 3.7.1 vorgestellt.

Der Relaxationsversuch beim idealen isotropen Festkörper

Beim idealen Festkörper stellt sich als Reaktion auf die angelegte Scherdeformation $\gamma_{yx} = \gamma_0$ instantan eine Scherspannung τ_0 ein, die sich mit Ablauf der Zeit nicht mehr ändert. Damit sind Scherdeformation γ_0 und Scherspannung $\tau_0 = \tau_{yx}$ für $t \geq t_0$ konstant (siehe Abb. 3.8).

Die Scherspannung τ_0 berechnet sich mit Gl. 3.7 für $t \geq t_0$ zu:

$$\tau_0 = \gamma_0 \cdot G \tag{3.19}$$

Für uniaxiale Deformation gilt analog:

$$\sigma_0 = \varepsilon_0 \cdot E \tag{3.20}$$

Die zeitunabhängigen materialspezifischen Elastizitäts- und Schubmodule E und G beschreiben den Spannungszustand des idealen Festkörpers beim Relaxationsversuch eindeutig und vollständig.

Abb. 3.8 Der Relaxationsversuch

3.6 Relaxations- und Kriechversuch für linear viskoelastische Medien

Der ideal elastische Festkörper bzw. die ideal viskose Flüssigkeit stellen Grenzfälle dar. In der Realität zeigt jeder Festkörper viskoses Fließen und jede Flüssigkeit Elastizität. Bei Polymeren sind beide Eigenschaften in komplizierter Weise überlagert – man spricht von viskoelastischen Eigenschaften.

Linear viskoelastische Eigenschaften besitzt ein Medium immer dann, wenn die elastischen und viskosen Eigenschaften unabhängig von der Stärke der wirkenden Spannungen bzw. Deformationen sind.

Sowohl phänomenologische Theorien als auch Modelle, die von atomistischen Vorstellungen ausgehen (z.B. das noch zu behandelnde Platzwechselmodell) führen formal auf das Hookesche Gesetz für linear viskoelastische Medien - mit dem Unterschied, dass die Module jetzt keine reellen Materialkonstanten mehr sind, sondern als zeit- bzw. frequenzabhängige Funktionen definiert werden. Dies lässt sich anhand des einfachen Kriech- bzw. Relaxationsversuchs veranschaulichen.

3.6.1 Der Kriechversuch für linear viskoelastische Medien

Wie in Abb. 3.9 graphisch dargestellt, setzt sich die Antwort eines viskoelastischen Mediums auf eine sprunghafte Anregung mit der Scherspannung $\tau_{xy} = \tau_0$ aus drei Anteilen zusammen:

- Zeitgleich mit der sprunghaften Anregung beobachtet man eine Deformation γ_1. Dies entspricht dem instantanen Deformationsverhalten eines idealen Festkörpers. Für einen begrenzten Zeitbereich direkt nach der sprunghaften Anregung kann das Deformationsverhalten viskoelastischer Materialien damit durch die Hookesche Beziehung beschrieben werden.

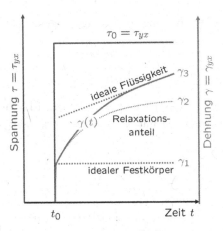

Abb. 3.9 Der Kriechversuch an viskoelastischen Medien

$$\gamma_1 = \left(\frac{1}{G_0}\right) \cdot \tau_0 = I_0 \cdot \tau_0 \quad \text{für} \quad t \to t_0 \tag{3.21}$$

■ Nach sehr langen Zeiten findet man eine mit der Zeit anwachsende Deformation $\gamma_3(t)$. Dies entspricht dem Deformationsverhalten einer idealen newtonschen Flüssigkeit und kann durch die newtonsche Beziehung beschrieben werden.

$$\gamma_3(t) = \left(\frac{1}{\eta}\right) \cdot t \cdot \tau_0 \quad \text{für} \quad t \to \infty \tag{3.22}$$

■ In mittleren Zeitbereichen $t_0 < t < \infty$ ist das Deformationsverhalten durch ein annähernd exponentielles Anwachsen der Deformation γ_2 charakterisiert. Dieser Anteil wird als Relaxationsanteil bezeichnet. Analytisch kann er durch die Summation mehrerer Exponentialfunktionen beschrieben werden.

$$\gamma_2(t) = \left(\sum_{k=1}^{N} \Delta I_k \left\{1 - e^{-\frac{t}{\tau_{\gamma k}}}\right\}\right) \cdot \tau_0 \quad \text{für} \quad t_0 < t < \infty \tag{3.23}$$

Die Summe in Gl. 3.23 berücksichtigt, dass Kriechprozesse im Realfall nicht mit einer einzigen Zeitkonstanten τ_γ ablaufen, sondern durch ein Spektrum von Relaxationszeiten $\tau_{\gamma k}$ gekennzeichnet sind. Liegt eine kontinuierliche Verteilung von Relaxationszeiten vor, so ist die Summe in Gl. 3.23 durch ein Integral zu ersetzen. Die Bezeichnung der Relaxationszeiten $\tau_{\gamma k}$ ist ähnlich der Bezeichnung der Scherspannungen τ_{ik} bzw. τ_0. Die Bedeutung erschließt sich aus dem Kontext oder einfach durch die Betrachtung der Einheiten.

$$\gamma_3(t) = \left(\int_0^\infty l(\tau_\gamma) \left\{1 - e^{-\frac{t}{\tau_\gamma}}\right\} d\tau_\gamma\right) \cdot \tau_0 \quad \text{für} \quad t_0 < t < \infty \tag{3.24}$$

Verwendet man zur Beschreibung der Sprunganregung den Einheitssprung $e_0(t)$,

$$e_0(t) = \begin{cases} 0 \text{ für } t < 0 \\ 1 \text{ für } t > 0 \end{cases} \qquad (3.25)$$

so lässt sich das Deformationsverhalten eines linear viskoelastischen Körpers bei einer sprungförmigen Anregung mit $\tau_0(t) = e_0(t) \cdot \tau_0$ analytisch geschlossen beschreiben.

$$\begin{aligned} \gamma(t) &= \gamma_1 + \gamma_2 + \gamma_3(t) \qquad (3.26) \\ &= \frac{1}{G_0} \cdot \tau_0 \cdot e_0(t) + \left(\frac{1}{\eta}\right) \cdot t \cdot \tau_0 \cdot e_0(t) + \\ &\quad \left(\int_{-\infty}^{+\infty} l(\tau_\gamma) \left\{ 1 - e^{-\frac{t}{\tau_\gamma}} \right\} d\tau_\gamma \right) \cdot \tau_0 \cdot e_0(t) \end{aligned}$$

Verknüpft man das Ergebnis von Gl. 3.26 mit der Hookeschen Beziehung (siehe Gl. 3.6 und Gl. 3.7), so berechnet sich der Schermodul bzw. die Schernachgiebigkeit eines viskoelastischen Mediums zu:

$$J(t) = \frac{1}{G(t)} = \frac{\gamma(t)}{\tau(t)} = \frac{1}{G_0} + \frac{t}{\eta} + \int_{-\infty}^{+\infty} l(\tau_\gamma) \left\{ 1 - e^{-\frac{t}{\tau_\gamma}} \right\} d\tau_\gamma \qquad (3.27)$$

Analog ergibt sich für eine sprunghafte Anregung bei uniaxialer Belastung $\sigma_0 = \tau_{xx}$ der Elastizitätsmodul bzw. die Dehnnachgiebigkeit zu:

$$D(t) = \frac{1}{E(t)} = \frac{\varepsilon(t)}{\sigma(t)} = \frac{1}{E_0} + \frac{t}{\mu} + \int_{-\infty}^{+\infty} l(\tau_\varepsilon) \left\{ 1 - e^{-\frac{t}{\tau_\varepsilon}} \right\} d\tau_\varepsilon \qquad (3.28)$$

Die physikalische Bedeutung dieser doch relativ komplexen mathematischen Ausdrücke liegt in der Einführung eines zeitabhängigen Modulbegriffs.

Im Unterschied zum idealen Festkörper bzw. zur idealen Flüssigkeit ist es bei einem viskoelastischen Medium nicht mehr ausreichend, das einfache Verhältnis von Spannung und Deformation zu bestimmen, um eine vollständige mechanische Charakterisierung zu erreichen. Zusätzlich muss die zeitliche Änderung der Materialeigenschaften berücksichtigt werden.

Nach einer instantanen Belastung ändert sich der Deformationszustand eines ideal viskoelastischen Körpers über der Zeit. Damit müssen die charakteristischen Elastizitäts- und Schubmodule als zeitabhängige Größen definiert werden:

$$J(t) = \frac{1}{G(t)} = \frac{\gamma(t)}{\tau_0(t)}$$

$$D(t) = \frac{1}{E(t)} = \frac{\varepsilon(t)}{\sigma_0(t)}$$

Voraussetzung für die vollständige Beschreibung des Spannungszustands eines linear viskoelastischen Mediums ist die Kenntnis der Zeitabhängigkeit der Module. Im Fall des Kriechexperiments müssten dazu der Modul G_0, die Viskosität η sowie die Verteilungen der Relaxationszeiten τ_γ und der Relaxationsstärken $l(\tau_\gamma)$ bestimmt werden.

3.6.2 Der Relaxationsversuch für linear viskoelastische Medien

Zur Zeit t_0 wird dem Probekörper ein Deformationssprung aufgeprägt. Für die zugehörige gemessene Spannung ergibt sich der in Abb. 3.10 skizzierte Verlauf, der sich wiederum aus drei Anteilen zusammensetzt:

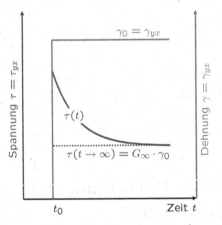

Abb. 3.10 Der Relaxationsversuch an viskoelastischen Medien

- dem Spannungsanteil, der dem Verhalten des idealen Festkörpers entspricht und zeitgleich mit dem Deformationssprung auftritt;
- dem Spannungsanteil, der durch einen exponentiellen Abfall über der Zeit charakterisiert ist und damit dem Relaxationsanteil entspricht;

- dem Spannungsanteil, der das Verhalten nach sehr langen Zeiten $t \gg t_0$ beschreibt. Nach dem Abklingen der Relaxationsanteile nimmt die Spannung einen konstanten Wert an, der durch den Modul G_∞ charakterisiert werden kann:

$$\tau_\infty = G_\infty \cdot \gamma_0 \qquad (3.29)$$

Ein konstanter Spannungswert wird bei Polymeren nach sehr langen Zeiten $t \gg t_0$ immer dann beobachtet, wenn makroskopisch vernetzte Strukturen vorliegen, die das viskose Fließen, d.h. das Abgleiten von Polymerketten, verhindern. Bei unvernetzten, fließfähigen Systemen relaxiert die Spannung nach sehr langen Zeiten vollständig; damit nimmt der Modulwert G_∞ den Wert 0 an.

Der vollständige zeitabhängige Spannungsverlauf kann analog zum Kriechversuch (siehe Gl. 3.28) abgeleitet werden. Für ein vernetztes Polymer berechnet sich der zeitabhängige Modul damit zu:

$$\tau(t) = G_0 \cdot \delta(t) + \int_{-\infty}^{\infty} h(\tau_\sigma) \cdot e^{-\left(\dfrac{t}{\tau_\sigma}\right)} d\tau_\sigma + G_\infty \qquad (3.30)$$

Die Funktion $\delta(t)$ wird als Delta- oder Dirac-Funktionbezeichnet und nimmt definitionsgemäß bei $t = 0$ den Wert $\delta(t = 0) = 1$ an, für alle anderen Werte von t ist der Funktionswert $\delta(t <> 0) = 0$.

$h(\tau_\sigma)$ und τ_σ geben die Relaxationsstärken bzw. die Relaxationszeiten an. Der Begriff Relaxation verdeutlicht hier, dass eine Größe mit ansteigender Zeit exponentiell abnimmt und nach unendlich langer Zeit einen Gleichgewichtszustand erreicht.

Die Relaxationsstärke bezeichnet dabei den Startwert, und die Relaxationszeit gibt an, wie schnell die Größe relaxiert (abnimmt). Im Gegensatz dazu bezeichnet der Begriff Retardation eine Größe, die mit der Zeit zunimmt und nach sehr langen Zeiten einem Grenzwert zustrebt, der als Retardationsstärke bezeichnet wird.

3.7   Beispiele für Relaxations- und Kriechexperimente

Kriech- und Relaxationsexperimente sind bei der Charakterisierung von unvernetzten Kautschuken schon seit vielen Jahrzehnten etablierte Methoden, die nicht nur zur physikalischen Charakterisierung, sondern auch in weit höherem Maße zur Onlineprozess- und Qualitätskontrolle eingesetzt werden.

3.7.1 Die Mooney-Messung

Das bekannteste Verfahren ist die sogenannte Mooney-Messung. Dabei wird ein Rotor mit definierter Geometrie in einer mit Polymer gefüllten Kammer mit konstanter Geschwindigkeit (meistens 2 Umdrehungen pro Minute) gedreht. Das dazu nötige Drehmoment ist proportional zur Mooney-Viskosität. Bei der standardisierten Mooney-Messung (z.B. ML(1+4) bei 100°C) wird die Probe 1 min lang bei Rotorstillstand aufgewärmt, danach wird das Drehmoment bei konstanter Rotationsgeschwindigkeit 4 min lang aufgezeichnet. Die Abkürzung ML bzw. MS bezeichnet die Größe des Rotors. ML steht für *large* und MS für *small*.

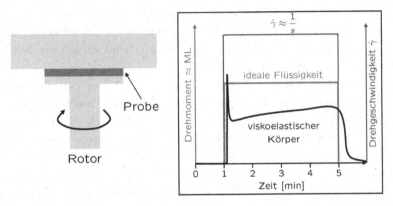

Abb. 3.11 Prinzip der Mooney-Messung (links) und idealisierte Messkurven (rechts)

Die Mooney-Viskosität ML 1+4 entspricht definitionsgemäß dem nach 4 min gemessenen Drehmoment (siehe Abb. 3.11). Genaueres zur Durchführung und Normung der Mooney-Messung findet sich in Geisler (2008).

Bei einer idealen newtonschen Flüssigkeit ist das aus der Mooney-Messung bestimmte Drehmoment bzw. die dazu proportionale Mooney-Viskosität annähernd proportional zur Viskosität η der Flüssigkeit. Bei viskoelastischen Körpern ist dies nur dann der Fall, wenn innerhalb der Messzeit von normalerweise 4 min alle Relaxationsvorgänge abgelaufen sind und das viskoelastische Verhalten nur noch vom viskosen Fließen bestimmt wird.

Laufen im Polymer Relaxationsvorgänge ab, deren Relaxationszeiten im Bereich der Messzeit liegen (dies ist bei den meisten technisch eingesetzten Elastomeren der Fall), so erschweren diese die physikalische Interpretation der Mooney-Viskosität. In diesem Fall stellt die Mooney-Viskosität nur eine Kennzahl dar, die zur einfachen, empirischen Charakterisierung eingesetzt werden kann.

Um Relaxationsvorgänge in Polymeren wenigstens qualitativ zu erfassen wurde die Mooney-Messung um die Messung der sogenannten Mooney-Spannungs-Relaxation (MSR) erweitert.

3.7.2   Die Mooney-Spannungs-Relaxation (MSR)

Dazu wird das Abklingen der Spannung bzw. des Drehmoments nach dem Stopp des Rotors gemessen. Als qualitatives Maß für die Elastizität (richtiger: für die im Polymer ablaufenden Relaxationsvorgänge) dient die relative Abnahme der Spannung nach einer gewissen Zeit.

Eine alternative Auswertung ist in der ASTM-Norm D1646-99 festgelegt. Dabei wird die zeitliche Abnahme der Spannung bzw. des Drehmoments empirisch durch ein Potenzgesetz modelliert.

$$M = k \cdot t^a \tag{3.31}$$

M gibt dabei die über der Zeit gemessenen Mooney-Viskosität bzw. das Drehmoment an. k ist eine Konstante, die der eine Sekunde nach Rotorstopp gemessenen Mooney-Viskosität entspricht. Der Parameter a charakterisiert den Abfall der Spannung über der Zeit.

Die aus den Messungen der Mooney-Spannungs-Relaxation extrahierten Parameter stellen rein empirische Werte dar, die stark von der Messmethode und den Messbedingungen abhängen. Eine Korrelation dieser Parameter mit polymerspezifischen Größen, wie z.B. Molekulargewicht, Molekulargewichtsverteilung und/oder Verzweigung, ist deshalb nur in Spezialfällen möglich.

Erschwerend kommt hinzu, dass sich die Probe beim Start der Relaxationsmessung in einem rheologisch undefinierten Spannungszustand befinden kann, da ihr üblicherweise die vierminütige Mooney-Messung vorausgeht, bei der die anliegende Scherspannung von der Probe und ihrem Relaxationsverhalten abhängt.

3.7.3   Der Kriechversuch

Der Kriechversuch kann im Prinzip mit der gleichen Messapparatur wie die Mooney-Messung durchgeführt werden. Dazu wird die Probe nicht mit konstanter Schergeschwindigkeit deformiert, sondern mit einer konstanten Scherspannung beaufschlagt. In Abb. 3.12 ist ein Beispiel für eine Kriechmessung für zwei EPDM-Rohpolymere dargestellt, die sich hauptsächlich in ihrer Verzweigungsstruktur unterscheiden.

Zu Messbeginn wurde eine konstante Scherspannung von $\sigma = 500\,\mathrm{Pa}$ angelegt. Die Scherkomplianz berechnet sich nach Gl. 3.27 zu:

$$J(t) = \frac{1}{G(t)} = \frac{\gamma(t)}{\tau(t)} = \frac{\gamma(t)}{\tau_0}$$

Bei kleinen Zeiten ($t < 5\,\mathrm{s}$) ist das Kriechverhalten (d.h. die Komplianz $J(t)$) der beiden Polymere vergleichbar. Erst bei größeren Zeiten ist ein deutlicher Unterschied sichtbar. Die Komplianz des höher verzweigten Systems ist deutlich kleiner als die des nahezu linearen Systems.

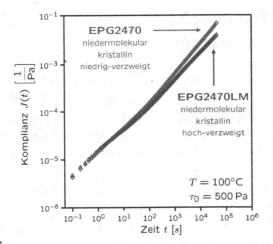

Abb. 3.12 Kriechversuch an einem linearen und einem verzweigten EPDM

Durch die zusätzlichen Verhakungen der verzweigten Ketten wird dem Fließen ein deutlich größerer mechanischer Widerstand entgegengesetzt. Nach langen Zeiten ist die Nachgiebigkeit (bzw. Komplianz) des verzweigten Systems damit kleiner als die des linearen Systems. Bei kürzeren Zeiten haben sowohl die Ketten der linearen als auch die der verzweigten Systeme keine Zeit, aneinander abzugleiten. Die mechanischen Eigenschaften werden in diesem Zeitbereich durch das Relaxationsverhalten der Ketten bestimmt. Da die Auflösung des Kriechversuchs zu kleinen Zeiten hin begrenzt ist, charakterisiert man das Relaxationsverhalten der Ketten üblicherweise durch alternative Messmethoden. Eine weit verbreitete Methode, die dynamisch-mechanische Analyse, wird im nächsten Kapitel ausführlich behandelt.

Die Möglichkeit, das Ergebnis einer Kriechmessung physikalisch zu interpretieren und die mögliche Erweiterung des Messbereichs durch alternative dynamische Messmethoden, stellt einen wesentlichen Vorteil des Kriechversuchs dar.

Im Gegensatz zur Einpunktmessung beim Mooney-Experiment wird das rheologische Verhalten eines viskoelastischen Mediums durch den Kriechversuch (evtl. auch in Kombination mit weiteren dynamisch-mechanischen Messungen) vollständig erfasst und ermöglicht damit eine Analyse der auf molekularer Ebene ablaufenden Relaxationsvorgänge der Polymerketten.

3.8 Das dynamisch-mechanische Relaxationsexperiment

Beim dynamisch-mechanischen Relaxationsexperiment wird ein viskoelastischer Körper einer periodischen Beanspruchung unterworfen. Im Fall einer rein sinusförmigen Beanspruchung antwortet die Probe im linear viskoelastischen Bereich (d.h., die Beziehung zwischen Spannung und Deformation ist rein linear: $\tau \propto \gamma$) mit einem zwar phasenverschobenen, aber weiterhin sinusförmigen Signal gleicher Frequenz.

Wird eine Probe also beispielsweise sinusförmig unter Scherung deformiert (siehe $\gamma(t)$ in Abb. 3.13), so ist die Deformation zu einer bestimmten Zeit t durch die Scheramplitude $\hat{\gamma}_0$ und durch die Kreisfrequenz $\omega = 2\pi \cdot f = \frac{2\pi}{T}$ der Schwingung vollständig bestimmt.

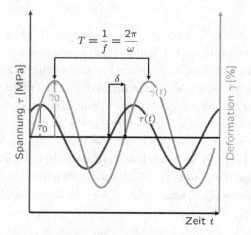

Abb. 3.13 Sinusförmige periodische Deformation

Der zeitliche Verlauf der Scherdeformation ergibt sich zu:

$$\gamma(t) = \hat{\gamma}_0 \cdot \sin(\omega t) \tag{3.32}$$

Deformiert man einen Körper beispielsweise mit einer Kreisfrequenz von $\omega = 2\pi\,\mathrm{s}^{-1}$, so wiederholt sich die maximale Scherung der Probe mit der Amplitude $\pm\gamma_0$ zweimal pro Sekunde. D.h., die Wiederholzeit ist $T = 1\,\mathrm{s}$, und die Frequenz ist $f = 1\,\mathrm{Hz}$).

Als Reaktion auf eine sinusförmige Deformation wird ein zeitverzögertes periodisches Spannungssignal beobachtet (siehe $\tau(t)$ in Abb. 3.13). Mathematisch kann dies durch Gl. 3.33 beschrieben werden:

$$\tau(t) = \hat{\tau}_0 \cdot \sin(\omega t + \delta) \tag{3.33}$$

Die Phasenverschiebung δ zwischen Deformations- und Spannungssignal bringt zum Ausdruck, dass die Reaktion auf eine Deformation zeitverzögert erfolgt. Deutlich wird dies, wenn man die Zeitpunkte betrachtet, zu denen die Maxima von Deformation und Spannung erreicht werden (siehe Abb. 3.13). Je größer der Unterschied dieser Zeitpunkte, umso später erfolgt die Reaktion auf die Deformation und umso größer wird die Phasenverschiebung δ.

Der mögliche Wertebereich des Phasenwinkels wird ersichtlich, wenn man die periodische Anregung für die Grenzfälle der ideal viskosen Flüssigkeit und des idealen Festkörpers betrachtet.

3.8.1 Der ideal isotrope Festkörper

Beim ideal isotropen Festkörper gilt die Hookesche Beziehung zwischen Scherspannung und Scherdeformation: $\tau(t) = G \cdot \gamma(t)$ (siehe Gl. 3.6).

Für eine sinusförmigen Scherdeformation mit $\gamma(t) = \hat{\gamma}_0 \cdot \sin(\omega t)$ ergibt sich die folgende Beziehung für die gemessene Scherspannung:

$$\tau(t) = G \cdot \gamma(t)$$

(mit Gl. 3.33) $\Downarrow$ (mit Gl. 3.32)

$$\hat{\tau}_0 \cdot \sin(\omega t + \delta) = G \cdot \hat{\gamma}_0 \cdot \sin(\omega t)$$

$$\Downarrow$$

$$G = \frac{\hat{\tau}_0}{\hat{\gamma}_0} \quad \text{und} \quad \delta = 0$$

Der Schubmodul des idealen Festkörpers entspricht dem Verhältnis der Amplituden von Spannung und Deformation. Die Phasendifferenz zwischen Deformation und Spannung ist beim idealen Festkörper 0°. Die Reaktion auf eine Deformation erfolgt instantan (siehe Abschnitt 3.5 und Abb. 3.14 links).

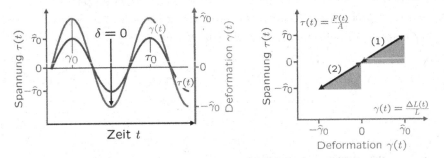

Abb. 3.14 Sinusförmige Anregung und Hystereseverhalten eines idealen Festkörpers

Die Bedeutung des Phasenwinkels δ erschließt sich unmittelbar, wenn man die während der zyklischen Deformation umgesetzte Energie betrachtet. In Abb. 3.14

rechts ist das Hysteresediagramm eines idealen Festkörpers bei periodischer Deformation dargestellt. Im ersten Halbzyklus (1) wird die Probe bis zum Maximum deformiert; dabei wird die gesamte Energie elastisch gespeichert. Die elastisch gespeicherte Energie ist dann proportional zur Fläche unter der Kurve.

Analytisch kann dies durch Gl. 3.34 beschrieben werden. V bezeichnet dabei das Volumen der deformierten Probe.

$$W_{EL} = V \cdot \int_0^{\gamma_{MAX}} \tau(\gamma) \, d\gamma$$

$\Downarrow$ mit: $d\gamma(t) = \hat{\gamma}_0 \cdot \omega \cdot \cos(\omega t)$ und $\tau(t) = \hat{\tau}_0 \cdot \sin(\omega t)$

$$W_{EL} = V \cdot \omega \cdot \int_0^{\frac{T}{4}} \hat{\gamma}_0 \cdot \hat{\tau}_0 \cdot \sin(\omega t) \cdot \cos(\omega t) \cdot dt = V \cdot \frac{1}{2} \cdot \hat{\gamma}_0 \hat{\tau}_0$$

$\Downarrow$ mit: $\hat{\tau}_0 = G \cdot \hat{\gamma}_0$

$$W_{EL} = V \cdot \frac{1}{2} \cdot G \cdot \hat{\gamma}_0^2 \tag{3.34}$$

Beim Entlasten bis zur Nullposition wird die gesamte elastisch gespeicherte Energie wieder frei. Analoges geschieht im zweiten Halbzyklus (2) der Deformation. Die gesamte elastisch gespeicherte Energie berechnet sich damit zu:

$$W_{EL} = V \cdot 2 \cdot \frac{1}{2} \cdot G \cdot \hat{\gamma}_0^2 = V \cdot G \cdot \hat{\gamma}_0^2 \tag{3.35}$$

Die während eines Deformationszyklus dissipierte Energie ist 0, da die während der Deformation des Festkörpers gespeicherte Energie beim Entlasten des Festkörpers wieder vollständig in kinetische Energie umgewandelt wird. Damit wird die gesamte Deformationsenergie elastisch gespeichert und ist proportional zum Modul (siehe Gl. 3.34 und Gl. 3.35), der deshalb auch Speichermodul G' genannt wird.

Ist der Phasenwinkel δ zwischen Deformation und Spannung bei einer periodischen Anregung 0, so wird die gesamte Energie elastisch gespeichert.
In diesem Fall ist der Schubmodul proportional zur elastisch gespeicherten Energie und wird als Speichermodul G' bezeichnet.

$$G' = \frac{\hat{\tau}_0}{\hat{\gamma}_0} \cdot \cos(\delta) \stackrel{\delta=0}{=} \frac{\hat{\tau}_0}{\hat{\gamma}_0}$$

3.8.2 Die ideale Flüssigkeit

Bei der idealen Flüssigkeit gilt die newtonsche Beziehung zwischen Scherspannung und Scherdeformation $\tau(t) = \eta \cdot \dot{\gamma}(t)$ (siehe Gl. 3.9). Bei einer sinusförmigen

Scherdeformation mit $\gamma(t) = \hat{\gamma}_0 \cdot \sin(\omega t)$ ergibt sich die folgende Beziehung für die gemessene Scherspannung:

$$\tau(t) \quad = \quad \eta \cdot \frac{\delta\gamma(t)}{\delta t}$$

(mit Gl. 3.33) $\quad \Downarrow \quad$ (mit Gl. 3.32)

$$\hat{\tau}_0 \cdot \sin(\omega t + \delta) \quad = \quad \eta \cdot \hat{\gamma}_0 \cdot \frac{\delta \sin(\omega t)}{\delta t} = \eta \cdot \hat{\gamma}_0 \cdot \omega \cdot \sin\left(\omega t + \frac{\pi}{2}\right)$$

$$\Downarrow$$

$$G = \frac{\hat{\tau}_0}{\hat{\gamma}_0} = \eta \cdot \omega \quad \text{und} \quad \delta = 90\check{r}$$

Der Schubmodul der idealen Flüssigkeit errechnet sich aus dem Produkt von Viskosität η und Frequenz ω. Die Phasendifferenz zwischen Deformation und Spannung ist bei der idealen Flüssigkeit 90°, d.h., immer dann, wenn die Deformation maximal ist, ist die anliegende Spannung gleich null (siehe Abb. 3.15 links).

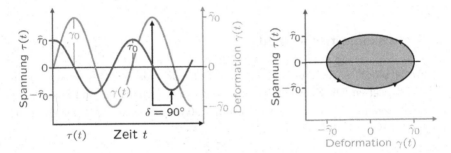

Abb. 3.15 Sinusförmige Anregung und Hystereseverhalten einer idealen Flüssigkeit

Betrachtet man das Hystereseverhalten (siehe Abb. 3.15 rechts), so kann die während der gesamten Deformation umgesetzte Energie mit Gl. 3.36 berechnet werden:

$$W \quad = \quad V \cdot \oint \tau(t) \cdot d\gamma(t)$$

$\Downarrow$ mit: $\delta\gamma(t) = \hat{\gamma}_0 \cdot \omega \cdot \cos(\omega t)$ und $\tau(t) = \hat{\tau}_0 \cdot \cos(\omega t)$

$$W \quad = \quad V \cdot \int_0^T \omega \cdot \hat{\gamma}_0 \cdot \hat{\tau}_0 \cdot \cos^2(\omega t) dt = \pi \cdot \hat{\gamma}_0 \cdot \hat{\tau}_0$$

$\Downarrow$ mit: $\hat{\tau}_0 = G \cdot \hat{\gamma}_0$

$$W_{DISS} \quad = \quad V \cdot \pi \cdot G \cdot \hat{\gamma}_0^2 \qquad (3.36)$$

Man benötigt die Energie W_{DISS}, um eine ideale Flüssigkeit einmal zyklisch mit der Amplitude $\hat{\gamma}_0$ zu deformieren. Nach der zyklischen Deformation ist diese Energie durch innere Reibung irreversibel in Wärme umgewandelt.

Damit wird bei der periodischen Deformation einer idealen Flüssigkeit die gesamte Deformationsenergie dissipiert und keine Energie elastisch gespeichert. Die dissipierte Energie entspricht der Fläche innerhalb der Hystereseellipse (siehe Abb. 3.15) und ist proportional zum Schubmodul (siehe Gl. 3.36), der deshalb auch als Verlustmodul G'' bezeichnet wird.

Ist der Phasenwinkel δ zwischen Deformation und Spannung bei einer periodischen Anregung 90°, so wird die gesamte Energie dissipiert, d.h. irreversibel in Wärme umgewandelt.

In diesem Fall ist der Schubmodul proportional zur dissipierten Energie und wird als Verlustmodul G'' bezeichnet.

$$G'' = \frac{\hat{\tau}_0}{\hat{\gamma}_0} \cdot \sin(\delta) \overset{\delta = \frac{\pi}{2}}{=} \frac{\hat{\tau}_0}{\hat{\gamma}_0} = \eta \cdot \omega$$

3.8.3 Viskoelastische Medien

Ein viskoelastisches Medium kann sowohl Festkörper- als auch Flüssigkeitseigenschaften aufweisen. Die Phasendifferenz δ zwischen Deformations- und Spannungssignal kann damit alle Werte zwischen 0 und 90° (dies entspricht $\frac{\pi}{2}$ bei der Darstellung im Bogenmaß) annehmen.

$$0 \leq \delta \leq \frac{\pi}{2}$$

Dies bedeutet, dass nur ein Teil der während eines Deformationszyklus eingebrachten Energie gespeichert wird, der Rest wird dissipiert, d.h. irreversibel in Wärme umgewandelt. Dabei gibt der Phasenwinkel den Anteil der gespeicherten bzw. der dissipierten Energie an. Formal kann dies durch das Umformen von Gl. 3.33 mit $\sin(\omega t + \delta) = \cos\delta \cdot \sin(\omega t) + sin\delta \cdot \cos(\omega t)$ verdeutlicht werden.

$$
\begin{aligned}
\tau(t) &= \hat{\tau}_0 \cdot \sin(\omega t + \delta) \\
&= \hat{\tau}_0 \cdot \cos(\delta) \cdot \sin(\omega t) + \hat{\tau}_0 \cdot \sin(\delta) \cdot \cos(\omega t) \\
&= \underbrace{\hat{\tau}_0 \cdot \cos(\delta) \cdot \sin(\omega t)}_{\text{elastisch gespeicherter Anteil}} \\
&+ \underbrace{\hat{\tau}_0 \cdot \sin(\delta) \cdot \sin\left(\omega t + \frac{\pi}{2}\right)}_{\text{irreversibel dissipierter Anteil}}
\end{aligned}
\tag{3.37}
$$

Das Spannungssignal kann in zwei Anteile aufgespalten werden: einen Anteil, der in Phase ($\delta = 0$) mit der Deformation ist, und einen Anteil, der eine Phasenverschiebung von 90° besitzt.

Der Modul setzt sich damit auch aus zwei Anteilen zusammen. Den Anteil, bei dem Spannungs- und Deformationssignal in Phase sind ($\delta = 0$), bezeichnet man als Speichermodul G'.

$$G' = \frac{\hat{\tau}_0 \cdot \cos(\delta) \cdot \sin(\omega t)}{\hat{\gamma}_0 \cdot \sin(\omega t)} = \frac{\hat{\tau}_0}{\hat{\gamma}_0} \cdot \cos\delta \qquad (3.38)$$

Der Anteil, bei dem eine Phasenverschiebung von 90° zwischen Spannungs- und Deformationssignal vorliegt, bezeichnet man als Verlustmodul G''.

$$G'' = \frac{\hat{\tau}_0 \cdot \sin(\delta) \cdot \sin(\omega t)}{\hat{\gamma}_0 \cdot \sin(\omega t)} = \frac{\hat{\tau}_0}{\hat{\gamma}_0} \cdot \sin\delta \qquad (3.39)$$

Die während einer zyklischen Deformation elastisch gespeicherte und die dissipierte Energie können analog zu Gl. 3.34 und Gl. 3.36 berechnet werden und entsprechen den schraffierten Flächen in Abb. 3.16 rechts.

$$W_{EL} = V \cdot G' \cdot \hat{\gamma}_0^2 \quad \text{und} \quad W_{DISS} = V \cdot \pi \cdot G'' \cdot \hat{\gamma}_0^2 \qquad (3.40)$$

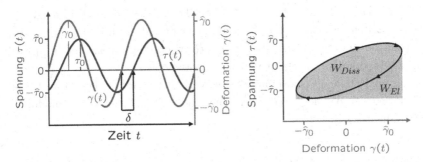

Abb. 3.16 Sinusförmige Anregung und Hystereseverhalten eines viskoelastischen Mediums

Der Speichermodul G' ist damit proportional zu der während einer zyklischen Deformation elastisch gespeicherten Energie W_{EL}, während der Verlustmodul G'' ein Maß für die irreversibel dissipierte Energie W_{DISS} ist.

3.8.4 Der komplexe Modul

Der Schubmodul eines viskoelastischen Mediums ($G(t) = \frac{\tau(t)}{\gamma(t)}$) besitzt zwei Komponenten, die den Anteilen der gespeicherten und der dissipierten Energie widerspiegeln. Er kann als zweidimensionaler Vektor dargestellt werden, der sich aus Speicher- und Verlustmodul zusammensetzt (siehe Abb. 3.17).

Um eine formal einfache Behandlung zu erreichen, wird eine Darstellung des Moduls in komplexen Zahlen gewählt. Der Schubmodul eines viskoelastischen Me-

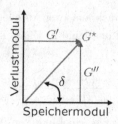

Abb. 3.17 Vektordarstellung des Moduls eines viskoelastischen Körpers

diums wird dann als komplexer Schubmodul $G^\star$ bezeichnet, der aus zwei Anteilen besteht, dem Speicher- und dem Verlustmodul.

$$G^\star = G' + i \cdot G'' \tag{3.41}$$

Der Verlustmodul G'' ist proportional zu der während des Deformationsvorgangs dissipierten Energie. Der Speichermodul G' ist proportional zu der elastisch gespeicherten Energie.

Ein viskoelastisches Medium kann sowohl Festkörper- als auch Flüssigkeitseigenschaften aufweisen, d.h., während einer periodischen Deformation wird nur ein bestimmter Anteil der Energie elastisch gespeichert, der Rest wird dissipiert, d.h. irreversibel in Wärme umgewandelt.

Zur analytischen Beschreibung dieses Verhaltens wird der komplexe Modul $G^\star$ verwendet, der sich aus dem Speichermodul G' und dem Verlustmodul G'' zusammensetzt.

$$G^\star = G' + i \cdot G''$$

Der Speichermodul ist proportional zur gespeicherten Energie, der Verlustmodul proportional zur dissipierten Energie.

$$G' = \frac{\hat{\tau}_0}{\hat{\gamma}_0} \cdot \cos\delta \quad \text{und} \quad G'' = \frac{\hat{\tau}_0}{\hat{\gamma}_0} \cdot \sin\delta$$

3.8.5   Weitere komplexe Größen und etwas Mathematik

Da das mechanische Verhalten eines isotropen, inkompressiblen viskoelastischen Körpers im linearen Deformationsbereich durch den komplexen Scher- bzw. den komplexen Elastizitätsmodul (siehe Gl. 3.8) eindeutig festgelegt ist, können alle mechanischen Eigenschaften aus dem komplexen Modul abgeleitet werden.

Bei bekanntem komplexem Schubmodul errechnet sich der komplexe Elastizitätsmodul aus der einfachen Beziehung

$$E^* = E' + i \cdot E'' \quad = \quad 3 \cdot G^* = 3 \cdot G' + 3 \cdot i \cdot G''$$

$$\Downarrow$$

$$E' = 3 \cdot G' \quad \text{und} \quad E'' = 3 \cdot G''$$

Teilweise wird auch die Nachgiebigkeit oder Komplianz zur Charakterisierung von viskoelastischen Körpern eingesetzt. Definitionsgemäß berechnet sich die Komplianz aus dem Kehrwert des Moduls. Zu beachten ist, dass sich die Definition der komplexen Komplianz ($J^* = J' - iJ''$) von der Definition des komplexen Schubmoduls ($G^* = G' + iG''$) unterscheidet.

Der Grund für diese Definition wird klar, wenn man die grundlegenden Rechenoperationen und Definitionen der komplexen Zahlentheorie betrachtet.

Mathematik der komplexen Zahlen

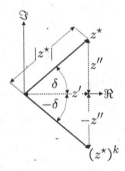

Abb. 3.18 Die komplexe Zahl z^*

Eine komplexe Zahl z^* besteht aus einem Real- und einem Imaginärteil:

$$z^* = z' + i \cdot z''$$

z' bezeichnet den Realteil ($\Re$) und z'' den Imaginärteil ($\Im$) der komplexen Zahl. Anschaulich können Realteil und Imaginärteil einer komplexen Zahl mit den (x, y)-Koordinaten eines Vektors verglichen werden. Der Imaginärteil einer komplexen Zahl z'' wird immer durch die Multiplikation mit der imaginären Zahl i gekennzeichnet, die über die Beziehung $i^2 = -1$ definiert ist.

Die Einführung der imaginären Zahl i ermöglicht nicht nur die formale Analogie zur Vektoralgebra, sondern vereinfacht das Rechnen mit komplexen Zahlen.

Der Betrag einer komplexen Zahl entspricht der Länge eines Vektors und ist eine reelle Zahl. Berechnet wird der Betrag einer komplexen Zahl z^*, indem man sie mit ihrer konjugiert komplexen Zahl multipliziert und aus dem Produkt die Quadrat-wurzel zieht. Die konjugiert komplexe Zahl $(z^\star)^k$ ist folgendermaßen definiert:

$$(z^\star)^k = z' - \mathrm{i} \cdot z''$$

D.h., die konjugiert komplexe Zahl $(z^\star)^k$ wird gebildet, indem der Imaginärteil der komplexen Zahl $z^\star$ mit -1 multipliziert wird.

Der Betrag der komplexen Zahl errechnet sich damit zu

$$
\begin{aligned}
|z^\star| \quad &= \quad \sqrt{z^\star \cdot (z^\star)^k} = \sqrt{(z' + \mathrm{i} \cdot z'') \cdot (z' - \mathrm{i} \cdot z'')} \\
&= \quad \sqrt{(z')^2 - \mathrm{i}^2 \cdot (z'')^2} \\
\overset{(\text{mit } \mathrm{i}^2 = -1)}{=} \quad &\sqrt{(z')^2 + (z'')^2}
\end{aligned}
$$

Spätestens hier sollte man an den Satz des Pythagoras aus Schulzeiten erinnert werden (es ist ja $c^2 = a^2 + b^2$ oder $l = \sqrt{\Delta x^2 + \Delta y^2}$, wenn die Länge einer Linie aus x- und y-Koordinaten zu berechnen war).

Für das Produkt zweier komplexer Zahlen $u^\star$ und $v^\star$ findet man:

$$
\begin{aligned}
u^\star \cdot v^\star \quad &= \quad (u' + \mathrm{i} \cdot u'') \cdot (v' + \mathrm{i} \cdot v'') \\
&= \quad u'v' + \mathrm{i} \cdot (u'v'' + u''v') + \mathrm{i}^2 \cdot u''v'' \\
\overset{(\text{mit } \mathrm{i}^2 = -1)}{=} \quad &(u'v' - u''v'') + \mathrm{i} \cdot (u'v'' + u''v')
\end{aligned}
$$

Das Produkt zweier komplexer Zahlen ergibt wieder eine komplexe Zahl. Dividiert man zwei komplexe Zahlen $u^\star$ und $v^\star$, so vereinfacht sich die Rechnung, wenn man Nenner und Zähler mit der konjugiert komplexen Zahl des Nenners multipliziert bzw. erweitert.

$$
\begin{aligned}
\frac{u^\star}{v^\star} \quad &= \quad \frac{u^\star \cdot (v^\star)^k}{v^\star \cdot (v^\star)^k} = \left(\frac{(u' + \mathrm{i} \cdot u'') \cdot (v' - \mathrm{i} \cdot v'')}{(v' + \mathrm{i} \cdot v'') \cdot (v' - \mathrm{i} \cdot v'')} \right. \\
&= \quad \frac{u'v' + u''v''}{|v^\star|^2} + \mathrm{i} \cdot \frac{u''v' - u'v''}{|v^\star|^2}
\end{aligned}
$$

Zur Berechnung der Komplianz aus dem Schubmodul wird die Berechnung des Kehrwerts einer komplexen Zahl $z^\star$ benötigt. Analog zur Division zweier komple-xer Zahlen wird die Berechnung deutlich vereinfacht, wenn Zähler und Nenner mit dem konjugiert Komplexen des Nenners multipliziert werden.

$$
\begin{aligned}
\frac{1}{z^\star} \quad &= \quad \frac{1 \cdot (z^\star)^k}{z^\star \cdot (z^\star)^k} \\
&= \quad \frac{z'}{|z^\star|^2} - \mathrm{i} \cdot \frac{z''}{|z^\star|^2}
\end{aligned}
$$

Der identische Ausdruck ergibt sich, wenn man das Ergebnis der Division zweier komplexer Zahlen betrachtet sowie $u^\star$ und $v^\star$ durch $1 + \mathrm{i} \cdot 0$ bzw. $z^\star$ ersetzt.

Zum Ende des Exkurses soll eine weitere Darstellung komplexer Zahlen vorgestellt werden. In der Vektoralgebra existiert neben der Darstellung in (x, y)-Koordinaten eine Darstellung in Polarkoordinaten, d.h., es werden die Länge des Vektors und sein Winkel in der Ebene angegeben.

Analoges gilt für die Darstellung einer komplexen Zahl. In Polarkoordinaten wird eine komplexe Zahl $z^\star$ durch ihren Betrag und ihren Phasenwinkel δ angegeben.

$$z^\star = |z^\star| \cdot e^{i\delta}$$

Der Zusammenhang zu der Darstellung in Real- und Imaginärteil wird deutlich, wenn man die Definition der komplexen Exponentialfunktion $e^{i\delta} = \cos\delta + i\sin\delta$ in die obige Gleichung einsetzt.

$$
\begin{aligned}
z^\star = |z^\star| \cdot e^{i\delta} &= |z^\star| \cdot \cos\delta + i \cdot |z^\star| \cdot \sin\delta \\
&= z' + i \cdot z''
\end{aligned}
$$

$$\downarrow$$

$$z' = |z^\star| \cdot \cos\delta \qquad z'' = |z^\star| \cdot \sin\delta \qquad \tan\delta = \frac{z''}{z'}$$

Natürlich können die Summe, das Produkt und der Quotient zweier komplexer Zahlen in Polarkoordinaten ebenso berechnet werden wie in der Darstellung mit Real- und Imaginärteil. Wirklich vorteilhaft ist dies aber nur beim Produkt und beim Quotienten zweier komplexer Zahlen. Das Produkt zweier komplexer Zahlen $u^\star$ und $v^\star$ berechnet sich in Polarkoordinaten sehr einfach aus dem Produkt der Beträge und der Summe der Phasenwinkel.

$$
\begin{aligned}
u^\star \cdot v^\star &= |u^\star| \cdot e^{i\delta_u} \cdot |v^\star| \cdot e^{i\delta_v} \\
&= |u^\star| \cdot |v^\star| \cdot e^{i(\delta_u + \delta_v)}
\end{aligned}
$$

Bei der Division zweier komplexer Zahlen müssen lediglich die Beträge dividiert und die Phasenwinkel subtrahiert werden.

$$
\begin{aligned}
\frac{u^\star}{v^\star} &= \frac{|u^\star| \cdot e^{i\delta_u}}{|v^\star| \cdot e^{i\delta_v}} \\
&= \frac{|u^\star|}{|v^\star|} \cdot e^{i(\delta_u - \delta_v)}
\end{aligned}
$$

Verwendung finden die komplexen Zahlen vorwiegend in der Signalverarbeitung. Vor allem wenn periodische, sinusförmige Signalen analysiert werden, zeigt sich der Vorteil bei der Rechnung mit komplexen Zahlen.

Darstellung der Module als komplexe Zahlen

Stellt man beispielsweise die periodische Deformation eines viskoelastischen Mediums als komplexe Zahl dar, so ist der Betrag $|\gamma|$ der Deformation identisch mit der Amplitude $\hat{\gamma}_0$. Der zeitabhängige Phasenwinkel $\delta(t) = \omega t$ beschreibt dann die zyklische Änderung der Deformation mit der Zeit.

$$\gamma^\star(t) = |\gamma| \cdot e^{\mathrm{i}\omega t} = \hat{\gamma}_0 \cdot e^{\mathrm{i}\omega t}$$

Die komplexe Schreibweise eines periodischen Signals wird auch *allgemeiner periodischer Ansatz* genannt.

Als Reaktion auf eine sinusförmige periodische Deformation antwortet ein viskoelastisches Medium mit einem zeitverzögerten, d.h., phasenverschobenen Spannungssignal. Stellt man dieses als komplexe Zahl dar, so ergibt sich:

$$\tau^\star(t) = |\tau| \cdot e^{\mathrm{i}(\omega t + \delta)} = \hat{\tau}_0 \cdot e^{\mathrm{i}(\omega t + \delta)}$$

Dabei beschreibt $|\tau|$ die Amplitude der Spannung $\hat{\tau}_0$ und δ die Phasendifferenz, d.h. die Zeitverzögerung zwischen Spannungs- und Deformationssignal.

Definiert man den komplexen Modul $G^\star$ jetzt konsequenterweise als das Verhältnis der beiden komplexen Größen $\gamma^\star(t)$ und $\tau^\star(t)$, so ergibt sich die Definition von Real- und Imaginärteil des Moduls beinahe zwanglos.

$$G^\star = \frac{\tau^\star(t)}{\gamma^\star(t)} = \frac{\hat{\tau}_0}{\hat{\gamma}_0} \cdot \frac{e^{\mathrm{i}(\omega t + \delta)}}{e^{\mathrm{i}\omega t}}$$

$$= \frac{\hat{\tau}_0}{\hat{\gamma}_0} \cdot e^{\mathrm{i}(\omega t + \delta) - \mathrm{i}\omega t} = \frac{\hat{\tau}_0}{\hat{\gamma}_0} \cdot e^{\mathrm{i}\delta}$$

$$G' + \mathrm{i} \cdot G'' = \frac{\hat{\tau}_0}{\hat{\gamma}_0} \cdot \cos\delta + \mathrm{i} \cdot \frac{\hat{\tau}_0}{\hat{\gamma}_0} \cdot \sin\delta$$

Modul, Komplianz und Viskosität

Auch komplexere Beziehungen lassen sich durch die Verwendung von komplexen Zahlen einfach herleiten. So kann aus der komplexen Definition der Viskosität

$$\tau^\star(t) = \eta^\star \cdot \dot{\gamma}^\star(t)$$

eine Beziehung zwischen dem komplexen Schubmodul und der komplexen Viskosität abgeleitet werden. Dazu muss lediglich die zeitliche Änderung $\dot{\gamma}(t)^\star$ der Deformation berechnet werden.

$$\dot{\gamma}(t)^\star = \frac{d}{dt} \left\{ \hat{\gamma}_0 \cdot e^{\mathrm{i}\omega t} \right\} = \hat{\gamma}_0 \cdot \mathrm{i}\omega \cdot e^{\mathrm{i}\omega t}$$

Eingesetzt in die Definition der komplexen Viskosität ergibt sich

$$\tau_0 \cdot e^{\mathrm{i}(\omega t + \delta)} = \eta^\star \cdot \gamma_0 \cdot \mathrm{i}\omega \cdot e^{\mathrm{i}\omega t}$$

$$\Downarrow$$

$$G^\star = \frac{\hat{\tau}_0}{\hat{\gamma}_0} \cdot e^{\mathrm{i}\delta} = \mathrm{i}\omega\eta^\star$$

Da die Bildung des Kehrwerts einer komplexen Zahl zu einem negativen Imaginärteil des Ergebnisses führt, würde sich bei der Berechnung der komplexen Komplianz $J^\star$ aus dem komplexen Modul $G^\star$ eine negative Verlustkomplianz $J'' = -\frac{G''}{|G^\star|^2}$ ergeben. Da negative Modulwerte physikalisch nicht sinnvoll sind, definiert man die Komplianz wie in Gl. 3.42 angegeben. Durch diesen formalen Kunstgriff erreicht man, dass sowohl Module als auch Komplianzen nur positive Werte annehmen.

$$J^\star = J' - iJ'' = \frac{1}{G^\star} = \frac{1}{G' + i \cdot G''}$$

$$\Downarrow \text{(mit } i^2 = -1\text{)}$$

$$J' = \frac{G'}{|G|^2} \quad \text{und} \quad J'' = \frac{G''}{|G|^2} \tag{3.42}$$

J' bezeichnet in Gl. 3.42 die Speicherkomplianz und J'' die Verlustkomplianz. $|G|$ ist der Betrag des Moduls.

$$|G| = \sqrt{G'^2 + G''^2} \tag{3.43}$$

In gleicher Weise kann die komplexe Dehnkomplianz $D^\star$ aus dem komplexen Elastizitätsmodul $E^\star$ berechnet werden.

Der Verlustfaktor $\tan(\delta)$, der ein Maß für das Verhältnis von dissipierter Energie zu elastisch gespeicherter Energie während einer periodischen mechanischen Deformation darstellt, berechnet sich aus dem Verhältnis von Imaginär- und Realteil des komplexen Moduls bzw. der Scherkomplianz.

$$\tan(\delta) = \frac{G''}{G'} = \frac{J''}{J'} \tag{3.44}$$

Der Winkel δ ist dabei identisch mit der Phasenverschiebung zwischen Spannungs- und Deformationssignal.

Die Definition der komplexen Viskosität ($\eta^\star = \eta' - i \cdot \eta''$) wird wiederum so gewählt, dass nur positive Werte angenommen werden können.

$$\eta^\star = \eta' - i \cdot \eta''$$

$$= \frac{G^\star}{i \cdot \omega} = \frac{1}{i \cdot \omega \cdot J^\star}$$

$$\downarrow$$

$$\eta' = \frac{G''}{\omega} = \frac{J''}{\omega \cdot |J^\star|^2} \quad \text{und} \quad \eta'' = \frac{G'}{\omega} = \frac{J'}{\omega \cdot |J^\star|^2} \tag{3.45}$$

Bei der Interpretation von dynamisch-mechanischen Messungen wird zumeist nur der Betrag der Viskosität diskutiert. Dieser berechnet sich aus dem Betrag $|G^\star|$ des Moduls bzw. dem Betrag der Komplianz zu

$$|\eta^\star| = \frac{|G^\star|}{\omega} = \frac{1}{\omega \cdot |J^\star|} \tag{3.46}$$

3.9   Beispiele für dynamisch-mechanische Experimente

Im Folgenden sollen einige Beispiele für dynamisch-mechanische Relaxationsexperimente vorgestellt werden. Bei allen Experimenten wird eine Probe periodisch mit einer vorgegebenen Frequenz belastet. Abhängig von der Art des Experiments wird entweder die Deformationsamplitude $\hat{\gamma}_0$ oder die Spannungsamplitude $\hat{\tau}_0$ vorgegeben. Messgrößen sind die zeitabhängigen Spannungs- und Deformationssignale $\tau(t)$ und $\gamma(t)$. Daraus werden die Amplituden sowie der Phasenwinkel extrahiert (üblicherweise durch eine Fourier-Analyse oder durch einen Fit mit einer oder mehreren Sinusfunktionen). Mit diesen Größen können dann alle gewünschten komplexen Materialgrößen berechnet werden.

Man unterscheidet drei Arten von dynamisch-mechanischen Messungen.

3.9.1   Die temperaturabhängige dyn.-mech. Messung

Bei der temperaturabhängigen dynamisch-mechanischen Messung sind sowohl die Frequenz f als auch die Amplitude der Anregung ($\hat{\gamma}_0$ oder $\hat{\tau}_0$) konstant. Variiert wird die Temperatur T der Probe. Meistens werden temperaturabhängige Messungen bei konstanter kleiner Deformationsamplitude $\hat{\gamma}_0$ durchgeführt ($\hat{\gamma}_0 \leq 0.1\,\%$).

Zur Durchführung eines Experiments wird die Probe üblicherweise schnell auf die Starttemperatur der Messung abgekühlt (meist zwischen $-150\,°C$ und $-100\,°C$). Die Messung des komplexen Moduls wird während des Aufheizens der Probe mit einem konstantem Temperaturgradienten durchgeführt. Als Faustregel gilt: Je größer die Probe oder, genauer, je kleiner das Verhältnis von Oberfläche zu Volumen, umso kleiner sollte der Temperaturgradient sein. Bei zu schnellem Aufheizen kann eine inhomogene Erwärmung der Probe auftreten und die Messung verfälschen. Normalerweise wird eine Heizrate von $1\,K/min$ bis $2\,K/min$ nicht überschritten.

In Abb. 3.19 ist die temperaturabhängige Messung des komplexen Schubmoduls eines unvernetzten Polybutadiens dargestellt. Dazu wurde die Probe auf $-130\,°C$ abgekühlt und anschließend mit einer Heizrate von $1\,K/min$ bis zu einer Temperatur von $80\,°C$ erwärmt. Die Messung des Schubmoduls wurde bei einer Frequenz von $1\,Hz$ und einer konstanten Deformationsamplitude von $0.1\,\%$ durchgeführt.

Betrachtet man den temperaturabhängigen Verlauf des Speichermoduls G', so beobachtet man mit steigender Temperatur eine sehr starke Abnahme. Der bei $0\,°C$ gemessene Speichermodul ist ca. 1000-mal kleiner als der bei $-100\,°C$ gemessene Speichermodul.

Der Verlustmodul G'' durchläuft ein Maximum bei ca. $-90\,°C$ und nimmt dann bis zu einer Temperatur von $-10\,°C$ stetig ab. Bei höheren Temperaturen beobachtet man eine leichte Zunahme des Verlustmoduls.

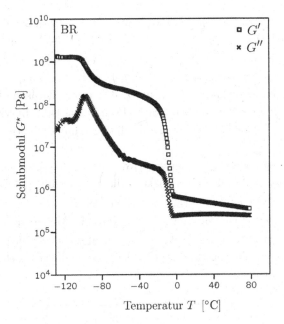

Abb. 3.19 Temperaturabhängige Schubmodulmessung eines unvernetzten Polybutadiens

Auf der Basis der bisherigen Definitionen ist nur eine qualitative Beschreibung der temperaturabhängigen Messung und/oder ein quantitativer Vergleich der Modulwerte von verschiedenen Proben möglich.

Eine physikalische Interpretation der Messkurven kann auf der Basis der bisher eingeführten Definitionen und Begriffe nicht gegeben werden. So kann die Frage, warum der Modul mit steigender Temperatur um drei Zehnerpotenzen abnimmt oder warum der Verlustmodul ein Maximum durchläuft, bisher nicht beantwortet werden.

Dazu müssen Modelle eingeführt werden, die auf der Grundlage von Parametern, die entweder phänomenologisch oder molekular motiviert sind, eine quantitative Beschreibung der temperaturabhängigen Modulkurven ermöglichen.

Eine Einführung in die phänomenologische Charakterisierung des dynamisch-mechanischen Materialverhaltens folgt in Abschnitt 3.10. Die Vorstellung einiger molekular motivierter Modelle findet sich in Abschnitt 3.11.

3.9.2 Die frequenzabhängige dyn.-mech. Messung

Bei der frequenzabhängigen dynamisch-mechanischen Messung werden sowohl die Temperatur T als auch die Amplitude ($\hat{\gamma}_0$ oder $\hat{\tau}_0$) konstant gehalten. Variiert wird die Frequenz f der Anregung. Der Frequenzbereich ist abhängig vom verwendeten Messgerät und liegt bei industriell eingesetzten Messgeräten zwischen 10^{-3} Hz und

10^3 Hz. Auf Messungen bei tieferen Frequenzen wird aus Zeitgründen oft verzichtet (eine Messung des Moduls bei $1\,\mathrm{mHz}$ dauert incl. Regeln und Einschwingen ca. 1 Stunde). Die Messung bei höheren Frequenzen kann durch apparative Resonanzen erheblich verfälscht werden. Die genaue Bestimmung dieser apparativ bedingten Resonanzfrequenzen ist schwierig, da die zu charakterisierende Probe die Eigenschwingungen der Messapparatur beeinflusst. D.h, die viskoelastischen Eigenschaften der Probe haben Einfluss auf die Lage und die Form der Resonanzeffekte.

Die Messung bei höheren Frequenzen wird auch durch die Geometrie der Probe und durch deren Schallgeschwindigkeit, die von Modul und Dichte des Polymers abhängt, begrenzt. Für isotrope Festkörper gilt $c = \sqrt{\frac{|G^*(\omega)|}{\rho}}$ gegeben. Wird die Frequenz der Deformation so hoch, dass die Wellenlänge der Scherung (oder Dehnung) im Bereich der Dicke (oder Länge) der Probe liegt, so gelten die stationären Gleichungen zur Bestimmung der zeitabhängigen Deformation bzw. Spannung nicht mehr.

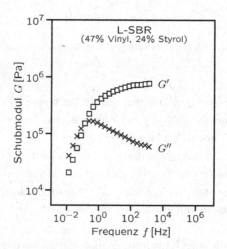

Abb. 3.20 Frequenzabhängige Schubmodulmessung eines unvernetzten Polystyrolbutadiens

In Abb. 3.20 ist die frequenzabhängige Messung eines aus einer Lösung polymerisierten Polystyrolbutadienkautschuks (L-SBR) bei einer Temperatur von 100 °C dargestellt. Nach dem Aufheizen der Probe auf die Messtemperatur von 100 °C und einer ca. 30-minütigen Temperphase wurde die Messung bei der tiefsten Frequenz (10^{-2} Hz) gestartet. Nach mehreren Einschwingzyklen wurden die zeitabhängigen Deformations- und Spannungssignale aufgezeichnet und daraus der komplexe Modul berechnet. Anschließend folgten die Erhöhung der Frequenz und der nächste Einschwing- und Messvorgang. Dies wurde, bei logarithmisch äquidistanter Teilung mit acht Frequenzen pro Dekade, wiederholt, bis die Endfrequenz von 1000 Hz erreicht war.

Ohne eine phänomenologische oder molekulare Modellvorstellung lassen sich auch die Ergebnisse der frequenzabhängigen Messung nur beschreibend auswerten. Inwiefern durch frequenzabhängige Messungen von Speicher- und Verlustmodul Aussagen über molekulare Eigenschaften des Polymers oder phänomenologische Beschreibungen der dynamisch-mechanischen Eigenschaften möglich sind, wird in den Abschnitten 3.10 und 3.11 diskutiert.

3.9.3 Die amplitudenabhängige dynamisch-mechanische Messung

Bei der amplitudenabhängigen dynamisch-mechanischen Messung werden Temperatur T und Frequenz f konstant gehalten. Die Amplitude der Spannung $\hat{\tau}_0$ bzw. der Deformation $\hat{\gamma}_0$ wird ausgehend von kleinen Amplituden sukzessive erhöht. Der Messablauf ist dabei analog dem bei der frequenzabhängigen Messung. Zuerst wird einige Einschwingzyklen lang abgewartet, dann werden Spannungs- und Deformationssignale über der Zeit gemessen und daraus der komplexe Modul berechnet. Danach wird die Amplitude erhöht und der nächste Einschwing- und Messvorgang durchgeführt. Dies wird wiederholt, bis die höchste Amplitude erreicht ist. Die kleinsten messbaren Amplituden hängen vom Messbereich der verwendeten Aufnehmer und vom Auflösungsverhalten der analogen und digitalen Verstärker und Wandler ab. Die größten messbaren Amplituden sollten so gewählt werden, dass zum einen die Erwärmung der Probe durch die mechanische Deformation noch zu vernachlässigen ist und zum anderen nichtlineare Effekte keine Rolle spielen.

Beim amplitudenabhängigen Experiment ist zu berücksichtigen, dass eine Änderung des Speicher- und Verlustmoduls mit steigender Deformations- oder Spannungsamplitude nicht notwendigerweise auf eine Nichtlinearität der Spannungs-Dehnungs-Beziehung schließen lässt. Gerade bei gefüllten Elastomersystemen liegt oft linear viskoelastisches Verhalten vor, und trotzdem nimmt der Speichermodul mit steigender Amplitude ab. Der Grund für diese Abnahme wird bei der Diskussion der dynamisch-mechanischen Eigenschaften von gefüllten Systemen in Abschnitt 3.16 erläutert.

In Abb. 3.21 ist eine amplitudenabhängige Messung am Beispiel eines rußgefüllten, vernetzten L-SBR-Kautschuks dargestellt. Ausgehend von einer Startamplitude von $0.1\,\%$ wurde die Deformationsamplitude $\hat{\gamma}_0$ in logarithmischer Skalierung mit 12 Punkten pro Dekade sukzessive erhöht. Bei sehr kleinen Amplituden $\hat{\gamma}_0 < 0.2\,\%$ findet man nahezu konstante Werte von Speicher- und Verlustmodul. Hier scheint die Amplitude der Deformation keinen oder nur sehr geringen Einfluss auf den komplexen Modul zu haben. Mit steigender Deformationsamplitude $0.2\,\% \leq \hat{\gamma}_0 \leq 10\,\%$ nimmt der Speichermodul G' deutlich ab, während der Verlustmodul G'' ein Maximum durchläuft. Bei noch höheren Amplituden deu-

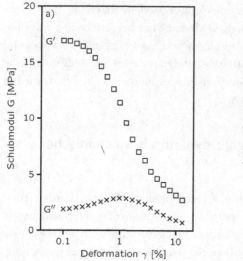
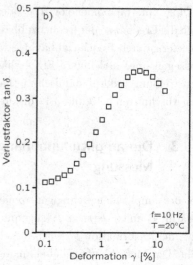

Abb. 3.21 Amplitudenabhängige Schubmodulmessung eines vernetzten, rußgefüllten Polystyrolbutadiens (a: Speicher- und Verlustmodul, b: Verlustfaktor)

tet sich wiederum eine Unabhängigkeit der Speicher- und Verlustmodule von der Amplitude der Deformation an.

Bei den Messungen wurde vorausgesetzt, dass bei allen Deformationsamplituden linear viskoelastisches Deformationsverhalten vorliegt. Dies kann durch die Analyse der detektierten Spannungs- und Deformationssignale überprüft werden. Bei nichtlinearem Materialverhalten würde eine Anregung mit einer sinusförmigen Deformation ein periodisches Spannungssignal hervorrufen, welches auch Anteile mit höheren Frequenzen beinhaltet. Sichtbar würde dies bei einer Fourier-Transformation der zeitabhängigen Spannungs- und Deformationssignale. Je höher die Anteile an höherfrequenten Beiträgen, umso stärker nichtlinear wäre die Beziehung zwischen Deformation und Spannung. Bei der in Abb. 3.21 dargestellten Messung war die Summe aller höherfrequenten Beiträge im Spannungssignal kleiner als 1 %. Damit kann das mechanische Verhalten in guter Näherung als linear viskelastisch bezeichnet werden.

3.9.4 Ein kleiner mathematischer Exkurs

Geht man von einer nichtlinearen Beziehung zwischen Spannung und Deformation aus, so kann dies im allgemeinsten Fall durch eine Potenzreihe zum Ausdruck gebracht werden.

$$\tau^\star(t) = G^\star(\gamma^\star(t)) \cdot \gamma^\star(t) = \alpha_1^\star \cdot \gamma^\star(t) + \frac{\alpha_2^\star}{2} \cdot (\gamma^\star(t))^2 + \ldots + \frac{\alpha_n^\star}{n!} \cdot (\gamma^\star(t))^n$$

$$= \sum_{k=1}^{N} \frac{\alpha_k^\star}{k!} \cdot (\gamma^\star(t))^k$$

Dabei entspricht $\alpha_k = \frac{\delta^k G(\gamma)}{\delta\gamma}|_{\gamma=0}$ der k-ten Ableitung bei $\gamma = 0$.

Eine periodische Deformation mit der Frequenz ω und der Amplitude $\hat{\gamma}_0$ hat dann ein periodisches Spannungssignal der Form

$$\tau(t)^\star = \sum_{k=1}^{N} \frac{\alpha_k}{k!} \cdot \hat{\gamma}_0^k \cdot \left(e^{i\omega t}\right)^k$$

$$= \sum_{k=1}^{N} \frac{\alpha_k}{k!} \cdot \hat{\gamma}_0^k \cdot e^{i(\omega k)t}$$

zur Folge.

Damit beinhaltet das Spannungssignal nicht nur die Frequenz ω der periodischen Deformation, sondern auch Anteile mit dem Vielfachen $k \cdot \omega$ dieser Frequenz. Die Anteile der Schwingung mit der Frequenz $k \cdot \omega$ hängen von der Größe der Koeffizienten α_k ab, nehmen aber mit steigendem k gemäß der Funktion $\frac{1}{k}$ ab. Es gilt $\lim_{k\to\infty} \frac{x^k}{k!} = \frac{1}{k} = 0$.

Nichtlineares Materialverhalten kann damit durch die Bestimmung der Amplituden der Oberwellen – dies sind alle Schwingungen, deren Frequenzen ein Vielfaches der Grundfrequenz ω betragen – ermittelt werden. Nehmen die Amplituden der Oberwellen der Frequenz $\omega \cdot k$ gemäß der Funktion $\frac{1}{k}$ ab, so kann man davon ausgehen, dass sie durch nichtlineares Materialverhalten erzeugt werden. Das Verhältnis der Summe der Amplituden aller Oberwellen zur Gesamtamplitude, das auch als Klirrfaktor bezeichnet wird, kann als Maß für die Nichtlinearität der Beziehung zwischen Spannung und Deformation verwendet werden.

3.10 Phänomenologische Relaxationsmodelle

Im Folgenden sollen einfache Modelle diskutiert werden, die eine phänomenologische Beschreibung des dynamisch-mechanischen Materialverhaltens von linear viskoelastischen Materialien ermöglichen. Grundlage der meisten dieser Modelle sind die mechanischen Eigenschaften des idealen Festkörpers und der idealen Flüssigkeit. Der ideale Festkörper wird dabei als mechanische Feder betrachtet und die ideale Flüssigkeit als Dämpfungselement. Durch die Kombination von Feder- und Dämpfungselementen können mechanische Ersatzschaltbilder aufgebaut werden, die eine quantitative Beschreibung des viskoelastischen Materialverhaltens von Polymeren erlauben.

In diesem Kapitel werden die Eigenschaften von einfachen Kombinationen aus Feder- und Dämpfungselementen abgeleitet, und es wird gezeigt, wie dadurch das dynamisch-mechanische Verhalten von Polymeren modelliert werden kann.

Das Relaxations- und das Kriechverhalten einer isolierten Feder und eines isolierten Dämpfers entsprechen definitionsgemäß denen des idealen Festkörpers bzw. der idealen Flüssigkeit; dies wurde in den Abschnitten 3.5 bis 3.8 ausführlich beschrieben.

3.10.1   Das Maxwell-Modell

Ein Maxwell-Element besteht aus einer Feder und einem dazu in Serie geschaltetem Dämpfer (siehe Abb. 3.22). Die mechanischen Eigenschaften werden durch den Modul G der Feder und durch die Viskosität η des Dämpfungselements eindeutig und vollständig beschrieben.

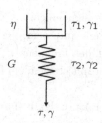

Abb. 3.22 Das Maxwell-Element

Für die Reihenschaltung von Feder und Dämpfer gelten folgende grundlegenden Beziehungen:

$$\tau(t) = \tau_1(t) = \tau_2(t)$$
$$\gamma(t) = \gamma_1(t) + \gamma_2(t) \tag{3.47}$$

Bei einer Serienschaltung sind die an den Elementen wirkenden Spannungen $\tau_1(t)$ bzw. $\tau_2(t)$ identisch und entsprechen der resultierenden Spannung $\tau(t)$, während sich die Gesamtdeformation $\gamma(t)$ aus der Summe der einzelnen Deformationen $\gamma_1(t)$ und $\gamma_2(t)$ zusammensetzt.

Die zeitliche Änderung $\dot\gamma(t)$ der Deformation eines Maxwell-Elements ergibt sich, wenn die Grundgleichungen für die Feder bzw. deren Ableitung $\dot\tau_2(t) = \dot\tau(t) = G \cdot \dot\gamma_2(t)$, $\tau_2(t) = G \cdot \gamma_2(t)$ (siehe Abschn. 3.3) und für das Dämpfungselement $\tau_1(t) = \eta \cdot \dot\gamma_1(t)$ (siehe Abschn. 3.4) in die zeitliche Ableitung von Gl. 3.47 eingesetzt werden.

$$\dot\gamma(t) = \frac{\tau(t)}{\eta} + \frac{\dot\tau(t)}{G} \tag{3.48}$$

Mit Gl. 3.48 kann die Reaktion des Maxwell-Elements auf eine beliebige zeitabhängige Anregung berechnet werden.

Im Folgenden wird das mechanische Verhalten des Maxwell-Elements für das Kriech- und das Relaxationsexperiment sowie für den Fall der periodischen, sinusförmigen Anregung abgeleitet und diskutiert.

Das Kriechexperiment

Beim Kriechexperiment wirkt ab Beginn der Messung ($t = 0$) eine konstante Spannung ($\tau(t) = \tau_0$) auf das Maxwell-Element. Die zur Zeit t vorhandene Gesamtdeformation $\gamma(t)$ kann durch Integration von Gl. 3.48 berechnet werden.

$$\gamma(t) \quad = \quad \int_0^t \left(\frac{\tau(t')}{\eta} + \frac{\dot{\tau}(t')}{G} \right) dt'$$

$$\Downarrow \text{mit:} \quad \tau(t) = \tau_0 \text{ und } \dot{\tau}(t) = \frac{d\tau_0}{dt} = 0$$

$$\gamma(t) \quad = \quad \int_0^t \frac{\tau_0}{\eta} dt' = \frac{\tau_0}{\eta} \cdot t + \gamma_0$$

Der zeitabhängige Modul $G(t) = \frac{\tau(t)}{\gamma(t)}$ und die zeitabhängige Komplianz $J(t) = \frac{\gamma(t)}{\tau(t)}$ berechnen sich mit $G = \frac{\tau_0}{\gamma_0}$ zu:

$$J(t) = \frac{1}{\eta} \cdot t + \frac{1}{G} = \frac{1}{G} \left(\frac{t}{\tau_R} + 1 \right) \quad \text{und} \quad G(t) = \frac{G}{\frac{G}{\eta} \cdot t + 1} = \frac{G}{\frac{t}{\tau_R} + 1} \quad (3.49)$$

Die Größe τ_R wird als die Relaxationszeit des Maxwell-Elements bezeichnet und ist nicht mit der Bezeichnung für eine Spannung zu verwechseln.

$$\tau_R = \frac{\eta}{G} [\text{s}] \qquad (3.50)$$

Die Verwendung des griechischen Symbols τ für Spannungen und Relaxationszeiten ist nicht meine Erfindung, sondern wird so in fast allen Publikationen verwendet. Falls nicht genau klar ist, ob τ eine Spannung oder eine Relaxationszeit bezeichnet, sollten die verwendeten Einheiten betrachtet werden. Ergibt sich [Pa], so bezeichnet τ eine Spannung, und ergibt sich [s], so bezeichnet τ eine Relaxationszeit. Um im Folgenden die Konfusion nicht unnötig zu erhöhen, wird immer dann, wenn eine Relaxationszeit gemeint ist, das leicht modifizierte Symbol $\check{\tau}$ verwendet.

In Abb. 3.23 ist ein Beispiel für das berechnete zeitabhängige Verhalten eines Maxwell-Elements beim Kriechversuch grafisch dargestellt. Das linke Diagramm zeigt den zeitabhängigen Modul $G(t)$, das rechte Diagramm die zeitabhängige Komplianz $J(t)$.

Bei kleinen Zeiten $t \to 0$ entspricht der zeitabhängige Modul $G(t)$ bzw. die zeitabhängige Komplianz dem Modul G bzw. der Komplianz $\frac{1}{G}$ der Feder. Mit zunehmender Zeit t dominiert das viskose Dämpfungselement das mechanische Verhalten. Bei sehr großen Zeiten $t \to \infty$ wird das mechanische Verhalten nur noch durch das Dämpfungsglied bestimmt.

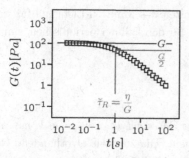 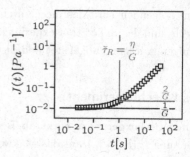

Abb. 3.23 Kriechverhalten eines Maxwell-Elements mit $G = 100\,\text{Pa}$ und $\eta = 100\,\text{Pa} \cdot \text{s}$

Die Relaxationszeit $\check{\tau}_R$ entspricht der Zeit, nach der der Modul um die Hälfte abgenommen bzw. die Komplianz um das Doppelte zugenommen hat.

Das Relaxationsexperiment

Beim Relaxationsexperiment wirkt ab Beginn der Messung ($t = 0$) eine konstante Deformation ($\gamma(t) = \gamma_0$) auf das Maxwell-Element. Da die zeitliche Änderung der Deformation gleich null ist ($\frac{d}{dt}\gamma_0 = 0$), vereinfacht sich Gl. 3.48 zu

$$\tau(t) = -\frac{\eta}{G} \cdot \dot{\tau}(t) = -\check{\tau}_R \cdot \dot{\tau}(t) \tag{3.51}$$

Diese Differenzialgleichung 1.Ordnung wird durch einen Exponentialansatz für die Spannung $\tau(t)$ gelöst (wie man durch einfaches Einsetzen von $\tau(t)$ in Gl. 3.51 leicht nachrechnet).

$$\tau(t) = \tau_0 \cdot e^{-\frac{t}{\check{\tau}_R}} \tag{3.52}$$

Die zeitabhängige Komplianz $J(t) = \frac{\gamma(t)}{\tau(t)}$ bzw. der zeitabhängige Modul $G(t) = \frac{\tau(t)}{\gamma(t)}$ berechnet sich mit $G = \frac{\tau_0}{\gamma_0}$ zu:

$$J(t) = \frac{1}{G} \cdot e^{\frac{t}{\check{\tau}_R}} \quad \text{und} \quad G(t) = G \cdot e^{-\frac{t}{\check{\tau}_R}} \tag{3.53}$$

In Abb. 3.24 ist das zeitabhängige Verhalten des Maxwell-Elements beim Relaxationsexperiment grafisch dargestellt.

Die Parameter wurden identisch mit denen beim Kriechversuch gewählt (siehe Abb. 3.23). Die Komplianz $J(t)$ nimmt ausgehend vom Startwert $\frac{1}{G}$ mit zunehmender Zeit exponentiell zu (siehe Abb. 3.24 rechts), während der Modul $G(t)$ ausgehend vom Startwert G mit zunehmender Zeit exponentiell abklingt (siehe Abb. 3.24 links). Die Relaxationszeit $\check{\tau}_R$ entspricht dabei der Zeit, nach der der Modul um das 1/e-Fache ($e = 2.718281828\dots$) abgenommen bzw. die Komplianz um das e--Fache zugenommen hat.

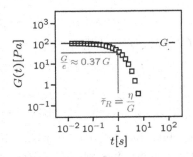 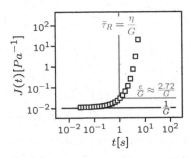

Abb. 3.24 Relaxationsverhalten eines Maxwell-Elements mit $G = 100\,\mathrm{Pa}$ und $\eta = 100\,\mathrm{Pa \cdot s}$

Zur Bestimmung der Federkonstante G muss der Modul- bzw. Komplianzwert zur Zeit $t \to 0$ bestimmt werden. Die Viskosität η des Dämpfers berechnet sich mit Gl. 3.50 aus der Relaxationszeit $\bar\tau_R$. Diese kann durch die Bestimmung der Zeit bis zum e-fachen Abfall bzw. Anstieg des Moduls bzw. der Komplianz ermittelt werden.

Das dynamisch-mechanische Relaxationsexperiment

Beim dynamisch-mechanischen Relaxationsexperiment wird das Maxwell-Element durch eine periodische, sinusförmige Anregung deformiert. Verwendet man die komplexe Darstellung für die Deformation und Spannung,

$$\gamma^\star(t,\omega) = \hat\gamma_0 \cdot e^{\mathrm{i}\omega t}$$

$$\tau^\star(t,\omega) = \hat\tau_0 \cdot e^{\mathrm{i}(\omega t + \delta)}$$

und berechnet deren zeitliche Ableitungen,

$$\dot\tau^\star(t,\omega) = \frac{d}{dt}\left\{\hat\tau_0 \cdot e^{\mathrm{i}(\omega t + \delta)}\right\} = \hat\tau_0 \cdot \omega\mathrm{i} \cdot e^{\mathrm{i}(\omega t + \delta)} = \mathrm{i}\omega \cdot \tau^\star(t,\omega)$$

$$\dot\gamma^\star(t,\omega) = \frac{d}{dt}\left\{\hat\gamma_0 \cdot e^{\mathrm{i}\omega t}\right\} = \hat\gamma_0 \cdot \omega\mathrm{i} \cdot e^{\mathrm{i}\omega t} = \mathrm{i}\omega \cdot \gamma^\star(t,\omega)$$

so erhält man nach dem Einsetzen in die Grundgleichung des Maxwell-Elements (siehe Gl. 3.48) und elementarem Umformen die frequenzabhängige komplexe Komplianz $J^\star(\omega)$ bzw. den frequenzabhängigen komplexen Modul $G^\star(\omega)$ des Maxwell-Elements.

$$J^\star(\omega) = \frac{\gamma^\star(t,\omega)}{\tau^\star(t,\omega)} = \frac{1}{G} + \frac{1}{\mathrm{i}\omega\eta}$$

$$\Downarrow$$

$$J'(\omega) = J_i = \frac{1}{G} \quad \text{und} \quad J''(\omega) = \frac{1}{\omega\eta}$$

$$G^\star(\omega) = \frac{1}{J^\star(\omega)} \qquad = \qquad G \cdot \frac{i\omega\breve{\tau}_R}{1 + i\omega\breve{\tau}_R}$$

$$\Downarrow \ (\text{ erweitern mit } 1 - i\omega\breve{\tau}_R)$$

$$G'(\omega) = G \cdot \frac{(\omega\breve{\tau}_R)^2}{1 + (\omega\breve{\tau}_R)^2} \qquad \text{und} \qquad G''(\omega) = G \cdot \frac{\omega\breve{\tau}_R}{1 + (\omega\breve{\tau}_R)^2}$$

In Abb. 3.25 sind die Verlust- und Speichermodule (linkes Diagramm) bzw. die Verlust- und Speicherkomplianzen (rechtes Diagramm) eines Maxwell-Elements in Abhängigkeit von der Kreisfrequenz ($\omega = 2\pi \cdot f$) dargestellt. Dabei wurde eine doppelt-logarithmische Darstellung gewählt.

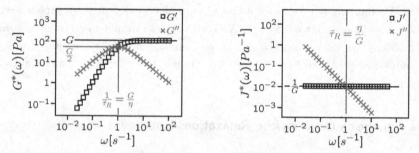

Abb. 3.25 Dynamisch-mechanisches Verhalten eines Maxwell-Elements mit $G = 100\,\mathrm{Pa}$ und $\eta = 100\,\mathrm{Pa \cdot s}$

Aus beiden Darstellungen können die Parameter des Maxwell-Elements relativ einfach extrahiert werden.

Bei der Darstellung der komplexen Komplianz $J^\star(\omega)$ ist der Realteil $J'(\omega)$ eine Konstante und entspricht dem Kehrwert $\frac{1}{G}$ des Moduls der Feder. Der Imaginärteil der Komplianz $J''(\omega)$ stellt in doppelt-logarithmischer Darstellung eine Gerade ($\log J''(\omega) = -1 \cdot \log\omega - \log\eta$) mit der Steigung -1 und dem Logarithmus $\log\eta$ der Viskosität als Achsenabschnitt dar.

Die Viskosität η kann bei bekanntem Modul der Feder G alternativ aus dem Schnittpunkt von Speicher- und Verlustkomplianz berechnet werden. ($\frac{1}{G} = \frac{1}{\omega\eta}$).

Die Relaxationszeit $\breve{\tau}_R$ ist identisch mit dem Kehrwert der Frequenzlage des Schnittpunkts von Real- und Imaginärteil.

Bei der Darstellung des Moduls $G^\star(\omega)$ konvergiert der Speichermodul $G'(\omega)$ bei hohen Frequenzen ($\omega\breve{\tau}_R \gg 1$) gegen den Modul der Feder G, während der Imaginärteil $G''(\omega)$ bei sehr hohen Frequenzen verschwindet, d.h. gegen null strebt. Damit dominiert die Feder in diesem Frequenzbereich ($\omega\breve{\tau}_R \gg 1$) die dynamisch-mechanischen Eigenschaften des Maxwell-Elements.

Die Relaxationszeit $\breve{\tau}_R$ gibt die Zeit, bzw. ihr Kehrwert die Frequenz ω_R an, ab der das Dämpfungselement die mechanisch-dynamischen Eigenschaften dominiert.

Entspricht die Frequenz der Anregung dem Kehrwert der Relaxationszeit $\omega_R = \frac{1}{\check{\tau}_R}$, so schneiden sich bei dieser Frequenz die Real- und Imaginärteile sowohl des Moduls als auch der Komplianz. Der Verlustmodul $G''(\omega)$ nimmt bei dieser Frequenz seinen maximalen Wert an ($G''(\omega_R) = \frac{G}{2} = G'(\omega_R)$) und ist identisch mit dem Wert des Speichermoduls. Dies bedeutet, dass bei der Frequenz ω_R die viskosen und die elastischen Anteile gleich groß sind, d.h., die Feder und der Dämpfer bestimmen zu gleichen Anteilen die dynamisch-mechanischen Eigenschaften des Maxwell-Elements.

Bei sehr kleinen Frequenzen $\omega \cdot \check{\tau}_R \ll 1$ können sowohl Real- als auch Imaginärteil des Moduls in doppelt-logarithmischer Auftragung als Geraden dargestellt werden, wobei die Steigung der Geraden für den Speichermodul 2 (wegen $\log G' \approx 2 \cdot \log \omega$) und derjenigen für den Verlustmodul 1 (wegen $\log G'' \approx 1 \cdot \log \omega$) beträgt. Bei tiefen Frequenzen ($\omega \check{\tau}_R \ll 1$) dominiert das Dämpfungselement das dynamisch-mechanische Verhalten des Maxwell-Elements.

Das Maxwell-Element entspricht der Serienschaltung einer Feder und eines Dämpfungselements. Seine Relaxationszeit $\check{\tau}_R$, die sich aus dem Verhältnis der Viskosität η des Dämpfers und des Moduls G der Feder berechnet, gibt anschaulich die Grenze zwischen viskosem und elastischem Verhalten wieder.

$$\tau_R = \frac{\eta}{G}$$

Ist die Dauer der mechanischen Belastung deutlich kleiner als die Relaxationszeit ($t \ll \tau_R$) bzw. ist die Frequenz der Belastung deutlich größer als der Kehrwert der Relaxationszeit ($\omega \check{\tau}_R \gg 1$), so dominieren die elastischen Eigenschaften der Feder das dynamisch-mechanische Verhalten des Maxwell-Elements. In diesem Zeit- bzw. Frequenzbereich entspricht das Maxwell-Element dem idealen Festkörper.

Ist die Dauer der Belastung deutlich größer als die Relaxationszeit ($t \gg \tau_R$) bzw. ist die Frequenz der Belastung deutlich kleiner als der Kehrwert der Relaxationszeit ($\omega \check{\tau}_R \ll 1$), so dominieren die viskosen Eigenschaften des Dämpfungselements das dynamisch-mechanische Verhalten des Maxwell-Elements. In diesem Zeit- bzw. Frequenzbereich zeigt das Maxwell-Element das Fließverhalten einer idealen Flüssigkeit.

Liegt die Dauer der Belastung im Bereich der Relaxationszeit ($t \approx \tau_R$) bzw. liegt die Frequenz der Belastung im Bereich des Kehrwerts der Relaxationszeit ($\omega \check{\tau}_R \approx 1$), so wird in gleichem Maße viskoses wie auch elastisches Verhalten beobachtet.

3.10.2   Das Kelvin-Voigt-Modell

Das Kelvin-Voigt-Element besteht wie das Maxwell-Element aus einer idealen Feder und einem ideal viskosen Dämpfer, allerdings sind diese parallel geschaltet (siehe Abb. 3.26).

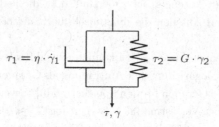

Abb. 3.26 Das Kelvin-Voigt-Element

Auch beim Kelvin-Voigt-Element werden die mechanischen Eigenschaften vollständig durch den Modul G der Feder und die Viskosität η des Dämpfungselements beschrieben.

Für die Parallelschaltung von Feder und Dämpfer gelten folgende grundlegenden Beziehungen:

$$\tau(t) \; = \; \tau_1(t) + \tau_2(t)$$
$$\gamma(t) \; = \; \gamma_1(t) = \gamma_2(t) \tag{3.54}$$

Bei der Parallelschaltung von Feder und Dämpfer setzt sich die wirkende Gesamtspannung $\tau(t)$ aus der Summe der an den Elementen wirkenden Spannungen $\tau_1(t)$ bzw. $\tau_2(t)$ zusammen, während die Deformationen der einzelnen Elemente $\gamma_1(t)$ und $\gamma_2(t)$ identisch sind und der Gesamtdeformation des Kelvin-Voigt-Elements entsprechen.

Die zeitabhängige Spannung $\tau(t)$ eines Kelvin-Voigt-Elements ergibt sich, wenn die Grundgleichungen der Feder $\tau_2(t) = G \cdot \gamma_2(t)$ (siehe Abschn. 3.3) und des Dämpfungselements $\tau_1(t) = \eta \cdot \dot{\gamma}_1(t)$ (siehe Abschn. 3.4) in Gl. 3.54 eingesetzt werden.

$$\tau(t) = \eta \cdot \dot{\gamma}(t) + G \cdot \gamma(t) \tag{3.55}$$

Mit Gl. 3.55 kann die Reaktion des Kelvin-Voigt-Elements auf jede beliebige zeitabhängige Anregung berechnet werden. Dies wird im Folgenden analog wie beim Maxwell-Element für das Kriech-, das Relaxations- sowie das dynamisch-mechanische Relaxationsexperiment gezeigt.

Das Kriechexperiment

Da die zeitliche Änderung der Spannung gleich null ist ($\frac{d}{dt}\tau_0 = 0$), vereinfacht sich Gl. 3.55 zu

$$\tau_0 = G\left\{\check{\tau}_R \cdot \dot{\gamma}(t) + \gamma(t)\right\} \qquad (3.56)$$

wobei $\check{\tau}_R$ als Retardationszeit bezeichnet wird und sich in Analogie zur Definition der Relaxationszeit des Maxwell-Elements (siehe Gl. 3.50) aus dem Verhältnis der Viskosität η des Dämpfungselements und des Moduls G der Feder berechnen lässt. Gl. 3.56 ist eine Differenzialgleichung 1.Ordnung und wird analog wie beim Relaxationsversuch des Maxwell-Elements durch einen Exponentialansatz für die Deformation $\gamma(t)$ gelöst.

$$\gamma(t) = \gamma_0\left(1 - e^{-\frac{t}{\check{\tau}_R}}\right) \qquad (3.57)$$

Betrachtet man die Zeitabhängigkeit der Deformation $\gamma(t)$, so wird klar, was mit dem Begriff Retardation gemeint ist. Zum Zeitpunkt $t = 0$ ist keine messbare Deformation vorhanden ($\gamma(t = 0) = 0$). Erst mit der Zeit wächst diese an, um für große Zeiten asymptotisch gegen γ_0 zu streben. Die Antwort des Kelvin-Voigt-Elements auf eine Anregung (hier eine konstante Spannung) setzt damit verzögert bzw. retardiert ein.

Beim Maxwell-Element beobachtete man als Reaktion auf eine konstante Deformation ein Abklingen der Spannung. Das Abklingen einer Größe mit der Zeit wird als Relaxationsvorgang und die charakteristische Zeitkonstante als Relaxationszeit bezeichnet.

Die zeitabhängige Komplianz $J(t) = \frac{\gamma(t)}{\tau(t)}$ bzw. der zeitabhängige Modul $G(t) = \frac{\tau(t)}{\gamma(t)}$ berechnen sich mit $G = \frac{\tau_0}{\gamma_0}$ für das Kriechexperiment zu:

$$J(t) = \frac{1}{G}\left(1 - e^{-\frac{t}{\check{\tau}_R}}\right) \quad \text{bzw.} \quad G(t) = G\cdot\left(1 - e^{-\frac{t}{\check{\tau}_R}}\right)^{-1} \qquad (3.58)$$

In Abb. 3.27 ist das zeitabhängige Verhalten des Kelvin-Voigt-Elements grafisch dargestellt. Die Parameter wurden dabei identisch zu denen des Maxwell-Elements gewählt.

Die zeitabhängige Komplianz $J(t)$ nimmt mit der Zeit zu und nähert sich für große Zeiten asymptotisch dem Kehrwert $\frac{1}{G}$ des Moduls der Feder. Der zeitabhängige Modul $G(t)$ nimmt mit der Zeit ab und nähert sich, ebenfalls asymptotisch, dem Modul G der Feder. Bei sehr kleinen Zeiten findet man sehr hohe Modulwerte ($G(t) \overset{t\to 0}{=} \infty$) bzw. sehr geringe Komplianzwerte ($J(t) \overset{t\to 0}{=} 0$).

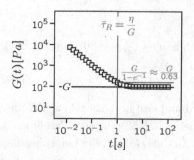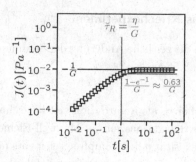

Abb. 3.27 Kriechverhalten eines Kelvin-Voigt-Elements mit $G = 100\,$Pa und $\eta = 100\,$Pa $\cdot$ s

Verantwortlich für dieses Verhalten sind die mechanischen Eigenschaften des Dämpfungselements. Betrachtet man das Kriechverhalten einer idealen Flüssigkeit (siehe Gl. 3.16), so ist die Komplianz proportional zur Zeit ($J(t) = \frac{\gamma(t)}{\tau_0} = \frac{1}{\eta} \cdot t$) bzw. der Modul proportional zum Kehrwert der Zeit ($G(t) = \frac{1}{J(t)} = \eta \cdot \frac{1}{t}$). D.h., der Modul eines Dämpfungselements ist bei kleinen Zeiten ($t \to 0$) beliebig hoch. Bei der Parallelschaltung mit einer Feder dominiert daher bei kleinen Zeiten der sehr hohe Modul des Dämpfungselements das mechanische Verhalten. Mit zunehmender Zeit nimmt der Modul des Dämpfungselements ab, um bei sehr großen Zeiten gegen null zu streben. Bei sehr großen Zeiten dominiert damit dann der Modul G der Feder das dynamische Verhalten des Kelvin-Voigt-Elements.

Je größer das Verhältnis der Viskosität η des Dämpfungselements zum Modul G der Feder, also je größer die Retardationszeit $\check{\tau}_R$ ist, umso länger dauert es, bis sich der gemessene zeitabhängige Modul des Kelvin-Voigt-Modells dem Grenzwert G der Feder nähert.

Die Retardationszeit $\check{\tau}_R$ kann nicht einfach aus den Diagrammen von Komplianz und Modul (siehe Abb. 3.27) abgelesen werden. Entweder fittet man die Messkurven mit den Gleichungen für die Module bzw. die Komplianzen, wobei $\check{\tau}_R$ und G die zu bestimmenden Parameter darstellen, oder man extrapoliert den Modul G der Feder aus den Modul- bzw. Komplianzwerten bei sehr großen Zeiten ($t \to \infty$) und berechnet mit der Retardationsgleichung den Modul für $t = \check{\tau}_R$. Die Zeit, zu der dieser Modulwert ($G(\check{\tau}_0) = G \cdot \left(1 - e^{-1}\right)^{-1} \approx 1.58 \cdot G$) gemessen wurde, entspricht dann der Retardationszeit $\check{\tau}_R$.

Das Relaxationsexperiment

Da beim Relaxationsexperiment keine zeitliche Änderung der Deformation vorliegt ($\dot{\gamma}(t) = \frac{d}{dt}\gamma_0 = 0$), vereinfacht sich Gl. 3.55 zu der sehr einfachen Beziehung

$$\tau(t) = G \cdot \gamma_0$$

d.h., beim Relaxationsexperiment an einem Kelvin-Voigt-Element wird nur die Feder beansprucht. Damit ist der Modul bzw. die Komplianz des Kelvin-Voigt-Elements identisch mit dem Modul G bzw. der Komplianz $J_i = \frac{1}{G}$ der Feder:

$$J(t) = J_i = \frac{1}{G} \quad \text{und} \quad G(t) = G \tag{3.59}$$

Das dyn.-mech. Relaxationsexperiment

Beim dynamisch-mechanischen Relaxationsexperiment wird das Kelvin-Voigt-Element einer periodischen, sinusförmigen Beanspruchung unterworfen.

Verwendet man, analog zur Berechnung beim Maxwell-Element, wiederum die komplexe Darstellung für die zeitabhängigen Größen Deformation und Spannung, so kann nach dem Einsetzen in die Grundgleichung des Kelvin-Voigt-Elements (siehe Gl. 3.55) und elementarem Umformen die frequenzabhängige komplexe Komplianz $J^*(\omega)$ bzw. der frequenzabhängige komplexe Modul $G^*(\omega)$ berechnet werden.

$$G^*(\omega) = \frac{\tau^*(t,\omega)}{\gamma^*(t,\omega)} \qquad = \qquad G \cdot (1 + i\omega\check{\tau}_R)$$

$$\Downarrow$$

$$G'(\omega) = G \qquad \text{und} \qquad G''(\omega) = \omega\eta$$

$$J^*(\omega) = \frac{1}{G^*(\omega)} \qquad \overset{(\text{mit } J_i=\frac{1}{G})}{=} \qquad \frac{J_i}{1 + i\omega\check{\tau}_R}$$

$$\Downarrow \;(\text{ erweitern mit } 1 - i\omega\check{\tau}_R)$$

$$J'(\omega) = J_i \cdot \frac{1}{1 + (\omega\check{\tau}_R)^2} \qquad \text{und} \qquad J''(\omega) = J_i \cdot \frac{\omega\check{\tau}_R}{1 + (\omega\check{\tau}_R)^2} \tag{3.60}$$

In Abb. 3.28 sind die Verlust- und die Speichermodule (linkes Diagramm) bzw. die Verlust- und die Speicherkomplianzen (rechtes Diagramm) eines Kelvin-Voigt-Elements in Abhängigkeit von der Kreisfrequenz ($\omega = 2\pi \cdot f$) dargestellt.

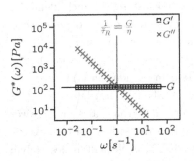
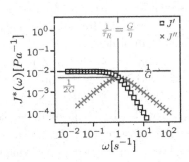

Abb. 3.28 Dynamisch-mechanisches Verhalten eines Kelvin-Voigt-Elements mit $G = 100\,\text{Pa}$ und $\eta = 100\,\text{Pa} \cdot \text{s}$

Die Parameter des Kelvin-Voigt-Elements können relativ einfach aus den Diagrammen extrahiert werden.

Im Bild für den komplexen Modul $G^\star(\omega)$ ist der Realteil eine Konstante und entspricht dem Modul G der Feder. Der Imaginärteil des Moduls G'' stellt in doppelt-logarithmischer Darstellung eine Gerade ($\log G'' = 1 \cdot \log \omega + \log \eta$) mit der Steigung 1 und dem Logarithmus $\log \eta$ der Viskosität als Achsenabschnitt dar.

Im Bild für die komplexe Komplianz $J^\star(\omega)$ konvergiert die Speicherkomplianz $J'(\omega)$ für kleine Frequenzen ($\omega \tau_R \ll 1$) gegen die Relaxationsstärke J_i des Kelvin-Voigt-Elements, die dem inversen Modul $\frac{1}{G}$ der Feder entspricht, während die Verlustkomplianz bei tiefen Frequenzen gegen null strebt. Damit entspricht das dynamisch-mechanische Verhalten des Kelvin-Voigt-Elements bei kleinen Frequenzen ($\omega \tau_R \ll 1$) dem der Feder.

Bei der Frequenz ω_R, die dem Kehrwert der Retardationszeit τ_R entspricht, sind wiederum die viskosen und die elastischen Eigenschaften gleich groß, d.h., Feder und Dämpfer bestimmen zu gleichen Anteilen die Eigenschaften des Kelvin-Voigt-Modells.

Bei sehr hohen Frequenzen $\omega \tau_R \gg 1$ können Real- und Imaginärteil der Komplianz in doppelt-logarithmischer Auftragung als Geraden dargestellt werden, wobei die Steigung der Geraden für die Speicherkomplianz -2 (wegen $\log G' \approx -2 \cdot \log \omega$) und für die Verlustkomplianz -1 (wegen $\log G'' \approx -1 \cdot \log \omega$) beträgt. Bei sehr hohen Frequenzen entspricht das dynamisch-mechanische Verhalten des Kelvin-Voigt-Elements damit dem einer Flüssigkeit.

Das Kelvin-Voigt-Element entspricht der Parallelschaltung einer Feder und eines Dämpfungselements. Die Retardationszeit τ_R, die sich aus dem Verhältnis der Viskosität η des Dämpfers und des Moduls G der Feder berechnet, gibt anschaulich die Grenze zwischen viskosem und elastischem Verhalten wieder.

$$\tau_R = \frac{\eta}{G}$$

Ist die Dauer der mechanischen Belastung deutlich größer als die Retardationszeit ($t \gg \tau_R$), bzw. ist die Frequenz der Belastung deutlich kleiner als der Kehrwert der Retardationszeit ($\omega \tau_R \ll 1$), so dominieren die elastischen Eigenschaften der Feder das dynamisch-mechanische Verhalten des Kelvin-Voigt-Elements. In diesem Zeit- bzw. Frequenzbereich entspricht das mechanische Verhalten des Kelvin-Voigt-Elements dem des idealen Festkörpers.

Ist die Dauer der Belastung deutlich kleiner als die Retardationszeit ($t \ll \tau_R$), bzw. ist die Frequenz der Belastung deutlich größer als der Kehrwert der Retardationszeit ($\omega \tau_R \gg 1$), so dominieren die viskosen Eigenschaften des Dämpfungselements das dynamisch-mechanische Verhalten des Kelvin-Voigt-Elements. In diesem Zeit- bzw. Frequenzbereich zeigt das Kelvin-Voigt-Element das Fließverhalten einer idealen Flüssigkeit. Da der Verlustmodul einer idealen Flüssigkeit indirekt proportional zur Dauer der Belastung bzw. proportional zur Frequenz der Belastung ist, nimmt der Verlustmodul des Kelvin-Voigt-Elements im Grenzfall unendlich hoher Frequenzen bzw. unendlich kurzer Zeiten beliebig hohe Werte an. Damit ist das Kelvin-Voigt-Element in diesem Bereich mechanisch gesperrt.

Liegt die Dauer der Belastung im Bereich der Retardationszeit ($t \approx \tau_R$), bzw. liegt die Frequenz der Belastung im Bereich des Kehrwerts der Retardationszeit ($\omega \tau_R \approx 1$), so wird in gleichem Maße viskoses wie auch elastisches Verhalten beobachtet.

3.10.3 Anwendung der Maxwell- und Kelvin-Voigt-Elemente

In Abb. 3.29 wurde versucht, das Ergebnis der frequenzabhängigen Messung eines Polystyrolbutadienkautschuks (47 % Vinyl und 24 % Styrol bei einem Molekulargewicht von $M_N = 276\,\text{kg/mol}$ und $\frac{M_W}{M_N} = 1.27$) mit einem Maxwell- bzw. einem Kelvin-Voigt-Element quantitativ zu beschreiben.

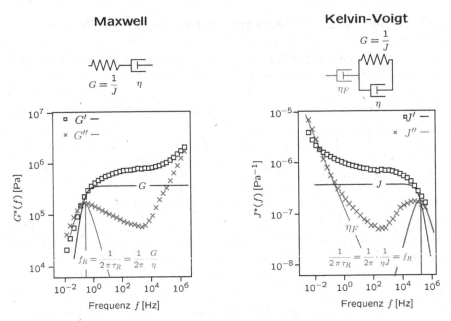

Abb. 3.29 Phänomenologische Beschreibung einer frequenzabhängigen Messung mit Kelvin-Voigt- und Maxwell-Element

Betrachtet man das Ergebnis des Versuchs, so ist eindeutig, dass das viskoelastische Verhalten des untersuchten Polymers nicht durch ein einziges Maxwell- oder Kelvin-Voigt-Element im gesamten Frequenzbereich beschreibbar ist.

Beschränkt man sich allerdings auf einen Teil des gemessenen Spektrums, so können sowohl der komplexe Modul $G^*(\omega)$ durch ein einziges Maxwell-Element (siehe linkes Diagramm in Abb. 3.29) als auch die komplexe Komplianz $J^*(\omega)$ durch ein einzelnes Kelvin-Voigt-Element und ein zusätzlichen Dämpfungselement (siehe rechtes Diagramm in Abb. 3.29) quantitativ gut wiedergegeben werden. Das zusätzliche, in Reihe geschaltete Dämpfungselement ist notwendig, da mit einem Kelvin-Vogt-Element Fließvorgänge nicht beschrieben werden können. Als naheliegender Schritt zu einer besseren quantitativen Beschreibung des frequenzabhängigen dynamisch-mechanischen Verhaltens von realen Systemen können zum einen mehrere elementare Elemente verwendet werden (z.B. könnten mehrere Kelvin-Voigt-Elemente in Reihe oder alternativ mehrere Maxwell-Elemente parallel geschaltet werden). Optional sind auch eine Modifikation der verwendeten einfachen Elemente und letztendlich auch eine Kombination von modifizierten Elementen.

Im nächsten Abschnitt werden generalisierte Maxwell- und Kelvin-Voigt-Elemente vorgestellt, die auf der Verschaltung von elementaren Elementen basieren. Anschließend wird eine kurze Einführung in die bekanntesten modifizierten Elemente zur quantitativen Beschreibung von viskoelastischen Eigenschaften gegeben.

3.10.4 Generalisierte Maxwell- und Kelvin-Voigt-Elemente

Beim generalisierten Maxwell-Element (siehe Abb. 3.30) wird eine Anzahl einfacher Maxwell-Elemente (siehe Abb. 3.22) parallel geschaltet.

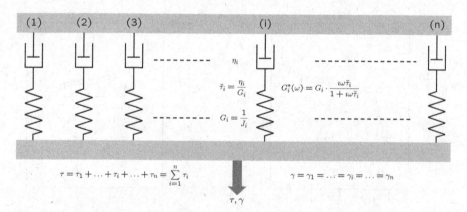

Abb. 3.30 Generalisiertes Maxwell-Element

Da sich bei der Parallelschaltung von mechanischen Elementen die wirkenden Spannungen $\tau_i(t)$ addieren und die an jedem Element gemessenen Deformationen $\gamma_i(t)$ identisch sind und der Gesamtdeformation $\gamma(t)$ entsprechen (siehe Gl. 3.54), kann der Modul $G^\star(\omega)$ des generalisierten Maxwell-Modells durch die Summation der Module $G_i^\star(\omega)$ der einzelnen Elemente berechnet werden.

$$G^\star(\omega) = \sum_{i=1}^{n} \frac{\tau_i(t)}{\gamma(t)} = \sum_{i=1}^{n} G_i^\star(\omega) = \sum_{i=1}^{n} G_i \frac{i\omega\check{\tau}_i}{1 + i\omega\check{\tau}_i} \qquad (3.61)$$

Wird das viskoelastische Verhalten eines Polymers quantitativ durch die Parallelschaltung von n Maxwell-Elementen beschrieben, wovon jedes durch die Parameter Relaxationsstärke G_i und Relaxationszeit $\check{\tau}_i$ charakterisiert ist, so benötigt man insgesamt $2\,n$ Parameter zur vollständigen analytischen Darstellung. Die Viskosität ist in dieser Darstellung implizit über die Beziehung $\eta_i = G_i \cdot \check{\tau}_i$ enthalten.

Man kann bei der Beschreibung des dynamisch-mechanischen Verhaltens mit Maxwell-Elementen noch einen Schritt weitergehen und von einer diskreten, d.h. einer endlichen Anzahl an Maxwell-Elementen mit $2\,n$ Parametern zu einer kontinuierlichen Verteilung übergehen. An die Stelle der Summation tritt dann die integrale Beschreibung des komplexen Moduls des Gesamtsystems und an die Stelle der $2\,n$ Parameter die Beschreibung mit einem kontinuierlichen Spektrum von Relaxationsstärken $H(\check{\tau})$.

$$G^\star(\omega) \quad = \quad G_e + \int_0^\infty h(\check{\tau})\frac{i\omega\check{\tau}}{1 + i\omega\check{\tau}}d\check{\tau}$$

$$\left(H(\check{\tau})=\frac{h(\check{\tau})}{\check{\tau}}\right) \quad = \quad G_e + \int_0^\infty H(\check{\tau})\frac{i\omega\check{\tau}}{1 + i\omega\check{\tau}}d\ln\check{\tau} \qquad (3.62)$$

$H(\check{\tau})$ wird als spektrale Relaxationsstärke bezeichnet und entspricht dem Modul $G(\check{\tau})$ der Feder eines Maxwell-Elements mit der Relaxationszeit $\check{\tau}$.

Da mit dem generalisierten Maxwell-Modell keine rein elastischen Deformationsvorgänge beschrieben werden können, fügt man bei nicht fließfähigen Systemen eine parallel geschaltete Feder mit dem Modul G_e hinzu. Für fließfähige Systeme gilt dann $G_e = 0$.

Für hohe Frequenzen ($\omega \to \infty$) wird das dynamisch-mechanische Verhalten des generalisierten Maxwell-Elements nur noch durch den Modul G_e des elastischen Anteils und durch die Summe der Module G_i aller Federn (bzw. durch das Integral des Relaxationszeitspektrums) charakterisiert.

$$G^\star(\omega \to \infty) = G_e + \sum_{i=1}^{n} G_i = G_e + \int_0^\infty H(\check{\tau})d\ln\check{\tau} \qquad (3.63)$$

Für den Grenzfall unendlich hoher Frequenzen ($\omega \to \infty$) ist der Modul eines generalisierten Maxwell-Elements damit eine rein reelle Größe, und der Imaginärteil konvergiert gegen null. Dies bedeutet, dass mit steigender Frequenz die rein elastischen Eigenschaften dominieren und für unendlich hohe Frequenzen rein elastisches Verhalten vorliegt.

Für sehr tiefe Frequenzen ($\omega \to 0$) gilt die Näherung $1 + i\omega \check{\tau} \overset{\omega \to 0}{\approx} 1$. Damit wird der komplexe Modul $G^\star(\omega)$ des generalisierten Maxwell-Elements durch den elastischen Anteil G_e und durch die Summe der Viskositäten η_i der einzelnen Maxwell-Elemente beschrieben.

$$G^\star(\omega \to 0) \overset{\eta_i = G_i \cdot \check{\tau}_i}{=} G_e + i\omega \cdot \sum_{i=1}^{n} \eta_i = G_e + i\omega \int_0^\infty \eta(\check{\tau}) d \ln \check{\tau} \qquad (3.64)$$

Mit der Definition der komplexen Viskosität $\eta^\star(\omega)$ (siehe Gl. 3.45) findet man für den Grenzfall kleiner Frequenzen bei fließfähigen Systemen (d.h. $G_e = 0$) eine reelle, frequenzunabhängige Viskosität η.

$$\eta^\star(\omega \to 0) = \lim_{\omega \to 0} \frac{G^\star(\omega)}{i\omega} = \sum_{i=1}^{n} \eta_i = \int_0^\infty \eta(\check{\tau}) d \ln \check{\tau} \qquad (3.65)$$

Für den Grenzfall unendlich tiefer Frequenzen, d.h. bei einer statischen Belastung ($\omega \to 0$), kann das generalisierte Maxwell-Element durch rein viskoses Verhalten charakterisiert werden. Die Viskosität η des generalisierten Elements entspricht dann der Summe (bzw. dem Integral) der Viskositäten η_i der einzelnen Elemente.

Das generalisierte Kelvin-Voigt-Element (siehe Abb. 3.31) lässt sich analog beschreiben. Dabei werden n Kelvin-Voigt-Elemente in Serie geschaltet. Da sich bei

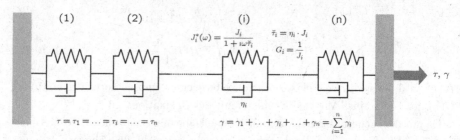

Abb. 3.31 Generalisiertes Kelvin-Voigt-Element

der Serienschaltung die Deformationen $\gamma_i(t)$ der einzelnen Elemente addieren und die an jedem Element wirkenden Spannungen $\tau_i(t)$ identisch sind und der Gesamtspannung $\tau(t)$ entsprechen (siehe Gl. 3.47), kann die Komplianz $J^\star(\omega)$ des generalisierten Kelvin-Voigt-Modells durch die Summation der Komplianzen $J_i^\star(\omega)$ der Einzelelemente berechnet werden.

$$J^\star(\omega) = \sum_{i=1}^{n} \frac{\gamma_i(t)}{\tau(t)} = \sum_{i=1}^{n} J_i^\star(\omega) = \sum_{i=1}^{n} J_i \frac{1}{1 + i\omega \check{\tau}_i} \qquad (3.66)$$

Da Kelvin-Voigt-Elemente viskose Fließvorgänge und ideal elastisches Verhalten nicht beschreiben können, wird beim generalisierten Kelvin-Voigt-Modell üblicherweise ein zusätzliches Dämpfungselement mit der Viskosität η_0 und eine zusätzliche Feder mit der Komplianz J_g seriell zugefügt.

$$J^\star(\omega) = J_g + \sum_{i=1}^{n} J_i \frac{1}{1 + i\omega \check{\tau}_i} + \frac{1}{i\omega \eta_0} \qquad (3.67)$$

Analog zum generalisierten Maxwell-Element kann auch das generalisierte Kelvin-Voigt-Element kontinuierlich, d.h. durch eine unbegrenzte Anzahl von einzelnen Elementen beschrieben werden.

$$J^\star(\omega) = J_g + \int_0^\infty l(\check{\tau})\frac{1}{1+\mathrm{i}\omega\check{\tau}}d\check{\tau} + \frac{1}{\mathrm{i}\omega\eta_0}$$

$$\left(L(\check{\tau})=\frac{l(\check{\tau})}{\check{\tau}}\right) \quad = \quad J_g + \int_0^\infty L(\check{\tau})\frac{1}{1+\mathrm{i}\omega\check{\tau}}d\ln\check{\tau} + \frac{1}{\mathrm{i}\omega\eta_0} \qquad (3.68)$$

$L(\check{\tau})$ wird als spektrale Retardationsstärke bezeichnet und entspricht formal der Komplianz $\frac{1}{G(\check{\tau})}$ der Feder eines Kelvin-Voigt-Elements mit der Retardationszeit $\check{\tau}$.

Für hohe Frequenzen ($\omega \to \infty$) wird das dynamisch-mechanische Verhalten des generalisierten Kelvin-Voigt-Elements nur noch durch die Komplianz J_g des elastischen Anteils bestimmt.

$$J^\star(\omega \to \infty) = J_g \qquad (3.69)$$

Beim Grenzfall unendlich hoher Frequenz ($\omega \to \infty$) ist die Komplianz eines generalisierten Kelvin-Voigt-Elements eine rein reelle Größe, und der Imaginärteil geht gegen null. Dies bedeutet, dass mit steigender Frequenz die rein elastischen Eigenschaften dominieren und bei unendlich hohen Frequenzen rein elastisches Verhalten vorliegt.

Bei sehr tiefen Frequenzen ($\omega \to 0$) wird die komplexe Komplianz $J^\star(\omega)$ des generalisierten Kelvin-Voigt-Elements durch den elastischen Anteil J_g, durch die Summe der Komplianzen J_i aller Federn sowie durch die Viskosität η des zusätzlichen Dämpfungsglieds beschrieben.

$$J^\star(\omega \to 0) = J_g + \sum_{i=1}^n J_i + \frac{1}{\mathrm{i}\omega\eta_0} = J_g + \int_0^\infty L(\check{\tau})d\ln\check{\tau} + \frac{1}{\mathrm{i}\omega\eta_0} \qquad (3.70)$$

Die Viskosität des generalisierten Kelvin-Voigt-Elements kann für den Grenzfall kleiner Frequenzen wiederum mit Gl. 3.45 berechnet werden und entspricht der Viskosität η_0 des Dämpfungsglieds (siehe Gl. 3.71).

$$\eta^\star(\omega \to 0) = \frac{1}{\mathrm{i}\omega J^\star(\omega \to 0)} = \eta_0 \qquad (3.71)$$

Im Fließverhalten wird ein prinzipieller Unterschied zwischen dem generalisierten Maxwell- und dem generalisierten Kelvin-Voigt-Element deutlich. Während das Fließverhalten beim generalisierten Maxwell-Element implizit enthalten ist (die Viskosität des generalisierten Elements entspricht der Summe der Viskositäten der einzelnen Elemente), wird das Fließverhalten des Kelvin-Voigt-Elements durch ein separates Dämpfungselement beschrieben und ist damit unabhängig von den Eigenschaften der elementaren Kelvin-Voigt-Elemente.

3.10.5   Relaxations- und Retardationsspektren

Die Bedeutung der Relaxations- bzw. Retardationszeitspektren erschließt sich, wenn man bedenkt, dass es durch die Kenntnis der Spektren möglich ist, die Antwort auf jede beliebige zeit- oder frequenzabhängige Deformation oder Spannung zu berechnen. Des Weiteren ist es möglich, zeit- und frequenzabhängige Messungen zur Charakterisierung des viskoelastischen Verhaltens zu kombinieren, da beiden Messungen das gleiche Relaxations- bzw. Retardationsverhalten zugrunde liegt.

Die üblicherweise verwendeten Beziehungen zwischen zeit- und frequenzabhängigen Messungen und Messgrößen sind in den Gleichungen Gl. 3.72 und Gl. 3.73 für das generalisierte Maxwell- bzw. Kelvin-Voigt-Element zusammengefasst. J_g und G_e beschreiben die zusätzlichen elastischen Anteile, die Viskosität η_0 das Fließverhalten des generalisierten Kelvin-Voigt-Elements. Die Gleichungen für die zeitabhängigen Module $G(t)$ und Komplianzen $J(t)$ der generalisierten Modelle wurden analog zu den zeitabhängigen Beziehungen der einfachen Maxwell- und Kelvin-Voigt-Elemente aus den Kriech- und Spannungsrelaxationsexperimenten abgeleitet.

$$G(t) \ = \ G_e + \int_0^\infty H(\check{\tau})e^{-\frac{t}{\check{\tau}}}d\ln\check{\tau}$$

$$G^\star(\omega) \ = \ G_e + \int_0^\infty H(\check{\tau})\frac{i\omega\check{\tau}}{1+i\omega\check{\tau}}d\ln\check{\tau} \tag{3.72}$$

$$J(t) \ = \ J_g + \int_0^\infty L(\check{\tau})\left(1 - e^{-\frac{t}{\check{\tau}}}\right)d\ln\check{\tau} + \frac{t}{\eta_0}$$

$$J^\star(\omega) \ = \ J_g + \int_0^\infty L(\check{\tau})\frac{1}{1+i\omega\check{\tau}}d\ln\check{\tau} + \frac{1}{i\omega\eta_0} \tag{3.73}$$

Anschaulich wird der Unterschied zwischen Relaxations- und Retardationsspektrum, wenn nochmals die Grenzfälle bei sehr kleinen Zeiten ($t \to 0$) bzw. sehr hohen Frequenzen ($\omega \to \infty$) und für sehr große Zeiten ($t \to \infty$) bzw. sehr kleine Frequenzen ($\omega \to 0$) betrachtet werden.

- ($t \to 0$) bzw. ($\omega \to \infty$)

  Für den Grenzfall kleiner Zeiten bzw. hoher Frequenzen entspricht der zeitabhängige Modul des generalisierten Maxwell-Elements der Summe aller Module der Federn (bzw. dem Integral aller Relaxationsstärken) und des Moduls des elastischen Anteils. Das Relaxationszeitspektrum $H(\check{\tau})$ beschreibt dann die Verteilung der Relaxationsstärken als Funktion der Relaxationszeiten zum Zeitpunkt $t = 0$ und charakterisiert den nicht relaxierten Zustand aller Maxwell-Elemente.

$$G(t \to 0) = G^\star(\omega \to \infty) \ = \ G_e + \int_0^\infty H(\check{\tau})d\ln\check{\tau} \tag{3.74}$$

Die aus dem generalisierten Kelvin-Voigt-Element abgeleitete zeitabhängige Komplianz entspricht dem rein elastischen Anteil J_g. Die Komplianzen aller Kelvin-Voigt-Elemente werden für kleine Zeiten bzw. hohe Frequenzen beliebig klein.

$$J(t \to 0) = J^\star(\omega \to \infty) = J_g \qquad (3.75)$$

■ $(t \to \infty)$ bzw. $(\omega \to 0)$

Für den Grenzfall großer Zeiten bzw. kleiner Frequenzen wird der zeitabhängige Modul des generalisierten Maxwell-Elements durch den rein elastischen Anteil G_e und die Summe der Viskositäten der Dämpfungselemente charakterisiert. Die auf die Federn der Maxwell-Elemente wirkenden Spannungen sind vollständig relaxiert.

$$G(t \to \infty) = G^\star(\omega \to 0) = G_e + i\omega \cdot \int_0^\infty \eta(\check{\tau}) d\ln\check{\tau} \qquad (3.76)$$

Die zeit- bzw. frequenzabhängige Komplianz des generalisierten Kelvin-Voigt-Elements setzt sich für große Zeiten bzw. kleine Frequenzen aus der Summe aller Retardationsstärken und dem viskosen Anteil zusammen. D.h., nach langen Zeiten bzw. bei tiefen Frequenzen bestimmen die Summe der Komplianzen der Federn der elementaren Kelvin-Voigt-Elemente und die Viskosität des zusätzlichen Dämpfungselements das dynamisch-mechanische Verhalten.

$$J(t \to \infty) = J_g + \int_0^\infty L(\check{\tau}) dln\check{\tau} + \frac{t}{\eta_0} \qquad (3.77)$$

$$J^\star(\omega \to 0) = J_g + \int_0^\infty L(\check{\tau}) dln\check{\tau} + \frac{1}{i\omega\eta_0} \qquad (3.78)$$

Das Retardationsspektrum $L(\check{\tau})$ beschreibt damit die Verteilung der Retardationsstärken als Funktion der Retardationszeiten nach sehr langen Zeiten $t \to \infty$ und charakterisiert damit den vollständig relaxierten Zustand aller Kelvin-Voigt-Elemente.

Bei der Darstellung des dynamisch-mechanischen Verhaltens eines viskoelastischen Mediums durch generalisierte Maxwell-Elemente gibt das Relaxationszeitspektrum $H(\check{\tau})$ die Relaxationsstärken und -zeiten aller enthaltenen Maxwell-Elemente im nicht relaxierten Zustand, d.h. bei sehr großen Zeiten an.

Bei der Darstellung des dynamisch-mechanischen Verhaltens eines viskoelastischen Mediums durch generalisierte Kelvin-Voigt-Elemente gibt das Retardationszeitspektrum $L(\check{\tau})$ die Retardationsstärken und -zeiten aller enthaltenen Kelvin-Voigt-Elemente im relaxierten Zustand, d.h. bei sehr großen Zeiten an.

Ob die dynamisch-mechanischen Eigenschaften eines linear viskoelastischen Körpers durch sein Relaxations- oder durch sein Retardationsverhalten beschrieben werden, hängt nur von Gusto bzw. Blickwinkel des Betrachters ab. Beide Darstellungen sind absolut gleichwertig und charakterisieren das dynamisch-mechanische Verhalten aus unterschiedlichen zeitlichen Blickwinkeln. Aus der Definition der Relaxations- und Retardationszeitspektren (siehe Gl. 3.72 und Gl. 3.73) kann durch – mathematisch anspruchsvolles – Umformen ein analytischer Zusammenhang abgeleitet werden.

$$L(\check{\tau}) = \frac{H(\check{\tau})}{\left[G_e - \int_{-\infty}^{\infty} \frac{H(u)}{\frac{\check{\tau}}{u} - 1} d\ln u\right]^2 + \pi^2 H(\check{\tau})^2} \qquad (3.79)$$

$$H(\check{\tau}) = \frac{L(\check{\tau})}{\left[J_g + \int_{-\infty}^{\infty} \frac{L(u)}{1 - \frac{\check{\tau}}{u}} d\ln u - \frac{\check{\tau}}{\eta}\right]^2 + \pi^2 L(\check{\tau})^2} \qquad (3.80)$$

In Abb. 3.32 sind sowohl das Relaxationszeitspektrum (linkes Diagramm) als auch das Retardationszeitspektrum (rechtes Diagramm) der in Abb. 3.29 abgebildeten frequenzabhängigen Modulmessung dargestellt.

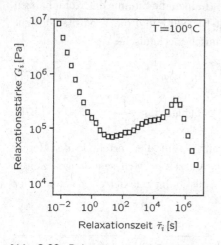 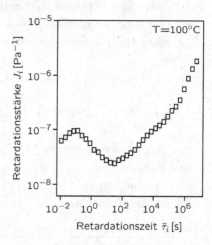

Abb. 3.32 Relaxations- und Retardationsspektrum eines L-SBR

Auf der x-Achse ist die Relaxationszeit bzw. Retardationszeit aufgetragen und auf der y-Achse die dazu korrespondierende Relaxations- bzw. Retardationsstärke.

Jeder Punkt in dieser Darstellung entspricht einem Maxwell- bzw. Kelvin-Voigt-Element. Für das in Abb. 3.32 dargestellte Spektrum der Relaxationsstärken (linkes Diagramm) findet man die höchsten Relaxationsstärken bei kleinen Relaxationszeiten. Mit steigender Relaxationszeit nimmt die Relaxationsstärke ab und erreicht ein Minimum, um dann bis zu einem Grenzwert wieder leicht anzusteigen. Bei höheren Relaxationszeiten fällt die Relaxationsstärke stark ab und wird vernachlässigbar. Bei noch größeren Zeiten (über 10^6 s beim Beispiel in Abb. 3.32) ist das mechanisch-dynamische Verhalten nur noch durch viskose Fließanteile bestimmt.

Mehr als diese quantitative Interpretation der Relaxations- und Retardationszeitspektren ist ohne molekulare Modellvorstellungen, d.h., ohne die Kenntnis der Dynamik der Polymerketten, nicht aus den Spektren ableitbar.

Große Bedeutung haben die Relaxations- bzw. Retardationsspektren bei der Konstruktion und Beurteilung von dynamisch belasteten Bauteilen. So bieten einige FE-Programme die Möglichkeit, das dynamische Belastungsprofil eines Bauteils auf der Basis von Relaxations- bzw. Retardationsspektren zu simulieren. Heutzutage werden üblicherweise bis zu zehn Maxwell- oder Kelvin-Voigt-Elemente bei der Simulation berücksichtigt, dies entspricht einem Modell mit 20 Parametern. Diese Anzahl erscheint groß, ist aber oft für eine vollständige und genaue Simulation des realen Verhaltens nicht ausreichend. Eine Summe von Maxwell- oder Kelvin-Voigt-Elementen wird auch als Prooney-Reihe bezeichnet.

Bisher wurde nichts bzw. sehr wenig zur Berechnung der Relaxations- bzw. Retardationszeitspektren gesagt. Dazu werden üblicherweise numerische Näherungsverfahren eingesetzt, die auf der Basis von frequenzabhängigen Modulmessungen und der in Gl. 3.72 und Gl. 3.73 dargestellten Beziehungen ein diskretes Spektrum der Relaxations- bzw. Retardationsstärken berechnen (siehe dazu Schwarzl (1952, 1953); Ferry (1953)). In den letzten Jahren wurden in der Gruppe um C. Friedrich an der Universität Freiburg neue Ansätze zur Berechnung entwickelt (siehe Friedrich (1999)) und in ein kommerzielles Softwarepaket umgesetzt.

Eine weitere Methode zur Berechnung der Relaxationszeit- bzw. Retardationszeitspektren wird im Folgenden vorgestellt. Sie beruht auf der Verwendung von erweiterten bzw. modifizierten Maxwell- und Kelvin-Voigt-Elementen.

3.10.6 Erweiterte mechanische Elemente

Die bisher vorgestellten Maxwell- und Kelvin-Voigt-Elemente sind durch eine Relaxations- bzw. Retardationsstärke mit einer einzigen Relaxations- bzw. Retardationszeit definiert.

Um das viskoelastische Verhalten eines Polymers vollständig zu beschreiben, wurden generalisierte Modelle eingeführt, die durch ein Spektrum von Relaxations- bzw. Retardationsstärken charakterisiert sind. Dies führt bei der praktischen Anwendung im Rahmen von FE-Simulationen oder bei der Interpretation im Rahmen physikalischer Modelle meist zu einer großen Anzahl von Parametern.

Bei der Erweiterung der einfachen Elemente versucht man, mit einigen wenigen Parametern einen funktionalen Zusammenhang zwischen Relaxations- bzw. Retardationsstärke und Relaxations- bzw. Retardationszeit herzustellen, um so das gesamte Relaxations- bzw. Retardationsspektrum einfach analytisch beschreiben zu können. Die Parameter können dann sowohl zur einfacheren numerischen Simulation als auch zur physikalischen Interpretation verwendet werden. Bei einer molekularen Interpretation müssen allerdings nicht nur die Parameter interpretiert werden, sondern auch der funktionale Zusammenhang zwischen Relaxations- bzw. Retardationsstärke und Relaxations- bzw. Retardationszeit muss durch molekulare Modellvorstellungen erklärt werden.

Erweiterte mechanischen Elemente sind damit nicht mehr durch einzelne Relaxationsstärken und -zeiten beschreibbar, sondern besitzen eine eigene, charakteristische Verteilung von Relaxations- bzw. Retardationsstärken. Die ersten erweiterten Modelle wurde von Cole-Cole (1941) und Cole-Davidson (1950) entwickelt. Heutzutage wird hauptsächlich das Modell von Cole-Cole zur Beschreibung der dynamisch-mechanischen Eigenschaften verwendet.

Der Cole-Cole-Prozess

Der frequenzabhängige Modul $G^\star(\omega)$, bzw. die frequenzabhängige Komplianz $J^\star(\omega)$ eines Cole-Cole-Prozesses ist durch die drei Parameter Relaxations- bzw. Retardationsstärke ΔG bzw. ΔJ, Relaxations- bzw. Retardationszeit $\check{\tau}_0$ sowie durch den Breitenparameter b gekennzeichnet. Der komplexe Modul $G^\star(\omega)$ und die komplexe Komplianz $J^\star(\omega)$ ergeben sich aus den in Gl. 3.81 dargestellten Beziehungen.

$$G^\star(\omega) = \Delta G \cdot \frac{(i\omega\check{\tau}_0)^b}{1 + (i\omega\check{\tau}_0)^b} \quad \text{bzw.} \quad J^\star(\omega) = \Delta J \cdot \frac{1}{1 + (i\omega\check{\tau}_0)^b} \tag{3.81}$$

Mit der Formel von Moivre

$$(z^\star)^n = |z|^n \cdot (\cos n\delta + i \cdot \sin n\delta) \quad \text{mit } \delta = \arctan \frac{z''}{z'} \tag{3.82}$$

können die Real- und die Imaginärteile des Moduls bzw. der Komplianz aus Gl. 3.81 abgeleitet werden.

$$G'(\omega) = \Delta G \,(\omega\check{\tau}_0)^b \, \frac{(\omega\check{\tau}_0)^b + \cos\frac{b\pi}{2}}{\zeta(\omega)} \qquad G''(\omega) = \Delta G \,(\omega\check{\tau}_0)^b \, \frac{\sin\frac{b\pi}{2}}{\zeta(\omega)} \tag{3.83}$$

bzw.

$$J'(\omega) = \Delta J \, \frac{1 + (\omega\check{\tau}_0)^b \cos\frac{b\pi}{2}}{\zeta(\omega)} \qquad J''(\omega) = \Delta J \,(\omega\check{\tau}_0)^b \, \frac{\sin\frac{b\pi}{2}}{\zeta(\omega)} \tag{3.84}$$

mit

$$\zeta(\omega) \quad = \quad 1 + 2(\omega\check{\tau}_0)^b \cos\frac{b\pi}{2} + (\omega\check{\tau}_0)^{2b} \tag{3.85}$$

Der Breitenparameter b gibt die spektrale Verteilung der Relaxations- bzw. Retardationsstärken an und kann alle Werte zwischen 0 und 1 annehmen. Für $b = 1$ geht der Cole-Cole-Prozess in den Debye-Prozess über.

$$G^\star(\omega) = \Delta G \cdot \frac{i\omega\check{\tau}_0}{1 + i\omega\check{\tau}_0} \quad \text{bzw.} \quad J^\star(\omega) = \Delta J \cdot \frac{1}{1 + i\omega\check{\tau}_0} \tag{3.86}$$

Dieser beschreibt die aus den Maxwell- bzw. Kelvin-Voigt-Elementen abgeleiteten elementaren Relaxationsvorgänge (siehe Gl. 3.54 und Gl. 3.60) mit einer einzelnen Relaxations- bzw. Retardationszeit $\check{\tau}_0$.

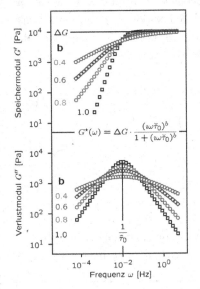
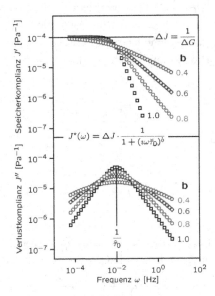

Abb. 3.33 Dynamisch-mechanisches Verhalten eines Cole-Cole-Elements
(mit $\Delta G = 10^4\,\text{Pa}$ und $\check{\tau}_0 = 10^{-2}\,\text{s}$)

In Abb. 3.33 ist der frequenzabhängige Verlauf sowohl für den Speicher- und den Verlustmodul $G'(\omega)$ und $G''(\omega)$ (linkes Diagramm) als auch für die Speicher- und die Verlustkomplianz $J'(\omega)$ und $J''(\omega)$ dargestellt. Die Parameter für die Relaxations- bzw. Retardationsstärken ΔG und ΔJ und für die Relaxations- bzw. Retardationszeiten $\check{\tau}_0$ wurden analog zu den Beispielen der Maxwell- und Kelvin-Voigt-Elemente gewählt ($\Delta G = \Delta J^{-1} = 10^{-2}\,\text{MPa}$ und $\check{\tau}_0 = 10^{-2}\,\text{s}$). In beiden Diagrammen wurde der Breitenparameter b in einem Bereich von 0.4 bis 1 variiert. Wird der Breitenparameter eins ($b = 1$), so entsprechen die Kurven der Speicher- und Verlustmodule denen eines Maxwell-Elements (siehe Abb. 3.25) und die Kurven von Speicher- und Verlustkomplianz denen eines Kelvin-Voigt-Elements (siehe Abb. 3.28).

Für abnehmende Werte des Breitenparameters beobachtet man eine Verbreiterung der frequenzabhängigen Modul- bzw. Komplianzkurven. Besonders deutlich wird dies, wenn man die Imaginärteile von Modul und Komplianz betrachtet. Die Frequenzlagen der Maxima der Imaginärteile von Schubmodul und Komplianz sind unabhängig vom Breitenparameter und entsprechen dem Kehrwert der Relaxations- bzw. Retardationszeit $\check{\tau}_0$.

Die Verbreiterung der Kurven wird durch den Breitenparameter b verursacht. Nimmt er Werte an, die kleiner als eins sind, so ist die Frequenzabhängigkeit der

Module und der Komplianzen nicht mehr nur durch eine einzelne Relaxations-
bzw. Retardationszeit $\check{\tau} = \check{\tau}_0$, sondern durch ein Spektrum von Relaxations- und
Retardationszeiten charakterisiert. In gewisser Weise entspricht das Relaxationsbzw. Retardationsverhalten eines Cole-Cole-Elements dem eines generalisierten
Maxwell- bzw. Kelvin-Voigt-Elements, wobei die Relaxations- bzw. Retardationsstärken eine charakteristische Verteilung besitzen. Diese kann für den Cole-Cole-
Prozess analytisch abgeleitet werden (siehe Cole-Cole (1941)).

$$H(\check{\tau}) = \Delta G \, \frac{1}{\pi} \, \frac{\left(\frac{\check{\tau}}{\check{\tau}_0}\right)^b \cdot \sin\left((1-b)\pi\right)}{1 + \left(\frac{\check{\tau}}{\check{\tau}_0}\right)^{2b} - 2\left(\frac{\check{\tau}}{\check{\tau}_0}\right)^b \cdot \cos((1-b)\pi)} \qquad (3.87)$$

$$L(\check{\tau}) = \Delta J \, \frac{1}{\pi} \, \frac{\left(\frac{\check{\tau}}{\check{\tau}_0}\right)^b \cdot \sin\left((1-b)\pi\right)}{1 + \left(\frac{\check{\tau}}{\check{\tau}_0}\right)^{2b} - 2\left(\frac{\check{\tau}}{\check{\tau}_0}\right)^b \cdot \cos((1-b)\pi)} \qquad (3.88)$$

Für Abb. 3.34 wurden die Relaxations- und Retardationsspektren der in Abb. 3.33
dargestellten Cole-Cole-Prozesse mit der obigen Gleichung berechnet.

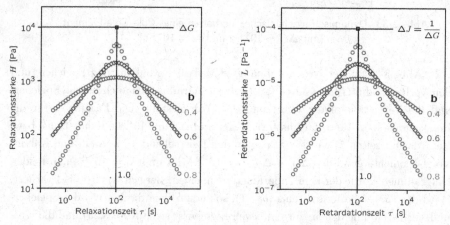

Abb. 3.34 Relaxations- und Retardationsspektren der in Abb. 3.33 dargestellten Kurven

Wie man sieht, ergibt sich eine um $\check{\tau}_0$ symmetrische Verteilung der Relaxationsbzw. Retardationszeiten, die mit abnehmendem Parameter b breiter wird. Da die
Relaxations- bzw. Retardationsstärken bei $\check{\tau} = \check{\tau}_0$ maximale Werte annehmen
und die Verteilung um $\check{\tau}_0$ symmetrisch ist, bezeichnet man $\check{\tau}_0$ als die mittlere
Relaxations- bzw. Retardationszeit des Cole-Cole-Elements.

Für die quantitative Beschreibung der dynamisch-mechanischen Eigenschaften
realer Systeme ist es in der Mehrzahl aller Fälle ausreichend, zwei bis drei Cole-
Cole-Prozesse zu addieren. Damit reduziert sich die Anzahl der zur quantitativen

Beschreibung notwendigen Parameter drastisch. Bei der Verwendung von 3 Cole-Cole-Elementen sind dies nur noch 9 Parameter. Mit dieser reduzierten Anzahl von Parametern wird es nicht nur einfacher, das dynamische Materialverhalten quantitativ zu beschreiben, sondern es wird auch eine physikalische auf molekularen Deformationsmechanismen basierte Interpretation der Parameter ermöglicht, wie dies am Beispiel des von W. Pechhold entwickelten Mäandermodells gezeigt wird.

Abschließend muss noch erwähnt werden, dass das Relaxationsverhalten eines viskoelastischen Körpers nur dann vollständig durch Cole-Cole-Prozesse beschrieben werden kann, wenn dieser Körper nicht fließfähig ist.

Im Falle der Retardation kann dieses Manko in Analogie zum generalisierten Kelvin-Voigt-Modell noch durch die Addition eines einfaches Dämpfungselements beseitigt werden.

Für die vollständige quantitative Beschreibung des Retardationsverhaltens ergibt sich nach Addition eines Dämpfungselements mit der Viskosität η_0 und einer Feder mit der Komplianz J_g:

$$J^\star(\omega) = J_g + \sum_{i=1}^{N} \Delta J_i \, \frac{1}{1+(\omega\check{\tau}_i)^{b_i}} + \frac{1}{i\omega\eta_0} \tag{3.89}$$

Für den Grenzfall kleiner Frequenzen ($\omega \to 0$) können Real- und Imaginärteil der Komplianz mit $\zeta(\omega \to 0) \approx 1$ (siehe Gl. 3.85) und $1+(\omega\check{\tau}_0)^b \cos\frac{b\pi}{2} \overset{\omega\to 0}{\approx} 1$ vereinfacht dargestellt werden.

$$J'(\omega) \overset{\omega\to 0}{=} J_g + \sum_{i=1}^{N} \Delta J_i = J_{Ges} \tag{3.90}$$

$$J''(\omega) \overset{\omega\to 0}{=} \sum_{i=1}^{N} \Delta J_i \, (\omega\check{\tau}_i)^{b_i} \sin\frac{b_i\pi}{2} + \frac{1}{\omega\eta_0} \overset{\omega\to 0}{=} \frac{1}{\omega\eta_0} \tag{3.91}$$

Die komplexe Viskosität $\eta^\star(\omega)$ konvergiert für kleine Frequenzen gegen die Viskosität des zusätzlichen Dämpfungsglieds η_0.

$$\eta'(\omega) = \frac{J''(\omega)}{\omega\left(J'(\omega)^2 + J''(\omega)^2\right)} \overset{\omega\to 0}{=} \frac{\frac{1}{\omega\eta_0}}{\omega\left(J_{Ges}^2 + \frac{1}{(\omega\eta_0)^2}\right)} \overset{\omega\to 0}{=} \eta_0 \tag{3.92}$$

$$\eta''(\omega) = \frac{J'(\omega)}{\omega\left(J'(\omega)^2 + J''(\omega)^2\right)} \overset{\omega\to 0}{=} \frac{J_{Ges}}{\omega\left(J_{Ges}^2 + \frac{1}{(\omega\eta_0)^2}\right)} \overset{\omega\to 0}{=} 0 \tag{3.93}$$

Das Fließverhalten des Cole-Cole-Elements wird damit durch die Viskosität des zusätzlichen Dämpfungselements bestimmt. Im Grenzfall kleiner Frequenzen ist das Cole-Cole-Element vollständig relaxiert, und das dynamisch-mechanische Verhalten wird nur noch durch die Viskosität des Dämpfungselements bestimmt.

Das vollständige Relaxationsverhaltens des Cole-Cole-Elements kann in Analogie zum generalisierten Maxwell-Element durch eine zusätzliche parallel geschaltete Feder mit dem Modul G_e angegeben werden.

$$G^\star(\omega) = G_e + \sum_{i=1}^{N} \Delta G_i \frac{(i\omega\check{\tau}_i)^{b_i}}{1 + (\omega\check{\tau}_i)^{b_i}} \tag{3.94}$$

Für den Grenzfall kleiner Frequenzen ($\omega \to 0$) können Real- und Imaginärteil des Moduls bei fließfähigen Systemen ($G_e = 0$) mit den Näherungen $\zeta(\omega \to 0) \approx$ 1 (siehe Gl. 3.85) und $\omega\check{\tau}_i + \cos\frac{b_i\pi}{2} \approx \cos\frac{b_i\pi}{2}$ ebenfalls vereinfacht dargestellt werden.

$$G'(\omega) \stackrel{\omega\to 0}{=} \sum_{i=1}^{N} \Delta G_i(\omega\check{\tau}_i)^{b_i} \cos\frac{b_i\pi}{2} \stackrel{\eta_i=\Delta G_i\check{\tau}_i}{=} \sum_{i=1}^{N} \eta_i\omega^{b_i}\check{\tau}_i^{b_i-1}\cos\frac{b_i\pi}{2} \tag{3.95}$$

$$G''(\omega) \stackrel{\omega\to 0}{=} \sum_{i=1}^{N} \Delta G_i\,(\omega\check{\tau}_i)^{b_i}\,\sin\frac{b_i\pi}{2} \stackrel{\eta_i=\Delta G_i\check{\tau}_i}{=} \sum_{i=1}^{N} \eta_i\omega^{b_i}\check{\tau}_i^{b_i-1}\sin\frac{b_i\pi}{2} \tag{3.96}$$

Für den Real- und den Imaginärteil der komplexen Viskosität $\eta^\star(\omega)$ ergeben sich mit Gl. 3.45 die Beziehungen

$$\eta'(\omega) = \frac{G''(\omega)}{\omega} \stackrel{\omega\to 0}{=} \sum_{i=1}^{N} \eta_i\omega^{b_i-1}\check{\tau}_i^{b_i-1}\sin\frac{b_i\pi}{2} \neq \sum_{i=1}^{N} \eta_i \tag{3.97}$$

$$\eta''(\omega) = \frac{G'(\omega)}{\omega} \stackrel{\omega\to 0}{=} \sum_{i=1}^{N} \eta_i\omega^{b_i-1}\check{\tau}_i^{b_i-1}\cos\frac{b_i\pi}{2} \neq 0 \tag{3.98}$$

Das bedeutet: Solange nur ein Breitenparameter aus allen verwendeten Cole-Cole-Elementen kleiner als eins ist ($b_i < 1$), entspricht das Verhalten bei tiefen Frequenzen nicht dem des generalisierten Maxwell-Elements. Ist der Breitenparameter aller Prozesse gleich 1, d.h., wenn nur einfache Maxwell-Modelle zur Beschreibung des viskoelastischen Verhaltens verwendet werden, können die Eigenschaften bei tiefen Frequenzen durch eine ideale Flüssigkeit beschrieben werden. Für $b_i \to 1$ findet man:

$$\eta'(\omega) = \frac{G''(\omega)}{\omega} \stackrel{b_i\to 1}{=} \sum_{i=1}^{N} \eta_i\omega^{1-1}\check{\tau}_i^{1-1} \cdot 1 = \sum_{i=1}^{N} \eta_i \tag{3.99}$$

$$\eta''(\omega) = \frac{G'(\omega)}{\omega} \stackrel{b_i\to 1}{=} \sum_{i=1}^{N} \eta_i\omega^{1-1}\check{\tau}_i^{1-1} \cdot 0 = 0 \tag{3.100}$$

Ist der Breitenparameter von nur einem Cole-Cole-Prozess kleiner als eins, so konvergiert der Realteil der Viskosität für tiefe Frequenzen nicht gegen die Summenviskosität $\sum \eta_i$ aller beteiligten Maxwell-Elemente. Auch der Imaginärteil der Viskosität konvergiert dann für kleine Frequenzen nicht gegen null.

Da die Konvergenz von Real- bzw. Imaginärteil gegen die Summe $\sum \eta_i$ der einzelnen Viskositäten bzw. gegen null ein Charakteristikum für ideal viskoses Fließen ist, kann mit dem Cole-Cole-Element in Moduldarstellung das Fließverhalten von Polymeren nicht analytisch beschrieben werden.

Wird der Breitenparameter zu 1 gewählt, geht die Cole-Cole-Darstellung in ein generalisiertes Maxwell-Element über, und das Verhalten bei kleinen Frequenzen entspricht dem einer idealen Flüssigkeit.

Die Darstellung des Relaxationsverhaltens mit Cole-Cole-Elementen ist damit für fließfähige Systeme nicht identisch mit der Darstellung des generalisierten Maxwell-Elements, während die Darstellung des Retardationsverhaltens mit Cole-Cole-Prozessen dem des generalisierten Kelvin-Voigt-Elements entspricht.

Für die Diskussion des dynamischen Verhaltens von linear viskoelastischen Medien sollte deshalb entweder eine quantitative analytische Beschreibung mit Cole-Cole-Prozessen in Komplianzdarstellung durchgeführt werden, oder es sollte alternativ eine erweiterte Form des Cole-Cole-Prozesses mit viskoser Terminierung (siehe Wrana (2006)) zur Analyse des Relaxationsverhaltens verwendet werden.

3.11 Molekulare Relaxationsmodelle

Die bei Polymeren beobachteten Relaxationsphänomene beruhen auf thermisch aktivierten Platzwechselprozessen von Molekülen bzw. Molekülsegmenten. Als Modell für einen einfachen thermisch aktivierten Platzwechselprozess wird zunächst der sogenannte Snoek-Effekt diskutiert. In einem nächsten Schritt werden dann die grundlegenden Mechanismen des Platzwechselmodells auf die Dynamik der Polymerkette übertragen und zur Interpretation von molekularen Relaxationsprozessen in Polymeren verwendet. Im Rahmen der Theorie des freien Volumens wird die Erweiterung des einfachen Platzwechselmodells zur Beschreibung des Glasprozesses von Polymeren diskutiert und ein molekulares, mechanistisches Bild des Glasprozesses auf der Basis kooperativer Platzwechselvorgänge entwickelt.

3.11.1 Das einfache Platzwechselmodell

Ein einfaches sehr anschauliches Modellsystem zur Erklärung eines thermisch aktivierten Platzwechselmodells basiert auf dem von Snoek beobachteten mechanischen Relaxationsvorgang in kohlenstoff-dotiertem α-Eisen.

In Abb. 3.35 ist die Anordnung der Kohlenstoffatome in einer kubisch raumzentrierten Fe-Elementarzelle, die das α-Eisen kennzeichnet, dargestellt. Die Kohlenstoffatome befinden sich auf den Kantenmitten zwischen zwei Fe-Atomen, da in dieser Position ihre potenzielle Energie minimal ist. In der kubisch raumzentrierten

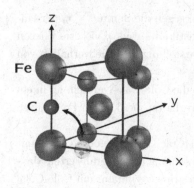

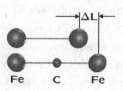

Abb. 3.36 Einfluss des C-Atoms auf die Abmessungen des Fe-Kristalls

Abb. 3.35 Snoek-Effekt bei C-dotiertem α-Eisen

Anordnung der Fe-Elementarzelle existieren drei energetisch absolut gleichwertige Positionen für die C-Atome (in x-, y- und z-Richtung).

Befindet sich ein C-Atom zwischen zwei Fe-Atomen, so vergrößert sich deren Abstand (siehe Abb. 3.36). Würde man alle C-Atome in einer Raumrichtung anordnen, so würde der Fe-Kristall in dieser Richtung vergrößert und es würde eine makroskopische Längenänderung in dieser Richtung verursacht.

Die Anordnung der C-Atome in den drei Positionen mit minimaler Energie ist nicht statisch; der Wechsel von einer Position in eine andere ist möglich, dazu muss allerdings eine Energiebarriere überwunden werden.

Bildlich kann man sich den Vorgang durch eine Kugel, die sich in einem Tal zwischen zwei Erhebungen befindet, vorstellen. Liegt die Kugel im Tal, so besitzt sie minimale potenzielle Energie. Da sie von allein diese Position nicht verlassen kann, ist ihr Zustand stabil. Verrichtet man Arbeit, indem man der Kugel eine gewisse kinetische Energie verleiht, so kann man die Kugel auf die Erhebung befördern. Dort besitzt sie eine erhöhte potenzielle Energie. Ihr Zustand ist aber nicht stabil, da sie durch die geringste Einwirkung abwärts rollen wird. Vernachlässigt man Reibungseffekte, so wird die Kugel im Tal die gleiche kinetische Energie besitzen, mit der sie zuvor gestartet wurde. Damit kann die Kugel nur dann von einem Tal in ein benachbartes gelangen, wenn man ihr genügend kinetische Energie zur Überwindung der Höhenbarriere verleiht. Im benachbarten Tal angekommen, besitzt sie die gleiche kinetische Energie, die ihr zuvor verliehen wurde. Der gesamte Vorgang benötigt damit keine Energie, es muss nur zu Beginn eine Aktivierungsenergie zur Überwindung der Energiebarriere aufgebracht werden. Diese steht dem System nach dem Erreichen des stabilen Zustands im benachbarten Tal wieder zur Verfügung.

Da die C-Atome des α-Eisens eine von der Temperatur abhängige kinetische Energie besitzen, besteht eine gewisse Wahrscheinlichkeit, mit dieser kinetischen

Energie die Energiebarriere zu überwinden und einen Positionswechsel in einen anderen stabilen Zustand zu ermöglichen.

Ohne einen äußeren Einfluss wird sich durch thermisch bedingte Platzwechselvorgänge nach einer gewissen Zeit eine Gleichverteilung der C-Atome auf alle räumlichen Positionen einstellen. Im thermodynamischen Gleichgewicht führt die Dotierung mit C-Atomen damit zu einer isotropen Ausdehnung des Fe-Gitters.

3.11.2 Platzwechsel im Potenzialverlauf

Das einfache Modell für zwei Gleichgewichtszustände, die durch eine Energiebarriere getrennt sind, wird als Platzwechselmodell bezeichnet. In Abb. 3.37 ist der Potenzialverlauf im eindimensionalen Platzwechselmodell grafisch dargestellt. Dabei bezeichnen U_0 die Höhe der Energiebarriere sowie x und y die zwei Gleichgewichtslagen des C-Atoms.

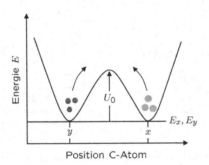

Abb. 3.37 Einfaches Platzwechselmodell

Ausgangspunkt für die analytische Beschreibung des Platzwechselmodells sind C-Atome, die mit einer gewissen thermischen Energie kT, die sehr viel kleiner als die Energiebarriere sei ($kT \ll U_0$), in einer der Potenzialmulden schwingen.

Ohne äußere Einwirkung sind die Aufenthaltswahrscheinlichkeiten eines C-Atoms für beide Zustände x und y (die im Folgenden als Zustand 1 bzw. 2 bezeichnet werden) gleich groß, d.h. im thermodynamischen Gleichgewicht werden sich in beiden Zuständen gleich viele C-Atome befinden.

$$N_1 = N_2 = \frac{N}{2}$$

N gibt dabei die Gesamtanzahl aller C-Atome an, N_1 und N_2 die Anzahl der C-Atome in den Zuständen 1 bzw. 2. Für die Anzahl Γ^0 der Sprünge pro Zeitintervall folgt aus der klassischen Statistik nach Boltzmann:

$$\Gamma^{1 \to 2} = \Gamma^{2 \to 1} = \Gamma^0 = g\,\nu_0\,e^{-\frac{U_0}{kT}} \tag{3.101}$$

Dabei entspricht g der Zahl der äquivalenten Wege, auf denen ein Teilchen seine Mulde verlassen kann (hier gleich 1) und ν_0 der Frequenz der Nullpunktsschwingung des C-Atoms in der Potenzialmulde. $\Gamma^{1 \to 2}$ ist die Sprunghäufigkeit (gemeint sind die Sprünge bzw. Platzwechsel pro Sekunde) von Zustand 1 nach Zustand 2 und $\Gamma^{2 \to 1}$ die von Zustand 2 nach Zustand 1.

Ohne äußere Einwirkung befindet sich das System in einem dynamischen Gleichgewicht, d.h., die Anzahl der C-Atome in jedem Zustand bleibt konstant, da in jedem Zeitintervall die Anzahl der Sprünge aus einer Potenzialmulde durch die Anzahl der Sprünge in die Potenzialmulde kompensiert wird.

Wirkt ein äußeres Feld, also beispielsweise eine mechanische Spannung σ, auf das C-dotierte α-Eisen, so werden bestimmte Positionen energetisch bevorzugt, und als Folge werden mehr C-Atome in diese Positionen wechseln.

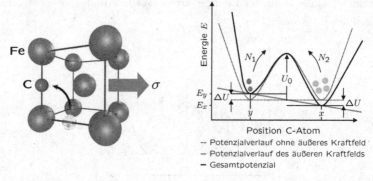

Abb. 3.38 Einfaches Platzwechselmodell bei angelegtem, äußerem Feld

Wirkt die mechanische Spannung σ in x-Richtung auf den Kristall (siehe Abb. 3.38), so wird der Abstand zwischen Fe-Atomen in x-Richtung etwas vergrößert; das C-Atom zwischen ihnen wird dadurch schwächer mit ihnen wechselwirken und somit seine potenzielle Energie um einen Beitrag ΔU absenken.

Da bei Kristallen eine in x-Richtung wirkende Spannung σ_{xx} aufgrund des tensoriellen Charakters der Spannungs-Dehnungs-Beziehung (siehe Abschnitt 3.2) eine Kompression der Abstände in y- und z-Richtung zur Folge hat, beobachtet man nicht nur eine Absenkung des Energieminimums der x-Position um ΔU, sondern gleichzeitig ein Anwachsen der potenziellen Energie der y- und z-Position um ΔU.

Damit werden weniger C-Atome die x-Position mit der um ΔU abgesenkten Energie verlassen und mehr C-Atome aus den energetisch ungünstigeren y- und z-Positionen in die x-Position wechseln. Nach einer gewissen Zeit wird sich ein neuer Gleichgewichtszustand einstellen, bei dem die Anzahl der C-Atome in x-Position deutlich höher ist als die Anzahl der C-Atome in y- bzw. z-Richtung.

Dies verursacht eine zusätzliche makroskopische Ausdehnung δ_{xx} des Gesamtsystems in Richtung des anliegenden Feldes. Damit verbunden ist eine Abnahme des Moduls E bzw. eine Zunahme der Komplianz $D = \frac{1}{E}$.

$$
\begin{array}{cc}
\text{ohne äußeres Feld} & \text{mit äußerem Feld} \\[2mm]
E_{\sigma=0} = \dfrac{\sigma_{xx}}{\varepsilon_{xx}} & E_{\sigma=\sigma_0} = \dfrac{\sigma_{xx}}{\varepsilon_{xx} + \delta\varepsilon_{xx}} \\[4mm]
D_{\sigma=0} = \dfrac{\varepsilon_{xx}}{\sigma_{xx}} & D_{\sigma=\sigma_0} = \dfrac{\varepsilon_{xx} + \delta\varepsilon_{xx}}{\sigma_{xx}} = D_{\sigma=0} + \dfrac{\delta\varepsilon_{xx}}{\sigma_{xx}}
\end{array}
$$

Da die C-Atome nur mit einer endlichen Sprunghäufigkeit ihre Positionen wechseln, finden pro Zeitintervall nur eine gewisse Anzahl von Zustandswechseln statt. Damit wird die Absenkung des Moduls Zeit benötigen. Die Zeitabhängigkeit des Vorgangs kann bei Kenntnis der Sprunghäufigkeiten $\Gamma_{1\to2}^{2\to1}$ aus den Bilanzgleichungen der Zustände abgeleitet werden.

Für ein einfaches Platzwechselmodell mit zwei möglichen Zuständen (Zustand 1 entspricht der x-Position, Zustand 2 der y- bzw. z-Position) ergeben sich die Sprungwahrscheinlichkeiten $\Gamma_{1\to2}^{2\to1}$ bei wirkendem äußeren Feld aus grundlegenden statistischen Überlegungen mit Gl. 3.101 zu:

$$
\Gamma_{2\to1}^{1\to2} = \nu_0 \cdot e^{\dfrac{-U_0 \pm \Delta U}{kT}} \approx \Gamma_0 \cdot \left(1 \pm \dfrac{\Delta U}{kT}\right) \tag{3.102}
$$

Die Sprungwahrscheinlichkeit $\Gamma^{1\to2}$ von der energetisch ungünstigeren Position 1 in die energetisch günstigere Position 2 ist damit um einen Faktor $1 + \frac{\Delta U}{kT}$ größer als die Sprungwahrscheinlichkeit ohne äußeres Feld, während Sprünge aus der energisch günstigeren Position 2 in die ungünstigere Position 1 ($\Gamma^{2\to1}$) um den Faktor $1 - \frac{\Delta U}{kT}$ unwahrscheinlicher sind.

Leitet man die Bilanzgleichungen für beide Zustände ab, indem man für jeden Zustand die zeitliche Änderung $\dot{N}_1$ bzw. $\dot{N}_2$ der Teilchenanzahl berechnet, so ergibt sich die Änderung der Teilchenanzahl im Zustand 1 zu

$$
\dot{N}_1(t) = N_2(t) \cdot \Gamma^{2\to1} - N_1(t) \cdot \Gamma^{1\to2}. \tag{3.103}
$$

Die Änderung $\dot{N}_1(t)$ der Teilchenanzahl im Zustand 1 entspricht dabei der Anzahl Teilchen, die aus dem Zustand 2 in den Zustand 1 springen ($N_2(t) \cdot \Gamma^{2\to1}$), minus der Anzahl Teilchen, die vom Zustand 1 in den Zustand 2 springen ($-N_1(t) \cdot \Gamma^{1\to2}$), wobei $N_1(t)$ und $N_2(t)$ die momentane Anzahl der Teilchen im Zustand 1 bzw. 2 angeben.

Für den Zustand 2 führt eine analoge Betrachtung zu folgender Gleichung:

$$
\dot{N}_2(t) = N_1(t) \cdot \Gamma^{1\to2} - N_2(t) \cdot \Gamma^{2\to1} \tag{3.104}
$$

Subtrahiert man Gl. 3.104 von Gl. 3.103 und ersetzt die Sprungwahrscheinlich-keiten $\Gamma_{2\rightarrow1}^{1\rightarrow2}$ durch die in Gl. 3.102 angegebene Beziehung, so ergibt sich nach einfachem Umformen die Zustandsgleichung des Platzwechselmodells.

$$\frac{1}{2\Gamma_0}\frac{d}{dt}\Delta N(t) = -\Delta N(t) + \frac{\Delta U}{kT}N \qquad (3.105)$$

Dabei bezeichnet

$$\Delta N(t) = N_2(t) - N_1(t)$$

die Differenz der Teilchenanzahlen in den Zuständen 1 und 2, und

$$N = N_1(t) + N_2(t)$$

bezeichnet die Gesamtanzahl der Teilchen in beiden Zuständen.

Aus der Zustandsgleichung kann, analog zu den phänomenologischen Maxwell-und Kelvin-Voigt-Elementen (siehe Gl. 3.48 und Gl. 3.55), die Antwort auf jede beliebige zeitabhängige Anregung berechnet werden.

Legt man beispielsweise zum Zeitpunkt $t = 0$ ein konstantes Feld an und geht davon aus, dass zu Beginn des Versuchs beide Zustände gleich stark besetzt sind,

$$N_1(t = 0) = N_2(t = 0) = \frac{N}{2}$$

so ergibt sich aus der Zustandsgleichung (siehe Gl. 3.105) die zeitabhängige Änderung der Teilchenanzahl in den einzelnen Zuständen.

$$\Delta N(t) = N\frac{\Delta U}{kT}\left(1 - e^{-\frac{t}{\check{\tau}}}\right) \qquad (3.106)$$

$$\text{mit } \check{\tau} = \frac{1}{2\Gamma_0} = \frac{1}{2\nu_0}e^{\frac{U_0}{kT}} \qquad (3.107)$$

Gleichung 3.106 beschreibt den Retardationsvorgang, wie er auch schon bei der Diskussion des Kelvin-Voigt-Elements abgeleitet wurde (siehe Abschnitt 3.10.2). Im linken Diagramm von Abb. 3.39 ist die zeitliche Änderung des Besetzungs-unterschieds der zwei Zustände zusätzlich grafisch dargestellt.

Direkt nach dem Einschalten des mechanischen Feldes ($t \approx 0$) ist noch kein Einfluss auf die Besetzungszahlen der zwei Zustände erkennbar ($\Delta N = 0$). Die C-Atome hatten noch keine Zeit, auf die geänderten energetischen Bedingungen zu reagieren. Da die Platzwechsel, bedingt durch die endlichen Sprungwahrscheinlich-keiten $\Gamma_{2\rightarrow1}^{1\rightarrow2}$, eine gewisse Zeit benötigen, stellt sich eine Änderung der mittleren Besetzungszahlen der Zustände erst mit der Zeit ein. Nach sehr langen Zeiten ($t \rightarrow \infty$) ist der neue Gleichgewichtszustand erreicht, der dadurch charakterisiert ist, dass sich im energetisch günstigeren Zustand ΔN mehr C-Atome aufhalten als im energetisch ungünstigeren. Der Gleichgewichtszustand kann formal aus den Bilanzgleichungen (siehe Gl. 3.103) abgeleitet werden.

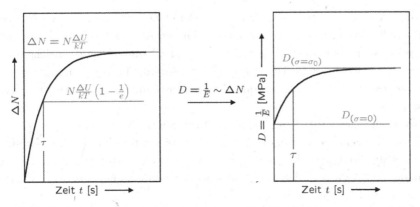

Abb. 3.39 Retardationsvorgang eines α-dotierten Fe-Kristalls bei angelegtem äußerem Feld

Bleibt die Gesamtanzahl der C-Atome in beiden Zuständen über die Zeit konstant, so ist das dynamische Gleichgewicht erreicht. Die Anzahl der C-Atome, die von Zustand 1 nach Zustand 2 wechseln, entspricht dann der Anzahl der C-Atome, die von Zustand 2 nach Zustand 1 wechseln.

$$\dot{N}_1(t) = \dot{N}_2(t) = 0 \qquad \Rightarrow \qquad N_1(t) \cdot \Gamma^{1 \to 2} = N_2(t) \cdot \Gamma^{2 \to 1}$$

Mit Gl. 3.102 und $N_1 = N - N_2$ berechnet sich die Anzahl der C-Atome im Gleichgewicht zu

$$N_1 = \frac{N}{2} - \frac{N}{2}\frac{\Delta U}{kT} \qquad \text{und} \qquad N_2 = \frac{N}{2} + \frac{N}{2}\frac{\Delta U}{kT}$$

$$\Downarrow$$

$$\Delta N = N_2 - N_1 = N\frac{\Delta U}{kT}$$

Da die unterschiedliche Besetzung der Zustände im neuen Gleichgewichtszustand eine Änderung der makroskopischen Deformation zur Folge hat, ändert sich nach dem Anlegen des Feldes auch der Modul bzw. die Komplianz mit der Zeit (siehe rechtes Diagramm in Abb. 3.39). Unmittelbar nach Anlegen des Feldes ist noch keine Änderung in den Besetzungszahlen der Zustände erfolgt, und der Modul bzw. die Komplianz entspricht dem Modul bzw. der Komplianz des Systems ohne äußeres Feld $D_{\sigma=0}$. Nach langen Zeiten ist der neue Gleichgewichtszustand erreicht, und es befinden sich mehr C-Atome in Feldrichtung; die Komplianz $D_{\sigma=\sigma_0}$ erhöht sich durch die zusätzliche Deformation.

Die Zeit, die benötigt wird, um den neuen Gleichgewichtszustand zu erreichen, ist durch die Zeitkonstante $\check{\tau}$ des Retardationsvorgangs charakterisiert. Diese wird nach Gl. 3.107 von der Frequenz der Nullpunktsschwingung ν_0, von der Höhe der Potenzialbarriere U_0 und von der Temperatur T beeinflusst.

Mit steigender Temperatur steigt die mittlere kinetische Energie der C-Atome. Dies erhöht die Sprungwahrscheinlichkeit, d.h. die Anzahl der Sprünge pro Zeit-intervall. Nach dem Anlegen eines äußeren Feldes kann ein neues Gleichgewicht schneller erreicht werden. Die Abnahme der Retardationszeit $\check{\tau}$ mit steigender Temperatur T ist damit ein zentrales Charakteristikum des einfachen Platzwechsel-selmodells.

Noch deutlicher wird die zeitverzögerte Reaktion des Systems auf ein von außen einwirkendes Feld, wenn man die Anregung mit einem periodischen sinusförmigen Wechselfeld durchführt. Die periodische Anregung bewirkt eine periodische Ab-senkung und Anhebung der Energieniveaus der Zustände mit minimaler Energie im einfachen Platzwechselmodell.

$$\Delta U(t) = \Delta U_0\, e^{i\omega t}$$

Setzt man lineares Deformationsverhalten voraus, so folgen die C-Atome im Fe-Kristall der periodischen sinusförmigen Anregung mit einer zeitverschobenen, aber weiterhin sinusförmigen Änderung der Besetzungszahlen der zwei Zustände.

$$\Delta N(t) = \Delta N_0\, e^{i(\omega t + \delta)}$$

Verwendet man beide Ausdrücke in der Zustandsgleichung des Platzwechselmo-dells (siehe Gl. 3.105), so kann mit $\check{\tau} = 1/(2\Gamma_0)$ nach Umformen die frequenzab-hängige Änderung $\Delta N^\star(\omega)$ der Besetzungszahlen angegeben werden.

$$\Delta N^\star(\omega) = \Delta N_0\, e^{i\delta} = N \cdot \frac{\Delta U_0}{kT}\, \frac{1}{1 + i\omega\check{\tau}} \tag{3.108}$$

$\Delta N^\star(\omega)$ wird wiederum als komplexe Zahl dargestellt. Durch die Aufspaltung in Real- und Imaginärteil ($\Delta N^\star(\omega) = \Delta N'(\omega) - i\Delta N''(\omega)$) wird deutlich, welcher Anteil der Änderung der Besetzungsanzahl zur Speicherung von Energie beiträgt und welcher Anteil proportional zur dissipierten Energie ist (man beachte wieder die aus formalen Gründen negative Definition des Vorzeichens des Imaginärteils).

$$\Delta N'(\omega) = N\frac{\Delta U_0}{kT}\, \frac{1}{1 + (\omega\check{\tau})^2} \qquad \Delta N''(\omega) = N\frac{\Delta U_0}{kT}\, \frac{\omega\tau}{1 + (\omega\check{\tau})^2} \tag{3.109}$$

In Abb. 3.40 sind die Real- und Imaginärteile von $\Delta N^\star(\omega)$ (linkes Diagramm), sowie die Real- und Imaginärteile der resultierenden makroskopischen Dehnkom-plianz $D^\star(\omega)$ grafisch dargestellt (rechtes Diagramm).

Bei hohen Frequenzen ($\omega \to \infty$) bzw. ($\omega \gg \frac{1}{\tau}$) ändert sich das äußere Feld so schnell, dass während der Zeit, die ein C-Atom im Mittel für einen Platzwechsel benötigt, das angelegte Feld mehrmals seine Richtung ändert. Auf das C-Atom wirkt dann der Mittelwert des Feldes,

$$\overline{\Delta U(t)} = \frac{1}{T}\,\Delta U_0 \int\limits_0^T \sin(\omega t)dt = -\frac{1}{T}\,\Delta U_0\,\frac{1}{\omega}\cos(\omega T) \overset{\omega = \frac{2\pi}{T}}{=} 0 \tag{3.110}$$

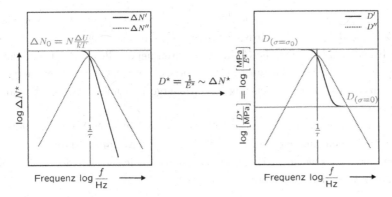

Abb. 3.40 Dynamisch-mechanische Eigenschaften eines α-dotierten Fe-Kristalls bei angelegtem äußerem Feld

der bei einer sinusförmigen Anregung den Wert null annimmt. Das C-Atom sieht im zeitlichen Mittel kein Feld. Damit werden die Sprungwahrscheinlichkeiten der einzelnen Zustände nicht geändert; es tritt keine unterschiedliche Besetzung von Zuständen auf und es resultiert auch keine zusätzliche Deformation in Feldrichtung. Die Komplianz des Systems bleibt unverändert und entspricht der Komplianz ohne wirkendes Feld $(D(\omega \to \infty) \to D_{\sigma=0})$.

Bei tiefen Frequenzen ($\omega \to 0$) bzw. ($\omega \ll \frac{1}{\tau}$) ändert sich das äußere Feld so langsam, dass zu jeder Zeit der Gleichgewichtszustand der C-Atome erreicht ist. Das bedeutet, Platzwechsel laufen im Vergleich zur zeitlichen Änderung des äußeren Feldes so schnell ab, dass der Gleichgewichtszustand quasi instantan erreicht wird. Die geänderten Besetzungszahlen der Zustände verursachen eine zusätzliche makroskopische Deformation in Feldrichtung. Die Komplianz des Systems erhöht sich durch die zusätzliche Deformation $(D(\omega \to 0) \to D_{\sigma=\sigma_0} = D_{\sigma=0} + \Delta D)$.

Interessant ist das Verhalten des Systems, wenn die Frequenz ω des angelegten Feldes genau dem Kehrwert $\check{\tau}^{-1}$ der Retardationszeit der C-Atome entspricht. Für diesen Fall sind Real- und Imaginärteil von $\Delta N^\star(\omega)$ gleich groß, d.h., es wird genauso viel Energie gespeichert wie dissipiert.

$$\Delta N'(\omega = \frac{1}{\check{\tau}}) = \frac{N}{2} \frac{\Delta U_0}{kT} = \Delta N''(\omega = \frac{1}{\check{\tau}})$$

Nun kann man sich fragen, wie beim Platzwechselvorgang überhaupt Energie dissipiert werden kann.

Der Vorgang der Energiespeicherung ist noch relativ einfach zu erklären. Wirkt ein äußeres mechanisches Feld, also beispielsweise ein Feld in x-Richtung auf das C-dotierte α-Eisen, so wird das Energieniveau des Zustands in Feldrichtung, also in x-Richtung, um ΔU_0 abgesenkt, während das Energieniveau des Zustands senkrecht zum äußeren Feld, also in y-Richtung, um ΔU_0 angehoben wird (siehe Abb. 3.38).

Um die Energieniveaus beider Zustände zu ändern, muss Arbeit am System verrichtet werden, d.h., es wird die Energie E_{ext} in das System investiert. Nach dieser Investition beginnen die C-Atome in ihren neuen Gleichgewichtszustand zu relaxieren. Im Gleichgewichtszustand befinden sich mehr C-Atome im energetisch günstigeren Zustand in x-Richtung als im energetisch ungünstigeren Zustand in y-Richtung.

Der Energiegewinn des Systems, der sich aus der Differenz ΔN der Besetzungszahlen der beiden Zustände und dem Unterschied $2\Delta U$ ihrer Energieniveaus berechnen lässt, entspricht im thermodynamischen Gleichgewicht der zu Beginn in das System investierten Energie.

$$E_{ext} = \frac{\Delta N}{2} \cdot 2 \cdot \Delta U_0 = E_{pot}$$

Im thermodynamischen Gleichgewicht ist somit die gesamte am System verrichtete Arbeit E_{ext} in Form von potenzieller Energie E_{pot} im System gespeichert. Schaltet man das externe Feld ab, so werden sich die C-Atome mit der Zeit wieder zu gleichen Anteilen in beiden Zuständen anordnen. Die im System gespeicherte Energie wird wieder frei und kann zur Verrichtung von Arbeit verwendet werden.

Wird nach der Änderung der Energieniveaus der Zustände des einfachen Platzwechselmodells durch ein äußeres Feld solange gewartet, bis der thermodynamische Gleichgewichtszustand des Systems erreicht ist, so wird die am System verrichtete Arbeit vollständig elastisch gespeichert.

Man kann sich jetzt leicht vorstellen, was geschieht, wenn nach dem Anlegen eines äußeren Feldes nicht gewartet wird, bis das thermodynamische Gleichgewicht erreicht wird. Schaltet man das externe Feld ab, bevor der Gleichgewichtszustand erreicht ist, so hat man zwar die gesamte Energie investiert, die nötig gewesen wäre, um den Gleichgewichtszustand zu erreichen, aber die Differenz $\Delta N(t)$ der Besetzungszahlen der einzelnen Zustände entspricht noch nicht dem Gleichgewichtswert $\Delta N_0 = N\frac{\Delta U_0}{kT}$. Damit ist die im System gespeicherte Energie E_{pot} kleiner als die zu Beginn in das System investierte Energie E_{ext}.

$$E_{pot} = \Delta N(t) \cdot \Delta U_0 \; < \; \Delta N_0 \cdot \Delta U_0 = E_{ext}$$

D.h., nur ein Teil der investierten Energie wird elastisch gespeichert, der Rest wird irreversibel dissipiert. Energie kann allerdings immer nur dann gespeichert bzw. dissipiert werden, wenn sie zuvor in das System investiert wurde. Dies ist nur dann möglich, wenn die Energieniveaus der C-Atome durch das äußere Feld beeinflusst werden können.

Besitzt das äußere Feld eine zu hohe Frequenz, so wird keine Arbeit am System verrichtet, da für die C-Atome die Energieniveaus unverändert bleiben (sie sehen nur den Mittelwert des Feldes, und der ist nach Gl. 3.110 null). Wird also keine Arbeit am System verrichtet, kann konsequenterweise weder Energie gespeichert noch dissipiert werden.

Damit wird bei sehr großen Zeiten ($t \to \infty$) bzw. sehr kleine Frequenzen ($\omega \to 0$) keine Energie dissipiert, da nach dem Anlegen eines äußeren Feldes der Gleichgewichtszustand erreicht wird und somit die gesamte investierte Energie elastisch gespeichert wird. Auch bei sehr kleinen Zeiten ($t \to 0$) bzw. sehr hohen Frequenzen ($\omega \to \infty$) wird keine Energie dissipiert, da keine Arbeit am System verrichtet wird.

Bei allen Zeiten zwischen $0 < t < \infty$ bzw. bei allen Frequenzen zwischen $0 < \omega < \infty$ wird Arbeit am System verrichtet und der Gleichgewichtszustand nicht erreicht. In diesem Zeit- bzw. Frequenzbereich wird somit immer nur ein Teil der am System verrichteten Arbeit gespeichert, der Rest wird irreversibel dissipiert. Maximale Energiedissipation findet man immer dann, wenn die Frequenz ω des äußeren Feldes dem Kehrwert der Retardationszeit $\check{\tau}$ entspricht. Formal kann dies aus der Beziehung für den Imaginärteil $\Delta N''(\omega)$ der Änderung der Besetzungszahlen (siehe Gl. 3.109) abgeleitet werden. Für $\omega\check{\tau} = 1$ wird er maximal, und da der Imaginärteil proportional zur dissipierten Energie ist, ergibt sich bei $\omega\check{\tau} = 1$ maximale Energiedissipation.

> Wird nach der Änderung der Energieniveaus der Zustände des einfachen Platzwechselmodells durch ein äußeren Feld nicht gewartet, bis der thermodynamische Gleichgewichtszustand des Systems erreicht ist, so wird nur ein Teil der am System verrichteten Arbeit elastisch gespeichert, der Rest wird irreversibel dissipiert.

Der Einfluss eines äußeren Feldes auf die makroskopischen Eigenschaften kann mit Hilfe des Platzwechselmodells auf molekularer Ebene verstanden werden. Ein äußeres Feld führt zu unterschiedlichen Besetzungszahlen der zwei Gleichgewichtszustände. Dies verursacht eine zusätzliche makroskopische Deformation und erhöht die Komplianz. Die makroskopisch definierte Komplianz (genauer wäre die Bezeichnung komplexe Dehnkomplianz $D^\star = \frac{1}{E^\star}$) ist somit proportional zur Änderung der auf molekularer Ebene definierten Besetzungszahlen. Beim zeitabhängigen Relaxationsexperiment führen die Proportionalität von Komplianz und die Änderung der Besetzungszahlen

$$D^\star(t) - D_0 \propto \Delta N^\star(t)$$

zur quantitativen Beschreibung der makroskopischen, zeitabhängigen Dehnkomplianz.

$$D^\star(t) = D_0 + \Delta D \left(1 - e^{-\frac{t}{\check{\tau}}}\right) \tag{3.111}$$

Analoges gilt für das frequenzabhängige Experiment. Auch hier führen die Proportionalität von Komplianz und die Änderung der Besetzungszahlen

$$D^\star(\omega) - D_0 \propto \Delta N^\star(\omega)$$

zur einer quantitativen Beschreibung der makroskopischen, frequenzabhängigen Dehnkomplianz.

$$D^\star(\omega) = D_0 + \frac{\Delta D}{1 + i\omega\check{\tau}} \qquad (3.112)$$

Die beiden Beziehungen 3.111 und 3.112 beschreiben einen makroskopischen Relaxationsvorgang, dessen Ursache Platzwechselvorgänge auf molekularer Ebene sind.

Damit kann die zeit- bzw. frequenzabhängige Änderung des makroskopisch definierten Moduls mit Hilfe eines Platzwechselvorgangs durch molekular definierte Parameter quantitativ beschrieben werden.

3.11.3 Zusammenhang zwischen Temperatur und Frequenz beim Platzwechselmodell

Ein Charakteristikum des Platzwechselmodells ist die zeitverzögerte Reaktion auf ein äußeres Feld. Wirkt ein externes Feld, so relaxiert bzw. retardiert das System (im Falle des α-Eisens durch Platzwechsel der C-Atome) mit einer charakteristischen Zeitkonstante $\check{\tau}$ in den thermodynamischen Gleichgewichtszustand. Dieser ist durch geänderte Besetzungszahlen der Zustände gekennzeichnet und bewirkt eine Änderung der makroskopischen Eigenschaften (im Falle des α-Eisens eine zusätzliche makroskopische Deformation).

Die Relaxations- bzw. Retardationszeit $\check{\tau}$ wird nach Gl. 3.107 von der Barrierenhöhe U_0 und der Temperatur T beeinflusst.

$$\check{\tau} = \check{\tau}_0 \cdot e^{\frac{U_0}{kT}} \qquad \text{mit} \qquad \check{\tau}_0 = \frac{1}{2\nu_0}$$

Mit steigender Barrierenhöhe U_0 wird die Wahrscheinlichkeit, dass ein Teilchen einen thermisch aktivierten Platzwechsel durchführt, geringer, und die Anzahl der Sprünge über die Barriere nimmt ab; dadurch steigt die Zeit bis zum Erreichen des Gleichgewichtszustands an. Dies entspricht einer Erhöhung der Relaxationsbzw. Retardationszeit $\check{\tau}$.

Eine Erhöhung der Temperatur T hat einen entgegengesetzten Effekt. Bei höherer Temperatur nimmt die mittlere kinetische Energie der Teilchen zu, damit steigt die Wahrscheinlichkeit für einen Platzwechsel. Pro Zeitintervall werden damit mehr Platzwechsel durchgeführt. Dies beschleunigt das Erreichen des Gleichgewichtszustands und verringert die Relaxations- bzw. Retardationszeit $\check{\tau}$.

Die aus dem einfachen Platzwechselmodell abgeleitete Temperaturabhängigkeit der Relaxations- bzw. Retardationszeit $\check{\tau} = \check{\tau}(U_0, T)$ wird auch als Arrhenius-Beziehung bezeichnet. Mit ihr kann ein formaler Zusammenhang zwischen temperatur- und frequenzabhängigen Messungen abgeleitet werden, da die – auf der Basis des Platzwechselmodells berechnete – komplexe Komplianz $D^*(\omega)$ (siehe Gl. 3.111) durch das Produkt aus Messfrequenz ω und Retardationszeit $\check{\tau}$ definiert ist.

$$D^*(\omega) = D_0 + \frac{\Delta D}{1 + i\omega\check{\tau}(U_0, T)}$$

Führt man beispielsweise, wie in Abb. 3.41 dargestellt, eine frequenzabhängige Messung bei zwei verschiedenen Temperaturen T_1 und T_2 durch, so ändert sich die Retardationszeit $\check{\tau}$ in Abhängigkeit von der Temperatur.

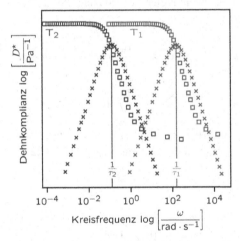

Abb. 3.41 Einfluss der Temperatur auf die frequenzabhängige Komplianz $D^*(\omega)$

Für die bei der höheren Temperatur T_1 durchgeführte Messung ergibt sich aus

$$T_1 > T_2$$
$$\Downarrow$$
$$\check{\tau}_1 = e^{\frac{U_0}{kT_1}} < e^{\frac{U_0}{kT_2}} = \check{\tau}_2$$

eine kleinere Retardationszeit $\check{\tau}_1 < \check{\tau}_2$. Sehr anschaulich wird der Einfluss der Temperatur auf die Retardationszeit $\check{\tau}$, wenn man das Maximum des Imaginärteils $D''_{max}(\omega)$ betrachtet. Das Maximum wird erreicht, wenn die Messfrequenz ω der inversen Retardationszeit $\check{\tau}^{-1}$ entspricht (siehe Abb. 3.41).

$$D''_{max}\left(\omega_{max} = \frac{1}{\check{\tau}}\right) = \frac{\Delta D}{2}$$

Für die Frequenzlage des Maximums ω_{max} ergibt sich daraus ein direkter Zusammenhang mit der Messtemperatur T.

$$\omega_{max} = \frac{1}{\check{\tau}} = \frac{1}{\check{\tau}_0} \cdot e^{-\dfrac{U_0}{kT}} \qquad (3.113)$$

Dieser Zusammenhang kann zum einen zur Bestimmung der Barrierenhöhe U_0 und zum anderen zur Erweiterung von apparativ begrenzten Frequenzbereichen durch die Anwendung der so genannten Masterkurventechnik genutzt werden.

Bestimmung der Barrierenhöhe U_0

Misst man die frequenzabhängige Komplianz bei verschiedenen Temperaturen und bestimmt für jede Messung die Frequenzlage ω_{max} der Maxima des Imaginärteils, so ergibt sich nach dem Logarithmieren von Gl. 3.113 ein linearer Zusammenhang zwischen dem Logarithmus der Frequenzlage $\log \omega_{max}$ der Maxima und der inversen Temperatur $\frac{1}{T}$.

$$\log \omega_{max} = -\log \check{\tau}_0 - \frac{U_0}{k} \log e \cdot \frac{1}{T} = a + m \cdot \frac{1}{T} \qquad (3.114)$$
$$\Downarrow$$
$$m = -\frac{U_0}{k} \log e$$

Trägt man also den Logarithmus $\log \omega_{max}$ der Frequenz über der inversen Temperatur $\frac{1}{T}$ auf, so ergibt sich eine Gerade (siehe Abb. 3.42), aus deren Steigung

$$m = -\frac{U_0}{k} \cdot \log e$$

die Barrierenhöhe U_0 berechnet werden kann. k wird als Boltzmann-Konstante bezeichnet, ihr Wert ist $1.380658 \cdot 10^{-23}$ J/K.

Analog zur frequenzabhängigen Messung der Komplianz bzw. des Moduls bei verschiedenen Temperaturen kann natürlich auch der temperaturabhängige Modul bzw. die temperaturabhängige Komplianz bei verschiedenen Frequenzen zur Bestimmung der Aktivierungsenergie bzw. Barrierenhöhe durchgeführt werden. Extrahiert man aus jeder temperaturabhängigen Messung die Temperatur, bei der der Imaginärteil sein Maximum erreicht, und trägt diese Temperatur gegen den Logarithmus der Messfrequenz auf, so ergibt sich der gleiche Zusammenhang wie bei der Auswertung der bei verschiedenen Temperaturen durchgeführten frequenzabhängigen Messungen.

Damit existieren zwei gleichwertige Verfahren zur Bestimmung der Barrierenhöhe U_0: die frequenzabhängige Messung der Module bzw. Komplianzen bei verschiedenen Temperaturen und die temperaturabhängige Messung bei verschiedenen Frequenzen.

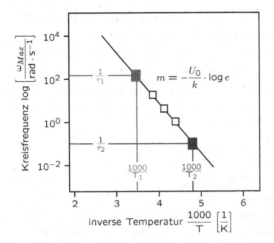

Abb. 3.42 Bestimmung der Barrierenhöhe U_0 des Platzwechselmodells

Die Auftragung des Logarithmus der Relaxations- oder Retardationszeit bzw. einer ihr entsprechenden Frequenz $\log \omega = -\log \check{\tau}$ über der inversen Temperatur $\frac{1}{T}$ wird als Arrhenius-Darstellung oder Aktivierungsdiagramm bezeichnet. Hiermit kann überprüft werden, ob ein makroskopischer Retardations- bzw. Relaxationsvorgang durch ein einfaches Platzwechselmodell beschrieben werden kann.

Dazu misst man die frequenzabhängige Komplianz $J^\star(\omega)$ bzw. den frequenzabhängigen Modul $G^\star(\omega)$ bei verschiedenen Temperaturen bzw. die temperaturabhängigen Module oder Komplianzen bei verschiedenen Frequenzen.

Ergibt sich ein linearer Zusammenhang zwischen dem Logarithmus $\log \omega_{max}$ der Maximumsfrequenz des Imaginärteils und der inversen Temperatur $\frac{1}{T}$ aus der frequenzabhängigen Messung oder zwischen der inversen Maximumstemperatur $1/T_{max}$ und der Messfrequenz ω aus der temperaturabhängigen Messung, so kann das makroskopische Deformationsverhalten durch Platzwechselvorgänge auf molekularer Ebene erklärt und die Barrierenhöhe aus der Steigung berechnet werden.

Grundlagen der Masterkurventechnik

Der funktionale Zusammenhang zwischen Frequenz und Temperatur gilt nicht nur für das Maximum des Imaginärteils der Komplianz, sondern natürlich für jeden Wert der Komplianz bzw. des Moduls. Identische Werte für die Komplianz bzw.

für den Modul ergeben sich immer dann, wenn das Produkt aus Messfrequenz ω und Relaxationszeit $\check{\tau}$ identisch ist. Da die Retardations- bzw. Relaxationszeit $\check{\tau}$ von der Barrierenhöhe U_0 und der Temperatur T beeinflusst wird ($\check{\tau} = \check{\tau}(T, U_0)$), führen Messungen der Komplianz bzw. des Moduls bei unterschiedlichen Frequenzen ω_1 und ω_2 immer dann zu identischen Ergebnissen, wenn die Messtemperaturen T_1 und T_2 so gewählt werden, dass das Produkt aus Relaxationszeit $\check{\tau}$ und Messfrequenz ω identisch ist.

$$\omega_1 \cdot \check{\tau}_1(U_0, T_1) = \omega_2 \cdot \check{\tau}_2(U_0, T_2)$$

Eine typische Messanforderung könnte beispielsweise darin bestehen, das dynamisch-mechanische Verhalten eines Kautschuks in einem Frequenzbereich von einigen Hz bis zu einigen kHz zu bestimmen, um so das akustische Verhalten eines Dämpfungselements zu bewerten. Stünde als Messmethode nur der in der kautschukverarbeitenden Industrie weitverbreitete **R**ubber **P**rocess **A**nalyser (RPA) zur Verfügung, so hätte man das Problem, dass dieses Gerät nur einen Frequenzbereich von $0,1\,$Hz bis ca. $30\,$Hz abdecken kann. Beim Wechsel auf ein alternatives Messgerät kann der Frequenzbereich zwar etwas ausgedehnt werden – so wurde das in Abb. 3.43 dargestellte Beispiel auf einer DMA von Mettler-Toledo mit einer oberen Grenzfrequenz von $1\,$kHz generiert – aber prinzipiell gibt es heute noch kein mechanisch-dynamisches Messgerät, das deutlich höher als mit $1\,$kHz messen kann. Hochfrequente Deformationsvorgänge sind damit experimentell nicht direkt zugänglich.

Die Lösung des Problems besteht nun darin, den frequenzabhängigen Modul $G^\star(\omega)$ bzw. die frequenzabhängige Komplianz $J^\star(\omega)$ nicht nur bei Zimmertemperatur zu messen, sondern auch Messungen bei tieferen Temperaturen durchzuführen. Bei tieferen Temperaturen erhöht sich die Relaxations- bzw. Retardationszeit, d.h um das Produkt aus Frequenz und Retardations- bzw. Relaxationszeit konstant zu halten, muss die Messfrequenz erniedrigt werden. Somit entsprechen die bei tieferer Temperatur und niedrigerer Frequenz gemessenen Komplianz- bzw. Modulwerte den Werten, die bei höherer Temperatur aufgrund der höheren Frequenz messtechnisch nicht zugänglich sind. Man kann also das Verhalten bei höheren Frequenzen durch Messungen bei tieferen Frequenzen wiedergeben, wenn die Messtemperatur entsprechend erniedrigt wird.

Normalerweise ist nicht bekannt, ob das Relaxations- bzw. Retardationsverhalten einer unbekannten Probe durch molekulare Platzwechselvorgänge beschrieben werden kann. Damit kann nicht vorausgesetzt werden, dass eine Beziehung zwischen Temperatur und Frequenz existiert. Selbst bei Annahme einer Beziehung sind die Werte der Aktivierungsenergie bzw. Barrierenhöhe zumeist unbekannt. Deshalb wendet man in der Praxis meistens das *Trial-and-Error*-Verfahren an. D.h., man misst bei verschiedenen Temperaturen und versucht, die Messungen bei tieferen Temperaturen durch Verschieben auf der Frequenzachse mit der Messung bei höheren Temperaturen zur Deckung zu bringen.

In Abb. 3.43 wurde dieses Verfahren an einem amorphen Nitrilbutadienkautschuk (NBR) durchgeführt. Man sieht, dass durch die Frequenzverschiebung der
Messungen bei tieferen Temperaturen das Verhalten der Referenzmessung (hier
bei 100 °C) bei höheren Frequenzen beschrieben werden kann, da durch die Frequenzverschiebung eine stetige Fortsetzung der Messkurven zu höheren Frequenzen erreicht wurde.

Gelingt es also, die bei tieferen Temperaturen gemessenen frequenzabhängigen
Kurven (das wären die Messungen bei 0 °C und −30 °C im Beispiel in Abb. 3.43)
durch eine Verschiebung zu höheren Frequenzen stetig an die bei höherer Temperatur gemessene Kurve (die Messung bei 100 °C im Beispiel) anzuschließen, so
kann man folgern, dass zumindest in diesem Temperaturbereich ein funktionaler
Zusammenhang zwischen Temperatur und Frequenz besteht.

Gelingt es nicht, durch Verschiebung entlang der Frequenzachse eine stetige
Fortsetzung der Messkurven zu erreichen, so existiert entweder kein einfacher analytischer Zusammenhang zwischen Temperatur und Frequenz oder es gibt Einflüsse, die den frequenzabhängigen Modul im betrachteten Temperaturbereich beeinflussen. Dies könnte zum Beispiel durch Kristallisations- oder Schmelzvorgänge
der Probe verursacht werden.

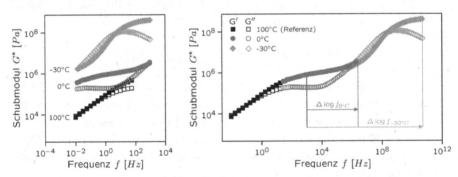

Abb. 3.43 Prinzip der Masterkurvenerstellung am Beispiel eines Nitrilbutadienkautschuks (mit einem Acrylnitrilgehalt von 34 Gewichtsprozent)

Eine Masterung, d.h. die Fortsetzung einer frequenzabhängigen Modulmessung
durch Frequenzverschiebung von Messungen bei höherer oder tieferer Temperatur,
kann daher nur durchgeführt werden, wenn einige grundlegende Voraussetzungen
gelten:

■ Die Probe darf im untersuchten Temperaturbereich nicht kristallisieren bzw.
keinen Phasenübergang aufweisen, da bei Phasenübergängen kein Zusammenhang zwischen Temperatur und Frequenz hergestellt werden kann. Ein Kristall
wird auch nach sehr langer Zeit nicht schmelzen, sondern erst eine Erhöhung
der Temperatur kann dies bewirken.

Kristallisiert eine Probe beispielsweise bei Erniedrigung der Temperatur, so
erhöht dies den Modul, da kristalline Strukturen deutlich höhere Module be

sitzen als amorphe (siehe Abb. 3.4). Da die Verringerung der Messfrequenz keinen Einfluss auf die Phasenmorphologie hat, sind die bei höheren Temperaturen und Frequenzen gemessenen Module einer Schmelze deutlich geringer als die bei tieferen Temperaturen und niedrigeren Frequenzen gemessenen Module der kristallinen Struktur. Damit kann durch eine reine Frequenzverschiebung keine stetige Fortsetzung der Modulkurven erreicht werden, eine Masterkurvenkonstruktion ist somit nicht möglich.

- Mit den bisher erarbeiteten Modellvorstellungen kann nur dann ein analytischer Zusammenhang zwischen Temperatur und Frequenz abgeleitet werden, wenn das dynamisch-mechanische Verhalten einer Probe durch einen einzigen Retardations- oder Relaxationsvorgang und damit durch eine einzige Retardations- bzw. Relaxationszeit $\check{\tau}$ charakterisiert ist.

Wird das dynamisch-mechanische Verhalten durch mehrere Relaxationsprozesse verursacht,

$$J^{\star}(\omega) = \sum_{i=1}^{N} \frac{\Delta J_i}{1 + \mathrm{i}\omega\check{\tau}_i}$$

so ist eine Masterung nur möglich, wenn allen Relaxationsvorgängen der gleiche Platzwechselvorgang zugrunde liegt, d.h. wenn alle Prozesse die gleiche Aktivierungsenergie U_0 besitzen.

$$\log \check{\tau}_i = \log c_i + \frac{U_0}{k} \log e \cdot \frac{1}{T} = a_i + m \cdot \frac{1}{T}$$

Nur unter dieser Bedingung ergibt sich für alle Relaxationsprozesse der gleiche Zusammenhang zwischen Temperatur und Frequenz, d.h., eine Änderung der Temperatur würde die Relaxationszeiten aller Prozesse in gleicher Weise beeinflussen. Somit kann eine Temperaturänderung bei allen Prozessen durch die gleiche Frequenzverschiebung kompensiert werden. Führt man beispielsweise Messungen bei den Temperaturen T_1 und T_2 durch,

$$\frac{1}{T_2} = \frac{1}{T_1} + \Delta$$
$$\Downarrow$$
$$\check{\tau}_i = a_i + m \frac{1}{T_2} \qquad = \qquad a_i + m \frac{1}{T_1} + \underbrace{m\,\Delta}_{\text{const.}}$$

so ergibt sich für alle Relaxations- bzw. Retardationsprozesse der gleiche Verschiebefaktor $m\,\Delta$.

Besitzen die Relaxationsvorgänge unterschiedliche Aktivierungsenergien ΔU_i, so würde eine Temperaturänderung die Retardations- bzw. Relaxationszeiten der einzelnen Prozesse unterschiedlich beeinflussen,

$$\frac{1}{T_2} = \frac{1}{T_1} + \Delta$$

$$\Downarrow$$

$$\check{\tau}_i = a_i + m_i \frac{1}{T_2} \quad = \quad a_i + m \frac{1}{T_1} + \underbrace{m_i \Delta}_{\text{abhängig von } U_i}$$

und man benötigt für jeden Prozess einen eigenen Verschiebefaktor $m_i \Delta$.

Eine frequenzabhängige Modulmessung gibt die Summe aller beteiligten Retardations- bzw. Relaxationsprozesse wieder. Verschiebt man die Modulkurve auf der Frequenzachse, so werden alle beteiligten Prozesse in gleicher Weise verschoben, d.h. alle Prozesse haben identische Verschiebefaktoren. Somit ist es nicht möglich, Masterkurven von frequenzabhängigen Messungen zu erzeugen, wenn diese aus Relaxationsprozessen mit unterschiedlichen Aktivierungsenergien zusammengesetzt sind.

Typische Beispiele für Systeme, deren Relaxations- bzw. Retardationsprozesse unterschiedliche Aktivierungsenergien besitzen, sind inkompatible Blends aus zwei oder mehreren Polymerkomponenten.

Für das in Abb. 3.43 angegebene Beispiel konnte eine Masterkurve erstellt werden. Dadurch wurde es möglich, das dynamisch-mechanische Verhalten in einem Frequenzbereich zu charakterisieren, der apparativ nicht zugänglich war. Der Frequenzbereich wurde damit von 1 kHz auf ca. 100 GHz erweitert.

Das Problem der Bewertung des akustischen Verhaltens durch die Bestimmung der dynamisch-mechanischen Eigenschaften im Frequenzbereich zwischen ca. 20 Hz und einigen kHz wäre damit durch die Anwendung der Masterkurventechnik gelöst.

Man könnte jetzt noch überprüfen, ob das dynamisch-mechanische Verhalten im untersuchten Temperaturbereich durch ein einfaches Platzwechselmodell beschrieben werden kann. Dazu trägt man den Logarithmus $\log(\Delta f)$ der Verschiebefaktoren gegen die inverse Messtemperatur $\frac{1}{T}$ auf (siehe Abb. 3.44). Ergibt sich eine lineare Beziehung, so kann der Zusammenhang zwischen Temperatur und Frequenz durch Platzwechselvorgänge über eine Energiebarriere interpretiert werden und die Geradensteigung wäre ein Maß für die Höhe der Energiebarriere.

In Abb. 3.44 sind die logarithmierten Verschiebefaktoren für das in Abb. 3.43 dargestellte Nitrilbutadien über dem Kehrwert der Temperatur aufgetragen. Obwohl nur bei drei Temperaturen gemessen wurde, deutet sich aus der Lage der Punkte schon an, dass sie nicht auf einer Geraden liegen. Der Zusammenhang zwischen Frequenz und Temperatur kann damit nicht durch ein einfaches Platzwechselmodell erklärt werden.

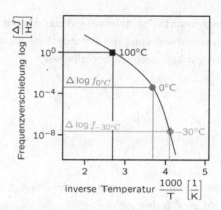

Abb. 3.44 Arrhenius-Darstellung der Verschiebefaktoren

Da trotzdem ein analytischer Zusammenhang zwischen Temperatur und Frequenz besteht, kann nach wie vor eine Masterkurve erstellt werden. Diese ist dann allerdings rein empirischer Natur.

In den folgenden Abschnitten wird der Zusammenhang zwischen Temperatur und Frequenz für die in Polymeren ablaufenden molekularen Relaxationsvorgänge diskutiert, und es wird gezeigt, wie durch die Erweiterung des einfachen Platzwechselmodells eine analytische Beschreibung auf molekularer Basis abgeleitet werden kann.

> Bei der Masterkurvenerstellung wird versucht, die bei verschiedenen Temperaturen gemessenen frequenzabhängigen Module oder Komplianzen durch Frequenzverschiebung zu einer einzigen Kurve mit dann deutlich erweitertem Frequenzbereich zusammenzufügen.

Gelingt es, die bei tieferen Temperaturen gemessenen frequenzabhängigen Module bzw. Komplianzen durch eine Verschiebung zu höheren Frequenzen, bzw. die bei höheren Temperaturen gemessenen frequenzabhängigen Module bzw. Komplianzen, durch eine Verschiebung zu tieferen Frequenzen stetig an die bei einer Referenztemperatur gemessenen Werte anzuschließen, so kann in dem untersuchten Temperaturbereich ein funktionaler Zusammenhang zwischen Temperatur und Frequenz vorausgesetzt werden.

Gelingt es nicht, durch Verschiebung entlang der Frequenzachse eine stetige Fortsetzung der Messkurven zu erreichen, so existiert entweder kein einfacher analytischer Zusammenhang zwischen Temperatur und Frequenz, oder es gibt Einflüsse, die den frequenzabhängigen Modul im betrachteten Temperaturbereich beeinflussen.

Kann eine Masterkurve erstellt werden, so lässt sich das dynamisch-mechanische Verhalten für Temperatur- und Frequenzbereiche angeben, die apparativ nicht zugänglich sind.

3.11.4 Das Kinkenmodell

Im vorigen Abschnitt wurde der Snoek-Effekt in α-Eisen zur Erklärung von Retardations- bzw. Relaxationsvorgängen auf molekularer Ebene eingeführt. Dies ist zwar sehr anschaulich, hat aber mit Polymeren auf den ersten Blick nicht sehr viel zu tun.

Polymere bestehen aus langen Kettenmolekülen, die einer Dehnung in Verbindung mit Abstandsänderungen der Atome oder einer Biegung in Verbindung mit Valenzwinkeländerungen großen Widerstand entgegensetzen. Wären keine weiteren Bewegungsmöglichkeiten vorhanden, so müssten sich Polymere ähnlich wie Metalle verhalten.

Es gibt jedoch bei Polymeren zusätzlich die Möglichkeit einer Rotation um die C-C-Bindungen, bei der nur relativ geringe Potenzialschwellen zu überwinden sind. In der Regel zeichnet sich eine C-C-Bindung durch ein dreizähliges Rotationspotenzial aus (siehe Abb. 3.45). Der quantitative Verlauf (Höhe der Potenzialschwelle, Winkellage der Minima) wird je nach Polymer verschieden sein, dagegen sollte die Dreizähligkeit des Potenzials bei allen Kohlenwasserstoffketten prinzipiell erhalten bleiben, da diese auf der sp^3-Hybridisierung der C-Atome beruht.

Ebenfalls prinzipieller Natur sind die Beiträge der Austauschwechselwirkungen durch benachbarte Bindungen oder Gruppen, die zwar in der Stärke von Polymer zu Polymer unterschiedlich sein können, aber immer einen Einfluss auf das Gesamtpotenzial haben werden. Das Gesamtpotenzial der C-C-Bindung beeinflusst die räumliche Anordnung im thermodynamischen Gleichgewicht. Für die einfache C-C-Bindung ergeben sich durch das Gesamtpotenzial drei energetisch annähernd gleichwertige Zustände: die trans-Lage und zwei um 120° gedrehte gauche-Lagen. Da die Lagen der C-C-Bindungen bei einer endlichen Temperatur eine mittlere kinetische Energie besitzen, können thermisch aktivierte Übergänge (Platzwechsel) von einer Lage in die andere auftreten. Der thermodynamische Gleichgewichtszustand ist dann, analog zum einfachen Platzwechselmodell, durch eine im zeitlichen Mittel konstante Anzahl von trans- und gauche-Lagen gekennzeichnet.

Damit kann die räumliche Anordnung von C-C-Gliedern einer Polymerkette durch ein einfaches Platzwechselmodell beschrieben werden. Die zwei Zustände sind die trans- und die gauche-Lagen, die über eine Energiebarriere getrennt sind.

Von W. Pechhold (siehe Pechhold (1970, 1979)) wurde eine Modellvorstellung entwickelt, die darauf beruht, dass das Gesamtpotenzial einer C-C-Bindung durch

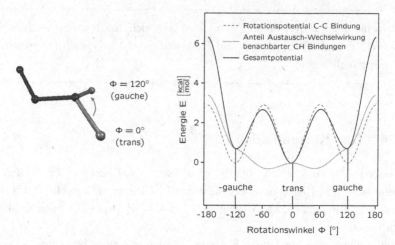

Abb. 3.45 Rotationspotenzial einer C-C-Bindung am Beispiel von Butan

ein äußeres Feld geändert wird. Damit ändert sich auch der Gleichgewichtszustand zwischen trans- und gauche-Lagen. Durch Platzwechselvorgänge von trans- zu gauche-Lagen wird sich die Anordnung der C-C-Glieder in der Polymerkette mit der Zeit dem neuen Gleichgewichtszustand annähern.

Eine zusätzliche makroskopische Deformation wird durch ein äußeres Feld dadurch verursacht, dass rotationsisomere CH_2-Sequenzen, die als Kinken bezeichnet werden, durch Platzwechselvorgänge ihre Lage und somit die Ausdehnung der gesamten Kette ändern. Eine Kinke entsteht in einer planaren Kette, wenn diese

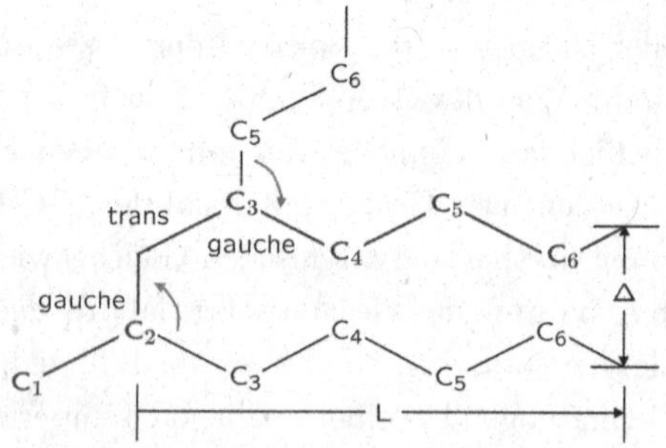

Abb. 3.46 Kettengerüst einer Kinke

an einer Stelle zwei gauche-Lagen (120°-Lagen im Rotationspotenzial) mit einer dazwischen liegenden C-C-Bindung in trans-Stellung besitzt (siehe Abb. 3.46).

In einem isotropen Festkörper besteht eine Gleichverteilung der Kinken auf mehrere energetisch gleichwertige Lagen. Wirkt eine äußere Spannung, so wird eine bestimmte Kinklage energetisch bevorzugt. Die Kinken führen Platzwechsel in diese Lage aus, deren Häufigkeit wiederum von der Temperatur T und der

Barrierenhöhe U_0 abhängt. Der Austausch bzw. Platzwechsel erfolgt durch eine kurbelwellenartige Rotation von CH_2-Sequenzen.

Beim Kinkplatzwechselmodell ist ein Austausch von zwei gauche-Positionen und damit eine zweimalige Überwindung der Potenzialbarriere im Rotationspotenzial um die C-C-Bindung erforderlich. Beim Polyethylen (PE) beträgt die trans-gauche-Potenzialschwelle $11,5\,kJ/mol$, der untere Grenzwert für einen Kinkplatzwechsel also $23\,kJ/mol$. Als experimentellen Wert für den Tieftemperaturrelaxationsprozess in PE findet man ca. $26\,kJ/mol$. Zu ähnlich guten Übereinstimmungen zwischen theoretischen und experimentellen Werten gelangt man auch bei einer Reihe weiterer Polymere.

3.11.5 Viskosität im Platzwechselmodell

Die Beschreibung der Temperaturabhängigkeit der Viskosität von niedermolekularen Flüssigkeiten kann ebenfalls auf der Basis einfacher Platzwechselvorgänge durchgeführt werden. Unter Zuhilfenahme geeigneter Modellvorstellungen kann diese Vorstellung auf polymere Schmelzen übertragen werden.

Aus der Differenz der Sprunghäufigkeiten $\Gamma_{2\to1}^{1\to2}$ der zwei Zustände des einfachen Platzwechselmodells (siehe Gl. 3.102) kann der aus einem Platzwechsel resultierende Abgleitvorgang und daraus die makroskopische Schergeschwindigkeit $\dot\gamma$ in einer Flüssigkeit berechnet werden.

Dazu betrachtet man zwei übereinander liegende Flüssigkeitsschichten mit einer Leerstelle (siehe Abb. 3.47). Wirkt in der oberen Schicht eine Schubspannung τ, so werden mehr Platzwechsel in Richtung des Feldes als entgegengesetzt zum Feld stattfinden. Dies hat einen Transport von Molekülen in Richtung des äußeren Feldes zur Folge und wird makroskopisch als Abgleit- bzw. Fließvorgang sichtbar.

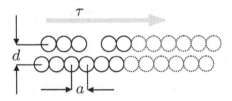

Abb. 3.47 Flüssigkeitsschichten mit Leerstelle

Die makroskopische Scherung γ kann analog zur Versetzungstheorie der Metalle bestimmt werden. Wenn N Versetzungen (bzw. Leerstellen) pro Volumeneinheit mit der Versetzungsstärke b eine Fläche A ihrer Gleitebene überstreichen, so resultiert eine makroskopische Abgleitung γ. Die Größe b wird als Burgers-Vektor bezeichnet. Dieser charakterisiert den Betrag der Abgleitung bei der Wanderung einer Versetzung durch einen Kristall.

$$\gamma(t) \; = \; N(t) \cdot A \cdot b = N \cdot V$$
$$\Downarrow$$
$$\dot{\gamma}(t) \; = \; \dot{N}(t) \cdot V \qquad . \qquad\qquad\qquad (3.115)$$

Im Fall der Flüssigkeit entspricht b dem Abstand zweier Gleichgewichtslagen (siehe Abb. 3.47) und V näherungsweise dem Eigenvolumen der Moleküle. Die zeitliche Änderung $\dot{N}(t)$ der Anzahl der Versetzungen (bzw. Leerstellen) kann aus der Differenz der Sprunghäufigkeiten $\Gamma_{2\to 1}^{1\to 2}$ berechnet werden.

$$\dot{N}(t) = \left(\Gamma^{1\to 2} - \Gamma^{2\to 1} \right) \cdot N(t)$$

Mit Gl. 3.102 und Gl. 3.115 ergibt sich:

$$\dot{\gamma}(t) = p_v \cdot \frac{2\Delta U}{kT} \cdot \nu_0 \cdot e^{-\dfrac{U_0}{kT}} \cdot N(t) \cdot V \qquad\qquad (3.116)$$

Der Faktor p_v berücksichtigt die Tatsache, dass ein Platzwechsel eines Moleküls nur dann erfolgen kann, wenn die benachbarte Position eine Leerstelle enthält. p_v gibt somit die Wahrscheinlichkeit an, in einer benachbarten Position eine Leerstelle zu finden. D.h., nur wenn $p_v > 0$ ist, kann ein Platzwechselvorgang stattfinden. Ist $p_v = 1$, so sind alle benachbarten Zustände frei, und der Platzwechsel kann ungehindert durch thermisch aktivierte Sprünge ablaufen.

Die Oszillationsfrequenz ν_0 eines Moleküls der Masse m in einer Potenzialmulde kann durch einen periodischen Ansatz für die potenzielle Energie $U(x)$ abgeschätzt werden.

$$\nu_0 \approx \sqrt{\frac{U_0}{2m}} \cdot \frac{1}{x} \overset{x=b}{=} \sqrt{\frac{U_0}{2m}} \cdot \frac{1}{b}$$

Die durch die Spannung τ verrichtete Arbeit erniedrigt das Potenzial um den Betrag ΔU und berechnet sich zu:

$$\Delta U = \int\limits_0^{\frac{b}{2}} F \, dx = \tau \cdot A \int\limits_0^{\frac{b}{2}} 1 \, dx \overset{V=A\cdot b}{=} \frac{V \cdot \tau}{2}$$

Da nur bis zum Erreichen des Potenzialmaximums bei $\frac{b}{2}$ Arbeit verrichtet werden muss, wird auch nur bis $\frac{b}{2}$ integriert.

Normiert man auf ein Einheitsvolumen $N \cdot V = 1$ und setzt die Beziehungen für ν_0 und ΔU in Gl. 3.116 ein, so ergibt sich die Viskosität zu:

$$\eta = \frac{\tau}{\dot{\gamma}} = \frac{1}{p_v} \cdot \sqrt{\frac{2m}{U_0}} \cdot \frac{kT}{V^{\frac{2}{3}}} \cdot e^{\dfrac{U_0}{kT}} \qquad\qquad (3.117)$$

p_v kann nun in der so genannten Näherung *des freien Volumens* pauschal durch den Ausdruck $\exp(-\frac{V^\star}{V_f})$ beschrieben werden. Dabei entspricht $V^\star$ dem Mindestvolumen, das für einen Platzwechsel zur Verfügung stehen muss, und V_f dem mittleren freien Volumen pro Molekül. Das Konzept *des freien Volumens* wird in Abschnitt 3.12.2 bei der kinetischen Interpretation des Glasprozesses von Polymeren ausführlich behandelt.

Gl. 3.117 lässt sich damit folgendermaßen darstellen:

$$\eta = \eta_0 \cdot e^{\frac{V^\star}{V_f}} \cdot e^{\frac{U_0}{kT}} \tag{3.118}$$

Da $V^\star$ näherungsweise mit dem Eigenvolumen V_m eines Moleküls gleichgesetzt werden darf, erhält man aus Gl. 3.118 nach Übergang zu molaren Größen:

$$\eta = \eta_0 \cdot e^{\left(\frac{V_m}{V - V_m} + \frac{Q}{RT}\right)} \tag{3.119}$$

Dabei wurde das freie Volumen V_f pro Mol gleich der Differenz aus Gesamtvolumen V und Eigenvolumen V_m der Moleküle gesetzt. Q entspricht der auf ein Mol bezogenen Aktivierungsenergie für einen Platzwechsel und R der molaren Gaskonstante ($R = N_A \cdot k = 8.31451\,\mathrm{J/(mol \cdot K)}$).

> Der interessanteste Aspekt bei der Modellierung der Viskosität von Flüssigkeiten oder polymeren Schmelzen durch ein Platzwechselmodell liegt in der Einführung des freien Volumens.
>
> Ein Platzwechsel ist damit nicht nur von der Temperatur T und von der Barrierenhöhe U_0 abhängig, sondern zusätzlich muss ein gewisses freies Volumen V_f zur Verfügung stehen, um einen Platzwechsel zu ermöglichen.
>
> Anschaulich bedeutet dies, dass bei einem Platzwechsel in einen anderen Zustand dieser nicht schon durch ein Molekül oder Atom belegt sein darf.

Die Einführung des freien Volumens ist die grundlegende Idee, die bei der Interpretation des Glasprozesses von Polymeren zu der Vorstellung eines Relaxationsvorgangs in einen Nichtgleichgewichtszustand führt (siehe Kapitel 3.12.2).

Eine nette Anekdote, die sich mit dem Fließvorgang von Gläsern beschäftigt, ist die immer wieder gern gestellte Frage, warum alte Kirchenfenster unten dicker sind als oben.

Zu Schulzeiten wurde mir diese Frage von Physiklehrern mit dem Fließverhalten von Glas beantwortet. Danach fließen Glasschichten unter dem Einfluss der Schwerkraft und verdicken so im Laufe der Zeit den unteren Teil der Scheibe. Die Viskosität von Glas wäre allerdings so hoch, dass der Effekt der Verdickung erst nach Jahrzehnten bzw. Jahrhunderten sichtbar sei. Besonders gut wäre die

Verdickung deshalb bei Kirchenfenstern nachzuweisen, da diese meist einige Jahrhunderte in der gleichen Position verbleiben und so den Idealfall eines Langzeitexperiments darstellten.

Ich fand diese Argumentation damals sehr einleuchtend und beeindruckend. Erstens bekommt man einen Eindruck davon, was man unter einem Langzeitexperiment zu verstehen hat, und zweitens fand ich es verblüffend, dass so etwas Hartes wie Glas das Verhalten einer Flüssigkeit aufweisen soll.

Leider ist die Realität nicht immer so, wie sich dies der Physiker oder Rheologe vorstellt. 1997 schätzte Zanotto die charakteristische Zeitskala für Fließvorgänge von Fensterglas (SiO_2) auf der Basis der Theorie des freien Volumens zuerst auf 10^{32} Jahre (siehe Zan (1997)) und später in einer revidierten Fassung auf $2 \cdot 10^{23}$ Jahre (siehe Zan (1998)) ab. D.h., ein makroskopischer Einfluss des Fließverhaltens von Fensterglas wäre gemäß diesen Abschätzungen erst nach einer Wartezeit von ca. 10^{23} Jahren zu erwarten. Im Vergleich dazu wird das Alter des Universums auf 10^{10} Jahre geschätzt.

Das bedeutet: Selbst nach einer Wartezeit von einigen Jahrhunderten sind die durch Fließvorgänge verursachten Veränderungen verschwindend gering und können damit nicht für die unten verdickten Kirchenfenster verantwortlich gemacht werden.

Aus der Arbeit von Zanotto kann zwar eine Fließgrenze für Glas abgeschätzt werden, aber es bleiben doch zwei Fragen unbeantwortet. Warum sind Kirchenfenster unten dicker als oben, und ist es wirklich sicher, dass Fensterglas Fließverhalten zeigt?

Die zweite Frage, ob Fensterglas fließt oder nicht, spielt für uns Menschen wegen der enorm langen Wartezeiten wohl nach keine Rolle und ist daher eher von akademischem Interesse.

Die erste Frage, warum Fensterglas unten dicker als oben ist, kann mit den historischen Produktionstechniken von Glas erklärt werden. Zu Beginn der Glasherstellung war es einfach nicht möglich, Scheiben einheitlicher Dicke zu produzieren, und aus Stabilitätsgründen wurden die Fenster dann mit dem dickeren Teil nach unten eingesetzt.

3.12   Der Glasprozess

Ein Polymer besteht aus langen, flexiblen Kettenmolekülen, die in der Schmelze als ungeordnete Knäuel vorliegen. Kühlt man Flüssigkeiten ab, so wird bei einer bestimmten Temperatur Kristallisation auftreten. Wasser ist beispielsweise bei Temperaturen oberhalb von 0 °C flüssig, und unter 0 °C kristallisiert es zu Eis. Die Kristallisation von Polymeren ist problematisch, da das Wachstum eines Kristalls Hand in Hand mit der Entwirrung von ineinander verknäulten Polymerketten gehen muss. Aus diesem Grund haben Polymere eine starke Neigung zur Glasbildung, d.h. zur Erstarrung unter Beibehaltung der ungeordneten Flüssigkeitsstruktur. Selbst das einfache und flexible Polyethylen $(CH_2)_n$ wird beim Abkühlen aus der Schmelze nur teilkristallin. Etwa ein Drittel des Volumens bleibt amorph (griechisch für gestaltlos), d.h. ungeordnet.

Der Glasprozess ist von großer Bedeutung für die Eigenschaften der Polymere. Oberhalb einer kritischen Temperatur, die im Folgenden als Glastemperatur T_G bezeichnet wird, sind die Polymerketten noch beweglich. Sie können, wie beim viskosen Fließen beschrieben, durch Platzwechselvorgänge bewegt werden. Unterhalb von T_G ist diese Beweglichkeit nicht mehr vorhanden.

Polymere, deren Glastemperatur oberhalb der Raumtemperatur liegt, werden als Thermoplaste bezeichnet, während Polymere, deren Glastemperatur deutlich unterhalb der Raumtemperatur liegt, als Elastomere bezeichnet werden.

Der Glasübergang ist ein Effekt, der sich außer beim mechanischen Modul noch bei vielen anderen Größen bemerkbar macht (wie z.B. spezifischem Volumen, Enthalpie, Entropie, spezifischer Wärme, Brechungsindex etc.).

Zur molekularen Beschreibung existieren im Wesentlichen zwei Theorien, die sich schon im Ansatz prinzipiell unterscheiden. Zum einen wird versucht, den Glasübergang als thermodynamisch definierten Phasenübergang zu beschreiben, zum anderen werden kinetische Theorien diskutiert, die den Glasübergang durch einen Relaxationsprozess in einen Nichtgleichgewichtszustand interpretieren.

Bei der thermodynamischen Betrachtung wird der amorphe, glasartig erstarrte Zustand als Gleichgewichtszustand beschrieben und stellt damit einen weiteren Aggregationszustand des Festkörpers dar (analog zum festen, flüssigen und gasartigen Zustand), während er bei der kinetischen Betrachtung als Relaxationsvorgang aufgefasst wird, dessen charakteristische Zeitkonstanten allerdings so hoch sind, dass sie innerhalb der Messzeit nicht mehr beobachtet werden können.

Bevor beide Theorien weiter diskutiert werden, sollen einige typische experimentelle Befunde zum Glasprozess betrachtet werden.

Die Glastemperatur T_G wurde ursprünglich durch die Messung des thermischen Ausdehnungskoeffizienten α in Abhängigkeit von der Temperatur T bestimmt.

$$\alpha = \frac{1}{V_0} \left(\frac{\delta V}{\delta T} \right)_p \qquad (3.120)$$

Dazu wird das zu untersuchende Polymer mit einer bestimmten Rate abgekühlt und die temperaturabhängige Volumenänderung δV der Probe bei konstantem Druck p bestimmt (siehe linkes Diagramm in Abb. 3.48). Bei amorphen Polymeren beobachtet man bei einer bestimmten Temperatur eine Änderung der Steigung der Volumen-Temperatur-Kurve. Dementsprechend ändert sich die Ableitung des spezifischen Volumens, die dem thermischen Ausdehnungskoeffizienten α entspricht, stufenartig. Die Temperatur, bei der diese Änderung auftritt, wird als Glastemperatur T_G bezeichnet. Sie stellt allerdings keine reine Materialeigenschaft dar, da sie stark von der Heiz- bzw. Kühlrate abhängt. Erhöht man die Heiz- bzw. Kühlrate, so verschiebt sich die Glastemperatur T_G zu höheren Temperaturen.

Eine weitere Messung, die heute als schnelle und preiswerte Methode zur Bestimmung der Glastemperatur etabliert ist, bedient sich der Bestimmung des Wärmeflusses von bzw. zu einer Probe relativ zu einem inerten Referenzmaterial. Diese Differenzmethode wird als **D**ifferential **S**canning **C**alorimetry (DSC) bezeichnet. Die Messgröße ist die Temperaturdifferenz δT zwischen Probe und Referenzmaterial als Funktion der Ofentemperatur $T(t)$. Da die Temperaturdifferenz δT proportional zum Wärmestrom Q von bzw. zu der Probe ist, kann dieser durch eine Kalibrierung des jeweiligen Geräts direkt bestimmt werden.

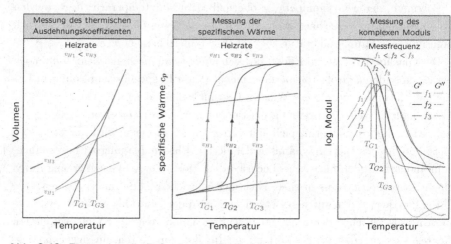

Abb. 3.48 Experimentelle Befunde zum Glasprozess

Die spezifische Wärme c_p berechnet sich aus der Änderung des Wärmestroms über der Temperatur.

$$c_p = \left(\frac{\delta Q}{\delta T}\right)_p = T\left(\frac{\delta S}{\delta T}\right)_p \tag{3.121}$$

Im mittleren Diagramm von Abb. 3.48 sind idealisierte Messungen der spezifischen Wärmekapazität c_p bei unterschiedlichen Heiz- und Kühlraten dargestellt. Beim Übergang in den glasartig erstarrten Zustand beobachtet man bei einer bestimmten Temperatur, der Glastemperatur T_G, eine stufenförmige Änderung der Wärmekapazität. Diese ist allerdings wiederum stark von der Heiz- bzw. Kühlrate abhängig. Mit steigender Heiz- bzw. Kühlrate verschiebt sich die gemessene Glastemperatur T_G zu höheren Temperaturen.

Eine dritte Methode, die standardmäßig zur Bestimmung der Glastemperatur verwendet wird, ist die temperatur- bzw. frequenzabhängige Messung der komplexen Module oder Komplianzen. Das rechte Diagramm in Abb. 3.48 zeigt eine temperaturabhängige Messung des Speicher- und des Verlustmoduls bei drei verschiedenen Messfrequenzen. Bei sehr tiefen Temperaturen ist das Polymer glasartig erstarrt, der Speichermodul liegt im Bereich von einigen hundert MPa bis einigen GPa. Erhöht man die Temperatur, so nimmt der Speichermodul ab einer bestimmten kritischen Grenztemperatur drastisch ab, während der Verlustmodul ein Maximum durchläuft. Die Temperatur, bei der der Verlustmodul sein Maximum erreicht, wird oft als Glastemperatur T_G bezeichnet. Auch beim dynamisch-mechanischen Experiment verschiebt sich die Lage der Glastemperatur T_G mit steigender Messfrequenz zu höheren Temperaturen.

Dieser Zusammenhang ist in Abb. 3.49 nochmals am Beispiel von temperaturabhängigen Modulmessungen an einem L-SBR (einem in Lösung polymerisierten statistischen Copolymer aus Butadien und Styrol) bei verschiedenen Messfrequenzen dargestellt. Im linken Diagramm ist die Temperaturabhängigkeit der Speicher- und der Verlustmodule für drei Messfrequenzen dargestellt (0.01 Hz, 1 Hz und 100 Hz). Der Verlustfaktor des Imaginärteils besitzt zwei lokale Maxima, deren Temperaturlagen sich mit steigender Frequenz zu höheren Temperaturen verschieben. Damit ist davon auszugehen, das im Polymer zwei Relaxationsprozesse ablaufen.

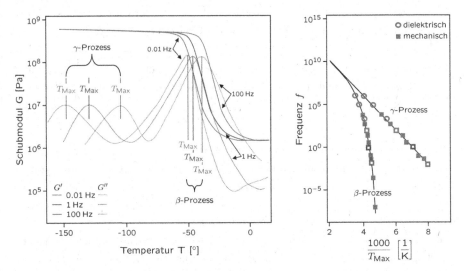

Abb. 3.49 Einfluss der Messfrequenz auf den Glasprozess

Trägt man die Temperaturlagen der Maxima in Abhängigkeit von der Messfrequenz auf, so erhält man das Aktivierungsdiagramm (siehe rechtes Diagramm in Abb. 3.49). Der bei tieferen Temperaturen auftretende Relaxationsprozess wird im Folgenden als γ-Prozess bezeichnet und der bei höheren Temperaturen als β-Prozess.

Beim γ-Prozess findet man eine lineare Beziehung zwischen dem Logarithmus der Frequenz und der inversen Temperatur. Damit kann man davon ausgehen, dass dieser Prozess durch ein Platzwechselmodell beschrieben und seine Aktivierungsenergie bzw. Barrierenhöhe U_0 aus der Steigung der Geraden ermittelt werden kann. Im Rahmen der Messgenauigkeit entspricht die aus dem Messbeispiel extrahierte Aktivierungsenergie dem für einen Kinkplatzwechsel vorhergesagten Wert (siehe Abschnitt 3.11.4). Der γ-Relaxationsprozess kann damit molekular durch die kurbelwellenartige Relaxation von einzelnen Kinken im glasartig erstarrten Zustand interpretiert werden.

Der β-Prozess weist keinen linearen Zusammenhang zwischen inverser Temperatur und Messfrequenz auf. Es scheint eher so zu sein, dass bei einer bestimmten Temperatur die zugehörige Messfrequenz asymptotisch gegen null konvergiert. Dies bedeutet, dass bei einer Messung bei sehr kleiner Frequenz – dies würde im Grenzfall unendlich kleiner Frequenzen einer quasistatischen Messung entsprechen – die gemessene Glastemperatur T_G nicht tiefer als dieser Grenzwert liegen kann.

Bei allen experimentellen Methoden zur Bestimmung der Glastemperatur T_G findet man einen Zusammenhang zwischen der Glastemperatur und der Frequenz bzw. zwischen der Glastemperatur und der Messzeit. Eine Verringerung der Messfrequenz bzw. der Heiz- bzw. Kühlraten bewirkt sowohl bei der Messung der Wärmekapazität c_p als auch bei Bestimmung des Ausdehnungskoeffizienten α eine Verschiebung der Glastemperaturen zu tieferen Temperaturen, wobei sich die Glastemperaturen asymptotisch dem gleichen Grenzwert annähern.

> Der Zusammenhang zwischen Temperatur und Frequenz bzw. Messzeit kann beim Glasprozess nicht durch einen einfachen Platzwechselvorgang beschrieben werden.

Bei einer Auftragung der inversen Messtemperatur $1/T$ gegen die Messzeit bzw. die Mess-frequenz wird deutlich, dass im Bereich der glasartigen Erstarrung eine Änderung der Messzeit bzw. der Messdauer die Glastemperatur T_G deutlich weniger beeinflusst, als dies von einem einfachen Platzwechselmodell vorhergesagt wird (vergleiche β- und γ-Prozess in Abb. 3.49).

Für den Grenzfall unendlich langer Messzeiten bzw. unendlich tiefer Frequenzen könnte postuliert werden, dass die Glastemperatur T_G unabhängig von der Messzeit wird. Trifft diese Vermutung zu, so kann der Glasübergang durch einen Phasenübergang beschrieben und thermodynamisch abgeleitet werden. Trifft die Vermutung nicht zu, so ist der Glasübergang ein kinetisches Phänomen und damit als Relaxationsvorgang in einen Nichtgleichgewichtszustand interpretierbar.

Bisher gibt es noch keine eindeutigen Befunde, die klar erkennen lassen, welche Modellvorstellung die Realität besser abbildet; deshalb werden im Folgenden die gängigsten Theorien zur Beschreibung des Glasprozesses vorgestellt.

3.12.1 Thermodynamische Beschreibung

Alle thermodynamischen Theorien des Glasübergangs gehen davon aus, dass der Glasübergang einen echten Phasenübergang überdeckt. Grundlage dieser Überlegungen ist das so genannte *Kauzmann-Paradoxon*.

Zur thermodynamischen Beschreibung dieses Effekts wird der Begriff der Entropie benötigt. Dieser wird später noch ausführlich diskutiert, aber bis dahin genügt es, sich unter der Entropie den Grad der Unordnung eines Systems vorzustellen. Misst man also die Entropie, d.h. die Unordnung einer unterkühlten Flüssigkeit (durch sehr schnelles Abkühlen bleibt eine Flüssigkeit auch noch unter ihrem Gefrierpunkt flüssig), und extrapoliert zu tieferen Temperaturen, so schneidet die extrapolierte Kurve bei einer kritischen Temperatur T_K die Entropiekurve der kristallinen Phase. Damit müsste die Entropie der unterkühlten Flüssigkeit ab einer bestimmten Temperatur $T < T_K$ geringer sein als die Entropie des Kristalls.

Anders ausgedrückt: Die Ordnung der Flüssigkeit wäre höher als die des Kristalls. Dies stellt natürlich einen Widerspruch dar, denn wie kann eine Flüssigkeit, die per Definition nur eine Nah- und keine Fernordnung hat, einen höheren Ordnungsgrad haben als ein Kristall, der sich gerade durch seine regelmäßige Fernordnungsstruktur von der Flüssigkeit unterscheidet.

Aus diesem Grund postulieren die thermodynamischen Theorien einen verdeckten Phasenübergang bei oder oberhalb der kritischen Temperatur T_K, die ca. 50 K unterhalb von experimentell gemessenen Glastemperaturen vermutet wird.

Der entscheidende Gedanke bei den thermodynamischen Theorien ist die Vorstellung von kooperativen Bereichen, in denen die Moleküle kooperativ, also gemeinsam reagieren. Die Größe dieser Bereiche nimmt mit abnehmender Temperatur zu, bis sie bei der kritischen Temperatur T_K unendlich groß werden (Näheres dazu im nächsten Abschnitt).

Der Glasprozess als Phasenumwandlung 2.Ordnung

Die Interpretation des Glasprozesses durch einen Phasenübergang 2. Ordnung basiert auf einer Arbeit von Gibbs, Adams und DiMarzio (siehe Gibbs (1963, 1976); Adams (1965)) und stützt sich auf die Annahme, dass eine unterkühlte Flüssigkeit aus kooperativ wechselwirkenden Bereichen besteht. Die Anzahl der Moleküle in einem Bereich nimmt nach Gibbs mit fallender Temperatur zu, während die Anzahl der Bereiche abnimmt. Da die Moleküle in Bereichen kooperativ agieren, müssen mehr elementare Platzwechselvorgänge ablaufen, wenn mehr Zustände geändert werden. Damit nimmt die Relaxationszeit eines Bereichs zu, wenn sich die Anzahl der Elemente in den Bereichen erhöht.

Die Relaxationszeiten nehmen daher mit abnehmender Temperatur zu, und man findet den experimentell bestimmten Zusammenhang zwischen Temperatur und Relaxationszeit.

In Abb. 3.50 sind die wichtigsten Charakteristika von Phasenübergängen erster
und zweiter Ordnung zusammengefasst. Eine wichtige Größe bei der Diskussion
von Phasenumwandlungen ist die freie Enthalpie G bzw. die Änderung ΔG der
freien Enthalpie während einer Umwandlung. Sie ist ein Maß für die Triebkraft
bzw. Freiwilligkeit einer Reaktion. Freiwillig bedeutet in diesem Fall natürlich
exotherm, d.h., bei einer Reaktion wird Energie in Form von Wärme freigesetzt. So
erfolgt eine Reaktion immer dann freiwillig, wenn die freie Enthalpie des Systems
während der Reaktion abnimmt.

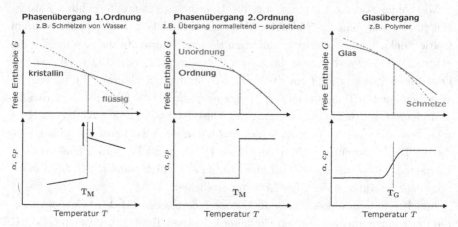

Abb. 3.50 Charakteristika von Phasenübergängen

Eine Phasenumwandlung erfolgt spontan und freiwillig, wenn die Differenz
der freien Enthalpien vor und nach der Reaktion negativ ist, andernfalls muss
Energie aufgewendet werden.

$$\Delta G \begin{cases} < 0 & \text{Reaktion läuft freiwillig und spontan ab} \\ > 0 & \text{Reaktion läuft nur ab, wenn Energie investiert wird} \end{cases}$$

Betrachtet man die freie Enthalpie der Aggregatszustände fest und flüssig (beispielsweise Eis und Wasser) (siehe linkes oberes Diagramm in Abb. 3.50), so ist die
Differenz der freien Enthalpien von kristalliner Phase und flüssiger Phase nur für
bestimmte Temperaturen $T < T_M$ negativ, und nur in diesem Temperaturbereich
läuft die Phasenumwandlung flüssig–fest freiwillig ab.

Die Änderung ΔG der freien Enthalpie kann thermodynamisch aus der Änderung ΔH der Enthalpie (bei isobaren Reaktionen entspricht die Enthalpie der
Reaktionswärme) und der Änderung ΔS der Entropie eines Systems berechnet
werden.

$$\Delta G = \Delta H - T \cdot \Delta S \tag{3.122}$$

Nach dieser Gleichung können vier Kombinationen von ΔH und ΔS die freie Enthalpie eines Systems beeinflussen.

- $\Delta H < 0$ und $\Delta S > 0$

  Bei der Reaktion wird Energie frei ($\Delta H < 0$), und parallel dazu steigt die Unordnung des Systems ($\Delta S > 0$). Da die Zunahme der Unordnung eines Systems immer freiwillig geschieht (nur das Aufräumen, also das Erstellen von Ordnung, kostet Energie), läuft der gesamte Prozess bei jeder Temperatur freiwillig und spontan ab. Das System wird sich im thermodynamischen Gleichgewicht immer in einem Zustand mit minimaler freier Enthalpie befinden und daher bei allen Temperaturen nur eine Phase aufweisen.

- $\Delta H < 0$ und $\Delta S < 0$

  Bei der Reaktion wird Energie frei ($\Delta H < 0$), und parallel dazu steigt die Ordnung des Systems ($\Delta S < 0$). Das heißt, solange die frei werdende Energie ΔH ausreicht, um die zur Schaffung von Ordnung notwendige Arbeit $T\Delta S$ zu verrichten, läuft der Prozess freiwillig ab, und reicht sie nicht, so kann die Reaktion nicht ablaufen.

  Damit wird bei einer bestimmten Temperatur T_M ein Phasenübergang auftreten. Bei höheren Temperaturen ($T > T_M$) ist die Enthalpieänderung ΔH kleiner als die zur Schaffung von Ordnung notwendige Energie $T\Delta S$. Daher bleibt Wasser bei Temperaturen über $0\,°C$ flüssig. Bei tieferen Temperaturen ($T < T_M$) genügt die freiwerdende Energie ΔH, um die zur Schaffung von Ordnung notwendige Arbeit zu verrichten. Deshalb gefriert Wasser bei $0\,°C$ und liegt bei tieferen Temperaturen nur als Eis vor.

- $\Delta H > 0$ und $\Delta S > 0$

  Zum Ablauf der Reaktion wird Energie benötigt ($\Delta H > 0$), und parallel dazu steigt die Unordnung des Systems ($\Delta S > 0$). Solange der durch die zunehmende Unordnung verursachte Energiegewinn $T\Delta S$ ausreicht, um die Enthalpiedifferenz ΔH auszugleichen, läuft der Prozess oder Phasenübergang freiwillig ab, und reicht er nicht, so kann die Reaktion nicht ablaufen. Ein Beispiel ist das Schmelzen von Eis bei einer bestimmten Temperatur. Die Erhöhung der Unordnung durch das Aufbrechen der kristallinen Struktur kompensiert ab dieser Temperatur die dazu notwendige Energie.

- $\Delta H > 0$ und $\Delta S < 0$

  Prozesse oder Reaktionen, für deren Ablauf Energie benötigt wird ($\Delta H > 0$) und deren Ordnungsgrad gleichzeitig steigt ($\Delta S < 0$), sind thermisch nicht realisierbar. Ein Beispiel für einen solchen Prozess stellt die Photosynthese dar.

Nach Ehrenfest unterteilt man Phasenübergänge in zwei Klassen. Bei einem Phasenübergang erster Ordnung ändert sich die Enthalpie H bei infinitesimaler Änderung der Temperatur um einen endlichen Betrag. Die Änderung der Enthalpie und somit die Wärmekapazität ist daher bei der Übergangstemperatur unendlich groß.

Physikalisch kann man diesen Befund erklären, wenn man sich vor Augen führt, dass die Wärmezufuhr und nicht eine Temperaturerhöhung die treibende Kraft für den Phasenübergang darstellt. Die Temperatur von siedendem Wasser bleibt gleich, obwohl ständig Energie zugeführt wird. Ebenso wird beim Schmelzen von Eis zwar ständig Wärme zugeführt, aber solange noch Eiskristalle vorhanden sind, beträgt die Temperatur des Gemisches aus Wasser und Eis genau 0 °C.

Die zum Aufschmelzen einer Kristallstruktur nötige Wärme, deren Grund die bei der Phasenübergangstemperatur unendlich hohe Wärmekapazität ist (siehe linkes Diagramm in Abb. 3.50), nennt man latente Wärme. Sie stellt ein charakteristisches Merkmal für Phasenübergänge 1. Ordnung dar. Ein typischer Vertreter eines Phasenübergangs 1. Ordnung ist der Schmelzvorgang von Eis zu Wasser.

Ein Phasenübergang 2. Ordnung ist im Ehrenfestschen Sinne durch den stetigen Verlauf der Enthalpie H am Übergangspunkt zweier Phasen definiert. Die Wärmekapazität zeigt am Übergang zwar eine Unstetigkeit, wird aber nicht unendlich groß. Damit besitzen Phasenübergänge 2. Ordnung keine latente Wärme. Ein Beispiel für einen Phasenübergang zweiter Ordnung ist die Umwandlung der normalleitenden in die supraleitende Phase von Metallen bei tiefen Temperaturen.

Phasenübergänge, die nicht erster Ordnung sind, bei denen jedoch eine unendlich große Wärmekapazität erreicht wird, bezeichnet man als λ-Übergänge. Die Wärmekapazität der betreffenden Systeme steigt bereits lange vor dem eigentlichen Phasenübergang an. Die Gestalt der Kurve erinnert dabei an den griechischen Buchstaben λ. Beispiele für λ-Übergänge sind Legierungen, das Auftreten von Ferromagnetismus und der Übergang von flüssigem zu suprafluidem Helium.

Nach Gibbs und Adams kann die glasartige Erstarrung von Polymeren durch einen Phasenübergang 2. Ordnung beschrieben werden. Die temperaturabhängigen Eigenschaften der freien Enthalpie, des Ausdehnungskoeffizienten und der Wärmekapazität (vergleiche dazu die mittleren und rechten Diagramme in Abb. 3.50) werden durch die Kinetik der kooperativen Bereiche erklärt.

Die Übergangstemperatur von der Schmelze in den glasartigen Zustand liegt nach Gibbs und Marzio etwa 50 °C unterhalb der experimentell gemessenen Glastemperatur und entspricht der von Kauzmann postulierten kritischen Temperatur T_K.

Die Beschreibung des Glasprozesses durch eine thermodynamische Gleichgewichtsumwandlung setzt voraus, dass sich die Phasen oberhalb wie unterhalb des

Umwandlungspunkts auch tatsächlich im thermodynamischen Gleichgewicht befinden. Bis jetzt konnte die Existenz eines Gleichgewichtsglases bei Polymeren jedoch noch nicht nachgewiesen werden. Auch die Umwandlungs- bzw. Kauzmann-Temperatur ist bisher nicht verifiziert worden.

Die Modenkopplungstheorie

Die Modenkopplungstheorie, die von Leutheuser und Götze (siehe Leutheuser (1984); Bendel (1981); Götze (1987)) aus der Dynamik von Flüssigkeiten entwickelt wurde, nimmt einen völlig anderen Weg zur Beschreibung des Glasübergangs. Ausgangspunkt ist eine Korrelationsfunktion von Zeit, Ort und Dichte – oder genauer gesagt, deren räumliche Fourier-Transformierte. Für diese Funktion wird eine Bewegungsgleichung aufgestellt, die einen Eigenfrequenz- und einen Dämpfungsterm beinhaltet. Zentral ist eine zusätzliche Gedächtnisfunktion, die die Vorgeschichte der Probe berücksichtigt.

Die Komplexität der Flüssigkeitsdynamik steckt dabei in der Gedächtnisfunktion. Sie gibt dem Modell ihren Namen, denn durch sie werden einzelne Schwingungsmoden (bzw. Relaxationsvorgänge) gekoppelt. Auf die Formalismen der Modenkopplungstheorie soll hier nicht weiter eingegangen werden, es sei auf die Originalarbeiten und den Artikel von Fischer (1991) verwiesen.

Aus dem nichtlinearen Ansatz der Modenkopplungstheorie ergibt sich eine kritische Grenztemperatur T_C. Unterhalb dieser Temperatur teilen sich alle im Polymer möglichen Moden in langsame Moden, die einfrieren (β-Prozess) und schnelle Moden, die nicht beeinflusst werden (γ-Prozess).

Die Theorie der Modenkopplung beschreibt damit einen dynamischen Phasenübergang 1. Ordnung, wobei die kritische Temperatur T_C deutlich höher als die experimentell gemessene Glastemperatur T_G liegt.

Bisher ist der Nachweis dieses Phasenübergangs nicht gelungen. Die Modenkopplungstheorie war Anfang der 90er Jahre sehr verbreitet. In den letzten Jahren wurden einige Aspekte sehr kritisch beleuchtet. Speziell bei hochmolekularen Glasbildnern (dies sind Elastomere und Thermoplaste) wurden dabei deutliche Diskrepanzen zwischen experimentellen Ergebnissen und theoretischen Vorhersagen gefunden.

3.12.2 Kinetische Theorien

Da der Glasübergang eindeutig kinetischen Charakter aufweist, der sich sowohl in der Abhängigkeit der Glastemperatur von der Abkühl- bzw. der Aufheizgeschwindigkeit als auch von der Beanspruchungszeit oder -frequenz äußert, ist es nicht abwegig, ihn thermodynamisch als Nichtgleichgewichtszustand zu beschreiben. Zusätzlich zu den bekannten thermodynamischen Zustandsvariablen wird damit die Einführung eines weiteren Ordnungsparameters notwendig. Dieser Ordnungsparameter stellt nach Fox und Flory (siehe Fox (1950)) das so genannte freie Volumen dar. Alternativ kann er als die Wahrscheinlichkeit dafür aufgefasst werden, dass ein Kettensegment durch die Bewegung einer Versetzung seine Position ändern kann (siehe Pechhold (1970)).

Im Folgenden wird zuerst die Theorie des freien Volumens diskutiert, da diese den wohl bekanntesten Vertreter der kinetischen Modelle darstellt.

Die Theorie des freien Volumens

Alle Ansätze zur kinetischen Beschreibung des Glasprozesses (siehe Boyer (1962, 1963a,b); Kovacs (1958, 1966); Fox (1950); Thurnbull (1962); Doolittle (1962)) gehen davon aus, dass mit Annäherung an die Glastemperatur die molekulare Beweglichkeit von Kettensegmenten so stark abnimmt, dass ein Nichtgleichgewichtszustand eingefroren wird.

Analog zur Definition der Viskosität in Abschnitt 3.11.5 kann die molekulare Beweglichkeit von Kettensegmenten einer Polymerkette durch Platzwechselvorgänge in einem Zweimuldenpotenzial beschrieben werden. Platzwechsel können dann nur ablaufen, wenn ein genügend großes freies Volumen vorhanden ist.

Bei der Theorie des freien Volumens geht man nun davon aus, dass sich das freie Volumen mit der Temperatur ändert. Bei hohen Temperaturen ist es so groß, dass alle Platzwechselvorgänge ungehindert ablaufen können; das Polymer hat damit die Eigenschaften einer viskosen Schmelze.

Reduziert man die Temperatur, so nimmt das freie Volumen proportional zur Temperatur ab. Dadurch werden Platzwechselvorgänge erschwert, und demzufolge reduziert sich die Beweglichkeit von Kettensegmenten. Ab einer bestimmten Temperatur ist das freie Volumen so gering, dass im Zeitfenster der Messung keine Platzwechselvorgänge mehr beobachtet werden können. Das Polymer ist glasartig erstarrt.

Das freie Volumen kann aus der Differenz zwischen dem Gesamtvolumen V und dem Eigenvolumen V_m der Moleküle berechnet werden (siehe Gl. 3.119). Führt man mit V_G das freie Volumen bei der Glastemperatur T_G ein, so kann mit Gl. 3.123 eine allgemeine Beziehung für die Temperaturabhängigkeit des freien Volumens angegeben werden.

$$V_f(T) = V_G + V_m \cdot \Delta\alpha \left(T - T_G\right) \qquad (3.123)$$

Dabei ist $\Delta\alpha$ die Differenz der Ausdehnungskoeffizienten von Schmelze und glasartig erstarrtem Bereich.

$$\Delta\alpha = \alpha_{\text{Schmelze}} - \alpha_{\text{Glas}}$$

Bei T_G nimmt das Leerstellenvolumen $V_f(T)$ den Wert V_G an. Dieser ist so klein, dass kooperative Platzwechselvorgänge größerer Kettensegmente innerhalb der

Messzeit nicht mehr ablaufen können, die Probe ist glasartig erstarrt. Die prinzipielle Temperaturabhängigkeit des freien Volumens ist in Abb. 3.51 skizziert.

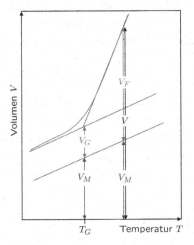

Abb. 3.51 Definition des temperaturabhängigen freien Volumens V_F

Die Wahrscheinlichkeit, dass bei einer Temperatur T genügend freies Volumen für einen Platzwechselvorgang zur Verfügung steht, kann durch den Faktor

$$p_v(T) = e^{-\dfrac{V^\star}{V_f(T)}}$$

ausgedrückt werden; dabei ist $V^\star$ das Mindestvolumen, das für einen einzelnen Platzwechselvorgang zur Verfügung stehen muss. Die Relaxationszeit $\check{\tau}$ eines thermisch aktivierten Platzwechselprozesses erhöht sich durch die Berücksichtigung des freien Volumens um den Faktor $p_v(T)$.

$$\begin{aligned}\check{\tau}(T) &= \check{\tau}_0 \cdot e^{\left(\dfrac{Q^\star}{RT}\right)} \cdot p_v(T) = \check{\tau}_0 \cdot e^{\left(\dfrac{Q^\star}{RT}\right)} \cdot e^{\left(\dfrac{V^\star}{V_f(T)}\right)} \\ &= \check{\tau}_0 \cdot e^{\left(\dfrac{Q(T)}{RT}\right)} \end{aligned} \tag{3.124}$$

Die Einführung des freien Volumens führt damit zu einer formal temperaturabhängigen Aktivierungsenergie.

$$Q(T) = Q^\star + RT \frac{V^\star}{V_f(T)} \tag{3.125}$$

$Q^\star$ ist dabei die zur Überwindung des intramolekularen Potenzials erforderliche Energie.

Da das freie Volumen $V_f(T)$ mit steigender Temperatur zunimmt, wächst auch die Wahrscheinlichkeit p_{v_e} dafür, dass ein Platzwechselvorgang eines Kettensegments erfolgen kann. Dies bedeutet, dass die Aktivierungsenergie $Q(T)$ gemäß Gl. 3.125 abnimmt, bis bei sehr hohen Temperaturen nur noch die Höhe der Potenzialschwelle $Q^\star$ die Wahrscheinlichkeit für einen Platzwechsel beeinflusst.

$$Q(T \to \infty) \to Q^\star$$

Bei den meisten in Polymeren ablaufenden Relaxationsprozessen findet man bei hohen Temperaturen vergleichbare Aktivierungsenergien. In der Regel stimmen diese mit der Aktivierungsenergie des γ-Relaxationsprozesses überein.

In Abb. 3.52 ist dies nochmals am Beispiel des Aktivierungsverhaltens der in Abb. 3.49 vorgestellten temperaturabhängigen Messung dargestellt.

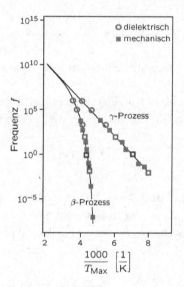

Abb. 3.52 Aktivierungsverhalten eines S-SBR

Man sieht, dass sich bei hohen Temperaturen ($\frac{1}{T} \to 0$) die Aktivierungskurven des β- und des γ-Prozesses einander nähern. Dies legt die Vermutung nahe, dass beiden Prozessen der gleiche Bewegungsmechanismus zugrunde liegt. Beim γ-Prozess ist dies die lokale kurbelwellenartige Rotation einer Kinke.

Da die Relaxationszeiten des Glas- oder β-Prozesses bei höheren Temperaturen deutlich größer sind als die des γ-Prozesses, kann man sich vorstellen, dass dem Glasprozess eine Vielzahl kooperativer, d.h. gemeinsam ablaufender Kinkplatzwechselvorgänge zugrunde liegen.

Bei tieferen Temperaturen ist die gemeinsame, kollektive Umlagerung erschwert, da nicht mehr genügend freies Volumen vorhanden ist. Die Relaxationszeit des gesamten Prozesses wird dadurch deutlich erhöht, und es ergibt sich der für den

Glasübergang typische Zusammenhang zwischen inverser Temperatur und Messfrequenz (siehe β-Prozess in Abb. 3.52).

Wichtig ist, dass lokale Umlagerungen von Kinken auch bei tieferen Temperaturen weiterhin möglich sind und durch das freie Volumen nicht beeinflusst werden. Dies wird am linearen Zusammenhang von inverser Temperatur und logarithmischer Frequenz des γ-Prozesses deutlich (siehe γ-Prozess in Abb. 3.52). Nur die kooperative Umlagerung von vielen Kinken wird bei tiefen Temperaturen extrem verlangsamt.

Anschaulich kann dieser Zusammenhang an einem einfachen Beispiel dargestellt werden.

Auf einer Fläche befinden sich 16 Felder, die durch nummerierte Quadrate beliebig belegt werden können. Der kooperative Umlagerungsschritt besteht nun darin, alle vorhandenen Quadrate so zu verschieben, dass sie in der richtigen numerischen Reihenfolge liegen. Das Verschieben eines Quadrats um eine Position entspricht dabei einer lokalen Umlagerung.

Der gesamte kooperative Prozess ist abgelaufen, wenn alle Quadrate sich in ihren Endpositionen befinden. Dauert der Einzelschritt eine gewisse Zeit t_e und wird festgelegt, dass die Quadrate nur nacheinander verschoben werden dürfen, so ist der gesamte kooperative Prozess nach der Zeit $N \cdot t_e$ abgelaufen, wobei N die Anzahl der einzelnen Verschiebungen angibt, die zum Erreichen des Endzustands nötig waren.

In Abb. 3.53 ist das Beispiel für 4 Quadrate dargestellt. Die linke Abbildung zeigt die Startposition, die mittlere Abbildung die Endposition sowie die dazu nötigen Verschiebungen.

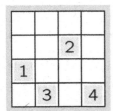 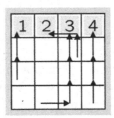 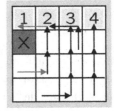

Abb. 3.53 Einfluss des freien Volumens auf kooperative Prozesse

Im rechten Diagramm von Abb. 3.53 wurde der Einfluss des reduzierten freien Volumens dadurch berücksichtigt, dass eine bestimmte Position auf dem Feld nicht mehr belegt werden kann. Dadurch ist das Verschieben der einzelnen Quadrate zwar nach wie für möglich, man braucht aber eine größere Anzahl von einzelnen Verschiebungen für den kooperativen Prozess (im rechten Diagramm wurden durch das blockierte Volumen zwei weitere Schritte notwendig).

Eine Abnahme des freien Volumens mit sinkender Temperatur beeinflusst daher nur die Anzahl der Verschiebungen bzw. Platzwechsel, die zum Ablauf eines kooperativen Prozesses notwendig sind, aber nicht den Ablauf eines Einzelschritts. Damit wird auch nur die Kinetik kooperativer Prozesse durch das freie Volumen geändert. Lokale Prozesse können weiterhin durch ein einfaches Platzwechselmodell beschrieben werden.

> Bei der Theorie des freien Volumens geht man davon aus, dass Kettensegmente nur dann kooperativ agieren können, wenn ein genügend großes freies Volumen vorhanden ist. Setzt man voraus, dass das freie Volumen mit sinkender Temperatur abnimmt, so werden kooperative Relaxationsprozesse bei tieferen Temperaturen deutlich langsamer ablaufen, da die Anzahl der benötigten Platzwechselvorgänge ansteigt.
>
> Ist die Relaxationszeit der kooperativen Relaxationsprozesse deutlich größer als der Beobachtungszeitraum, so ist das Polymer für den Beobachter glasartig erstarrt.

Ein Ansatz zur quantitativen Beschreibung des Glasprozesses auf der Basis der Arbeiten von Doolittle (siehe Doolittle (1962)) wurde 1955 von Williams, Landel und Ferry (siehe WLF (1955)) durchgeführt und wird nach den Autorennamen als WLF-Beziehung bezeichnet.

Die WLF-Beziehung

Ausgangspunkt der Herleitung der WLF-Beziehung ist die Darstellung der Viskosität gemäß der Theorie des freien Volumens nach Doolittle (siehe Gl. 3.118).

$$\eta = \eta_0 \cdot e^{\dfrac{U_0}{kT}} \cdot e^{\dfrac{V^\star}{V_f}} \tag{3.126}$$

$V^\star$ ist dabei das zur Umlagerung eines Segments notwendige Leerstellenvolumen. Misst man die Viskositäten η_1 und η_2 bei den Temperaturen T_1 und T_2, so ergibt sich das Verhältnis der Viskositäten zu

$$\frac{\eta_1}{\eta_2} = e^{\left(\dfrac{V^\star}{V_{f_1}} - \dfrac{V^\star}{V_{f_2}}\right)} \tag{3.127}$$

Dabei wird vorausgesetzt, dass die Temperaturen T_1 und T_2 so hoch sind, dass der Einfluss der Temperatur auf den elementaren Platzwechselvorgang vernachlässigt werden kann ($U_0/(kT_1) - U_0/(kT_2) \approx 0$).

Der Zusammenhang der freien Volumina bei den Temperaturen T_1 und T_2 ergibt sich aus Gl. 3.123.

$$V_{f_2} = V_{f_1} + \Delta\alpha V_m (T_2 - T_1) \tag{3.128}$$

Durch Logarithmieren von Gl. 3.126, Umformen und Einsetzen von Gl. 3.128 erhält man

$$\ln \frac{\eta_1}{\eta_2} = \left(\frac{V^\star}{V_{f_1}}\right) \cdot \frac{T_2 - T_1}{\left(\dfrac{V_{f_1}}{V_m \Delta \alpha}\right) + (T_2 - T_1)} \tag{3.129}$$

Ersetzt man T_1 durch die Glastemperatur T_G des untersuchten Polymers, so ergibt sich für eine beliebige Temperatur $T = T_2$ die Beziehung

$$\ln \frac{\eta_G}{\eta_T} = \frac{\left(\dfrac{V^\star}{V_G}\right) \cdot (T - T_G)}{\left(\dfrac{V_G}{V_m \Delta \alpha}\right) + (T - T_G)} \tag{3.130}$$

Williams, Landel und Ferry benutzten dazu die aus dilatometrischen Messungen des Volumenausdehnungskoeffizienten α bestimmte Glastemperatur T_G , heute wird üblicherweise die aus DSC-Messungen bei niedrigen Heizraten ($< 2\,\mathrm{K/min}$) bestimmte Glastemperatur verwendet.

Auf der Basis von temperaturabhängigen Viskositätsmessungen wurde von Williams, Landel und Ferry das für einen Platzwechsel notwendige Volumen $V^\star$ zu

$$V^\star \approx 40 \cdot V_G$$

und das freie Volumen V_G bei der Glastemperatur T_G zu

$$V_G \approx 52 \cdot V_m \Delta \alpha$$

abgeschätzt. Das für den kooperativen Umlagerungsschritt des Glasprozesses notwendige freie Volumen $V^\star$ entspricht damit dem ca. 40-fachen Wert des freien Volumens V_G bei T_G.

Bei näherungsweiser Gleichsetzung des Aktivierungsvolumens $V^\star$ mit dem Eigenvolumen der Kettensegmente V_m kann aus den Näherungen die sprunghafte Änderung des thermischen Ausdehnungskoeffizienten $\Delta\alpha$ bei T_G abgeleitet werden.

$$\left.\begin{array}{l} V^\star \approx V_m \approx 40 \cdot V_G \\[4pt] V_G \approx 52 \cdot V_m \Delta \alpha \end{array}\right\} \Rightarrow \Delta\alpha = \alpha_{\text{Schmelze}} - \alpha_{\text{Glas}} \approx 4,8 \cdot 10^{-4} \ [1/K]$$

Setzt man die Näherungen in Gl. 3.130 ein, so erhält man beim Übergang zu dekadischen Logarithmen ($\log x = \ln x \cdot \log e$) die bekannte WLF-Beziehung.

$$\log a(T) = \log \frac{\eta(T)}{\eta(T_G)} = -\frac{17,44 \cdot (T - T_G)}{51,6 + (T - T_G)} \tag{3.131}$$

Nach Einsetzen der Näherungen ergibt sich statt 17,44 ein Wert von 17,37 und statt 52 ein Wert von 51,6. Der Grund für diese Anpassung ist mir unbekannt, stellt aber wahrscheinlich eine Anpassung an die damals zur Verfügung stehenden experimentellen Daten dar.

Nach den Autoren stellt Gl. 3.131 eine für Polymere allgemeingültige Beziehung dar. Voraussetzung ist allerdings, dass alle Polymeren bei T_G ein identisches anteiliges freies Volumen

$$f_G = \frac{V_G}{V_m} \approx \frac{V_G}{V^\star} \approx \frac{1}{40}$$

besitzen und keine Unterschiede in der Differenz der thermischen Ausdehnungskoeffizienten

$$\Delta\alpha \approx 4,8 \cdot 10^{-4} \left[\frac{1}{K}\right]$$

aufweisen. Genauere Untersuchungen von Ferry (siehe Ferry (1980)) zeigten jedoch, dass bei vielen Polymeren Abweichungen zu dem in Gl. 3.131 prognostizierten Verhalten auftreten. Daraufhin wurde eine verallgemeinerte Form der WLF-Gleichung entwickelt:

$$\log a(T) = \log \frac{\eta(T)}{\eta(T_G)} = -\frac{c_1 \cdot (T - T_G)}{c_2 + (T - T_G)} \tag{3.132}$$

c_1 und c_2 werden als WLF-Parameter bezeichnet:

$$c_1 = \frac{V^\star}{V_G} \quad \text{und} \quad c_2 = \frac{V_G}{V_m \Delta\alpha} \tag{3.133}$$

Diese haben bei Bezug auf die Glastemperatur T_G durchaus eine molekulare Bedeutung, da sie durch das für einen kooperativen Platzwechsel benötigte freie Volumen $V^\star$, durch das bei der Glastemperatur vorhandene Leerstellenvolumen V_G und durch die Differenz der Volumenausdehnungskoeffizienten von Glas und Schmelze $\Delta\alpha$ definiert sind.

Die allgemeinste Version der WLF-Gleichung, die heutzutage vorwiegend zur analytischen Charakterisierung der Kinetik des Glasprozesses eingesetzt wird, verzichtet auf die experimentell schwierige und nicht eindeutige Bestimmung der Glastemperatur T_G und bezieht sich stattdessen auf eine frei zu wählende Bezugstemperatur T_S.

$$\log a(T) = \log \frac{\eta(T)}{\eta(T_S)} = -\frac{\tilde{c}_1 (T - T_S)}{\tilde{c}_2 + (T - T_S)} \tag{3.134}$$

Die Parameter $\tilde{c}_1$ und $\tilde{c}_2$ haben damit allerdings nur noch empirischen Charakter, da sie in keiner direkten Beziehung zum Glasprozess stehen.

Anwendung findet die allgemeine Form der WLF-Gleichung vor allem bei der Erstellung von Masterkurven (siehe Abschnitt 3.11.3). Misst man die frequenzabhängigen Module oder Komplianzen eines Polymers bei verschiedenen Temperaturen T_i und konstruiert durch das Verschieben der einzelnen Messkurven entlang der Frequenzachse eine Masterkurve, so kann durch die WLF-Beziehung eine analytische Beziehung zwischen den Verschiebefaktoren ($\log \Delta f_i = \log a_{T_i}$) und der Messtemperatur T_i hergestellt werden. Werden die WLF-Parameter für eine bestimmte Referenztemperatur T_S ermittelt, so kann das frequenzabhängige Verhalten für jede beliebige Temperatur berechnet werden.

Die Vogel-Fulcher-Tammann-Beziehung

Eine äquivalente Formulierung der WLF-Gleichung (siehe Gl. 3.132) ergibt sich, wenn man die Parameter c_1, c_2 und $\log a_T$ durch die Ausdrücke

$$c_1 = \frac{\Delta Q}{R(T - T_G)} \qquad c_2 = (T_G - T_{VF}) \qquad \log a_T = \log \frac{f}{\nu_0} \quad (3.135)$$

ersetzt. Einfaches Umformen führt zur Vogel-Fulcher-Tammann-Beziehung, mit der, analog zur WLF-Gleichung, ein direkter Zusammenhang zwischen der Messfrequenz f und der Messtemperatur hergestellt werden kann.

$$f = \nu_0 \cdot e^{-\dfrac{\Delta Q}{R \cdot (T - T_{VF})}} \qquad (3.136)$$

Für den Grenzfall hoher Temperaturen $T \gg T_{VF}$ geht die Vogel-Fulcher-Gleichung in eine Arrhenius-Beziehung über. Der Glasprozess kann damit bei hohen Temperaturen durch ein einfaches Platzwechselmodell mit der Barrierenhöhe ΔQ und der Oszillationsfrequenz ν_0 eines Kettensegments in der Potenzialmulde beschrieben werden (siehe Abschnitt 3.11.5).

Mit Annäherung an die Vogel-Fulcher-Temperatur $T \to T_{VF}$ nimmt das freie Volumen ab und erreicht bei der Vogel-Fulcher-Temperatur den Wert null. Damit kann die Vogel-Fulcher-Temperatur T_{VF} als Glastemperatur T_G bei unendlich langsamer d.h. quasistatischer Messung betrachtet werden.

Die Verwendung der Vogel-Fulcher-Gleichung zur Charakterisierung des analytischen Zusammenhangs zwischen Temperatur und Frequenz bzw. Messdauer bietet den Vorteil, dass die verwendeten Parameter eine sehr anschauliche und einfache Beschreibung der Kinetik des Glasprozesses ermöglichen. Mit Ausnahme der Vogel-Fulcher-Temperatur T_{VF} können die Parameter auf molekularer Basis interpretiert werden. Für die meisten Polymere kann die Nullpunktsschwingung bzw. Oszillationsfrequenz ν_0 konstant gewählt werden, so dass nur noch die zwei Parameter ΔQ und T_{VF} zur analytischen Beschreibung des Aktivierungsverhaltens ermittelt werden müssen.

In Abb. 3.54 wurde das Aktivierungsverhalten bei einer Reihe von typischen Elastomeren bestimmt.

Dazu wurden frequenzabhängige Messungen des komplexen Schubmoduls bei verschiedenen Temperaturen durchgeführt und Masterkurven erstellt. Die Referenztemperatur wurde so gewählt, dass das Maximum des Verlustmoduls bei dieser Temperatur bei einer Frequenz von 1 Hz liegt. Die durchgezogenen Linien in Abb. 3.54 entsprechen einer Anpassung der Vogel-Fulcher-Tammann-Gleichung Gl. 3.136 an die Messdaten. Durch eine Minimalisierung der Summe der Fehlerquadrate wurde für jede Probe die Aktivierungsenergie ΔQ und die Vogel-Fulcher-Temperatur T_{VF} ermittelt. Die Ergebnisse der Minimalisierung sind in Tabelle 3.2 für alle untersuchten Proben zusammengefasst. Die Frequenz der Nullpunktsschwingung wurde für alle untersuchten Proben zu $2 \cdot 10^{13}$ Hz gewählt.

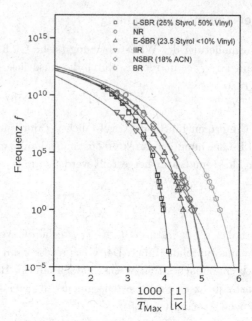

Abb. 3.54 Aktivierungsdiagramm einiger Elastomere

Die Werte der Aktivierungsenergien ΔQ konnten auf der Basis der Messdaten mit einer Genauigkeit von $\pm 2\,\mathrm{kJ/mol}$ bestimmt werden, die der Vogel-Fulcher-Temperaturen T_{VF} mit einer Genauigkeit von $\pm 4\,\mathrm{K}$.

Man sieht, dass mit Ausnahme des Butylkautschuks (IIR) alle untersuchten Polymere eine im Rahmen der Fehlergenauigkeit identische Aktivierungsenergie von $11\,(\pm 2)\,\mathrm{kJ/mol}$ besitzen. Der Grund für die höhere Aktivierungsenergie des Buytlkautschuks wird später noch genauer diskutiert. Hier sei nur angemerkt, dass bei Butyl die Rotation einer C-C-Bindung aufgrund der sterischen Behinderung durch die zwei CH_3-Seitengruppen erschwert ist. Dies führt zu einem deutlichen Anstieg der Barrierenhöhe ΔQ für einen einfachen Platzwechsel.

Bei vergleichbarem intramolekularem Potenzial ΔQ stellt die Vogel-Fulcher-Temperatur T_{VF} ein direktes Maß für die Beweglichkeit von Kettensegmenten dar.

Vergleicht man zwei Polymere mit unterschiedlicher Vogel-Fulcher-Temperatur T_{VF} bei einer Temperatur $T > T_{VF}$, so ist das freie Volumen bei gleicher Aktivierungsenergie ΔQ umso größer, je größer der Abstand von der Vogel-Fulcher-Temperatur T_{VF} ist. Damit besitzt das Polymer mit der tieferen Vogel-Fulcher-Temperatur T_{VF} das im Vergleich größere freie Volumen und damit die höhere Beweglichkeit von Kettensegmenten.

Polymer	ΔQ [kJ/mol]	T_{VF} [řC]
L-SBR (25% Styrol, 50% Vinyl)	10	-60
NR (>98% cis1,4 Polyisopren)	12	-110
E-SBR (23.5% Styrol, 12% Vinyl)	11	-96
IIR (Doppelbindungsgehalt 0.9%)	22	-153
NSBR (18% Acrylnitril)	10	-104
BR (>98% cis1,4)	11	-135

Tab. 3.2 Analyse nach Vogel-Fulcher-Tammann

Auf der Basis der Theorie des freien Volumens kann ein analytischer Zusammenhang zwischen Temperatur und Messfrequenz bzw. Messzeit abgeleitet werden. Dazu wird eine Temperaturabhängigkeit des freien Volumens postuliert.

Die von Williams, Landel und Ferry abgeleitete WLF-Beziehung stellt eine für Polymere allgemeingültige Beziehung zwischen Temperatur und Frequenz her. Voraussetzung ist allerdings, dass Polymere bei T_G ein identisches anteiliges freies Volumen besitzen ($f_G = V_g/V^\star \approx 1/40$) und die Differenz der thermischen Ausdehnungskoeffizienten von Glas und Schmelze einen Wert von $\Delta\alpha = 4.8 \cdot 10^{-4} \, K^{-1}$ annimmt.

Treffen die Voraussetzungen nicht zu, so kann eine verallgemeinerte Form der WLF-Gleichung verwendet werden. Deren Parameter c_1 und c_2 haben dann allerdings nur noch empirische Bedeutung.

Die Vogel-Fulcher-Tammann-Gleichung kann durch Umformen aus der WLF-Beziehung abgeleitet werden. Ihre Parameter lassen sich anschaulich im Rahmen eines kooperativen Platzwechselmodells interpretieren. Bei gleicher Aktivierungsenergie ΔQ bzw. Barrierenhöhe ist die Vogel-Fulcher-Temperatur T_{VF} ein Maß für die Beweglichkeit der Kettensegmente eines Polymers.

Das Versetzungskonzept im Mäandermodell

Die Grundlage der bisher diskutierten kinetischen Ansätze beruht auf der Annahme eines freien Volumens. Es wurde von Doolittle (1962) zur Beschreibung der temperaturabhängigen Viskosität von Flüssigkeiten entwickelt und von Fox und Flory (siehe Fox (1950)) auf hochmolekulare Polymerschmelzen erweitert. Dabei wird vorausgesetzt, dass Polymere als statistisch geknäulte, einander durchdringende und miteinander verhakte Molekülketten vorliegen. Nahordnungen können sich in diesen Strukturen nur in kleinsten Bereichen (in der Größenordnung von 5 nm) ausbilden.

Von Pechhold (1970, 1979, 1987) wurde das Mäandermodell der Polymerschmelze bzw. des amorphen Festkörpers entwickelt. Pechholds Argument gegen das Knäuelmodell resultiert aus der Überlegung, dass eine optimale Raumerfüllung eines Knäuels ohne starke Kettendeformation schwierig, wenn nicht unmöglich zu realisieren ist. Auch die Kristallisation von Polymeren ist bei Annahme einer geknäulten Struktur nicht ohne Weiteres vorstellbar, da bei der Kristallisation ein Übergang von der ungeordneten in eine geordnete Struktur erfolgt. Bei einer Knäuelstruktur würde dies eine koordinierte Bewegung bzw. Umlagerung von Polymerketten in sehr kurzen Zeiträumen erfordern.

Das Mäandermodell geht von einem Bündel aus Molekülketten in ihrer energetisch günstigsten Anordnung bzw. Konformation aus. Diese Annahme entspricht prinzipiell der Definition einer geordneten Struktur beim idealen Festkörper. Beim realen Festkörper wird die regelmäßige und energetisch günstigste Gitterstruktur durch Fehlstellen bzw. Versetzungen gestört. Die Energie zur Bildung einer Versetzung ist in Kristallen unterhalb der Schmelztemperatur jedoch so hoch, dass sie thermisch nicht angeregt werden können.

Bei Polymeren erfordert die Bildung einer Versetzung im Gegensatz zu Metallen relativ geringe Energien (siehe Abschnitt 3.11.4). So können Versetzungen bei Polymeren durch die Bildung von Kinken thermisch angeregt werden.

Dies erlaubt eine nahezu gestreckte Anordnung der Polymerketten und führt zur Ausbildung einer Bündelstruktur. Da durch Molekülbündel keine makroskopisch isotrope Raumerfüllung erreicht werden kann, wurden von Pechhold zusätzliche Knickflächen in Bündel eingeführt. Durch die dadurch generierte mäanderförmige Faltung von Molekülbündeln lassen sich kubische, den Raum isotrop ausfüllende Strukturen aufbauen.

Ein Kritikpunkt aller Superstrukturmodelle ist die, im Vergleich zum regellosen statistisch geknäulten Zustand, erhöhte Ordnung. Dies widerspricht dem 2. Hauptsatz der Thermodynamik, wonach die Entropie eines Systems ohne äußere Einwirkung nur zunehmen kann (wobei der Ordnungszustand abnimmt).

Superstrukturen sind somit thermodynamisch instabile Gebilde, die bei der geringsten äußeren Einwirkung in den entropisch günstigeren ungeordneten geknäulten Zustand übergehen würden.

Um diesen Kritikpunkt an Superstrukturmodellen zu entkräften, wurde die sogenannte Cluster-Entropie-Hypothese (CEH) entwickelt, die besagt, dass ein Zustand minimaler freier Enthalpie durch ein Cluster bzw. durch eine Superstruktur immer dann realisiert wird, wenn die durch die erhöhte Ordnung verursachte Entropieverminderung durch energetische oder entropische Änderungen in den Elementen des Superstrukturelements ausgeglichen wird. D.h., bilden m Strukturelemente (z.B. Segmente, Versetzungen, Schichten, etc..), von denen jedes f Zustände annehmen kann (Schwingungs-, Konformationszustände u.a.) ein Superstrukturelement, so erhöht sich die Entropie nicht, wenn $f > m$ ist.

Akzeptiert man diese Hypothese, so kann das Verhalten von Polymeren durch die Eigenschaften der Superstrukturelemente beschrieben werden.

Im Fall des Mäandermodells wird die ideale amorphe Struktur durch die Bildung von Bündeln, die aus gefalteten Einzelketten bestehen, und deren Faltung zu mäanderförmigen Superstrukturelementen beschrieben.

Bei endlichen Temperaturen wird die geordnete Struktur durch Fehlstellen bzw. Versetzungen gestört. Bei Polymerketten stellt eine Kinke die einfachste denkbare Versetzung dar. In der Schmelze sind, bedingt durch die niedrige Aktivierungsenergie, so viele Kinken vorhanden, dass der regelmäßige Aufbau der Superstruktur im zeitlichen Mittel nicht mehr zu erkennen ist. Erst bei tieferen Temperaturen nimmt die Anzahl der Versetzungen ab, dadurch verlangsamen sich kollektive Umlagerungsprozesse von Kettensegmenten. Sind die Relaxationszeiten dieser Prozesse sehr viel größer als der Beobachtungszeitraum, so ist das Polymer glasartig erstarrt.

Im Prinzip stellt das Bild der kollektiven Bewegung von Kinken eine molekulare Deutung des freien Volumens dar. Je größer die Anzahl der Fehlstellen, umso größer ist das freie Volumen. In der Schmelze ist die Anzahl der Fehlstellen bzw. Versetzungen und damit das freie Volumen so hoch, dass die kooperative, d.h. gemeinsame Bewegung von Versetzungen eine kollektive Umlagerung von Kettensegmenten erlaubt. Bei sehr tiefen Temperaturen ist die Anzahl der Versetzungen und damit das freie Volumen so gering, dass nur noch lokale Platzwechsel ablaufen können, und die kooperative Bewegung von Kettensegmenten ist in normalen Zeiträumen nicht mehr beobachtbar.

Die Beschreibung des Glasprozesses durch die kooperative Bewegung von thermisch aktivierten Versetzungen bzw. Fehlstellen bietet den Vorteil, dass die aus der Festkörperphysik bekannten Modelle zur Beschreibung der Kinetik des Glasprozesses verwendet werden können.

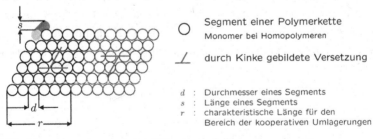

O Segment einer Polymerkette
      Monomer bei Homopolymeren

$\diagup$ durch Kinke gebildete Versetzung

d : Durchmesser eines Segments
s : Länge eines Segments
r : charakteristische Länge für den
    Bereich der kooperativen Umlagerungen

Abb. 3.55 Versetzungskonzept des Mäandermodells

Der Zusammenhang zwischen Temperatur und Messfrequenz kann für den Glasprozess wie folgt ausgedrückt werden.

$$f(T) = \frac{\nu_0}{\pi} \cdot e^{\left(-\frac{Q_\gamma}{RT}\right)} \cdot \left[1 - \left(1 - e^{\left(-\frac{\varepsilon_s}{RT}\right)}\right)^{\frac{3r}{d}}\right]^{3\left(\frac{3r}{d}\right)^2\frac{d}{s}} \tag{3.137}$$

Dieser Gleichung liegen zwei Mechanismen zugrunde:

- Die Umlagerung eines Kettensegments wird im Rahmen eines einfachen Platzwechselvorgangs beschrieben. Q_γ stellt die Barrierenhöhe, d.h. den Betrag des intra- und des intermolekularen Wechselwirkungspotenzials dar. ν_0 ist die lokale Schwingungsfrequenz eines Segments in der Potenzialmulde. Der erste Term in Gl. 3.137 gibt damit die Wahrscheinlichkeit für einen thermisch aktivierten Platzwechsel eines Segments an.

- Da eine Segmentumlagerung nur durch einen Versetzungsschritt realisiert werden kann, gibt der zweite Term in Gl. 3.137 die Wahrscheinlichkeit an, mindestens eine Versetzung in einer Segmentzeile des Superstrukturelements zu finden. Nur wenn mindestens eine Versetzung in einer Segmentzeile vorhanden ist, kann diese Schicht durch mehrere aufeinanderfolgende Platzwechsel abgleiten und damit eine kollektive Umlagerung hervorrufen. Die Wahrscheinlichkeit hängt von der freien Enthalpie einer Versetzung ε_s im Superstrukturelement und von der Topologie der Superstruktur ab. Diese wird durch die Parameter $\frac{3r}{d}$ und $\frac{d}{s}$ festgelegt. Ihre Bedeutung ist in Abb. 3.55 skizziert.

Tabelle 3.3 zeigt das Ergebnis der Beschreibung des Aktivierungsverhaltens der in Abb. 3.54 im Abschnitt 3.12.2 vorgestellten Elastomere mit Gl. 3.137. Die Parameter $\frac{3r}{d}$ und $\frac{d}{s}$ sind für alle untersuchten Elastomere identisch. Sie wurden von Pechhold im Rahmen der Mäandertheorie auf der Basis der Molekülstruktur zu $\frac{d}{s} \approx 1,5$ und durch eine Minimalisierung der freien Enthalpie des Superstrukturelements zu $3r/d \approx 18$ abgeschätzt. Die Frequenz der Nullpunktsschwingung eines Kettensegments in der Potenzialmulde entspricht dem in 3.12.2 angegebenen Wert $\nu = 2 \cdot 10^{13}$ Hz.

Polymer	ΔQ_γ [kJ/mol]	ε_s [kJ/mol]
L-SBR (25% Styrol, 50% Vinyl)	20	3,2
NR (>98% cis1,4 Polyisopren)	21	2,7
E-SBR (23.5% Styrol, 12% Vinyl)	23	2,8
IIR (Doppelbindungsgehalt 0.9%)	35	2,5
NSBR (18% Acrylnitril)	22	2,7
BR (>98% cis1,4)	22	2,2

Tab. 3.3 Analyse nach dem Versetzungskonzept des Mäandermodells

Die Aktivierungsenergien Q_γ der untersuchten Proben sind mit Ausnahme derjenigen des Butylkautschuks (IIR) im Rahmen der Messgenauigkeit von $\pm 2\,\mathrm{kJ/mol}$ identisch und entsprechen in etwa dem in Abschnitt 3.11.4 angegebenen unteren Grenzwert für eine Kinkumlagerung ($23\,\mathrm{kJ/mol}$). Damit kann der Parameter Q_γ auf molekularer Ebene durch die zweimalige Überwindung der Potenzialbarriere einer C-C-Bindung charakterisiert werden. Für die untersuchten Polymere stellt der Kinkplatzwechsel somit den elementaren Deformationsmechanismus des Glasprozesses dar. Die höhere Aktivierungsenergie des Butylkautschuks ($35\,\mathrm{kJ/mol}$) kann wiederum durch die sterische Behinderung der Rotation einer C-C-Bindung erklärt werden.

Bei einem Vergleich der freien Enthalpie ε_s der Versetzungen (oder genauer der freien Enthalpien für ein Mol Versetzungen in einer Versetzungswand) der untersuchten Elastomere findet man für Polybutadien (BR) die geringsten Werte. Vergleicht man alle Polymere bei gleicher Temperatur, so besitzt BR folglich die größte Anzahl an Versetzungen und damit die höchste Wahrscheinlichkeit für den Ablauf von kooperativen Kinkplatzwechselvorgängen.

Diese können deshalb schon bei vergleichsweise tiefen Temperaturen ablaufen. Folglich ist die Glastemperatur von BR deutlich tiefer als die der restlichen Elastomeren. Die Größenordnung der freien Enthalpie ε_s stellt damit ein frequenz- und temperaturunabhängiges Maß für den Glasprozess statt. Bei vergleichbaren Barrierenhöhen Q_γ findet man für alle Frequenzen respektive Messzeiten die tiefsten Glastemperaturen T_G bei den Polymeren mit den geringsten Werten von ε_s.

Im Mäandermodell von W. Pechhold wird die ideal amorphe Struktur durch die Bildung von Bündeln, die aus gefalteten Einzelketten bestehen, und deren Faltung zu mäanderförmigen Superstrukturelementen beschrieben.

Die im Vergleich zum regellosen statistisch geknäulten Zustand erhöhte Ordnung der Superstrukturelemente wird durch die Annahme der Gültigkeit der Cluster-Entropie-Hypothese legitimiert.

Der geordnete Aufbau der amorphen Struktur wird durch die Bildung von Fehlstellen bzw. Versetzungen gestört. In der Schmelze sind so viele Kinken bzw. Versetzungen vorhanden, dass der regelmäßige Aufbau der Superstruktur im zeitlichen Mittel nicht mehr zu erkennen ist. Bei tieferen Temperaturen nimmt die Anzahl der Versetzungen ab, dadurch verlangsamen sich kollektive Umlagerungsprozesse von Kettensegmenten. Sind deren Relaxationszeiten sehr viel größer als der Beobachtungszeitraum, so ist das Polymer glasartig erstarrt.

Auf der Basis des Versetzungskonzepts wurde von Pechhold ein analytischer Zusammenhang zwischen Temperatur und Frequenz hergeleitet. Dieser besteht aus einem Anteil, der den einfachen Platzwechselvorgang eines Kettensegments beschreibt, und einem Anteil, der die Wahrscheinlichkeit für eine kollektive Umlagerung von Kettensegmenten angibt.

3.12.3 Inkrementenmethode zur Bestimmung der Glastemperatur

Da die Lage der Glastemperatur T_G in vielen Fällen das Einsatzgebiet von Polymeren bestimmt, wurde schon mit Beginn der industriellen Synthese von Polymeren versucht, eine Beziehung zwischen den Monomerbausteinen einer Polymerkette und der Glastemperatur herzustellen, um so eine gezielte und anwendungsbezogene Entwicklung zu ermöglichen.

Die einfachste Methode basiert auf der Berechnung von T_G aus Inkrementen, die strukturellen Untereinheiten zugeordnet werden. Durch eine geeignete Wahl der Untereinheiten, die aus Monomerbausteinen oder ganzen Kettensegmenten bestehen können, kann die Glastemperatur eines Polymers aus einer additiven Überlagerung der Einzelbeiträge abgeleitet werden. Allgemein kann dieser Ansatz folgendermaßen formuliert werden:

$$T_G = \frac{\sum_{i=1}^{N} p_i \cdot T_{G_i}}{\sum_{i=1}^{N} p_i} \tag{3.138}$$

Dabei bezeichnet T_{G_i} die Glastemperatur der i-ten Untereinheit und p_i den dieser Untereinheit zugeordneten Gewichtsfaktor.

Die Glastemperaturen T_{G_i} der Untereinheiten i können mittels Regressionsanalyse aus den Glastemperaturen einer größeren Anzahl von Polymeren bekannter Struktur ermittelt werden. D.h., kennt man die Glastemperaturen einer Anzahl Polymeren, die aus mehreren Bausteinen zusammengesetzt sind, so kann durch den Vergleich der Glastemperaturen jedem dieser Bausteine bzw. jeder strukturellen Untereinheit eine Glastemperatur T_{G_i} zugeordnet werden. Das verbleibende Problem liegt dann in der Bestimmung der Gewichtsfaktoren p_i der einzelnen Untereinheiten.

Hayes (siehe Hayes (1961)) nahm an, dass der Ausdruck $\sum_i p_i \cdot T_{G_i}$ mit der Kohäsionsenergie, d.h. der Bindungsenergie, identisch ist, und leitete aus dieser Annahme eine Vorschrift zur Abschätzung der Gewichtsfaktoren p_i ab. Van Krevelen und Hoftyzer (siehe van Krevelen (1990)) entwickelten eine modifizierte Form der Inkrementenschreibweise und legten damit den Grundstein für eine praktikable Ermittlung von Glastemperaturen. Danach kann die Glastemperatur T_G eines Polymers durch das Verhältnis der molaren Glasübergangsfunktion Y_G und der Molmasse M beschrieben werden.

$$T_G = \frac{Y_G}{M} = \frac{\sum\limits_{i=1}^{N} Y_{G_i}}{M} \qquad (3.139)$$

In dieser Gleichung wird vorausgesetzt, dass die molaren Übergangsfunktionen Y_{G_i} von unterschiedlichen Gruppen innerhalb einer Struktureinheit voneinander unabhängig sind und daher das Additivitätsprinzip angewandt werden darf. D.h., kombiniert man zwei Monomere, so spüren diese nichts von ihren Nachbarn und werden in ihren Bewegungsmöglichkeiten nicht beeinflusst. Da diese Voraussetzung insbesondere bei Polymeren mit polaren Gruppen aufgrund ihrer Dipol-Dipol-Wechselwirkungen nicht erfüllt ist, wurden von van Krevelen Korrekturterme zur Berücksichtigung dieser Wechselwirkungen eingeführt.

$$Y_G = \sum_{i=1}^{N} Y_{G_i} + \sum_{i=1}^{N} Y_G\,(I_{X_i}) \qquad (3.140)$$

I_{X_i} stellt die Wechselwirkungsfaktoren dar, die beispielsweise in linearen aliphatischen Kondensationspolymeren (wie Polyester, Polycarbonat oder Polyamid) der Konzentration der polaren Gruppen entsprechen.

Am Beispiel von Polyethylenterephthalat (PET) wird die Vorgehensweise bei der Bestimmung der Glastemperatur aus den Glasübergangsfunktionen Y_G demonstriert. Die Beiträge Y_{G_i} der einzelnen Gruppen (siehe Abb. 3.56) und des Wechselwirkungsparameters $Y_G(I_X)$ wurden der Literatur entnommen (siehe van Krevelen (1990)).

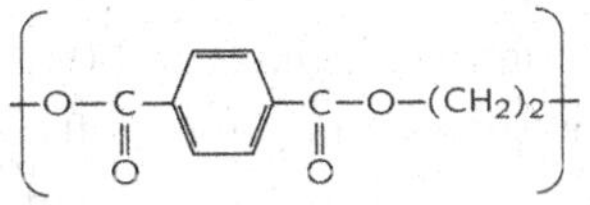

Gruppe	Anzahl	Y_{Gi}
— CH_2 —	2	5400
— COOH —	2	16000
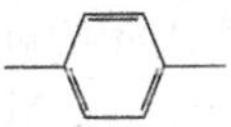 ⟨ ⟩	1	32000
$Y_G(I_X)$	2	12000
Y_G		65400

Abb. 3.56 Gruppenbeiträge Y_G am Beispiel von Polyethylenterephthalat

Mit dem Molekulargewicht ($M = 192$) des PET berechnet sich die Glastemperatur zu

$$T_G = \frac{65400}{192} = 340,6\,\text{K}$$

Die experimentellen Werte liegen zwischen 342 K und 350 K. Für eine große Anzahl von Polymeren findet man ähnlich gute Übereinstimmungen, so dass diese Methode in der industriellen Praxis bei der Abschätzung von Glastemperaturen unbekannter Polymere eine gewisse Bedeutung erlangt hat. Da die Glasübergangsfunktionen und Wechselwirkungsparameter rein empirisch bestimmte Werte darstellen und keinerlei Information über die Kinetik des Glasprozesses beinhalten, sollte die Bedeutung dieser Methode jedoch nicht überschätzt werden.

Eine alternative Methode zur Berechnung der Glastemperatur von Polymeren wurde von Askadskii und Matveev entwickelt Askadskii (1981, 1996). Sie basiert auf festkörperphysikalischen Theorien und benötigt, wie der Ansatz von van Krevelen, empirische Parameter, die durch die Charakterisierung von Modellsystemen bestimmt werden müssen. Dieser semiempirische Ansatz wurde von den Autoren in den letzten 25 Jahren kontinuierlich weiterentwickelt und kann heute zur Berechnung der verschiedensten physikalischen Eigenschaften von Polymeren (z.B. Glastemperatur, Schmelzpunkt, Brechungsindex, dielektrische Konstanten, Dichte usw.) eingesetzt werden.

Bei der Beschreibung der Glastemperatur gehen die Autoren davon aus, dass jedem Strukturelement eines Polymers ein charakteristisches freies Volumen, das so genannte Van-der-Waals-Volumen ΔV_i zugeordnet werden kann. Die Glastemperatur des Polymers berechnet sich dann zu:

$$T_G = \frac{\sum\limits_{i} \Delta V_i}{\sum\limits_{i} a_i \Delta V_i + \sum\limits_{j} b_j} \tag{3.141}$$

Die Größen a_i und b_i werden von Askadskii als atomare Konstanten und intermolekulare Wechselwirkungsparameter bezeichnet, stellen aber empirische Parameter dar, die durch Kalibriermessungen an bekannten Systemen bestimmt werden müssen.

Auf den ersten Blick unterscheidet sich das Modell von Askadskii nicht wesentlich von den Vorstellungen von van Krevelen und Hayes. Der Vorteil liegt allerdings darin, dass von den Autoren eine große Anzahl von Polymeren charakterisiert wurden und die daraus extrahierten Parameter zur Entwicklung eines Softwarepakets führten, welches zur Bestimmung der Materialeigenschaften von Polymeren eingesetzt werden kann. Dieses Softwarepaket soll laut Herstellerangabe in der Lage sein, auf der Basis der Strukturformel eines Polymers eine große Klasse von Polymereigenschaften zu berechnen. Meine Erfahrung mit der Software beschränkt sich auf die Berechnung von Glastemperaturen, und hier kann für unpolare Polymere ein durchaus positives Fazit gezogen werden.

Dies ist in Abb. 3.57 am Beispiel von temperaturabhängigen Messungen des Moduls bei konstanter Frequenz (1 Hz) an Polybutadienen mit unterschiedlichen Mikrostrukturen demonstriert. Im Wesentlichen wurde dabei der Anteil an 1, 2-Isomeren (auch als Vinyl bezeichnet) variiert. Experimentell findet man einen an-

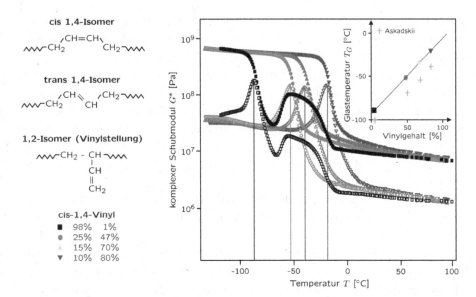

Abb. 3.57 Glastemperatur von Polybutadienen mit unterschiedlicher Mikrostruktur

nähernd linearen Zusammenhang zwischen dem Gehalt an Vinylgruppen und der Glastemperatur (siehe Inlay in Abb. 3.57). Die mit der Software von Askadskii berechneten Glastemperaturen geben diesen linearen Zusammenhang gut wieder (siehe die Symbole + im Inlay in Abb. 3.57). Die Absolutwerte der Glastemperaturen stimmen zwar nicht überein, aber dies war auch nicht zu erwarten, da die Temperaturlage des Glasübergangs, wie schon mehrfach erwähnt, stark von der Messmethode und den Messbedingungen abhängt. Eine absolute Vorhersage der Glastemperatur wäre möglich, wenn die dem Askadskii-Modell zugrunde liegenden Parameter mit der gleichen Methode bestimmt würden, die auch bei der experimentellen Bestimmung der Glastemperaturen (siehe Abb. 3.57) verwendet wurden.

Vergleicht man die Modulkurven des hoch-cis-1,4-BR (CB25) mit den Modulen der restlichen BR-Typen (siehe Abb. 3.57), so findet man in einem Temperaturbereich von ca. $-70\,°C$ bis ca. $-10\,°C$ abweichendes Verhalten. Ausgehend von tiefen Temperaturen nehmen sowohl Speicher- als auch Verlustmodule bei einer Temperatur von ca. $-70\,°C$ stark zu. Bei weiterer Erwärmung der Probe beobachtet man ab ca. $-30\,°C$ einen Abfall des Speicher- und des Verlustmoduls auf das Niveau der BR-Typen mit niedrigerem cis-1,4-Gehalt.

Der hohe cis-1,4-Gehalt von ca. $98\,\%$ und die damit verbundene hohe Stereoregularität der Polymerketten ermöglicht eine teilweise Kristallisation der amorphen Phase beim Unterschreiten einer kritischen Temperatur.

Beim vorliegenden Experiment wurde die Probe zu Beginn relativ schnell auf ca. $-150\,°C$ abgekühlt. Da die Kristallisation von amorphen Bereichen eine koope-

rative Umlagerung von Kettensegmenten erfordert, kann sie nur dann in endlicher
Zeit ablaufen, wenn genügend freies Volumen vorhanden ist, da nur dann kooperative Platzwechselvorgänge von Kettensegmenten möglich sind.

Bei sehr tiefen Temperaturen besitzt der kristalline Zustand zwar die niedrigste
freie Enthalpie und würde damit im thermodynamischen Gleichgewicht den bevor-
zugten Aggregatszustand darstellen. Durch die geringe Kettenbeweglichkeit kann
dieser Zustand in endlichen Zeiten nicht vollständig erreicht werden. Im glasartig
erstarrten Zustand stellt das System somit einen Nichtgleichgewichtszustand dar,
in dem ein Großteil der Ketten im amorphen, ungeordneten Zustand eingefroren ist.

Zur Messung des komplexen Moduls wird die Probe mit einer konstanten Heizrate von $1\,\mathrm{K/min}$ erwärmt. Bei ca. $-70\,°C$ ist die Kettenbeweglichkeit so hoch,
dass das System in den thermodynamischen Gleichgewichtszustand übergehen
kann und demzufolge kristallisiert. Da kristalline Bereiche einen wesentlich höheren Modul besitzen, steigt der Modul des Polymers durch die Kristallisation
an. Bei ca. $-30\,°C$ schmelzen die Kristallite, da jetzt die Schmelze den thermodynamisch günstigsten Zustand darstellt. Als Folge sinken die Speicher- und Verlustmodule und nähern sich bei einer weiteren Erwärmung den Modulwerten der
amorphen Schmelze an.

Eine Vielzahl von empirischen Methoden zur Bestimmung der Glastemperatur basieren auf der Berechnung von T_G aus Inkrementen, die strukturellen
Untereinheiten (die aus Monomerbausteinen oder ganze Kettensegmenten bestehen können) zugeordnet werden.

Durch eine geeignete Wahl der Untereinheiten gelingt es in vielen Fällen,
Glastemperaturen aus einer additiven Überlagerung der Einzelbeiträge abzuleiten.

Hayes (siehe Hayes (1961)) nahm an, dass die Gewichtung der Einzelbeiträge der Strukturelemente durch ihre Kohäsionsenergie bestimmt wird. Van
Krevelen (siehe van Krevelen (1990)) und Hoftyzer führten molare Glasübergangsfunktionen ein und legten damit den Grundstein für eine praktikable
Ermittlung von Glastemperaturen.

Askadskii (siehe Askadskii (1981, 1996)) berechnete für jeden Monomer-
baustein ein freies Volumen auf der Basis einer Minimalisierung der semi-
empirisch definierten intra- und intermolekularen Wechselwirkungen.

Das Verfahren von Askadskii ist die Basis eines Softwarepakets, welches im
folgenden Abschnitt für alle Beispielsysteme zur Berechnung der Glastemperatur
verwendet wird, um so den Anwendungsbereich des Verfahrens zu demonstrieren.

3.12.4 Glasübergang bei Copolymeren

Aufgrund der technologischen Bedeutung von Copolymeren wurden große Anstrengungen unternommen, die Temperaturlage des Glasprozesses aus dem Verhältnis der zugrunde liegenden Homopolymere abzuleiten. Kelley und Bueche (siehe Kellay (1961)) entwickelten auf der Basis der Theorie des freien Volumens eine einfache Vorstellung zur Berechnung der Glastemperatur von Copolymeren. Aus der Additivität der freien Volumina zweier Homopolymere folgt für das totale anteilige freie Volumen des Copolymers:

$$f = \frac{1}{40} + \Delta\alpha_1 f_1 \left(T - T_{G_1}\right) + \Delta\alpha_2 f_2 \left(T - T_{G_2}\right) \tag{3.142}$$

f_1 und f_2 sind die Volumenbrüche der Homopolymeren 1 und 2, und $\Delta\alpha$ bezeichnet die Differenz der Ausdehnungskoeffizienten von Schmelze und glasartig erstarrtem Zustand (siehe Abschnitt 3.12.2). Bei der Glastemperatur des Gesamtsystems gilt:

$$f = \frac{1}{40} \qquad \text{und} \qquad T = T_G$$

Damit kann Gl. 3.142 umgeformt werden, und für die Glastemperatur des Copolymers ergibt sich:

$$T_G = \frac{\Delta\alpha_1 f_1 T_{G_1} + \Delta\alpha_2 f_2 T_{G_2}}{\Delta\alpha_1 f_1 + \Delta\alpha_2 f_2} \tag{3.143}$$

Mit $\Delta\alpha_2 / \Delta\alpha_1 = c$ kann eine allgemeine Beziehung angegeben werden:

$$T_G = \frac{f_1 T_{G_1} + c f_2 T_{G_2}}{f_1 + c f_2} \tag{3.144}$$

Dieser Zusammenhang wurde von Gordon und Taylor (siehe Gordon (1952)) auch auf phänomenologischem Weg gefunden.

$$T_G = \sum_i \Phi_i T_{G_i} \tag{3.145}$$

Mit $c \approx 1$ kann Gl. 3.144 in die Beziehung von Gordon und Taylor überführt werden. Φ_i entspricht dann dem Volumenbruch f_i des i-ten Homopolymers.

Eine weitere experimentell ermittelte Näherungsformel wurde von Fox und Flory (siehe Fox (1948)) angegeben.

$$T_G = \frac{1}{\sum\limits_i \dfrac{\Phi_i}{T_{G_i}}} \tag{3.146}$$

Φ_i gibt die Gewichtsfraktionen der Einzelkomponenten des Copolymers an.

Die Beziehungen von Gordon-Taylor und Fox-Flory können auch zur Bestimmung der Glastemperatur von Mischungen aus Homopolymeren oder Copolymeren eingesetzt werden. Dies gilt allerdings nur dann, wenn die Einzelkomponenten kompatibel sind, d.h., wenn die Mischung nur einen Glasübergang ausbildet.

Abb. 3.58 vermittelt einen Eindruck von der Genauigkeit, mit der die experimentell bestimmten Glastemperaturen von statistischen Styrol-Butadien-Copolymeren (SBR) (linkes Diagramm) und Acrylnitril-Butadien-Copolymeren (NBR) (rechtes Diagramm) durch die Beziehungen 3.145 und 3.146 wiedergegeben werden. Zusätzlich sind die mit dem Programm von Askadskii berechneten Glastem-

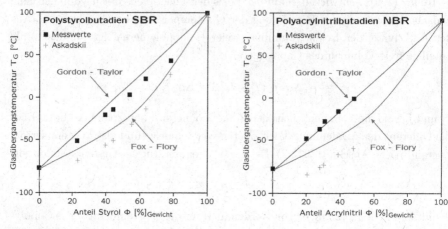

Abb. 3.58 Glastemperaturen von Copolymeren

peraturen eingezeichnet.

Die experimentell ermittelten Werte der Glastemperaturen werden von allen diskutierten Beziehungen nur qualitativ wiedergegeben. Eine quantitative Vorhersage der Glastemperaturen ist nur im Fall des NBR möglich. Hier stimmen die mit der Gordon-Taylor-Beziehung berechneten Glastemperaturen in guter Näherung mit den experimentell bestimmten Werten überein. Die mit dem Programm von Askadskii berechneten Glastemperaturen liegen deutlich tiefer als die experimentell bestimmten Daten. Dies kann, wie in Abschnitt 3.12.3 beschrieben, durch die Kinetik des Glasprozesses erklärt werden. Beim polaren NBR weichen die berechneten Werte umso stärker von den experimentell ermittelten ab, je größer der Anteil der polaren Gruppen ist. Da der Algorithmus von Askadskii die Dipol-Dipol-Wechselwirkungen von Kettensegmenten nicht berücksichtigt, wird die dadurch reduzierte Kettenbeweglichkeit nicht erfasst und demzufolge die Glastemperatur falsch prognostiziert.

Erhebliche Abweichungen von der Theorie des freien Volumens treten auf, wenn die Glastemperaturen der Komponenten des Copolymers stark unterschiedlich sind und eine Komponente des Copolymers die Fähigkeit zur Kristallisation besitzt. So entstehen beispielsweise bei der Hydrierung der Butadienkomponente eine Acrylnitril-Butadien-Copolymers kristallisationsfähige Ethylensequenzen, die eine deutliche Verschiebung des Glasübergangs zu höheren Temperaturen bewirken (siehe Abb. 3.59).

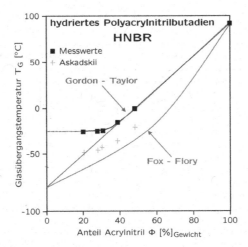

Abb. 3.59 Glastemperatur von HNBR in Abhängigkeit von der Acrylnitrilmenge

Kristallisiert ein Anteil der Ethylensequenzen, so kann er nicht mehr am Glasübergang der amorphen Phase teilnehmen. Damit erhöht sich der Anteil von Acrylnitril in der amorphen Phase. Da die Acyrilnitrilkomponente eine höhere Glasübergangstemperatur als die Ethylenkomponente besitzt, verschiebt sich die Glastemperatur der amorphen Phase bei Erhöhung des relativen Gewichtsanteils von Acyrilnitril zu höheren Temperaturen.

Praktisch bedeutet dies, dass die Glastemperatur eines HNBR (hydrierten Copolymers aus Butadien und Acrylnitril) für größere Mengen an Acrylnitril (ACN) mit der Menge an Acrylnitril ansteigt. Dieser Zusammenhang wird von der Gordon-Taylor-Beziehung sehr gut wiedergegeben. Ist die Menge an ACN kleiner als ca. 30 Gewichtsprozent, so bewirkt die Kristallisation der Ethylensequenzen eine nahezu konstante, von der ACN-Menge unabhängige, Glastemperatur (siehe Abb. 3.59).

Die bekanntesten Beispiele für Polymere mit zur Kristallisation fähigen Sequenzen sind Copolymere mit Ethylensequenzen in der Hauptkette. Neben dem schon diskutierten HNBR sind dies z.B. EPDM, ein Copolymer aus Ethylen und Propylen, und EVM ein Copolymer aus Ethylen und Vinylactetat.

In Abb. 3.60 sind der Einfluss der Menge an Vinylacetat in EVM auf die mechanischen Eigenschaften (siehe Abb. 3.60a) und die daraus bestimmten Glastemperaturen (siehe Abb. 3.60b) grafisch dargestellt. Betrachtet man die temperaturabhängigen Modulkurven, so erkennt man, dass bei Vinylacetatgehalten von weniger als 50 Gewichtsprozent die Kristallisation der Ethylensequenzen zu einem Anstieg des Moduls bei Temperaturen zwischen −10 °C und 100 °C führt. Sehr ausgeprägt ist dieses Verhalten bei den beiden EVM Copolymeren mit 9 bzw. 18 Gewichtsprozent Vinylacetat. Verwendet man die Temperatur, bei der ein Maximum des Verlustfaktors tan δ auftritt, als Glastemperatur, so stellt man fest, dass

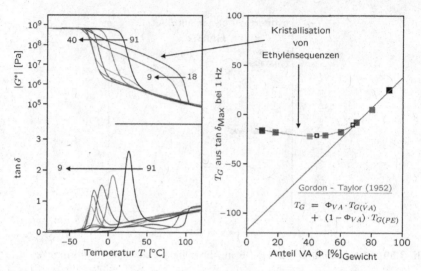

Abb. 3.60 Glastemperatur von EVM in Abhängigkeit vom Anteil an Vinylacetat

diese bei höheren Anteilen von Vinylacetat proportional zu diesem ist und mit Erhöhung der Vinylacetatmenge ansteigt. Sinkt der Anteil des Vinylacetats in der Kette unter 50 Gewichtsprozent, so bleibt die Temperaturlage des Maximums des Verlustfaktors nahezu konstant. Dies kann wiederum durch die Kristallisation von Ethylensequenzen und den dadurch reduzierten Ethylengehalt in der amorphen Phase erklärt werden.

Bisher gibt es keinen Ansatz, der den Einfluss der Kristallisation von Ethylensequenzen auf die Glastemperatur quantitativ beschreiben kann. Die Glastemperatur von Copolymeren mit kristallisierenden Sequenzen kann daher weder mit den empirischen Beziehungen von Gordon-Taylor oder Fox-Flory noch durch die semiempirische Abschätzung von Askadskii richtig bestimmt werden.

Setzt man die Additivität der freien Volumina der Monomerkomponenten in Copolymeren voraus, so kann aus der Theorie des freien Volumens eine analytische Beziehung zur Berechnung der Glastemperatur von Copolymeren abgeleitet werden.

Von Gordon und Taylor (siehe Gordon (1952)) sowie von Fox und Flory (siehe Fox (1950)) wurden empirische Beziehungen zur Berechnung der Glastemperatur von Copolymeren abgeleitet, die abhängig von der Zusammensetzung der Copolymeren eine analytische Berechnung der Glastemperatur ermöglichen.

Alle abgeleiteten Beziehungen (inkl. der Methode von Askadskii) sind nur anwendbar, wenn alle Komponenten des Copolymers amorph sind. Ist nur eine Komponente kristallisationsfähig, so kann die Glastemperatur des Gesamtsystems nicht mehr auf der Basis des freien Volumens berechnet werden.

3.12.5 Molekulargewichtsabhängigkeit der Glastemperatur

Die Abhängigkeit der Glastemperatur von der Molmasse wurde von Flory und Fox (siehe Fox (1950)) 1950 aus der Theorie des freien Volumens abgeleitet.

Da jedes freie Kettenende ein größeres freies Volumen als ein entsprechendes Segment in der Kettenmitte besitzt, wird ein Polymer mit einer größeren Anzahl von freien Kettenenden das größere freie Volumen und damit die tiefere Glastemperatur besitzen. Daraus folgt unmittelbar, dass sich die Glastemperatur mit abnehmendem Molekulargewicht zu tieferen Temperaturen verschiebt.

Bezeichnet man V_e als das überschüssige freie Volumen pro Kettenende (bezogen auf das freie Volumen eines Segments in der Kettenmitte) und mit N_L die Anzahl der Ketten pro Mol Polymer, so ergibt sich das durch freie Kettenenden zusätzlich erzeugte freie Volumen zu $2V_e \cdot N_L$. Dabei wird vorausgesetzt, dass nur lineare Ketten gleicher Länge mit je zwei Kettenenden im Polymer enthalten sind. Das freie Volumen pro cm^3 berechnet sich dann zu $2 \cdot V_e \cdot N_L \cdot \rho/M$, wobei ρ die Dichte und M das Molekulargewicht des Polymers bezeichnet.

Unter der Annahme, dass das freie Volumen bei der Glastemperatur konstant und unabhängig vom Molekulargewicht ist, gilt:

$$2 \cdot v_e \cdot N_L \cdot \frac{\rho}{M} = \alpha_f \left(T_{G_\infty} - T_G \right) \tag{3.147}$$

T_{G_∞} gibt die Glastemperatur bei unendlich hohem Molekulargewicht an, d.h. die Glastemperatur, die das Polymer besitzen würde, wenn keine freien Kettenenden vorhanden wären. T_G entspricht der Glastemperatur des Polymers unter Berücksichtigung des durch die freien Kettenenden erhöhten freien Volumens. α_f ist der Ausdehnungskoeffizient des freien Volumens. Näherungsweise kann α_f der Differenz $\Delta\alpha$ der Ausdehnungskoeffizienten von Schmelze und Glas gleichgesetzt werden.

$$T_G = T_{G_\infty} - 2\frac{\rho N_L v_e}{\Delta \alpha M}$$
$$\Downarrow \quad k = 2\rho N_L v_e \frac{1}{\Delta \alpha}$$
$$T_G = T_{G_\infty} - \frac{k}{M} \tag{3.148}$$

Als Faustregel gilt, dass der Einfluss der Kettenenden auf die Glastemperatur T_G vernachlässigt werden kann, wenn das Molekulargewicht größer als $100\,\mathrm{kg/mol}$

ist (siehe Forrest (2001); McKenna (1989)). Wird die Konstante k experimentell durch die Messung der Glastemperatur T_G in Abhängigkeit vom Molekulargewicht bestimmt, so kann daraus mit Gl. 3.148 das überschüssige freie Volumen eines freien Kettenendes bestimmt werden. Für Polystyrol bestimmten Beevers und White (siehe Beevers (1960)) v_e zu 0.04 nm^3.

Von Kanig und Überreiter (siehe Kanig (1963)) wurde eine analoge Beziehung zur Charakterisierung des Einflusses des Molekulargewichts auf die Glastemperatur abgeleitet:

$$\frac{1}{T_G} = \frac{1}{T_{G_\infty}} + \frac{k'}{M} \qquad (3.149)$$

Eine deutlich bessere Beschreibung der experimentellen Werte wurde allerdings erst durch die von R. Beck (siehe Beck (1978)) modifizierte Fox-Flory-Gleichung (siehe Gl. 3.148) erreicht.

$$T_G = T_{G_\infty} - \frac{c}{M^a} \qquad (3.150)$$

c und a stellen dabei empirisch zu ermittelnde Konstanten dar.

Die Abhängigkeit der Glastemperatur vom Molekulargewicht kann durch das – im Vergleich zu einem Segment in der Kettenmitte größere – freie Volumen eines Kettenendes erklärt werden. Daraus folgt unmittelbar, dass sich die Glastemperatur mit abnehmendem Molekulargewicht zu tieferen Temperaturen verschiebt.

Ist das Molekulargewicht größer als ca. 100 kg/mol, so kann der Einfluss der freien Kettenenden auf die Glastemperatur bei praktisch allen Polymeren vernachlässigt werden.

3.12.6 Einfluss der Kettensteifigkeit auf T_G

Ein wichtiger molekularer Parameter, der die Temperaturlage des Glasübergangs beeinflusst, ist die Kettensteifigkeit. Wie Schmieder und Wolf (siehe Schmieder (1953)) zeigten, steht die Kettenbeweglichkeit in engem Zusammenhang mit dem Kettenquerschnitt.

Abb. 3.61 zeigt temperaturabhängige Schubmodulmessungen an Polymeren mit unterschiedlichen Kettenquerschnitten und Tabelle 3.4 die mittels DSC-Messungen bestimmten Glasübergangstemperaturen einiger aromatischer Vinylpolymere.

Aus Abb. 3.61 und Tabelle 3.4 kann man folgern, dass voluminöse Substituenten die Hauptkette versteifen. Je voluminöser der Substituent, umso geringer wird die Wahrscheinlichkeit, dass einem Kettensegment das notwendige Leerstellenvolumen zur Verfügung steht, um einen thermisch aktivierten Platzwechselvorgang durchzuführen. Damit wird der durch kooperative Platzwechselvorgänge verursachte Glasübergangsprozess verlangsamt bzw. als Folge des Temperatur-Frequenz-Äquivalenzprinzips zu höheren Temperaturen verschoben.

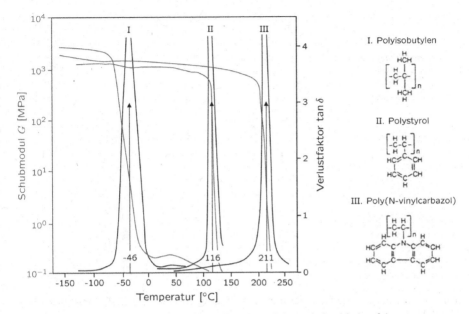

Abb. 3.61 Temperaturabhängigkeit des Schubmoduls und des Verlustfaktors von verschiedenen Polymeren (aus Schmieder (1953))

Voluminöse Seitengruppen beeinflussen allerdings nicht nur das freie Volumen, sondern es wird auch die für die Rotation um eine C-C-Bindung notwendige Aktivierungsenergie durch die sterische Behinderung erhöht.

Eine analytische Differenzierung zwischen intramolekularer Wechselwirkung (d.h. die direkte Beeinflussung des Rotationspotenzials durch nächste Nachbarn und Seitengruppen) und intermolekularer Wechselwirkung (d.h. die Beeinflussung kooperativer Platzwechselvorgänge durch entfernte Kettensegmente oder benachbarte Ketten) kann durch die Bestimmung des Aktivierungsverhaltens vorgenommen werden (siehe Abschnitt 3.12.2).

Das komplexe Zusammenspiel zwischen freiem Volumen und Kettenbeweglichkeit wird durch den Vergleich der Glastemperaturen von mono- und disubstituierten Polymeren besonders deutlich (siehe Tabelle 3.5).

Die Glastemperaturen der disubstituierten Polymere sind deutlich tiefer als die Glastemperaturen der monosubstituierten Polymere. Würde man das Ergebnis nur auf der Basis des freien Volumens deuten, so stünde es im Widerspruch zur Theorie, da sich durch die Einführung des zweiten voluminösen Substituenten das freie Volumen erhöhen müsste, um die Absenkung der Glastemperatur zu erklären.

Bei dem Vergleich ist allerdings zu berücksichtigen, dass durch die Disubstitution die freie Drehbarkeit der C-C-Bindungen stark eingeschränkt wird. Zusätzlich

Polymer	Monomereinheit	T_G [°C]	Ketten-steifigkeit	freies Volumen
Polystyrol	$-(CH_2-CH)-$	100		
Poly-0-methylstyrol	$-(CH_2-CH)-$ $-CH_3$	115		
Poly-α-vinylnaphtalen	$-(CH_2-CH)-$	135		
Polyvinylbiphenyl	$-(CH_2-CH)-$	145		
Poly-α-methylstyrol	$-(CH_2-\overset{CH_3}{\underset{|}{C}})-$	175		
Polyacenaphtalen	$-(HC-CH)-$	264		

Tab. 3.4 Glasübergangstemperaturen einiger aromatischer Vinylpolymere (aus Shen (1970))

entstehen durch die Disubstitution näherungsweise zylindersymmetrische Kettenmoleküle mit aufgelockerter Packungsdichte, die das freie Volumen erhöhen.

Erhöht sich der Kettenquerschnitt eines Polymers, so führt dies allgemein zu einer Erhöhung der Steifigkeit der Hauptkette und damit zu einer Abnahme des freien Volumens. Daher erhöht sich die Glastemperatur mit steigendem Kettenquerschnitt.

Dieser Zusammenhang ist allerdings nur gültig, wenn sowohl die räumliche Anordnung der Ketten als auch die für eine Rotation der C-C-Bindung notwendige Aktivierungsenergie unabhängig von der Steifigkeit der Kette sind.

3.12.7 Einfluss von Seitenketten auf T_G

Einen wesentlichen Einfluss auf die Lage der Glastemperatur T_G üben Seitenketten und ihre Beweglichkeit aus. Während Seitenketten, die die Steifigkeit der Hauptkette erhöhen, zu einer Erhöhung der Glastemperatur des Polymers führen, bewirken flexible Seitengruppen eine Erniedrigung der Glastemperatur T_G (siehe Tabelle 3.6).

Polymer	Monomereinheit	T_G [°C]
Polyvinylchlorid	$\{CH_2-\overset{\displaystyle Cl}{\underset{\displaystyle CH_3}{CH}}\}$	87
Polyvinylidenchlorid	$\{CH_2-\overset{\displaystyle Cl}{\underset{\displaystyle Cl}{CH}}\}$	-17
Polypropylen	$\{CH_2-\overset{\displaystyle CH_3}{\underset{\displaystyle H}{CH}}\}$	-10
Polyisobutylen	$\{CH_2-\overset{\displaystyle CH_3}{\underset{\displaystyle CH_3}{CH}}\}$	-65

Tab. 3.5 Glasübergangstemperaturen mono- und disubstituierter Polymere

In den Beispielen von Tabelle 3.6 und Abb. 3.62 verschiebt sich die Glastemperatur des Polymers mit zunehmender Länge der Seitenketten zu tieferen Temperaturen. Die flexiblen Seitenketten wirken als intermolekulares *Verdünnungsmittel* und erhöhen somit das freie Volumen.

Führt eine weitere Verlängerung der Seitenketten zu deren Kristallisation, so tritt ein entgegengesetzter Trend ein, und die Glastemperatur steigt wieder an.

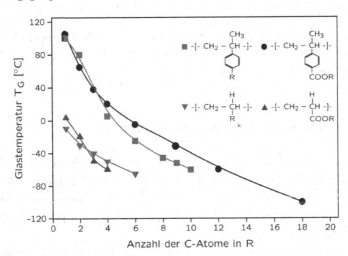

Abb. 3.62 Glasübergangstemperatur in Abhängigkeit von der Länge der Seitenkette (aus Shen (1970))

Wie Heijboer (siehe Heijboer (1969)) zeigte, ist für den Abfall der Glastemperatur mit steigender Kettenlänge nicht die zunehmende Länge, sondern die steigende Flexibilität der Seitenkette maßgebend. Eine Versteifung der Seitenkette bei gleicher Länge durch eine Methylverzweigung in einer Entfernung von drei Atomen

Polymer / Bu	$\begin{array}{c}CH_3\\|\\C-CH_3\\|\\CH_3\end{array}$	$\begin{array}{c}CH_3\\|\\CHCH_2CH_3\end{array}$	$[CH_2]_3CH_3$
$-[- CH_2 - \underset{\underset{Bu}{|}}{CH} -]-$	59	36	-36
$-[- CH_2 - \underset{\underset{COOBu}{|}}{CH} -]-$	43	-22	-56
$-[- CH_2 - \underset{\underset{COOBu}{|}}{\overset{\overset{CH_3}{|}}{C}} -]-$		53	21
$-[- CH_2 - CH -]-$ (Bu-phenyl)	118		6

Tab. 3.6 Glasübergangstemperaturen von einigen Polymeren mit Butyl-Seitengruppen (aus Shen (1970))

von der Hauptkette erhöht T_G um 20 °C und in einer Entfernung von vier Atomen um 10 °C. Eine kettenversteifende Cyclohexylgruppe führt im Vergleich zur n-Butyl-Gruppe sogar zu einer T_G-Erhöhung um 60 °C.

Erhöht man die Flexibilität von Seitengruppen, so erhöht dies das freie Volumen und bewirkt damit eine Absenkung der Glastemperatur T_G.

3.12.8 Einfluss von Weichmachern auf T_G

Einen ähnlichen Effekt wie flexible Seitenketten üben Weichmacher auf die Temperaturlage des Glasübergangs aus. Da sich die niedermolekularen Moleküle des Weichmachers zwischen die Polymerketten schieben, tragen sie zu einer Vergrößerung des freien Volumens bei und bewirken eine Erniedrigung der Temperaturlage des Glasübergangs.

In Abb. 3.63 ist dieser Effekt am Beispiel eines Polyvinylacetats dargestellt, das mit unterschiedlichen Mengen an Benzylbenzoat (Bb) weichgemacht wurde. Die aus der Temperaturlage des Maximums des Verlustfaktors $\tan\delta$ bestimmte Glastemperatur des reinen Polyvinylacetats liegt bei ca. 102 °C. Durch das Einmischen von 10 wt% (Gewichtsprozent) Benzylbenzoat wird die Glastemperatur des Gesamtsystems um ca. 12 °C abgesenkt. Da nur ein Maximum des Verlustfaktors $\tan\delta$ beobachtet wird, ist davon auszugehen, dass eine Mischbarkeit der beiden

Komponenten auf molekularer Ebene vorliegt und der Weichmacher somit als *Verdünnungsmittel* wirkt. Damit erhöht sich das freie Volumen des Gesamtsystems, und dies führt zu der in Abb. 3.63 beobachteten Absenkung der Glastemperatur.

Bei höheren Gewichtsanteilen des Weichmachers (>50 wt%) beobachtet man die Ausbildung von zwei lokalen Maxima des Verlustfaktors tan δ. Dies kann durch die Ausbildung von zwei Phasen interpretiert werden, die unterschiedliche Weichmacheranteile besitzen.

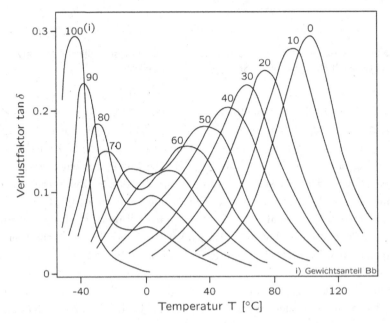

Abb. 3.63 Temperaturabhängigkeit des Verlustfaktors von Polyvinylacetat, weichgemacht mit Benzylbenzoat (Bb), nach Würstlin (1951)

Eine Verschiebung der Glastemperatur zu tieferen Temperaturen durch die Zumischung eines niedermolekularen Weichmachers tritt immer dann auf, wenn die Glastemperatur des Weichmachers unterhalb der Glastemperatur des entsprechenden Polymers liegt und zumindest in den relevanten Konzentrationsbereichen eine Verträglichkeit zwischen beiden Komponenten vorliegt.

3.12.9 Einfluss der Vernetzung auf T_G

Nach Abb. 3.64 steigt die Glastemperatur eines schwefelvernetzten Naturkautschuks mit dem Vernetzungsgrad stark an.

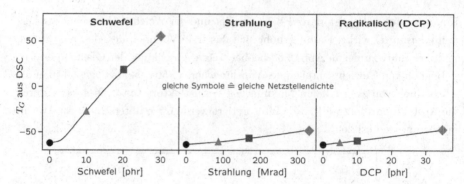

Abb. 3.64 Glastemperatur von Naturkautschuk bei unterschiedlicher Vernetzungsart und -dichte, nach Heinze (1968); Shen (1970); Mandelkern (1957)

Im Unterschied dazu beobachtet man bei einer Peroxid- bzw. Strahlenvernetzung bei äquivalenter Netzstellendichte nur eine äußerst geringe Erhöhung der Glastemperatur mit steigender Netzstellendichte (siehe Abb. 3.64 mittleres und rechtes Diagramm). Die starke Erhöhung der Glastemperatur eines NR-Vulkanisats bei starker Schwefeldosierung kann auf intramolekulare Zyklisierungen über S-Atome, die die Hauptkettenbeweglichkeit behindern, zurückgeführt werden. Ein zur Schwefelvernetzung analoger Effekt wird auch bei peroxidisch bzw. strahlenvernetzten Polymeren beobachtet, tritt jedoch erst oberhalb einer kritischen, polymerspezifischen Vernetzerdosis auf (siehe Pechhold (1990)).

Bei der Diskussion des Einflusses der Vernetzungsdichte auf die Lage der Glastemperatur ist allerdings zu berücksichtigen, dass die Netzstellendichte von technisch relevanten Elastomer-Compounds üblicherweise in einem Bereich liegt, der die Glastemperatur nur unwesentlich beeinflusst. So liegt die Dosierung bei einer Schwefelvernetzung im Bereich von 0.5 phr (per hundred rubber) bis 3 phr. Dies erhöht die Glastemperatur im Vergleich zum unvernetzten System nur um einige Grad Celsius.

Bei technisch relevanten Elastomersystemen kann der Einfluss der Vernetzung auf die Lage der Glastemperatur vernachlässigt werden.

Die Glastemperatur steigt mit zunehmendem Vernetzungsgrad an. Ursache ist die durch die Vernetzung reduzierte Kettenbeweglichkeit.

Bei der Schwefelvernetzung ist dieser Effekt deutlich stärker ausgeprägt als bei der Vernetzung mit Radikalen oder γ-Strahlen.

Im Bereich technisch relevanter Vernetzungsgrade kann der Einfluss der Vernetzung auf die Glastemperatur vernachlässigt werden.

3.12.10 Einfluss von Füllstoffen auf T_G

Durch die Zugabe von Füllstoffen werden die Temperatur- und die Frequenzlage des Glasprozesses eines Polymers im Bereich von technologisch relevanten Füllgraden in der Regel nicht oder nur geringfügig beeinflusst. Dabei spielt es keine Rolle, ob die Füllstoffpartikel über Haupt- oder Nebenvalenzbindungen in der Polymermatrix verankert sind.

Füllt man Elastomere mit aktiven Rußen, so bildet sich an der Füllstoffoberfläche der sogenannte *bound rubber*. Damit wird eine Polymerschicht bezeichnet, die das Füllstoffpartikel umgibt und in ihrer Beweglichkeit eingeschränkt und somit immobilisiert ist. Nach älteren Abschätzungen von Krauss und Gruver soll die Glastemperatur der immobilisierten Hülle um ca. 10 °C über der des füllstofffreien Polymers liegen.

Experimentell beobachtet man diese Verschiebung der Glastemperatur auch bei höheren Füllgraden nicht. Neuere Theorien gehen davon aus, dass zwar eine immobilisierte Polymerschicht an der Füllstoffoberfläche existiert, die Immobilisierung aber nicht durch eine glasartige Erstarrung, sondern durch eine geänderte Kinetik der Segmentbeweglichkeit der Polymerketten an der Füllstoffoberfläche verursacht wird.

In den Abbildungen 3.65 und 3.66 sind temperaturabhängige Messungen des Verlustfaktors $\tan\delta$ für ruß- bzw. silikagefüllte HNBR (hydriertes Acrylnitril-Butadien-Copolymer mit 34 wt% ACN) Compounds in Abhängigkeit vom Füllgrad dargestellt.

Bei den silikagefüllten Systemen sind sowohl der reine Füllstoff (siehe mittleres Diagramm in 3.66) als auch der Einsatz von Füllstoffaktivatoren (siehe linkes und rechtes Diagramm in Abb. 3.66) abgebildet.

Beim Einsatz von monofunktionalen Füllstoffaktivatoren (hier n-Octyltriethoxysilan) wird durch die Hydrophobierung der Füllstoffoberfläche die physikalische Wechselwirkung von Füllstoffaggregaten reduziert.

Der Einsatz von bi- bzw. multifunktionalen Füllstoffaktivatoren (hier Vinyltriethoxysilan) führt zu einer zusätzlichen chemischen Anbindung des Aktivators an die Polymermatrix. Damit wird eine mechanisch stabile Bindung zwischen Füllstoff und Polymer erzeugt.

Korreliert man die Temperatur, bei der das Maximum $\tan\delta_{MAX}$ des Verlustfaktors liegt, mit der Glastemperatur T_G, so zeigt sich, dass die Lage der Glastemperatur, wie erwartet, nur wenig von der Art und Menge des Füllstoffs beeinflusst wird.

Der Einfluss des Füllstoffs hat somit zwar keinen Einfluss auf die Temperaturlage des Glasprozesses, allerdings wird sowohl der Verlauf der $\tan\delta$-Kurve im Bereich der Glastemperatur als auch der maximale Wert des Verlustfaktors stark vom Füllstoff beeinflusst.

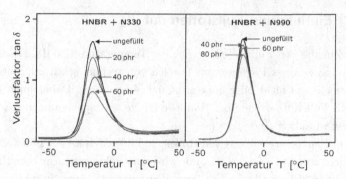

Abb. 3.65 Einfluss der Füllstoffmenge auf den Glasprozess für aktive (N330) und inaktive (N990) Ruße

Betrachtet man die rußgefüllten Compounds (siehe Abb. 3.65), so nimmt das Maximum des Verlustfaktors $\tan \delta_{MAX}$ mit steigender Füllstoffmenge ab. Qualitativ kann diese Abnahme durch zwei Effekte erklärt werden. Zum einen können an der Füllstoffoberfläche immobilisierte Polymerketten nicht mehr zur Energiedissipation beitragen, zum anderen werden Anteile des Polymers durch den Füllstoff von äußerer Deformation abgeschirmt und liefern damit ebenfalls keinen Beitrag zur Energiedissipation. Der abgeschirmte Anteil des Polymers wird als *occluded rubber* bezeichnet.

Die Stärke der Abnahme von $\tan \delta_{MAX}$ hängt damit sowohl von der Füllstoffoberfläche als auch von der Struktur des verwendeten Füllstoffs ab. Bei Rußen ist die Abnahme des maximalen Verlustfaktors $\tan \delta_{MAX}$ umso stärker, je aktiver der Ruß ist (d.h. hohe Struktur bzw. hohe spezifische Oberfläche führen zu einer starken Abnahme von $\tan \delta_{MAX}$) (siehe Abb. 3.65).

Auch bei völlig inaktiven Füllstoffen (siehe N990) findet man eine Abnahme des maximalen Verlustwinkels mit steigendem Füllgrad. Da sich ein inaktiver Füllstoff gerade dadurch auszeichnet, dass er weder mit sich noch mit der Polymermatrix wechselwirkt, tragen nur die Relaxationsprozesse des Polymers zur Energiedissipation bei. Eine Erhöhung des Füllgrads reduziert den Polymeranteil und führt damit zu einer Verringerung der im gesamten Compound dissipierten Energie bzw. zu einer Abnahme des Verlustfaktors.

Auch bei den silikagefüllten Systemen (siehe mittleres Diagramm in Abb. 3.66) nimmt der Verlustfaktor $\tan \delta$ mit steigendem Füllgrad ab. Dies kann auf die starken Füllstoff-Füllstoff-Wechselwirkungen der Hydroxylgruppen auf der Füllstoffoberfläche zurückgeführt werden, die zu einer verstärkten Bildung von Füllstoffclustern führen. Da bei der Bildung von Clustern immer ein, vom Typ des Füllstoffs abhängiger, Anteil der Polymermatrix von äußeren Einflüssen abgeschirmt wird, verringert sich dadurch der Anteil der Polymermatrix, der an energiedissipativen Relaxationsprozessen teilnehmen kann.

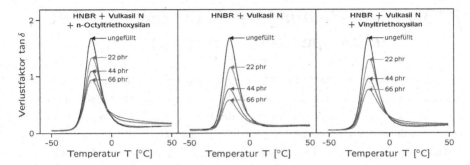

Abb. 3.66 Einfluss der Füllstoffmenge auf den Glasprozess für silikagefüllte HNBR-Compounds

Reduziert man die Wechselwirkung der Füllstoffaggregate bei silikagefüllten Systemen durch die Hydrophobierung der Füllstoffoberfläche mit monofunktionalen Füllstoffaktivatoren, so beobachtet man eine Erhöhung der maximalen Verlustfaktoren $\tan \delta_{MAX}$ (vergleiche linkes und mittleres Diagramm in Abb. 3.66).

Die durch die Hydrophobierung verringerte Neigung zur Clusterbildung der Silikapartikel erhöht den Anteil der deformierbaren Polymermatrix im Compound. Dies führt zu einer Erhöhung der dissipierten Energie und damit zu einer Zunahme des maximalen Verlustfaktors $\tan \delta_{MAX}$.

Bei der zusätzlichen chemischen Anbindung der Polymermatrix an die Füllstoffoberfläche durch einen bi- bzw. multifunktionalen Füllstoffkoppler werden die maximalen Verlustfaktoren $\tan \delta_{MAX}$ im Vergleich zu den Vulkanisaten mit nur hydrophobierter Oberfläche (Vulkasil N + n-Octyltriethoxysilan) leicht reduziert (vergleiche linkes und rechtes Diagramm in Abb. 3.66). Bei vergleichbaren Füllgraden sind die Werte aber noch deutlich größer als die der nur mit Silika gefüllten Systeme.

Durch die chemische Anbindung wird ein Teil der Polymermatrix elastisch an der Füllstoffoberfläche gebunden. Dies reduziert die bei der Deformation dissipierte Energie und führt damit zu der Absenkung der maximalen Verlustfaktoren.

Durch die Zugabe von Füllstoffen werden die Temperatur- und die Frequenzlage des Glasprozesses eines Polymers im Bereich von technologisch relevanten Füllgraden in der Regel nicht oder nur geringfügig beeinflusst.

Die mechanischen und dynamisch-mechanischen Eigenschaften im Bereich des Glasübergangs werden allerdings signifikant von der Art und der Menge des Füllstoffs beeinflusst.

3.13 Die Bedeutung der Äquivalenz von Zeit und Temperatur

Im vorigen Abschnitt wurde der Glasprozess von Polymeren auf der Basis von sowohl physikalisch als auch empirisch motivierten Modellvorstellungen diskutiert. Ein zentraler Punkt bei der Beschreibung der Kinetik des Glasprozesses war dabei die Äquivalenz von Temperatur und Frequenz (siehe Abschnitt 3.12.2).

Diese Äquivalenz ist die Folge zweier grundlegender, elementarer Mechanismen, die bei der Beschreibung des Glasprozesses im Rahmen einer kinetischen Modellvorstellung abgeleitet wurden. Dies ist zum einen die Vorstellung, dass CH_2-Sequenzen einer Polymerkette durch thermisch aktivierte Platzwechselvorgänge ihre Lage und somit die Ausdehnung der gesamten Kette ändern können (siehe Abschnitt 3.11.4), und zum anderen die Annahme eines temperaturabhängigen freien Volumens, das die Wahrscheinlichkeit angibt, mit der ein Platzwechselvorgang ablaufen kann (siehe Abschnitt 3.12.2).

Die Konsequenz dieser Modellvorstellungen ist, dass bei der Bestimmung der viskoelastischen Eigenschaften eines Polymers temperaturabhängige Messungen des komplexen Moduls bei konstanter Frequenz und frequenzabhängige Messungen des komplexen Moduls bei konstanter Temperatur zu gleichen Aussagen führen, da beide Messungen die gleichen elementaren auf molekularer Ebene ablaufenden Relaxationsprozesse abbilden.

Die große Bedeutung des Prinzips der Äquivalenz von Zeit und Temperatur liegt in seiner praktischen Anwendung bei der Vorhersage von dynamischen Materialeigenschaften in Temperatur- und Frequenzbereichen, die apparativ nicht zugänglich sind.

Zur praktischen Umsetzung wird dazu vorwiegend die so genannte Masterkurventechnik verwendet. Bei dieser Technik werden frequenzabhängige Messungen bei verschiedenen Temperaturen durchgeführt und diese dann durch das Verschieben auf der Zeit- bzw. Frequenzachse zu einer einzigen *Masterkurve* kombiniert, deren Frequenzbereich dann deutlich erweitert ist (siehe Abschnitt 3.11.3).

Heutzutage können mit dynamisch-mechanischen Spektrometern bis zu 5 Dekaden in der Frequenz erfasst werden (ca. 10^{-2} Hz bis 10^3 Hz). Durch die Anwendung der Masterkurventechnik kann dieser Frequenzbereich auf bis zu 12 Dekaden erweitert werden. Eine Erweiterung zu tiefen Frequenzen kann durch zusätzliche zeitabhängige Modulmessungen erreicht werden. Dies wird bei der Behandlung des viskosen Fließens und der Gummielastizität näher erläutert (siehe Abschnitt 3.14).

Durch die Erweiterung des messtechnisch zugänglichen Frequenzbereichs lassen sich dynamische Beanspruchungen, die in technischen Bauteilen bei sehr hohen bzw. sehr tiefen Frequenzen ablaufen, im Experiment abbilden. Der Vorteil dieser Vorgehensweise liegt darin, dass die teilweise aufwändige und/oder langwierige

Neu- oder Weiterentwicklungen von Bauteilen durch die Charakterisierung ihrer Eigenschaften an Laborproben effizienter und kostengünstiger durchgeführt werden kann. Eine leistungsfähige und richtig parametrisierte Labormethode kann somit ein wichtiges Tool für eine schnelle und effiziente Optimierung sein.

Allerdings ist es essentiell, neben der Temperatur und der Frequenz auch die Art der realen Beanspruchung möglichst exakt nachzustellen, denn diese bestimmt die dynamisch-mechanische Größe, die zur Vorhersage der technischen Eigenschaften eingesetzt werden kann.

3.13.1 Einfluss der Beanspruchungsbedingungen

In technisch relevanten Systemen ist die unter mechanischer Beanspruchung dissipierte Energie ein wichtiges funktionelles Kriterium. In Abhängigkeit von den aufgeprägten Beanspruchungsbedingungen ergeben sich allerdings unterschiedliche Beziehungen zwischen der dissipierten Energie und den dynamisch-mechanischen Materialgrößen.

Anschaulich kann dies bei einer rein periodischen Beanspruchung an drei einfachen Beispielen demonstriert werden.

Energiedissipation bei konstanter Deformationsamplitude

In Abb. 3.67 ist das Hystereseverhalten von zwei viskoelastischen Materialien mit unterschiedlichen komplexen Modulen bei sinusförmiger periodischer Beanspruchung mit konstanter Deformationsamplitude skizziert.

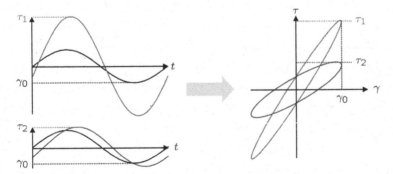

Abb. 3.67 Periodische Beanspruchung bei konstanter Deformationsamplitude

Aufgrund der unterschiedlichen Module resultieren unterschiedliche Spannungsamplituden ($\tau_1 \neq \tau_1$). Die bei periodischer Beanspruchung pro Zyklus dissipierte

Energie W_{Diss} berechnet sich nach Gl. 3.36 bei gleicher Deformationsamplitude ($\gamma_0 = \gamma_1 = \gamma_2$) für beide Systeme zu

$$W_{Diss(1)} = \pi \cdot \gamma_0 \cdot \tau_1 \cdot \sin \delta_1 \qquad W_{Diss(2)} = \pi \cdot \gamma_0 \cdot \tau_2 \cdot \sin \delta_2$$

Mit $\tau \cdot \sin \delta = G'' \cdot \gamma$ (siehe Gl. 3.39) ergeben sich die Beziehungen

$$W_{Diss(1)} = \pi \cdot G_1'' \cdot \gamma_0^2 \qquad W_{Diss(2)} = \pi \cdot G_2'' \cdot \gamma_0^2$$

Damit ist das Verhältnis der bei konstanter Deformationsamplitude dissipierten Energien proportional zum Verhältnis der Verlustmodule.

$$\frac{W_{Diss(1)}}{W_{Diss(2)}} = \frac{G_1''}{G_2''}. \qquad (3.151)$$

D.h., bei konstanter Deformationsamplitude($\gamma = \gamma_1 = \gamma_2$) dissipiert das Medium mit dem höchsten Verlustmodul die meiste Energie.

Energiedissipation bei konstanter Spannungsamplitude

Abb. 3.68 zeigt das Hystereseverhalten zweier viskoelastischer Materialien mit unterschiedlichen komplexen Modulen bei einer sinusförmigen periodischen Belastung mit konstanter Spannungsamplitude.

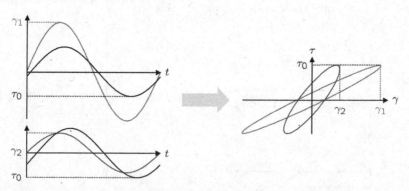

Abb. 3.68 Periodische Beanspruchung bei konstanter Spannungsamplitude

Die bei periodischer Beanspruchung dissipierte Energie berechnet sich mit $\gamma \cdot \sin \delta = J'' \cdot \tau$ (siehe Definition der komplexen Komplianz in Abschnitt 3.42) bei gleicher Spannungsamplitude ($\tau_0 = \tau_1 = \tau_2$) zu

$$W_{Diss(1)} = \pi \cdot J_1'' \cdot \tau_0^2 \qquad W_{Diss(2)} = \pi \cdot J_2'' \cdot \tau_0^2$$

Damit ist das Verhältnis der bei konstanter Spannungsamplitude dissipierten Energien proportional zum Verhältnis der Verlustkomplianzen.

$$\frac{W_{Diss(1)}}{W_{Diss(2)}} = \frac{J_1''}{J_2''}. \tag{3.152}$$

D.h., bei konstanter Spannungsamplitude ($\tau = \tau_1 = \tau_2$) dissipiert das Medium mit der höchsten Verlustkomplianz die meiste Energie.

Energiedissipation bei konstanter Energie

In Abb. 3.69 ist das Hystereseverhalten zweier viskoelastischer Körper mit unterschiedlichen komplexen Modulen bei einer sinusförmigen periodischen Belastung unter energiekonstanten Bedingungen dargestellt.

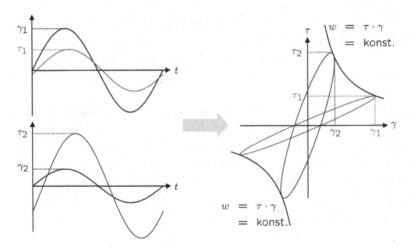

Abb. 3.69 Periodische Beanspruchung bei konstanter Energie

Bei gleichem Volumen ($V = V_1 = V_2$) beider Körper gilt:

$$W_1 = \gamma_1 \cdot \tau_1 \cdot V = W = \gamma_2 \cdot \tau_2 \cdot V = W_2 \tag{3.153}$$

Das Verhältnis der dissipierten Energien berechnet sich damit zu

$$\frac{W_{Diss(1)}}{W_{Diss(1)}} = \frac{\pi \cdot \gamma_1 \cdot \tau_1 \cdot \sin\delta_1}{\pi \cdot \gamma_2 \cdot \tau_2 \cdot \sin\delta_2} = \frac{\sin\delta_1}{\sin\delta_2} \tag{3.154}$$

Bei kleinen Phasenwinkeln ($\delta < \frac{\pi}{5}$) entspricht das Verhältnis der dissipierten Energien näherungsweise dem Verhältnis der Verlustfaktoren.

$$\frac{W_{Diss(1)}}{W_{Diss(2)}} = \frac{\pi \cdot \gamma_1 \cdot \tau_1 \cdot \sin\delta_1}{\pi \cdot \gamma_2 \cdot \tau_2 \cdot \sin\delta_2} = \frac{\sin\delta_1}{\sin\delta_2} \overset{(\text{für } \delta < \frac{\pi}{5})}{\approx} \frac{\tan\delta_1}{\tan\delta_2} \qquad (3.155)$$

D.h., bei konstanter zugeführter Energiedichte ($w = \frac{W}{V} = \gamma_1 \cdot \tau_1 = \gamma_2 \cdot \tau_2$) dissipiert das Medium mit dem höchsten Verlustfaktor die meiste Energie.

3.13.2 Anwendungsbeispiele

Im Folgenden wird an einem auf den ersten Blick einfachen Beispiel die Vorgehensweise bei der Vorhersage von technischen Bauteileigenschaften auf der Basis ihrer dynamisch-mechanischen Materialeigenschaften illustriert.

Der Zweck des Beispiels ist, den Zusammenhang zwischen der Sprunghöhe eines Gummiballs und den dynamisch-mechanischen Eigenschaften der verwendeten Materialien abzuleiten.

Dabei wird zuerst die Art der Beanspruchung analysiert, danach wird die Frequenz bzw. die Zeitdauer der Belastung abgeschätzt. Aus beiden Vorüberlegungen werden dann Messbedingungen extrahiert, die eine Abschätzung der relevanten technologischen Größen auf der Basis ihrer dynamisch-mechanischen Materialeigenschaften ermöglichen.

Der Sinn dieses Beispiels erschließt sich, wenn man den springenden Gummiball als eine einfache, aber reale dynamische Belastung eines elastomeren Bauteils betrachtet. Kompliziertere dynamisch-mechanische Belastungen, wie sie beispielsweise an einem Fahrzeug durch das Rollen oder Bremsen an der Lauffläche auftreten, können prinzipiell mit den gleichen Ansätzen beschrieben werden. Das größte Problem ist dabei meistens die genaue Beschreibung der Art und Dauer der tatsächlichen Bauteilbelastung.

Wie hoch springt ein Gummiball?

Zur Bestimmung der Rückprallhöhe h' wird ein Gummiball aus einer Höhe h_0 fallen gelassen (siehe Abb. 3.70).

Zu Beginn besitzt er eine gewisse, zur Höhe h_0 proportionale, potenzielle Energie $W_{Pot}(h_0) = m \cdot g \cdot h_0$ (darin ist m die Masse des Balls und g die Erdbeschleunigung), die beim Fall in kinetische Energie W_{Kin} transformiert. Beim Kontakt mit dem Boden wird der Ball deformiert, d.h., seine kinetische Energie wird vollständig in Deformationsenergie W_{Defo} umgewandelt.

$$W_{Pot}(h_0) = m \cdot g \cdot h_0 = W_{Kin} = W_{Defo} \qquad (3.156)$$

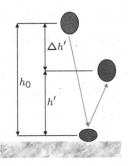

Abb. 3.70 Sprungverhalten eines Gummiballs

Nur ein Teil der Deformationsenergie W_{Defo} wird elastisch gespeichert, und der Rest wird während des Deformationsvorgangs dissipiert.

$$W_{Defo} = W_{El} + W_{Diss}$$

Die dissipierte Energie W_{Diss} führt zu einer Erwärmung des Balls und steht damit nicht mehr für den Rückprallvorgang zur Verfügung.

Nach dem Rückprall erreicht der Ball die Höhe h'. Die potenzielle Energie $W_{Pot}(h')$ beim Erreichen dieser Höhe entspricht der während der Deformation elastisch gespeicherten Energie W_{El}.

$$W_{Pot}(h') = W_{El} = W_{Pot}(h_0) - W_{Diss}$$

Die Differenz der potenziellen Energie vor und nach dem Aufprall wird damit durch die während des Deformationsvorgangs dissipierte Energie W_{Diss} festgelegt. D.h., die Höhe h', die ein Ball nach dem Rückprall erreicht, wird nur durch die während des Kontakts mit dem Untergrund dissipierte Energie beeinflusst. Je geringer die dissipierte Energie, umso größer die Rückprallhöhe.

$$W_{Pot}(h_0) - W_{Pot}(h') = W_{Pot}(\Delta h') = m \cdot g \cdot \Delta h' = W_{Diss} \qquad (3.157)$$

Die Differenz $\Delta h'$ zwischen Start- und Rückprallhöhe des Balls ist damit direkt proportional zu der während des Deformationsvorgangs dissipierten Energie.

Vergleicht man die Differenzen $\Delta h_1'$ und $\Delta h_2'$ zweier Bälle gleicher Masse m, so ergibt sich mit Gl. 3.156 und Gl. 3.157:

$$\frac{\Delta h_1'}{\Delta h_2'} = \frac{\Delta h_1' \cdot m \cdot g}{\Delta h_2' \cdot m \cdot g} = \frac{W_{Pot}(\Delta h_1')}{W_{Pot}(\Delta h_2')} = \frac{W_{Diss(1)}}{W_{Diss(2)}} \qquad (3.158)$$

D.h., das Verhältnis der Differenzen aus Ausgangs- und Rückprallhöhe entspricht dem Verhältnis der dissipierten Energien.

Führt man den Vergleich des Rückprallverhaltens beider Bälle bei gleicher Ausgangshöhe h_0 durch, so sind die potenziellen Energien und damit die kinetischen Energien beider Bälle beim Aufprall identisch. Bei konstanter zugeführter Energie (siehe Abschnitt 3.13.1) kann die dissipierte Energie näherungsweise durch den Verlustfaktor $\tan \delta$ approximiert werden. Eine Kombination von Gl. 3.155 und Gl. 3.158 führt zu:

$$\frac{\Delta h_1'}{\Delta h_2'} = \frac{W_{Diss(1)}}{W_{Diss(2)}} = \frac{\tan \delta_1}{\tan \delta_2} \qquad (3.159)$$

Das Rückprallvermögen eines Gummiballs kann aus den dynamisch-mechanischen Eigenschaften des Elastomers abgeleitet werden. Je geringer der Verlustfaktor $\tan \delta$ eines Elastomers ist, umso höher wird der daraus hergestellte Ball springen.

Zu berücksichtigen ist dabei, dass Gl. 3.159 nur im linearen Deformationsbereich gilt. D.h., während der gesamten Deformation des Balls muss eine lineare Beziehung zwischen Spannung und Deformation existieren. Dies gilt in guter Näherung nur für kleine Deformationen. Da die Ausgangshöhe h_0 die Größenordnung der Energie festlegt, die beim Aufprall zu einer Deformation des Balls führt, gilt Gl. 3.159 nur für Rückprallexperimente bei nicht zu großen Anfangshöhen h_0.

Zur Vorhersage des Sprungvermögens eines Balls ist außer der relevanten Materialeigenschaft (hier dem Verlustfaktor $\tan \delta$) noch die Frequenz bzw. die Zeitdauer der Belastung und die Temperatur zu bestimmen, bei der das Experiment durchgeführt wird.

Der Vergleich des Sprungvermögens von Gummibällen wird meist bei Raumtemperatur demonstriert. Somit sollten die dynamisch-mechanischen Eigenschaften bei einer Temperatur von ca. 20 °C bestimmt werden.

Geht man davon aus, dass ein Ball nur während des Kontakts mit dem Untergrund Energie dissipiert, so bestimmt die Zeitdauer des Kontakts den relevanten Zeit- bzw. Frequenzbereich der dynamisch-mechanischen Charakterisierung.

Die Kontaktzeit T_K des Balls mit dem Untergrund kann aus einfachen mechanischen Überlegungen abgeschätzt werden. Beim Kontakt des Balls mit der Oberfläche erfährt der Ball eine negative Beschleunigung $a(t)$, er wird abgebremst. Die dabei auf den Ball mit der Masse m wirkende Kraft $F(t)$ ist, nach Newton, durch Gl. 3.160 festgelegt.

$$F(t) = m \cdot a(t) \qquad (3.160)$$

Die auf den Ball wirkende Kraft $F(t)$ bzw. Spannung $\sigma(t)$ führt zu einer Deformation $\varepsilon(t)$ des Balls. Unter Annahme eines linearen Deformationsverhaltens $(\sigma(t) = E(t) \cdot \varepsilon(t))$ gilt:

$$F(t) = \sigma(t) \cdot A(t) = E(t) \cdot \varepsilon(t) \cdot A(t) = m \cdot a(t) \tag{3.161}$$

Die Beschleunigung $a(t)$ entspricht der zeitlichen Änderung der Geschwindigkeit und diese ihrerseits der zeitlichen Änderung des bei der Deformation zurückgelegten Weges $x(t)$ (siehe Abb. 3.71).

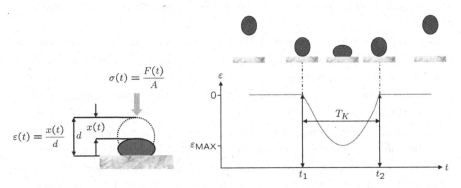

Abb. 3.71 Deformation eines Gummiballs während des Kontakts mit dem Untergrund

$$a(t) = \frac{dv(t)}{dt} = \frac{d^2 x(t)}{d^2 t} = \ddot{x}(t) \tag{3.162}$$

Die Deformation $\varepsilon(t)$ des Balls ergibt sich näherungsweise aus dem Verhältnis der Durchmesser von deformiertem und nicht deformiertem Ball (siehe Abb. 3.71).

$$\varepsilon(t) \approx \frac{x(t)}{d} \Rightarrow \ddot{\varepsilon}(t) \approx \frac{\ddot{x}(t)}{d} \tag{3.163}$$

Die Kombination der Gleichungen 3.161, 3.162 und 3.163 führt zu einer allgemeinen Beschreibung des zeitabhängigen Deformationsverhaltens des Balls.

$$\frac{E(t) \cdot A(t)}{m \cdot d} \cdot \varepsilon(t) \approx \ddot{\varepsilon}(t) \tag{3.164}$$

Dies ist eine Differenzialgleichung zweiter Ordnung, die nur dann analytisch zu lösen ist, wenn sowohl die zeitabhängige Änderung der Kontaktfläche $A(t)$ zwischen Ball unter Untergrund als auch die zeitabhängige Änderung des Elastizitätsmoduls $E(t)$ bekannt sind.

Da sich die Kontaktfläche zwischen Ball und Untergrund während der Deformation ändert und die Größenordnung dieser Änderung vom Modul des verwendeten Elastomers abhängt (ein härterer Ball wird beim Aufprall weniger deformiert, deshalb ist die zeitliche Änderung der Kontaktfläche geringer) und sich dieser ebenfalls zeitabhängig ändert, ist eine einfache analytische Lösung von Gl. 3.164 nicht möglich.

Um dennoch eine quantitative Beschreibung des zeitabhängigen Deformations-verhaltens zu erhalten, werden üblicherweise zwei Wege verfolgt.

Zum einen kann Gl. 3.164 durch numerische Verfahren gelöst werden. Dazu wer-den komplexe Materialfunktionen benötigt, die eine quantitative Beschreibung des zeitabhängigen Moduls erlauben. Die zeitliche Änderung der Kontaktfläche kann dann durch die Methode der *finiten Elemente* berechnet werden, wobei die dy-namisch-mechanischen Eigenschaften von Elastomeren im Allgemeinen durch ein-fache, empirische Relaxationsfunktionen (Prony-Reihen) angegeben werden. Die Methode der *finiten Elemente* wurde von R. Weiss (siehe Weiss (2008)) ausführlich behandelt.

Der zweite Weg zur Lösung von Gl. 3.164 besteht darin, die zeitabhängigen Größen durch Konstanten anzunähern. Damit erhält man allerdings nur einen Näherungswert der zu berechnenden Größe. Kennt man aber den Gültigkeits-bereich der Näherungen, so ist das Ergebnis für eine vergleichende Beurteilung ausreichend. Im vorliegenden Beispiel sind zwei Näherungen notwendig.

Eine einfache Abschätzung des Moduls $E(t)$ ergibt sich, wenn man voraussetzt, dass die zeitabhängige Deformation des Balls in Zeit- bzw. Frequenzbereichen stattfindet, in denen die Gummielastizität des Elastomers die mechanischen Ei-genschaften dominiert (näheres dazu in Abschnitt 3.14). Dies ist immer dann der Fall, wenn die Glastemperatur des verwendeten Elastomers deutlich unter der Temperatur liegt, bei der das Experiment durchgeführt wird.

Im Bereich der Gummielastizität sind Speicher- und Verlustmodul nahezu un-abhängig von der Frequenz bzw. der Zeit. Der Speichermodul ist in diesem Bereich deutlich größer als der Verlustmodul, womit auch die in Gl. 3.155 vorausgesetzte Bedingung der kleinen Phasenwinkel (dann gilt $\sin \delta \approx \tan \delta$) erfüllt ist.

Bei ungefüllten, vernetzten Elastomeren liegt der Elastizitätsmodul abhängig von Mikrostruktur und Vernetzungsdichte in einem Bereich zwischen 1 MPa und 10 MPa. Unter den gegebenen Voraussetzungen kann der zeitabhängige Modul $E(t)$ durch die folgende Beziehung angenähert werden:

$$E(t) \approx E_0 \approx 1 \dots 10 \, \text{MPa} \qquad (3.165)$$

Eine einfache Näherung für die zeitabhängige Kontaktfläche $A(t)$ ergibt sich, wenn man den Ball gedanklich durch einen Zylinder ersetzt, dessen Höhe dem Durchmesser d des Balls entspricht und dessen Stirnfläche so gewählt wird, dass Zylinder und Kugel gleiches Volumen besitzen.

Durch diese Näherung ergibt sich zum einen eine Kontaktfläche, deren Abhän-gigkeit von der Deformation vernachlässigt werden kann,

$$A(t) \approx A_0 \qquad (3.166)$$

zum anderen kann die Masse der Kugel in Abhängigkeit von der Dichte des Elas-tomers sowie von der Höhe und der Fläche des Zylinders angegeben werden.

$$m = \rho \cdot V \approx \rho \cdot A_0 \cdot d \qquad (3.167)$$

Das Einsetzen der Näherungen 3.165, 3.166 und 3.167 in Gl. 3.164 führt zu einer vereinfachten Beschreibung des zeitabhängigen Deformationsverhaltens.

$$\varepsilon(t) \cdot \frac{E_0}{\rho \cdot d^2} = \ddot{\varepsilon}(t) \tag{3.168}$$

Die zeitabhängige Deformation kann jetzt durch einen einfachen periodischen Ansatz bestimmt werden. Mit

$$\varepsilon(t) = \varepsilon_0 \cdot \sin(\omega t) \text{ und } \ddot{\varepsilon}(t) = -\varepsilon_0 \cdot \omega^2 \cdot \sin(\omega t) \tag{3.169}$$

kann nach Einsetzen in Gl. 3.168 die Frequenz der periodischen Deformation berechnet werden.

$$\omega = \sqrt{\frac{E_0}{\rho \cdot d^2}} \tag{3.170}$$

Da der Ball beim Kontakt mit dem Untergrund nur einmalig komprimiert und entlastet wird, kann der gesamte Deformationsvorgang durch eine halbe Periode einer Sinusschwingung charakterisiert werden. Die Zeitdauer des Kontakts T_K berechnet sich damit zu:

$$T_K = \frac{1}{2} \cdot \frac{2\pi}{\omega} = \pi \sqrt{\frac{\rho \cdot d^2}{E_0}} \tag{3.171}$$

Die Kontaktzeit T_K hängt nur vom Durchmesser des Balls d, von seiner Dichte ρ und von seinem Elastizitätsmodul E_0 ab. Die Anfangshöhe h_0 hat keinen Einfluss auf die Kontaktzeit (solange lineares Deformationsverhalten vorausgesetzt werden kann).

Bei einem Demonstrationsexperiment werden z.B. vier Bälle aus unterschiedlichen Kautschuken verwendet, deren Dichte näherungsweise $1000 \, kg/m^3$ und deren Durchmesser ca. $4 \, cm$ beträgt.

Damit kann die Kontaktzeit mit Gl. 3.171 abgeschätzt werden. Für einen Modulbereich von $1–10 \, MPa$ liegt sie in einem Bereich von

$$2\,\mathrm{ms} \leq T_k \leq 5\,\mathrm{ms} \tag{3.172}$$

Zur Vorhersage des Rückprallvermögens eines Balls muss damit der Verlustfaktor $\tan\delta$ bei Frequenzen bestimmt werden, die den Zeitbereich von Gl. 3.172 abbilden. Mit $f \approx \frac{1}{T_k}$ ergeben sich die Messbedingungen des dynamisch-mechanischen Experiments zur Vorhersage des Rückprallvermögens.

Das Rückprallvermögen eines Gummiballs (mit $d \approx 4\,cm$) kann mit dem Verlustfaktor $\tan\delta$ vorhergesagt werden, wenn dieser in einem Frequenzbereich von 200 Hz bis 500 Hz gemessen wird. Je geringer der Verlustfaktor $\tan\delta$ des Elastomers ist, umso höher springt der daraus gefertigte Ball.

Beim hier beschriebenen Experiment wird das Rückprallvermögen an vier Bällen aus unterschiedlichen Elastomeren (BR, NR, SBR und Butyl) demonstriert. Lässt man alle Bälle aus der gleichen Höhe fallen, so findet man die höchste Rückprallhöhe bei dem Ball aus BR, gefolgt von den Bällen aus NR und SBR. Der aus Butyl gefertigte Ball erreicht die mit Abstand geringste Rückprallhöhe.

Üblicherweise werden in der Industrie Standardmessungen zur Charakterisierung der dynamisch-mechanischen Eigenschaften eingesetzt. Eine Standardmessung, die in nahezu jedem Elastomerlabor durchgeführt wird, ist die Bestimmung der Temperaturabhängigkeit des komplexen Moduls bzw. des Verlustfaktors $\tan \delta$ bei konstanter Frequenz. Die Messungen werden im Allgemeinen bei einer Frequenz zwischen 1 Hz und 10 Hz und bei Heiz- bzw. Kühlraten von 1 K/min bis 5 K/min durchgeführt. Bei diesen Bedingungen kann eine Messung in einem Temperaturbereich von normalerweise $-100\,°C$ bis $+60\,°C$ in vernünftigen Zeiten durchgeführt werden. Die Frequenzen sind hoch genug, um eine Änderung der Temperatur während der Messung zu vernachlässigen, und tief genug, um die Anregung von apparativ bedingten Resonanzen zu vermeiden.

Zur Beurteilung von technisch relevanten Eigenschaften werden dann relevante Materialgrößen bei der entsprechenden Temperatur verwendet.

Würde man bei der Beurteilung von elastomeren Materialien die Frequenzabhängigkeiten der Materialeigenschaften vernachlässigen (dies ist oft dann der Fall, wenn die Materialeigenschaften von Metallen auf Elastomere übertragen werden), so würde man zur Vorhersage des Sprungvermögens der Gummibälle die im linken Diagramm von Abb. 3.72 dargestellten temperaturabhängigen Messungen verwenden. Diese wurden bei einer konstanten Frequenz von 1 Hz und einer Heiz- bzw. Kühlrate von 1 K/min durchgeführt.

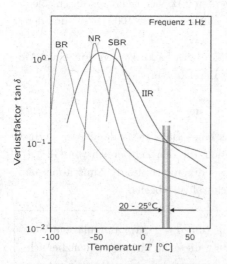 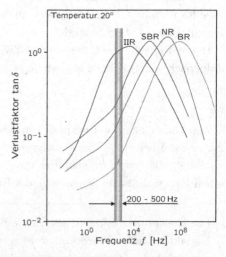

Abb. 3.72 Temperatur- und frequenzabhängige Messungen an BR, NR, SBR und IIR

Beim Vergleich der Sprunghöhen der Bälle mit den bei ca. 20 °C gemessenen Verlustfaktoren tan δ würde man eine gute Übereinstimmung zwischen Experiment und realem Versuch finden, solange man auf die Messung des Butyl-Balls verzichtet.

Die Vorhersage des Sprungvermögens des Butyl-Balls mit temperaturabhängigen Messungen scheitert völlig, da die Messung ein Sprungvermögen postuliert, das dem des SBR-Balls vergleichbar sein sollte, während der mit dem Butyl-Ball durchgeführte Versuch zeigt, dass dessen Rückprallhöhe sehr viel kleiner ist als die aller anderen Bälle.

Der Grund für diese Diskrepanz ist bekannt und liegt in den Unterschieden zwischen der Messfrequenz und der Frequenz bzw. der Zeitdauer des Kontakts mit dem Untergrund.

Berücksichtigt man die Frequenz bzw. die Zeitdauer des Kontakts durch die Korrelation der Sprunghöhe mit dem Verlustfaktor tan δ bei Frequenzen zwischen 200 Hz und 500 Hz, so kann auch die Rückprallhöhe des Butyl-Balls verlässlich prognostiziert werden (siehe rechtes Diagramm in Abb. 3.72).

Dazu muss allerdings die standardisierte Messmethode, die in diesem Fall die realen Bedingungen nur unzureichend abbildet, durch eine an das Problem angepasste Messmethode ersetzt werden. In diesem Beispiel müssen dazu frequenzabhängige Messungen bei verschiedenen Temperaturen durchgeführt werden und diese bei der richtigen Temperatur (hier ca. 20 °C) zu einer Masterkurve kombiniert werden (siehe rechtes Diagramm in Abb. 3.72). Erst dadurch kann der Verlustfaktor tan δ bei Frequenzen charakterisiert werden, die denen beim realen Experiment entsprechen.

Bei der Vorhersage von Bauteileigenschaften auf der Basis von dynamisch-mechanischen Messungen sollte man sich nicht blind auf bekannte, standardisierte Methoden und Korrelationen verlassen. Zuerst sollte eine sorgfältige Analyse der realen Beanspruchung erfolgen. Nur wenn die Parameter der standardisierten Methoden die realen Beanspruchungen abbilden, können diese auch sinnvoll eingesetzt werden, andernfalls muss eine geeignete Alternative oder Modifizierung gefunden werden, die den realen Bedingungen Rechnung trägt.

Eine interessante Frage, die sich beim Vergleich der temperatur- und frequenzabhängigen Messungen der vier Polymere BR, NR, SBR und IIR stellt, ist die nach dem abweichenden Verhalten des Butyls (IIR).

Betrachtet man den quantitativen Zusammenhang zwischen Glastemperatur (in diesem Fall ist die Glastemperatur als die Temperatur definiert, bei der der Verlustfaktor tan δ sein Maximum erreicht) und Messfrequenz, so wird klar, wodurch das abweichende Verhalten des IIR verursacht wird (siehe Abb. 3.73).

Ein Vergleich der drei Elastomere BR, NR und SBR zeigt, dass sich die gemessenen Glastemperaturen bei sehr niedrigen Messfrequenzen am stärksten unterscheiden. Die tiefste Glastemperatur findet man für BR, die höchste für SBR. Mit Erhöhung der Messfrequenz steigen die Glastemperaturen aller Polymere an. Der

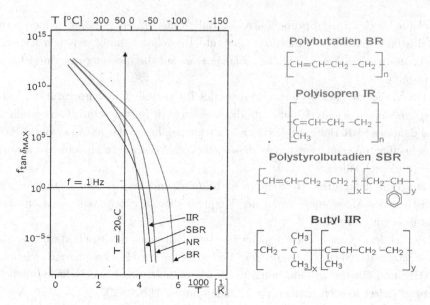

Abb. 3.73 Zusammenhang zwischen Temperatur und Frequenz bei BR, NR, SBR und IIR

Unterschied der Glastemperaturen der drei Polymere verringert sich zwar mit steigender Messfrequenz, ihre Reihenfolge bleibt aber erhalten. Das bedeutet, dass die tiefste Glastemperatur, unabhängig von der Messfrequenz, immer beim BR und die höchste Glastemperatur immer beim SBR gemessen wird.

Das Butyl (IIR) zeigt einen – im Vergleich mit BR, NR und SBR – anderen Zusammenhang zwischen Frequenz und Temperatur. Bei sehr tiefen Frequenzen liegt die Glastemperatur des IIR zwischen den Glastemperaturen von SBR und NR. Mit steigenden Frequenzen steigt die Glastemperatur deutlich langsamer an als die der anderen Polymere. Bei ca. 100 Hz sind die Glastemperaturen von SBR und BR vergleichbar. Bei höheren Messfrequenzen besitzt das Butyl eine höhere Glastemperatur als das SBR. Dieser Unterschied nimmt mit steigender Messfrequenz noch zu. Misst man die Glastemperaturen bei tiefen Frequenzen (siehe linkes Diagramm in Abb. 3.72), so ergibt sich eine Reihenfolge, die sich bei Erhöhung der Messfrequenz (hier sei an den Frequenzbereich der springenden Bälle erinnert) ändert. Damit ist eine Vorhersage des Sprungvermögens auf der Basis von niederfrequenten Messungen nicht mehr möglich.

Analytisch kann dieser Effekt durch eine Auswertung im Rahmen der WLF- bzw. der Vogel-Fulcher-Tammann-Beziehung beschrieben werden (siehe Abschnitt 3.12.2). Dabei zeigt sich, dass die drei Polymere BR, NR und SBR vergleichbare Aktivierungsenergien ΔQ (siehe Tabelle 3.2) aufweisen, während die Aktivierungsenergie von Butyl deutlich höher ist.

Die höhere Aktivierungsenergie des Butyls kann auf die erschwerte Rotation von C-C-Bindungen zurückgeführt werden, die von der sterischen Behinderung durch die CH_3-Seitengruppen verursacht wird. Durch diese sterische Behinderung steigt die Energie an, die zu einer Konformationsänderung der Polymerkette nötig ist. Daher ist die Beweglichkeit von Butylketten deutlich geringer als die von BR, SBR und NR.

Die durch die zwei CH_3-Seitengruppen reduzierte Kettenbeweglichkeit erklärt das abweichende kinetische Verhalten von Butyl damit auf molekularer Basis.

Dieses Beispiel demonstriert, dass die technologischen Eigenschaften von elastomeren Bauteilen durch die Charakterisierung ihrer dynamisch-mechanischen Materialgrößen nicht nur vorhergesagt werden können, sondern dass die Verwendung geeigneter molekularer Modelle unter Umständen sogar eine Verknüpfung zwischen technologischen Eigenschaften und molekularen Strukturparametern ermöglicht.

3.14   Gummielastizität und viskoses Fließen von Polymerschmelzen

Bisher wurde ausschließlich die Kinetik von Polymerketten auf der Basis von molekularen Relaxationsvorgängen diskutiert. Als Ergebnis wurde das Äquivalenzprinzip von Temperatur und Zeit bzw. Frequenz abgeleitet.

Mit diesem Zusammenhang zwischen Temperatur und Frequenz konnte quantitativ erklärt werden, warum die Glastemperatur T_G eines Polymers von der Frequenz bzw. der Heizrate abhängt und warum der Modul eines Polymers sich bei Erhöhung der Temperatur bzw. Erniedrigung der Messfrequenz deutlich ändert. Eine quantitative Beschreibung der dynamisch-mechanischen Eigenschaften ist auf der Basis dieser rein kinetisch motivierten Modellvorstellung nicht möglich.

D.h., fragt man sich, warum der Schubmodul eines unvernetzten, ungefüllten Polymers im Bereich der glasartigen Erstarrung gerade Werte im Bereich von einigen GPa annimmt oder warum der Speichermodul von hochmolekularen Polymerschmelzen in einem bestimmten Temperatur- bzw. Frequenzbereich einen konstanten Wert im Bereich von einigen hundert kPa besitzt, so lassen sich diese Fragen naturgemäß nicht durch die Beschreibung der Kinetik von Relaxationsvorgängen beantworten.

Zur quantitativen Beantwortung dieser Fragen werden Modelle benötigt, die das Relaxationsverhalten von Polymerketten auf molekularer Basis beschreiben und einen Zusammenhang zwischen den molekularen Größen und den makroskopischen zeit- und frequenzabhängigen Eigenschaften herstellen.

In diesem umfangreichen Abschnitt wird zunächst eine kurze phänomenologische Deutung der Gummielastizität und des viskosen Fließens vorgestellt. Dies hat vor allem den Zweck, die beobachteten Phänomene nochmals im Überblick darzustellen.

Der Zusammenhang zwischen molekularen Größen und makroskopischen Eigenschaften wird anschließend bei der Vorstellung der bekanntesten molekularen Modelle abgeleitet.

Dazu werden zu Beginn die Modellvorstellungen von Rouse (siehe Ferry (1980); Bueche (1952); Rouse (1953)) und Zimm (siehe Zimm (1956)) diskutiert, die das Relaxationsverhalten von Polymeren bzw. die Eigenschaften von verdünnten Lösungen bzw. niedermolekularen Polymerschmelzen durch die quantitative Charakterisierung der Dynamik einzelner isolierter Polymerketten beschreiben. Die Interaktion von Polymerketten, die zu Verschlaufungen bzw. Verhakungen (engl. Entanglements) führen, wird bei diesen Modellen vernachlässigt.

Der Einfluss von Entanglements auf das Relaxationsverhalten wird bei der Beschreibung des Gummiplateaus und des Fließverhaltens von unvernetzten, hochmolekularen Polymerschmelzen im Rahmen des Modells von Doi und Edwards (siehe Doi (1986, 1996)) ersichtlich.

Ein alternatives Modell zur Beschreibung der Dynamik von Polymerschmelzen wurde von Pechhold vorgeschlagen (siehe Pechhold (1970, 1979, 1987, 1990)). Basis ist die Annahme von aus Kettensegmenten aufgebauten Superstrukturelementen, deren Relaxationsverhalten zur Beschreibung der makroskopischen Eigenschaften in verschiedenen Zeit- bzw. Frequenzbereichen verwendet wird. Eine Einführung in dieses Modell findet sich am Ende des Abschnitts.

3.14.1 Phänomenologische Deutung

Abb. 3.74 stellt ein typisches Beispiel einer frequenzabhängigen Messung des komplexen Schubmoduls einer hochmolekularen Polymerschmelze dar. Gemessen wurde an einem Naturkautschuk. Die frequenzabhängigen Daten wurden durch die Erstellung einer Masterkurve bei einer Referenztemperatur von 20 °C erzeugt. Bei hohen Frequenzen ($> 10^8$ Hz in Abb. 3.74) ist das Polymer glasartig erstarrt, d.h., es können keine kooperativen Umlagerungsprozesse von Kettensegmenten ablaufen.

Der Speichermodul von hochmolekularen Polymerschmelzen liegt im Bereich der glasartigen Erstarrung in der Größenordnung von einigen GPa, und der Verlustmodul ist vernachlässigbar gering.

Bei Erniedrigung der Messfrequenz (10^4 Hz $< f < 10^8$ Hz in Abb. 3.74) beobachtet man eine starke Abnahme des Speichermoduls und ein Maximum des Verlustmoduls. Dieser Bereich wird als Glasübergangsbereich definiert. Phänomenologisch können die Bereiche der glasartigen Erstarrung und des Glasübergangs durch ein bzw. mehrere Maxwell-Elemente beschrieben werden (siehe Abschnitt 3.10).

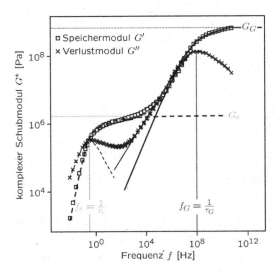

Abb. 3.74 Frequenzabhängigkeit des komplexen Schubmoduls

Die durchgezogenen Linien in Abb. 3.74 geben die empirische Anpassung des Glasübergangsbereichs und des Bereichs der glasartigen Erstarrung durch eine Summe von Maxwell-Elementen wieder (die dickere Linie beschreibt den Speichermodul und die dünnere den Verlustmodul). Der Speichermodul G_G der glasartig erstarrten Polymerschmelze kann durch die Summe der Relaxationsstärken (bzw. Federkonstanten) aller Maxwell-Elemente beschrieben werden. Die Relaxationszeit $\check{\tau}_G$, bei der ein Maximum des Verlustmoduls beobachtet wird, wird als mittlere Relaxationszeit des Glasprozesses bezeichnet.

Bei tieferen Frequenzen ($f < 10^4$ Hz in Abb. 3.74) zeigt sich ein deutlicher Unterschied zwischen den gemessenen und den empirischen, durch Maxwell-Elemente berechneten Modulkurven.

In einem Frequenzbereich von (10^1 Hz $< f < 10^4$ Hz in Abb. 3.74) findet man ein ausgeprägtes Plateau des Speichermoduls, das nicht durch das Maxwell-Modell der glasartigen Erstarrung beschrieben werden kann. Eine vollständige phänomenologische Beschreibung des gesamten viskoelastischen Verhaltens gelingt nur, wenn mindestens ein weiteres Maxwell-Element eingeführt wird (siehe die gestrichelte Linie in Abb. 3.74).

Dieses zusätzliche Feder-Dämpfer-Element kann empirisch durch die Verhakungen von Polymerketten erklärt werden. Wirkt ein äußeres mechanisches Feld auf verhakte Polymerketten, so können diese nicht instantan gelöst werden; sie setzen dem Feld einen Widerstand entgegen. Bei kurzen Zeiten wirken verhakte Ketten deshalb wie eine elastische Feder.

Die Federkonstante dieser Feder, die empirisch mit dem Plateauwert des Speichermoduls G_e korreliert werden kann, ist dann proportional zur Verhakungsdichte der Polymerketten. Wirkt das äußere mechanische Feld über eine lange Zeit,

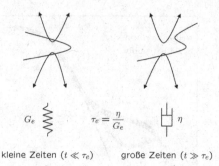

kleine Zeiten ($t \ll \tau_e$)   große Zeiten ($t \gg \tau_e$)

Abb. 3.75 Phänomenologische Interpretation der Gummielastizität

so können die Verhakungen durch kooperative Platzwechselvorgänge von Kettensegmenten gelöst werden; das dynamisch-mechanische Verhalten wird dann nur noch durch das Abgleiten von Polymerketten bestimmt und kann durch rein viskoses Verhalten beschrieben werden. Die Viskosität des zusätzlichen Dämpfungselements entspricht dann der Viskosität der Polymerschmelze.

In Abb. 3.75 ist die empirische Beschreibung von Entanglements durch ein Maxwell-Element für kurze und für lange Zeiträume skizziert. Aus der Skizze wird die Bedeutung der Relaxationszeit τ_e ersichtlich. Ist die Dauer der Belastung deutlich größer als die Relaxationszeit τ_e, so wird das mechanisch-dynamische Verhalten nur noch durch das rein viskose Verhalten beschrieben, und alle Entanglements sind gelöst. Für Zeiten, die deutlich kleiner als die Relaxationszeit sind, stellen die Entanglements mechanisch stabile Verbindungen zwischen Polymerketten dar. Daraus resultiert ein rein elastisches Verhalten, das phänomenologisch durch eine Feder charakterisiert werden kann. Die Relaxationszeit τ_e kann damit empirisch als die Zeit aufgefasst werden, die zum Lösen eines Entanglements benötigt wird.

Im Bereich des Glasübergangs kann das dynamisch-mechanische Verhalten von Polymerschmelzen phänomenologisch durch eine Serie von Maxwell-Elementen beschrieben werden. Der Speichermodul G_G der glasartig erstarrten Polymerschmelze entspricht der Summe der Federkonstanten aller Maxwell-Elemente. Die Relaxationszeit $\check{\tau}_G$, bei der ein Maximum des Verlustmoduls beobachtet wird, bezeichnet man als mittlere Relaxationszeit des Glasprozesses.

Die durch Verhakungen und Verschlaufungen von Polymerketten verursachten elastischen Anteile können durch ein zusätzliches Maxwell-Element charakterisiert werden. Die Feder des Maxwell-Elements, die den Plateauwert G_e des Speichermoduls beschreibt, stellt ein empirisches Maß für die Verhakungsdichte der Polymerketten dar. Das Dämpfungselement des zusätzlichen Maxwell-Elements charakterisiert das viskose Verhalten der Polymerschmelze.

Die Relaxationszeit $\tau_e = \eta/G_e$ gibt die Zeit an, die zum Lösen eines Entanglements benötigt wird. Ist die Dauer einer Belastung deutlich kleiner als die Relaxationszeit ($t \ll \tau_e$), so stellen die Entanglements mechanisch stabile Verbindungen zwischen Polymerketten dar, die rein elastisches Verhalten zeigen. Ist die Dauer einer Belastung deutlich größer als die Relaxationszeit ($t \gg \tau_e$), so sind alle Entanglements gelöst; die dynamisch-mechanischen Eigenschaften werden durch das Abgleiten von Polymerketten bestimmt und entsprechen somit einem ideal viskosen Medium.

3.14.2 Das Rouse-Modell

P. E. Rouse (siehe Rouse (1953)) entwickelte 1953 ein semiempirisches Modell zur Beschreibung der Dynamik vondavon aus Polymerketten. Dazu nahm er an, dass die Beweglichkeit von Polymerketten in einem Lösungsmittel durch zwei Effekte charakterisiert werden kann. Zum einen verursachen statistische Stöße der Polymerkette mit Lösungsmittelmolekülen eine zufällige Bewegung von Kettensegmenten (analog der Brownschen Bewegung). Andererseits wird die Bewegung der gesamten Polymerkette im Lösungsmittel durch Reibung eingeschränkt.

Auf der Basis dieser Annahmen konnte Rouse sowohl die Diffusion einer Polymerkette in einem Lösungsmittel als auch deren viskoelastische Eigenschaften ableiten.

Wichtig ist, dass im Modellansatz von Rouse Verhakungen bzw. Verschlaufungen von Ketten nicht berücksichtigt werden. Dies ist in guter Näherung nur für hochverdünnte Lösungen erfüllt.

Ersetzt man das Lösungsmittel gedanklich durch die Polymerschmelze, so beschreibt das Rouse-Modell die Diffusion einer Kette in einem viskosen Medium aus gleichartigen Polymerketten. Wiederum wird vorausgesetzt, dass keine Verhakungen und Verschlaufungen zwischen Polymerketten auftreten. Gültig ist diese Annahme demzufolge nur für Polymere mit geringer Kettenlänge bzw. geringem Molekulargewicht.

Einführung von statistischen Untereinheiten bzw. Submolekülen

Zur Beschreibung der Eigenschaften einer verknäulten Polymerkette wird diese in einem ersten Schritt in N_S Untereinheiten bzw. Submoleküle mit der mittleren Länge $\bar{a}$, die auch als Persistenzlänge oder Kuhnsche Segmentlänge bezeichnet wird, geteilt. Eine mathematisch exakte Definition der Persistenzlänge findet sich in Strobl (1996). Ein Submolekül beinhaltet dann mehrere Monomere der Polymerkette. Die Anzahl der Monomeren pro Submolekül muss mindestens so hoch sein, dass die Konformation (Anordnung) der Kette durch eine Gauß-Statistik der Submoleküle beschrieben werden kann.

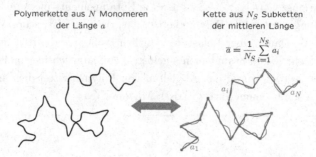

Polymerkette aus N Monomeren der Länge a

Kette aus N_S Subketten der mittleren Länge

$$\bar{a} = \frac{1}{N_S} \sum_{i=1}^{N_S} a_i$$

Abb. 3.76 Darstellung einer Polymerkette durch eine aus Submolekülen gebildete Gauß-sche Kette

Erinnert man sich nochmals an die Rotationspotenziale einer C-C-Bindung (siehe Abschn. 3.11.4), so wird die Idee der Segmentierung klar. Die Position zweier benachbarter C-Atome ist, bedingt durch das dreizählige Rotationspotenzial, durch einen Bindungswinkel vorgegeben. Betrachtet man jetzt ein aus mehreren C-C-Bindungen gebildetes Submolekül, so kann durch eine genügend große Anzahl von C-C-Bindungen im Submolekül eine freie Drehbarkeit der Submoleküle gegen ihre Nachbarn erreicht werden. Sind alle Drehwinkel zwischen zwei Submolekülen einer Kette gleich wahrscheinlich, so spricht man von einer Valenzwinkelkette mit freier Drehbarkeit oder auch von einer idealen Gaußschen Kette.

Fasst man mehrere Segmente (Monomere) einer Polymerkette zu Submolekülen zusammen, so sind diese bei genügend großer Anzahl von Segmenten gegenüber ihren Nachbarn frei drehbar.

Die Eigenschaften einer realen Kette mit eingeschränkter Drehbarkeit der Kettensegmente können damit aus den Eigenschaften einer idealen Gaußschen Kette mit freier Drehbarkeit der Kettensegmente abgeleitet werden. Dazu müssen lediglich die Segmentlänge a der idealen Kette durch die mittlere Länge $\bar{a} = \sum_{i=1}^{N_S} a_i$ der Submoleküle und die Anzahl N der Segmente durch die Anzahl N_S der Submoleküle ersetzt werden.

Der Vorteil der Substitution einer realen Kette durch eine ideale Gaußsche Kette liegt in der relativ einfachen Beschreibung der räumlichen Konformation einer Gaußschen Kette.

So können wichtige Eigenschaften, wie beispielsweise der mittlere End-to-End-Abstand oder der Gyrationsradius, aus einer rein statistischen Betrachtung abgeleitet werden. Für den mittleren End-to-End-Abstand $\overline{R_m}$ einer idealen Kette (Herleitung siehe Abschnitt 4.2.1) ergibt sich die einfache Beziehung 3.173, wobei N die Anzahl der Kettenglieder und a ihre Länge angibt.

$$\overline{R}_m = a \cdot \sqrt{N} \qquad (3.173)$$

Da die Definition des mittleren End-to-End-Abstands $\overline{R}_m$ nur für lineare Ketten eindeutig ist (verzweigte oder ringförmige Ketten besitzen entweder viele oder keine Enden), kann die Größe bzw. mittlere Ausdehnung einer Kette allgemeiner durch den mittleren quadratischen Abstand aller Kettensegmente vom Masseschwerpunkt angegeben werden (siehe Gl. 3.174). $\overline{R}_G$ wird dann als Gyrationsradius bezeichnet.

$$\overline{R}_G = \frac{a}{6}\sqrt{N} = \frac{\overline{R}_m}{6} \qquad (3.174)$$

Aus den Gl. 3.173 und 3.174 kann schon eine grundlegende Eigenschaft von Polymerketten abgeleitet werden. Ketten knäulen sich, und zwar umso stärker, je länger die Kette ist. So hat eine Kette mit 100 Kettengliedern (jedes Kettenglied habe eine Länge von 1) einen mittleren End-to-End-Abstand von $R_m = 10$, während der End-to-End-Abstand einer 100-mal längeren Kette (N=10000) nur 10-mal so groß ist ($R_m = 100$).

Wie sich bei der thermodynamischen Betrachtung einer idealen Gaußschen Kette noch zeigen wird (siehe Abschnitt 4.2.1), benötigt man eine äußere Kraft, um eine Polymerkette zu dehnen bzw. zu komprimieren. Dabei findet man für die ideale Kette eine lineare Beziehung zwischen Spannung und Deformation mit der Federkonstanten f, für die gilt:

$$f = \frac{3kT}{Na^2} \qquad (3.175)$$

D.h., lange Ketten lassen sich einfacher dehnen als kurze ($f \propto N^{-1}$), und je länger ein Kettensegment a ist, desto leichter kann die Kette gedehnt werden ($f \propto a^{-2}$). Zur Beschreibung von realen Polymerketten ersetzt man, wie weiter oben gezeigt, die Anzahl N der Monomeren durch die Anzahl N_S der Submoleküle und die Monomerlänge a durch die mittlere Länge $\overline{a}$ der Submoleküle. Eine flexiblere Polymerkette zeichnet sich dadurch aus, dass weniger Monomere zur Bildung eines Submoleküls benötigt werden. Damit haben flexiblere Ketten eine kürzere mittlere Länge der Submoleküle. Zur Dehnung einer flexibleren Kette muss damit gemäß Gl. 3.196 eine größere Kraft aufgewendet werden.

Nicht trivial ist die aus Gl. 3.175 ableitbare Aussage, dass die Steifigkeit einer Kette mit steigender Temperatur zunimmt ($f \propto T$). Wie noch gezeigt wird, ist dies eine Folge der Entropieelastizität (Weiteres dazu in Abschnitt 4.2.1).

Das Feder-Masse-Modell

Die Einführung des mittleren End-to-End-Abstands und der Federkonstante einer idealen Kette führt zwanglos zum nächsten Schritt bei der Ableitung des

Rouse-Modells. Dabei werden die Segmente von Polymerketten durch Massekugeln ersetzt, die durch elastische Federn mit der Länge $\bar{a}$ und der Federkonstante f verbunden sind. In Abb. 3.77 ist dieses Verfahren skizziert. Das i-te Segment der Kette besitzt die Masse m_i und ist durch Federn der Stärke f mit seinen Nachbarn mit den Massen m_{i-1} und m_{i+1} verbunden.

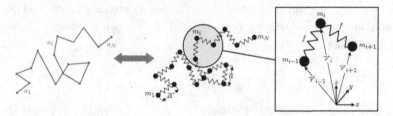

Abb. 3.77 Kugel-Feder-Modell einer Polymerkette nach Rouse

Die Interaktion der Submoleküle erfolgt nur durch die an den Massepunkten angreifenden elastischen Federn der direkten Nachbarn. Die Interaktion mit weiter entfernten Nachbarn wird vernachlässigt.

Dem Einfluss der Umgebung (Lösungsmittel bzw. andere Ketten) auf einen Massepunkt m_i wird durch zwei Mechanismen Rechnung getragen: zum einen durch eine Zufallskraft F_i, die die statistischen Stöße des Massepunkts m_i mit Umgebungspartikeln beschreibt, und zum anderen durch die Reibung, die die bewegte Masse m_i im Medium erfährt.

Die Position $\vec{r}_i(t)$ des i-ten Massepunkts m_i der Rouse-Kette im Medium der Polymermatrix zur Zeit t kann durch folgende Bewegungsgleichung analytisch dargestellt werden:

$$m_i \ddot{\vec{r}_i}(t) + \zeta_0 \dot{\vec{r}_i}(t) + f\left\{ 2\vec{r}_i(t) - \vec{r}_{i-1}(t) - \vec{r}_{i+1}(t) \right\} = \vec{F}_i(t) \tag{3.176}$$

Der Term $m_i \ddot{\vec{r}_i}(t)$ beschreibt die auf den Massepunkt m_i wirkende Trägheitskraft, wobei $\dot{\vec{r}_i}(t)$ eine Kurzform für die zeitliche Ableitung $\frac{d}{dt}\vec{r}_i(t)$ darstellt. Konsequenterweise bezeichnet man mit zwei Punkten, wie bei $\ddot{\vec{r}_i}(t)$, die zweite Ableitung, hier: $\frac{d}{dt}\left(\frac{d}{dt}\vec{r}_i(t)\right)$. Bei der Behandlung von Flüssigkeiten und Schmelzen geht man üblicherweise davon aus, dass der Trägheitsterm sehr viel kleiner als der Reibungsterm ist und somit vernachlässigt werden kann.

$$m_i \ddot{\vec{r}_i}(t) \ll \zeta_0 \dot{\vec{r}_i}(t) \tag{3.177}$$

Anschaulich bedeutet dies, dass schnelle Bewegungen von Kettensegmenten durch die Reibung mit dem Medium nahezu instantan abgedämpft werden.

Die gesamten Reibungsverluste eines Submoleküls bei seiner Bewegung im viskosen Medium der Polymermatrix werden pauschal durch den Reibungskoeffizienten ζ_0 erfasst.

Die durch Zufallsstöße des i-ten Kettensegments mit dem Lösungsmittel wirkende Kraft $F_i(t)$ führt zu einer Änderung der Konformation der Subketten. Da der Idealzustand einer Kette der Zustand maximaler Unordnung ist, führt jede Änderung der idealen Kettenkonformation zu einer Erhöhung der Ordnung und damit zu einer Abnahme der Entropie.

Im Kugel-Feder-Modell führt die Änderung der Konformation zu einer Änderung der Position der Massepunkte und damit zu einer Dehnung der Federn. Die Federn im Rouse-Modell repräsentieren den thermodynamischen Grundsatz, wonach ein System nie freiwillig einen Zustand höherer Ordnung annimmt. Um die Ordnung in einem System zu erhöhen, muss Arbeit verrichtet werden. Im Kugel-Feder-Modell wird diese Arbeit durch die Dehnung der Federn verrichtet. Der Term $f\left\{2\vec{r}_i(t) - \vec{r}_{i-1}(t) - \vec{r}_{i+1}(t)\right\}$ in Gl. 3.176 beschreibt damit die Kraft, die zur Erhöhung der Ordnung bzw. zur Dehnung der Federn aufgewendet werden muss.

Die Bewegungsgleichung des i-ten Massepunkts kann mit Gl. 3.176 und Gl. 3.177 in vereinfachter Form angegeben werden:

$$\zeta_0 \dot{\vec{r}_i}(t) + \frac{3kT}{\overline{a}^2}\left\{2\vec{r}_i(t) - \vec{r}_{i-1}(t) - \vec{r}_{i+1}(t)\right\} = \vec{F}_i(t) \tag{3.178}$$

Durch Zufallsstöße der Submoleküle mit der Umgebung (Lösungsmittel bzw. Submoleküle anderer Ketten) wirkt eine Kraft auf das i-te Submolekül der Kette, die dadurch aus dem Idealzustand der maximalen Unordnung ausgelenkt wird. Die Rückstellkraft der Federn wirkt dem entgegen, wobei die Bewegung des Submoleküls durch Reibung gedämpft wird. Gl. 3.178 beschreibt damit die Brownsche Bewegung eines Submoleküls der Kette.

Eigenmoden einer idealen Kette

Die Bewegung einer aus N_S Submolekülen gebildeten Kette ist durch ein System von N_S gekoppelten Differenzialgleichungen vollständig beschrieben.

Zur analytischen Lösung dieses Systems von gekoppelten Differenzialgleichungen wird ein Verfahren eingesetzt, das als Eigenschwingungsanalyse bezeichnet wird und auf der Idee beruht, die Bewegung einer Kette durch die Summe ihrer Eigenmoden zu beschreiben.

Der Begriff der Eigenmoden wird anschaulich, wenn man die Rouse-Kette gedanklich durch einen elastischen Stab ersetzt und dessen Schwingungsverhalten betrachtet. Geht man davon aus, dass die Enden des elastischen Stabs frei beweglich sind, so müssen diese bei einer Schwingung maximale Auslenkung besitzen (siehe Abb. 3.78).

Bei der Grundschwingung oder ersten Mode des elastischen Stabs sind beide Enden maximal ausgelenkt, und nur die Kettenmitte ruht (siehe Abb. 3.78 links). Die Grundschwingung stellt die Schwingung mit der tiefsten Frequenz dar. Eine

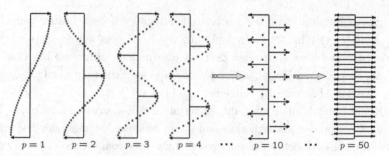

Abb. 3.78 Eigenschwingungsmoden eines Stabs (Beispiel für $N = 50$)

Schwingung mit niedrigerer Frequenz würde die Voraussetzung der frei beweglichen Enden nicht erfüllen. Höhere Schwingungsfrequenzen können durch Vervielfachungen der Grundschwingung erreicht werden. In Abb. 3.78 sind weitere Moden oder Oberschwingungen des elastischen Stabs skizziert, und Gl. 3.179 zeigt die mathematische Beschreibung der p-ten Oberschwingung.

$$x_p(t) = \frac{1}{N} \sum_{i=1}^{N} \cos\left(\frac{p\pi i}{N}\right) r_i(t) \tag{3.179}$$

Relaxationszeiten einer idealen Kette

Bei einer Polymerkette werden Schwingungsmoden zufällig durch statistische Stöße mit dem Medium angeregt und durch die Reibung sofort gedämpft. Die Bewegungsgleichung kann für jede Mode einzeln gelöst werden, wobei man ausnutzt, dass das zeitliche Mittel der Zufallskraft gegen null konvergiert.

$$\zeta_0 \dot{x}_p(t) + \frac{3kT}{a^2} x_p(t) = 0 \tag{3.180}$$

Das führt für jede Mode zu einer charakteristischen Relaxationszeit. Nach längerer und äußerst anspruchsvoller Rechnung (siehe dazu Rouse (1953)) ergibt sich der folgende Ausdruck für die Relaxationszeit $\hat{\tau}_p$ der p-ten Mode .

$$\hat{\tau}_p = \frac{a^2 \zeta_0}{24kT\left\{\sin\dfrac{p\pi}{2(N+1)}\right\}^2} \overset{\text{für } N \gg 1}{\approx} \frac{\zeta_0 N^2 a^2}{6\pi^2 kT p^2} \tag{3.181}$$

Die Abkling- bzw. Relaxationszeit $\hat{\tau}_p$ der p-ten Mode ist damit p^2-mal kürzer als die der Grundschwingung. Sie steigt linear mit dem Reibungskoeffizienten ζ_0, quadratisch mit der Ketten- und Segmentlänge (N bzw. a) und ist indirekt proportional zur Temperatur T.

Charakteristisch für das Rouse-Modell ist ein Spektrum von Relaxationszeiten (siehe Abb. 3.79) mit einer kürzesten ($p = N$)

$$\hat{\tau}_0 = \hat{\tau}_{(p=N)} \approx \frac{\zeta_0 a^2}{6\pi^2 kT} \tag{3.182}$$

und einer längsten ($p = 1$) Relaxationszeit, die auch als Rouse-Zeit bezeichnet wird:

$$\hat{\tau}_R = \hat{\tau}_{(p=1)} \approx \hat{\tau}_0 \cdot N^2 \tag{3.183}$$

Die Relaxationszeit der p-ten Mode ergibt sich zu

$$\hat{\tau}_p \approx \hat{\tau}_0 \left(\frac{N}{p}\right)^2 \tag{3.184}$$

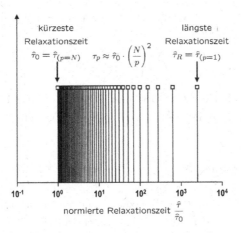

Abb. 3.79 Relaxationszeiten einer idealen Gaußschen Kette (Beispiel für $N = 50$)

dynamisch-mechanische Eigenschaften einer idealen Kette

Bueche und Zimm interpretierten das von Rouse abgeleitete Spektrum von Relaxationszeiten als mögliche Bewegungsformen einer idealen Kette. Bei der Grundschwingung ($p = 1$) bewegen sich die Kettenenden in entgegengesetzte Richtungen, während das Zentrum der Kette unbewegt bleibt. Somit wird jeweils die Hälfte aller Segmente bzw. Submoleküle kollektiv in eine Richtung bewegt; die Relaxation dieser Mode stellt somit eine kooperative Bewegung von vielen Kettensegmenten dar.

Bei der Anregung von Moden mit einem höheren Index p werden weniger Segmente bzw. Submoleküle kooperativ bewegt. Die Relaxation dieser Moden läuft damit schneller ab.

Bei der höchsten Normalmode ($p = N$) wird nur ein Segment bzw. Submolekül gegen das benachbarte Segment bzw. Submolekül ausgelenkt. Im Rouse-Modell ist ein Segment bzw. Submolekül somit die kürzeste Einheit, die relaxieren kann.

Betrachtet man ein einfaches Relaxationsexperiment einer idealen Gaußschen Kette (die Kette wird zum Zeitpunkt $t = t_0$ schlagartig um einen bestimmten Betrag gedehnt) und nimmt näherungsweise an, dass zum Zeitpunkt $t = \hat{\tau}_i$ alle Moden mit einem Index $p > i$ relaxiert sind und die Relaxation aller Moden mit einem Index $p < i$ noch nicht stattgefunden hat, so tragen nur die nicht relaxierten Moden zur mechanischen Spannung bei.

Der Modul $G(t)$ berechnet sich dann aus dem Produkt der thermischen Energie und des Volumenanteils der noch nicht relaxierten Segmente bzw. Submoleküle. Das Volumen eines Segments bzw. Submoleküls kann dabei mit $V_S = a^3$ angenähert werden.

$$G(t) \approx G(\hat{\tau}_i) = kT \cdot \frac{i}{a^3 N} \qquad (3.185)$$

Die Zeitabhängigkeit der Relaxation der i-ten Mode ergibt sich durch einfaches Umformen von Gl. 3.184 zu

$$i \approx \left(\frac{\hat{\tau}_i}{\hat{\tau}_0} \right)^{-\frac{1}{2}} \cdot N \qquad (3.186)$$

Durch die Kombination von Gl. 3.185 und Gl. 3.186 kann der zeitabhängige Modul im Zeitbereich der Relaxationszeiten des Rouse-Modells ($t > \hat{\tau}_0$) abgeschätzt werden.

$$G(t) = \frac{kT}{a^3} \left(\frac{t}{\hat{\tau}_0} \right)^{-\frac{1}{2}} \cdot e^{-\frac{t}{\hat{\tau}_R}} \quad \text{für} \quad t > \hat{\tau}_0 \qquad (3.187)$$

Der exponentielle Abfall mit der Relaxationszeit $\hat{\tau}_R$ berücksichtigt die Tatsache, dass nach langer Zeit ($t \gg \hat{\tau}_R$) nur noch die höchste Relaxationszeit zur Änderung des zeitabhängigen Verhaltens beiträgt.

Bei sehr kleinen Zeiten ($t \ll \hat{\tau}_0$) konnte noch keine Mode relaxieren ($i = N$), d.h., alle Moden tragen zur mechanischen Spannung bei. Der Grenzwert des Moduls berechnet sich mit Gl. 3.185 zu

$$\lim_{t \to 0} G(t) = G_\infty \approx \frac{kT}{a^3} \quad \text{für} \quad t \ll \hat{\tau}_0 \qquad (3.188)$$

Üblicherweise werden Module durch molare Größen beschrieben. Ersetzt man das Volumen eines Segments bzw. eines Submoleküls durch sein Molekulargewicht ($\rho \cdot a^3 \cdot N_A = M_S$), so führt einfaches Einsetzen zu einer molaren Formulierung von Gl. 3.188:

$$G_\infty = \frac{kT}{a^3} = \frac{\rho RT}{M_S} \qquad (3.189)$$

Die Avogadro-Zahl N_A gibt dabei an, wie viele Moleküle sich in einem Mol befinden ($N_A = 6.02214199 \cdot 10^{23} \, \text{mol}^{-1}$).

Für den frequenzabhängigen Modul $G^\star(\omega)$ führt eine analoge Abschätzung im Zeitbereich der Relaxationszeiten zu den Beziehungen

$$G'(\omega) \cong G''(\omega) \approx \frac{\rho RT}{M_S} \cdot \omega^{\frac{1}{2}} \quad \text{für} \quad \frac{1}{\hat{\tau}_R} \ll \omega \ll \frac{1}{\hat{\tau}_0} \qquad (3.190)$$

Die in den Gleichungen 3.187 und 3.190 enthaltenen Beziehungen stellen zwar nur Näherungen dar, demonstrieren aber die prinzipiellen frequenz- und zeitabhängigen dynamisch-mechanischen Eigenschaften einer idealen Gaußschen Kette im Rouse-Modell. Der frequenz- bzw. zeitabhängige Modul einer idealen Gaußschen Kette lässt sich in drei Zeit- bzw. Frequenzbereichen näherungsweise abschätzen.

Bei sehr kurzen Zeiten ($t < \hat{\tau}_0$) bzw. sehr hohen Frequenzen ($\omega > \frac{1}{\hat{\tau}_0}$) kann kein Segment bzw. Submolekül der Kette relaxieren, der Modul ist konstant und damit unabhängig von Frequenz und Zeit.

$$G(t) = G^\star(\omega) = G_\infty = \frac{\rho R T}{M_S} \quad \text{für} \quad t < \hat{\tau}_0 \ \text{bzw.} \ \omega > \tfrac{1}{\hat{\tau}_0} \qquad (3.191)$$

Im Zeit- bzw. Frequenzbereich der Relaxation der Eigenmoden der Kette kann der Modul durch ein Potenzgesetz angenähert werden.

$$G(t) \propto t^{-\frac{1}{2}} \quad \text{für} \quad \hat{\tau}_0 < t < \hat{\tau}_R \qquad (3.192)$$

$$G'(\omega) \propto G''(\omega) \propto \omega^{\frac{1}{2}} \quad \text{für} \quad \frac{1}{\hat{\tau}_R} < \omega < \frac{1}{\hat{\tau}_0} \qquad (3.193)$$

Bei sehr großen Zeiten ($t > \hat{\tau}_R$) bzw. sehr tiefen Frequenzen ($\omega < \frac{1}{\hat{\tau}_R}$) wird der zeit- bzw. der frequenzabhängige Modul nur noch durch die Relaxation der Mode mit der höchsten Relaxationszeit $\hat{\tau}_R$ bestimmt. Für den zeitabhängigen Modul findet man einen exponentiellen Abfall mit der Zeit.

$$G(t) \propto e^{-\frac{t}{\hat{\tau}_R}} \quad \text{für} \quad t > \hat{\tau}_R \qquad (3.194)$$

Das frequenzabhängige Verhalten ist bei sehr kleinen Frequenzen durch eine quadratische Proportionalität zwischen Frequenz und Speichermodul und durch einen linearen Zusammenhang zwischen Verlustmodul und Frequenz charakterisiert.

$$\left.\begin{array}{l} G' \propto \omega^2 \\[2mm] G'' \propto \omega \end{array}\right\} \quad \text{für} \quad \omega < \frac{1}{\hat{\tau}_R} \qquad (3.195)$$

Die exakte Lösung des zeit- bzw. des frequenzabhängigen Moduls einer idealen Gaußschen Kette wurde von Rouse aus der Bewegungsgleichung (siehe Gl. 3.180) abgeleitet und führt zu den beiden folgenden Beziehungen:

$$G(t) = \sum_{p=1}^{N} G_p(t) \quad \text{bzw.} \quad G^\star(\omega) = \sum_{p=1}^{N} G_p^\star(\omega) \qquad (3.196)$$

mit

$$G_p(t) = \frac{\rho \cdot R \cdot T}{M} e^{-\frac{t}{\hat{\tau}_p}} \quad \text{bzw.} \quad G_p^\star(\omega) = \frac{\rho \cdot R \cdot T}{M} \frac{\imath\omega\hat{\tau}_p}{1 + \imath\omega\hat{\tau}_p} \qquad (3.197)$$

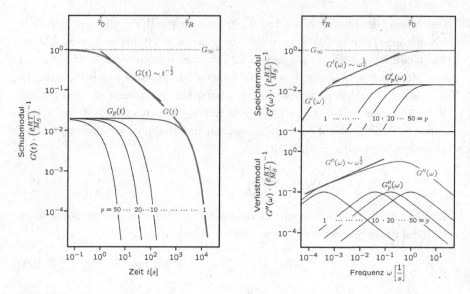

Abb. 3.80 Zeit- und frequenzabhängiger Modul einer idealen Gaußschen Kette (Beispiel für $N = 50$ und $\hat{\tau}_0 = 1\,\text{s}$)

ρ bezeichnet dabei die Dichte des Polymers, $M = M_S \cdot N$ gibt das Molekulargewicht der Kette aus N Segmenten bzw. N_S Submolekülen an.

In Abb. 3.80 sind die frequenz- und zeitabhängigen Module exemplarisch für eine ideale Gaußsche Kette mit $N = 50$ Segmenten sowohl für die in Gl. 3.196 und Gl. 3.197 angegebenen exakten Lösungen als auch für die hergeleiteten Näherungen dargestellt. Zusätzlich sind die zeit- und frequenzabhängigen Module einiger ausgewählter Rouse-Moden eingezeichnet.

Aus dem Vergleich der Module der exakten Rechnung mit denen des angenäherten Verlaufs wird ersichtlich, dass die einfachen Abschätzungen (siehe Gl. 3.192 und Gl. 3.193) den Verlauf des Moduls im Zeit- bzw. Frequenzbereich der Relaxationszeiten $\hat{\tau}_R < t < \hat{\tau}_0$ gut wiedergeben.

Aus dem frequenzabhängigen Verlauf von Speicher- und Verlustmodul (siehe Gl. 3.196) kann relativ einfach die Grenzviskosität einer Rouse-Kette ($\eta_{(t \to \infty)}$ bzw. $\eta_{(\omega \to 0)}$) abgeleitet werden. Ausgehend von der Definition der Viskosität (siehe Gl. 3.65) im Bereich des viskosen Fließens, d.h. im Grenzfall beliebig kleiner Frequenzen,

$$\eta = \eta^\star(\omega \to 0) = \lim_{\omega \to 0} \frac{G^\star(\omega)}{\mathrm{i}\omega}$$

erhält man durch Einsetzen von Gl. 3.196 bzw. Gl. 3.197 mit $\frac{\rho R T}{M_S} = \frac{kT}{a^3 N}$:

$$\eta = \eta^\star(\omega \to 0) = \lim_{\omega \to 0} \frac{\dfrac{kT}{a^3 \cdot N} \displaystyle\sum_{p=1}^{N} \dfrac{\mathrm{i}\omega\hat{\tau}_p}{1 + \mathrm{i}\omega\hat{\tau}_p}}{\mathrm{i}\omega} = \frac{kT}{a^3 \cdot N} \cdot \sum_{p=1}^{N} \hat{\tau}_p$$

und unter Verwendung von Gl. 3.181 (dabei konvergiert die Reihe $\sum_{p=1}^{N} \frac{1}{p^2}$ für große N gegen $\frac{\pi^2}{6}$)

$$\eta = \eta^\star(\omega \to 0) = \frac{kT}{a^3 \cdot N} \cdot \sum_{p=1}^{N} \hat{\tau}_p = \frac{kT}{a^3 \cdot N} \cdot \sum_{p=1}^{N} \frac{\zeta_0 N^2 a^2}{6\pi^2 kTp^2} = \frac{\zeta_0 N}{a6\pi^2} \sum_{p=1}^{N} \frac{1}{p^2}$$

$$\Downarrow$$

$$\eta = \frac{\zeta_0}{36 \cdot a} \cdot N \qquad (3.198)$$

eine Beziehung zwischen dem Molekulargewicht M bzw. der Kettenlänge N und der Grenzviskosität η im Bereich des viskosen Fließens.

Das Rouse-Modell sagt einen linearen Zusammenhang zwischen der Grenzviskosität und dem Molekulargewicht M bzw. der Länge der Kette voraus ($M = N \cdot M_S$, wobei M_S wiederum das Molekulargewicht eines Submoleküls bezeichnet).

$$\eta \propto N \propto M_S \cdot N = M$$

Flexiblere Ketten benötigen weniger Monomere zur Bildung eines Submoleküls. Dies verringert die Länge a eines Submoleküls und führt im Rouse-Modell zu einer Erhöhung der Viskosität.

$$\eta \propto \frac{1}{a}$$

Der Reibungskoeffizient η_0, der die gesamten Reibungsverluste eines Submoleküls bei seiner Bewegung im viskosen Medium der Polymermatrix pauschal erfasst, ist proportional zur Viskosität:

$$\eta \propto \zeta_0$$

Da sowohl die Kettenlänge N als auch die Länge a eines Submoleküls nicht von der Temperatur abhängen, wird die Temperaturabhängigkeit der Viskosität im Rouse-Modell einzig durch die Temperaturabhängigkeit des Reibungskoeffizienten $\zeta_0(T)$ beschrieben.

$$\eta(T) = \frac{N}{36 \cdot a} \cdot \zeta_0(T)$$

Gültigkeitsbereich des Rouse-Modells

Im Folgenden wird an einem Beispiel demonstriert, ob bzw. unter welchen Voraussetzungen das Rouse-Modell zur quantitativen Charakterisierung der dynamisch-mechanischen Eigenschaften eines realen Polymers eingesetzt werden kann.

In Abb. 3.81 sind Masterkurven zweier Nitril-Butadien-Kautschuke (NBR) mit gleicher Mikrostruktur (Gewichtsanteil ACN ca. 34 %), aber unterschiedlichen Molekulargewichten dargestellt. Die Masterkurven wurden aus frequenzabhängigen Messungen in einem Frequenzbereich von 10^{-2} Hz bis 10^3 Hz bei unterschiedlichen Temperaturen ($-60\,°C$ bis $140\,°C$) durch die Anwendung des Frequenz-Temperatur-Äquivalenzprinzips erstellt.

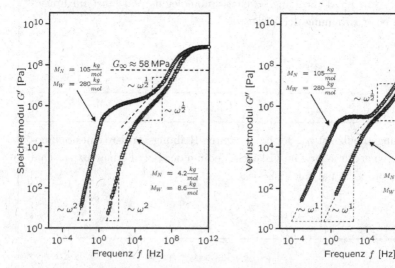

Abb. 3.81 Masterkurven zweier NBR-Kautschuke (Gewichtsanteil ACN 34 %) mit unterschiedlichen Molekulargewichten bei einer Referenztemperatur von $T_{Ref} = 100\,°C$

Abb. 3.81 zeigt nochmals deutlich den Sinn und Zweck der Masterkurventechnik. Der apparativ begrenzte Frequenzbereich von 5 Frequenzdekaden kann durch die Masterung mehrerer frequenzabhängiger Einzelmessungen auf nahezu 15 Dekaden erweitert werden. Erst durch den großen Frequenzbereich wird es möglich, die viskoelastischen Eigenschaften der beiden Polymere vom Bereich des viskosen Fließens bis in den Bereich der glasartigen Erstarrung experimentell zu erfassen.

Bereich der glasartigen Erstarrung

Bei sehr hohen Frequenzen haben die Segmente einer Gaußschen Kette keine Zeit zur Relaxation, sie sind quasi starr. Das Rouse-Modell postuliert deshalb bei hohen Frequenzen einen konstanten Speichermodul (siehe Gl. 3.191) und einen Verlustmodul, der mit steigender Frequenz beliebig klein wird.

$$G'(\omega \to \infty) = G_\infty = \frac{\rho RT}{M_S}$$
$$G''(\omega \to \infty) = 0$$

Der Modul im Bereich der glasartigen Erstarrung G_∞ wird nach Rouse nur vom Molekulargewicht eines Kettensegments bzw. eines Submoleküls M_S und von der Temperatur T beeinflusst.

Die Masterkurven beider NBR-Kautschuke bestätigen qualitativ die Vorhersage des Rouse-Modells bei hohen Frequenzen. Unabhängig vom Molekulargewicht findet man für Frequenzen $f > 10^{10}$ Hz bei beiden Kautschuken einen konstanten Speichermodul von ca. 1 GPa und einen Verlustmodul, der mit steigender Frequenz stark abnimmt und deutlich kleiner als der Speichermodul ist (man beachte die doppelt logarithmische Skalierung in Abb. 3.81).

Das Rouse-Modell ermöglicht nicht nur einen qualitativen Vergleich der theoretischen Modulwerte mit den experimentellen Daten, sondern auch eine quantitative Abschätzung des Moduls bei hohen Frequenzen. In Gleichung 3.191 ist der Modul einer ideal Gaußschen Kette für den Grenzfall hoher Frequenz dargestellt. Da eine reale Kette durch die Einführung von Submolekülen in eine ideale Gaußsche Kette überführt werden kann, berechnet sich der hochfrequente Grenzwert des Moduls eines realen Polymers im Rouse-Modell zu

$$G_\infty = \frac{\rho RT}{M_S} = \frac{\rho RT}{z \cdot M_{Mon}}, \tag{3.199}$$

wobei M_S das Molekulargewicht eines Submoleküls darstellt, dass aus z Monomeren des Molekulargewichts M_{Mon} gebildet wird. Ein oberer Grenzwert für den Hochfrequenzmodul G_∞ ergibt sich, wenn man annimmt, dass nur ein Monomer ein Submolekül bildet ($z = 1$).

Das mittlere Molekulargewicht eines Monomers berechnet sich für Copolymere aus Acrylnitril und Butadien (NBR) bei einem Anteil von 34 Gewichtsprozent Acrylnitril zu 53.7 g/mol. Mit einer Dichte ρ von ca. 1000 kg/m^3 findet man für die im Beispiel untersuchten NBR-Copolymere bei einer Temperatur von 100 °C einen oberen Grenzwert des Moduls von ca. 58 MPa.

D.h., selbst unter der nicht sehr realistischen Annahme, dass ein Submolekül aus nur einem Monomer besteht, liegt die Vorhersage des Rouse-Modells um eine bis zwei Größenordnungen unter den experimentell bestimmten Werten von ca. 1 GPa (siehe Abb. 3.81).

Damit ist das Rouse-Modell nicht in der Lage, den Modul bei hohen Frequenzen quantitativ zu beschreiben. Der Grund dafür liegt in der Annahme, dass das dynamisch-mechanische Verhalten eines Polymers vollständig durch das Relaxationsverhalten einer idealen Gaußschen Kette beschreibbar ist. Vernachlässigt werden sowohl intramolekulare Relaxationsvorgänge als auch energieelastische Effekte, die durch deformationsbedingte Änderungen von Bindungslängen in und zwischen Monomeren auftreten (dies wird schon in der Originalarbeit von Rouse (1953) diskutiert).

Der Einfluss energieelastischer Deformationsvorgänge kann anschaulich am Beispiel des Snoek-Effekts (siehe Abschnitt 3.11) erklärt werden. Beim Snoek-Effekt beeinflusst ein äußeres periodisches mechanisches Feld die Platzwechselvorgänge von C-Atomen im Fe-Gitter und verursacht dadurch eine frequenz- bzw. zeitabhängige Änderung des Moduls. Bei hohen Frequenzen ändert sich das äußere Feld so schnell, dass während der Zeit, die ein C-Atome im Mittel für einen Platzwechsel benötigt, das angelegte Feld mehrmals seine Richtung ändert. Auf das C-Atom wirkt dann der Mittelwert des Feldes, der bei einer sinusförmigen Anregung den Wert null annimmt. Das C-Atom sieht damit im zeitlichen Mittel kein Feld. Der Modulwert bei sehr hohen Frequenzen ist damit unabhängig von den Platzwechselvorgängen der C-Atome.

Der Modul bei hohen Frequenzen repräsentiert somit ausschließlich die elastischen Eigenschaften des Fe-Gitters. Wirkt eine Spannung, so führt die Vergrößerung der Bindungsabstände zwischen Fe-Atomen zu einer makroskopischen Deformation des Fe-Kristalls. Ersetzt man die chemische Bindung zwischen zwei Fe-Atomen gedanklich durch eine ideale Feder, so wird klar, dass der Deformationsvorgang eines Kristalls bei sehr hohen Frequenzen rein energetischer Natur ist (im Gegensatz zum rein entropischen Deformationsverhalten einer idealen Gaußschen Kette). Bei der Deformation einer idealen Feder wird die gesamte Energie elastisch gespeichert und keine Energie dissipiert. Ein idealer Kristall ist demzufolge durch einen konstanten frequenz- und zeitunabhängigen Speichermodul charakterisierbar. Da keine Energie dissipiert wird, berechnet sich der Verlustmodul zu null.

Bedingt durch die räumliche Symmetrie des Kristalls kann sein Modul im Rahmen festkörperphysikalischer Betrachtungen noch exakt aus den molekularen Eigenschaften abgeleitet werden.

Amorphe Systeme wie Polymere zeichnen sich nun gerade durch das Fehlen jeglicher räumlicher Symmetrie aus. Zur Berechnung des energieelastischen Deformationsverhaltens eines amorphen Körpers müsste die räumliche Anordnung jedes einzelnen Atoms bzw. Moleküls und dessen Wechselwirkungen mit benachbarten

Atomen bzw. Molekülen berücksichtigt werden. Die sehr große Anzahl von Atomen bzw. Molekülen in einer Polymerkette überfordert selbst leistungsstärkste Rechner und macht eine Berechnung des Moduls auf der Basis molekularer Eigenschaften praktisch unmöglich.

Bei realen Kristallen wird das Deformationsverhalten durch Versetzungen (Kristallbaufehler) dominiert und kann im Rahmen der Versetzungstheorie analytisch beschrieben werden.

Die Versetzungstheorie wurde von W. Pechhold vom realen Festkörper auf amorphe Systeme übertragen und erfolgreich zur quantitativen Beschreibung des Moduls im Bereich der glasartigen Erstarrung verwendet (eine kurze Beschreibung dieses Modellansatzes findet sich im Abschnitt 3.14.5).

Der Vergleich mit experimentellen Daten zeigt, dass der Modul im Bereich der glasartigen Erstarrung im Rouse-Modell nur qualitativ wiedergeben wird. Die mit der Rouse-Theorie berechneten Modulwerte sind dabei mindestens um einen Faktor 20 kleiner als experimentell bestimmte Werte.

Die Ursache dieser Diskrepanz beruht auf der vereinfachten Beschreibung einer Polymerkette durch eine ideale Gaußsche Kette. Dabei werden sowohl die Dynamik der einzelnen Monomere als auch die energieelastische Wechselwirkung zwischen Monomeren vernachlässigt.

Glasübergangsbereich

Betrachtet man die komplexen Module der beiden NBR-Kautschuke, so findet man für das niedermolekulare NBR (siehe die □-Symbole in Abb. 3.81) in einem Frequenzbereich von ca. 10^4 Hz bis ca. 10^8 Hz, die vom Rouse-Modell postulierte Frequenzabhängigkeit.

$$G'(\omega) \propto G''(\omega) \propto \omega^{\frac{1}{2}}$$

Für das höhermolekulare NBR (siehe ○-Symbole in Abb. 3.81) lässt sich die vom Rouse-Modell vorhergesagte Frequenzabhängigkeit nur in einem Frequenzbereich von ca. 10^6 Hz bis ca. 10^8 Hz erahnen.

Die Abweichungen bei höheren Frequenzen ($f > 10^8$ Hz) wurden qualitativ durch intermolekulare Relaxationsvorgänge und durch energieelastische Deformationsvorgänge erklärt (siehe vorigen Abschnitt).

Bei tieferen Frequenzen ($f < 10^6$ Hz in Abb. 3.81) wird der frequenzabhängige Verlauf stark vom Molekulargewicht, d.h. von der Kettenlänge der Polymere beeinflusst. Während sowohl der Speicher- als auch der Verlustmodul des niedermolekularen NBR mit abnehmender Frequenz stetig abnehmen und bei Frequenzen unter 10^3 Hz rein viskoses Verhalten zeigen (mehr dazu im nächsten Abschnitt), findet man beim höhermolekularen NBR bei tieferen Frequenzen ein Plateau des Speichermoduls und ein Maximum des Verlustmoduls. Erst bei Frequenzen unter 10^{-1} Hz zeigen Speicher- und Verlustmodul des hochmolekularen NBR den für das viskose Fließen charakteristischen Verlauf.

Das bei nahezu allen industriell eingesetzten Elastomeren experimentell beobachtete Plateau des Speichermoduls kann phänomenologisch durch die zusätzliche Relaxation von Verhakungen und Verschlaufungen (Entanglements) von Polymerketten erklärt werden (siehe Abschnitt 3.14.1).

Mit zunehmender Kettenlänge, d.h. mit steigendem Molekulargewicht, steigt die Wahrscheinlichkeit für die Bildung von Verschlaufungen oder Verhakungen. Die daraus resultierenden zusätzlichen elastischen Anteile führen zur Ausbildung eines Plateauwerts des Speichermoduls im Frequenzbereich zwischen glasartiger Erstarrung und viskosem Fließen.

Da der Einfluss von Entanglements im Rouse-Modell vernachlässigt wird, gilt das Modell somit nur für Polymere mit geringem Molekulargewicht. Nur bei niedrigen Molekulargewichten bildet eine Kette keine Verschlaufungen mit sich oder benachbarten Ketten aus.

Eine quantitative Beschreibung des Plateaumoduls von Polymeren muss damit zusätzlich zur Relaxation der Ketten den Einfluss von Verhakungen und Verschlaufungen auf das zeit- bzw. frequenzabhängige dynamisch-mechanische Verhalten beinhalten (Weiteres hierzu in Abschnitt 3.14.4).

Das Rouse-Modell beschreibt die dynamisch-mechanischen Eigenschaften im Bereich des Glasprozesses richtig, solange die Ketten eines Polymers zu kurz sind (bzw. das Molekulargewicht zu niedrig ist), um Verhakungen und Verschlaufungen (Entanglements) auszubilden.

Bei nahezu allen technisch eingesetzten Elastomeren findet man bei einer dynamisch-mechanischen Messung eines Polymers einen Plateaubereich des Speichermoduls im Frequenzbereich zwischen glasartiger Erstarrung und viskosem Fließen, der durch das Rouse-Modell nicht erklärt werden kann.

Bereich der viskosen Fließens

Da Relaxationsvorgänge immer elastische Anteile besitzen, kann erst dann von rein viskosem Verhalten gesprochen werden, wenn alle Relaxationsvorgänge der Ketten im Polymer abgeklungen sind. Im Rouse-Modell ist dies dann erreicht, wenn die Zeit, die nach einer Belastung verstrichen ist, deutlich länger als die Rouse-Zeit $\hat{\tau}_R$ ist.

Betrachtet man die Frequenzabhängigkeit von Speicher- und Verlustmodul in doppelt logarithmischer Skalierung, so gelten für den Bereich des viskosen Fließens ($\omega < \hat{\tau}_R^{-1}$) die Beziehungen

$$\log G' \propto \log \omega^2 \;\Rightarrow\; \log G' \propto 2 \cdot \log \omega$$
$$\log G'' \propto \log \omega^1 \;\Rightarrow\; \log G'' \propto 1 \cdot \log \omega$$

Plottet man den Logarithmus von Speicher- und Verlustmodul über dem Logarithmus der Frequenz, so ergibt sich im Bereich des viskosen Fließens für den Speichermodul eine Gerade mit der Steigung 2 und für den Verlustmodul eine Gerade mit der Steigung 1.

Vergleicht man diese Vorhersage mit den experimentellen Befunden (siehe Beispiel in Abb. 3.81), so findet man für das niedermolekulare NBR eine gute Übereinstimmung bei Frequenzen $f < 10^3$ Hz. Beim höhermolekularen NBR wird die Übereinstimmung mit der von Rouse berechneten Frequenzabhängigkeit erst bei deutlich tieferen Frequenzen erreicht ($f < 10^{-1}$ Hz).

Das höhermolekulare NBR zeigt damit erst bei tieferen Frequenzen rein viskoses Verhalten. Dies ist verständlich, wenn man berücksichtigt, dass längere Ketten länger brauchen, um vollständig zu relaxieren. Damit hat das Molekulargewicht bzw. die Länge eines Polymers entscheidenden Einfluss auf das Fließverhalten.

Eine experimentelle Überprüfung des von Rouse abgeleiteten linearen Zusammenhangs zwischen der Grenzviskosität $\eta_{(\omega \to 0)}$ und dem Molekulargewicht M (siehe Gl. 3.198) ist nur sehr schwierig durchzuführen, da das Rouse-Modell voraussetzt, dass alle Ketten eines Polymers gleiche Länge N bzw. gleiches Molekulargewicht haben.

Bei technisch hergestellten Elastomeren führen die Polymerisationsbedingungen immer zu einer Verteilung der Molekulargewichte bzw. der Kettenlängen (siehe dazu Menzel (2008)). Damit ist die Rouse-Theorie im strengen Sinn für technisch relevante Elastomere nicht mehr anwendbar. Bis heute existiert keine geschlossene Theorie zur modelltheoretischen Beschreibung des Relaxationsverhaltens von Polymeren mit einer Verteilung der Kettenlängen. Allerdings wird der Einfluss der Molekulargewichtsverteilung auf die rheologischen Eigenschaften aktuell von mehreren Forschungsgruppen bearbeitet. Ein Abriss des aktuellen Forschungsstands findet sich in Abschnitt 3.14.6.

Der einfachste Ansatz zur Berücksichtigung der Molekulargewichtsverteilung ist eine Mittelwertbetrachtung. Dabei geht man davon aus, dass die dynamisch-mechanischen Eigenschaften eines aus Ketten unterschiedlicher Längen aufgebauten Polymers denen eines Polymers mit einer mittleren Kettenlänge entspricht. Der Zusammenhang zwischen Molekulargewicht und Grenzviskosität des Polymers kann dann analog zur idealen Kette des Rouse-Modells mit Gl. 3.198 bestimmt werden, wobei das Molekulargewicht M der idealen Rouse-Kette durch das Zahlen-

bzw. das Gewichtsmittel (M_N bzw. M_W) der Molekulargewichtsverteilung ersetzt wird. Diese rein empirisch begründete Beschreibung wurde auch bei den im Bei-

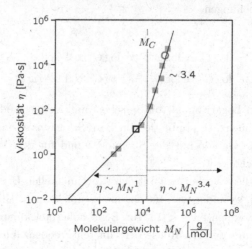

Abb. 3.82 Zusammenhang zwischen Viskosität und Molekulargewicht bei NBR-Kautschuken (Gewichtsanteil ACN 34 %) bei einer Referenztemperatur von $T_{Ref} = 100\,°C$

spiel untersuchten NBR-Kautschuken durchgeführt (siehe Abb. 3.82). Zusätzlich zu den zwei NBR-Kautschuken sind noch einige weitere NBR-Kautschuke mit unterschiedlichen Molekulargewichten eingezeichnet. Die Grenzviskosität η wurde für alle Kautschuke aus dem frequenzabhängigen Verlauf bei tiefen Frequenzen extrapoliert, und die Molekulargewichtsverteilung wurde durch GPC-Messungen bestimmt.

Aus Abb. 3.82 wird ersichtlich, dass nur bei kleinen Molekulargewichten bzw. kurzen Ketten ein linearer Zusammenhang zwischen Molekulargewicht und Grenzviskosität vorliegt. Mit steigendem Molekulargewicht, d.h. mit steigender Kettenlänge, ändert sich dieser Zusammenhang systematisch.

In den letzten Jahrzehnten wurde der Zusammenhang zwischen Viskosität und Molekulargewicht an einer großen Anzahl von Polymeren untersucht (siehe Colby (1987); Ferry (1980); Fox (1948, 1950); Pearson (1994)). Betrachtet wurden sowohl Polymere mit einer relativ breiten Molekulargewichtsverteilung als auch Modellsysteme mit monomodaler Kettenverteilung.

Allen Systemen gemeinsam ist die Existenz eines kritischen Molekulargewichts M_C bzw. einer kritischen Kettenlänge N_C. Nur bei Polymeren, deren Molekulargewicht deutlich kleiner als dieser kritische Wert ist ($M < M_C$), konnte der von Rouse abgeleitete lineare Zusammenhang zwischen Molekulargewicht und Viskosität bestätigt werden.

Bei höheren Molekulargewichten ($M > M_C$) wurde ein potenzieller Zusammenhang zwischen Viskosität und Molekulargewicht beobachtet (siehe Abb. 3.82). Interessanterweise ist der Exponent dieser Beziehung für Polymere mit linearer

Kettenstruktur konstant und unabhängig von der Struktur und der Zusammensetzung der Monomeren, während das kritische Molekulargewicht M_C eine polymerspezifische Größe darstellt.

Der Zusammenhang zwischen Molekulargewicht und Viskosität über ein Potenzgesetz wurde erst durch die Reptationstheorie quantitativ beschreibbar. Danach wird das viskose Fließen von Ketten durch die bei größeren Kettenlängen gebildeten Verhakungen und Verschlaufungen behindert und führt zu einer signifikanten Viskositätserhöhung. Das kritische Molekulargewicht M_C charakterisiert dabei die minimale Kettenlänge, die zur Bildung von Verhakungen und Verschlaufungen notwendig ist (Weiteres hierzu in Abschnitt 3.14.4).

Das Rouse-Modell beschreibt das Fließverhalten von Polymeren richtig, solange die Ketten eines Polymers zu kurz sind (bzw. das Molekulargewicht zu niedrig ist), um Verhakungen und Verschlaufungen (Entanglements) auszubilden. In diesem Bereich steigt die Viskosität linear mit dem Molekulargewicht an (siehe Gl. 3.198).

$$\eta \propto M \quad \text{für} \quad M < M_C$$

Ab einem kritischen Molekulargewicht M_C führen Verhakungen und Verschlaufungen von Ketten zu einer Erhöhung der Viskosität. Experimentell findet man eine durch ein Potenzgesetz beschreibbare Beziehung zwischen Viskosität und Molekulargewicht bzw. Kettenlänge.

$$\eta \propto M^\alpha \quad \text{für} \quad M > M_C$$

Bei Polymeren mit linearer Kettenstruktur ist der Exponent konstant ($\alpha = 3.4$) und unabhängig von der Struktur und der Zusammensetzung der Monomeren, während das kritische Molekulargewicht M_C eine polymerspezifische Größe darstellt.

3.14.3   Das Zimm-Modell

Das Rouse-Modell beschreibt die Dynamik von niedermolekularen Polymerschmelzen erfolgreich, zeigt aber systematische Abweichungen bei der Charakterisierung von verdünnten Polymerlösungen.

Dies wurde von Zimm auf die hydrodynamische Wechselwirkung von Polymer und Lösungsmittel zurückgeführt. Bewegt sich eine Polymerkette durch ein Lösungsmittel, so wird ein Teil des Lösungsmittels mitbewegt. Die bewegte Kette übt damit eine Kraft auf benachbarte Teilchen aus. Mit zunehmendem Abstand von der bewegten Kette nimmt diese Kraft ab ($f \propto \frac{1}{r}$). Die langreichweitige Wechselwirkung zwischen bewegten Teilchen und umgebendem Lösungsmittel wird als hydrodynamische Wechselwirkung bezeichnet.

Beschreibt man Polymerketten im Kugel-Feder-Modell, so wirken bei der Bewegung eines Massepunkts durch die hydrodynamische Wechselwirkung zusätzliche Kräfte auf benachbarte Massepunkte. Im Rouse-Modell wird vorausgesetzt, dass der Einfluss der Hydrodynamik gegenüber der entropischen Wechselwirkung (dies sind die Federn im Kugel-Feder-Modell) vernachlässigt werden kann.

In verdünnten Polymerlösungen ist diese Vereinfachung nicht mehr zulässig, da starke Wechselwirkung zwischen Polymer und Lösungsmittel bestehen. Zimm (siehe Zimm (1956)) berücksichtigte die hydrodynamische Wechselwirkung zwischen Polymer und Lösungsmittel bei der Ableitung der Relaxationszeiten der idealen Kette. Die Relaxationszeit der p-ten Schwingungsmode einer idealen Kette mit N_S Submolekülen berechnet sich danach zu

$$\hat{\tau}_p \approx \hat{\tau}_0 \cdot \left(\frac{N}{p}\right)^{3\nu}. \tag{3.200}$$

Der Parameter ν charakterisiert die hydrodynamische Wechselwirkung des Polymers mit dem Lösungsmittel. Für ein Θ-Lösungsmittel findet man $\nu = \frac{1}{2}$, in guten Lösungsmitteln $\nu \cong 0.588$. Bei $\nu = \frac{2}{3}$ entsprechen die Relaxationszeiten denen des Rouse-Modells (siehe Gl. 3.184). $\nu = \frac{2}{3}$ beschreibt damit das Verhalten einer unverdünnten Polymerschmelze.

Die Relaxationszeit $\hat{\tau}_0$ entspricht der Relaxationszeit der höchsten Mode und ist identisch mit der kürzesten Relaxationszeit des Rouse-Modells (siehe Gl. 3.182). Die höchste Relaxationszeit ($p = 1$), die den Übergang von der glasartigen Erstarrung in den Bereich des viskosen Fließens charakterisiert, wird als Zimm-Zeit $\hat{\tau}_Z$ bezeichnet und ist immer kleiner als die Rouse-Zeit $\hat{\tau}_R$.

$$\hat{\tau}_Z \approx N^{3\nu} < \hat{\tau}_R \approx N^2 \tag{3.201}$$

Die zeit- und frequenzabgängigen Module können analog zum Rouse-Modell abgeleitet werden.

$$G(t) = \sum_{p=1}^{N} G_p(t) \quad \text{bzw.} \quad G^\star(\omega) = \sum_{p=1}^{N} G_p^\star(\omega) \tag{3.202}$$

mit

$$G_p(t) = \frac{\rho \cdot R \cdot T}{M} \cdot \phi\, e^{-\frac{t}{\hat{\tau}_p}} \quad \text{bzw.} \quad G_p^\star(\omega) = \frac{\rho \cdot R \cdot T}{M} \cdot \phi\, \frac{\iota\omega\hat{\tau}_p}{1 + \iota\omega\hat{\tau}_p} \tag{3.203}$$

Die letzte Gleichung entspricht formal dem frequenzabhängigen Verhalten des Rouse-Modells (siehe Gl. 3.197), wobei ϕ den Volumenbruch des Polymers in der

Lösung bezeichnet. Die von Zimm berechneten zeit- bzw. frequenzabhängigen Module unterscheiden sich damit nur durch die Relaxationszeiten der Eigenmoden vom Rouse-Modell.

Im Glasübergangsbereich folgt aus dem Spektrum der Relaxationszeiten des Zimm-Modells (siehe Gl. 3.200) nach längerer, nicht trivialer Rechnung ein analytischer Zusammenhang zwischen Schubmodul und Zeit bzw. Schubmodul und Frequenz, wobei der Exponent $\frac{1}{3\nu}$ die hydrodynamische Wechselwirkung zwischen Polymer und Lösungsmittel charakterisiert.

$$G(t) \propto t^{-\frac{1}{3\nu}} \quad \text{für} \quad \hat{\tau}_0 < t < \hat{\tau}_Z \tag{3.204}$$

$$G'(\omega) \approx G''(\omega) \propto \omega^{\frac{1}{3\nu}} \quad \text{für} \quad \frac{1}{\hat{\tau}_Z} < \omega < \frac{1}{\hat{\tau}_0} \tag{3.205}$$

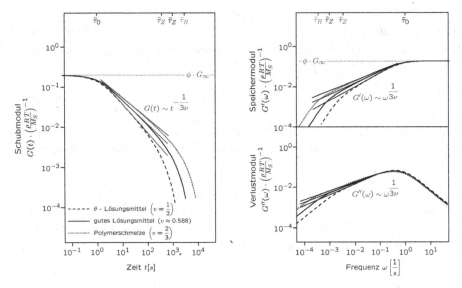

Abb. 3.83 Zeit- und frequenzabhängiger Modul einer idealen Gaußschen Kette in Lösung (Beispiel für $N = 50$, $\phi = 0.2$ und $\hat{\tau}_0 = 1\,\text{s}$)

In Abb. 3.83 ist der aus dem Zimm-Modell abgeleitete zeit- und frequenzabhängige Schubmodul (siehe Gl. 3.203) exemplarisch für eine ideale Kette mit 50 Segmenten und für verschiedene Lösungsmittel dargestellt. Die Linien geben die Zeit- bzw. Frequenzabhängigkeit des Schubmoduls im Glasübergangsbereich wieder. Bei der für die Polymerschmelze berechneten Kurve (punktierte Linie in Abb. 3.83) wird der Fall betrachtet, dass das Polymer in seinen Monomeren gelöst ist. Für das Beispiel wurde der Volumenanteil des Polymers zu 20 % gewählt.

Im Bereich des viskosen Fließens der Polymerlösung ($t \gg \hat{\tau}_Z$ bzw. $\omega \ll \tau_Z^{-1}$) kann durch die Grenzwertbetrachtung der Lösungsviskosität ($\eta = \eta(\omega \to 0)$) eine Beziehung zwischen der Viskosität η_S des Lösungsmittels, dem Volumenbruch ϕ des Polymers und der Kettenlänge N des Polymers abgeschätzt werden.

$$\eta \approx \eta_S \left(1 + \phi \cdot N^{3\nu-1}\right) \tag{3.206}$$

Die mit dem Rouse-Modell berechnete Viskosität (siehe Gl. 3.198) kann als Spezialfall von Gl. 3.206 aufgefasst werden. In einer Polymerlösung ist der Reibungskoeffizient ζ_0 eines Submoleküls im Lösungsmittel nach Stokes proportional zum Produkt aus seiner Länge (bzw. seinem Radius) a und der Viskosität η_S des Lösungsmittels.

$$\zeta_0 \approx \eta_S \cdot a$$

Einfaches Einsetzen dieser Beziehung in Gl. 3.206 führt bei einem unverdünnten Polymer ($\phi = 1$ und $\nu = \frac{2}{3}$) für genügend lange Polymerketten ($N^{3\nu-1} \gg 1$) zu der von Rouse abgeleiteten Viskosität der Polymerschmelze.

$$\eta \approx \frac{\zeta_0}{a} \cdot N$$

Gleichung 3.206 wird üblicherweise in geänderter Form dargestellt. Dabei bezieht man sich nicht auf die Lösungsviskosität, sondern auf die so genannte intrinsische Viskosität $[\eta]$ mit der Dimension einer reziproken Konzentration

$$[\eta] = \lim_{c \to 0} \left(\frac{\eta - \eta_S}{\eta_S}\right) \cdot \left(\frac{1}{c}\right) \tag{3.207}$$

wobei η die Viskosität der verdünnten Lösung, η_S die Viskosität des Lösungsmittels und c den Gewichtsanteil des Polymers pro Volumenelement Lösungsmittel bezeichnet.

$$c = \phi \cdot \frac{M_0}{a^3 \cdot N_A} \tag{3.208}$$

Durch die Kombination von Gl. 3.207 und Gl. 3.208 kann die intrinsische Viskosität eines gelösten Polymers in Abhängigkeit vom Molekulargewicht des Polymers $M = N \cdot M_0$ angegeben werden.

$$[\eta] \approx \frac{a^3 \cdot N_A}{M_0} \cdot N^{3\nu-1} = \frac{a^3 \cdot N_A}{M_0^{3\nu}} \cdot M^{3\nu-1}. \tag{3.209}$$

Das Zimm-Modell beschreibt die Dynamik von Polymeren in verdünnter Lösung unter Berücksichtigung der hydrodynamischen Wechselwirkung zwischen Polymer und Lösungsmittel.

Die durch den Parameter ν charakterisierte hydrodynamische Wechselwirkung hat direkten Einfluss auf die Relaxationszeiten der Eigenmoden der Polymerkette ($\nu = \frac{1}{2}$ für ein Θ-Lösungsmittel, $nu \approx 0.588$ für ein gutes Lösungsmittel und $nu = \frac{2}{3}$ für eine Polymerschmelze).

$$\hat{\tau}_p \approx \hat{\tau}_0 \cdot \left(\frac{N}{p}\right)^{3\nu}$$

Die Relaxationszeit $\hat{\tau}_0$ ($p = N$) definiert den am schnellsten ablaufenden Relaxationsprozess einer Polymerkette. Im Zimm- und im Rouse-Modell ist $\hat{\tau}_0$ identisch. Die höchste Relaxationszeit ($p = 1$), die den Übergang vom Bereich der glasartigen Erstarrung in den Bereich des viskosen Fließens charakterisiert, wird als Zimm-Zeit $\hat{\tau}_Z$ bezeichnet und ist immer kleiner als die Rouse-Zeit $\hat{\tau}_R$, d.h., Relaxationsprozesse laufen in verdünnten Lösungen stets schneller ab als in der Polymerschmelze.

$$\hat{\tau}_Z = \tau_0 \cdot \left(\frac{N}{p} \right)^{3\nu}$$

Der Logarithmus des Schubmoduls steigt (bzw. fällt) im Bereich des Glasübergangs linear mit dem Logarithmus der Frequenz (bzw. mit dem Logarithmus der Zeit). Die Steigung kann zur experimentellen Bestimmung der, durch den Parameter ν definierten, hydrodynamischen Wechselwirkung verwendet werden.

$$\log G(t) \propto -\frac{1}{3\nu} \cdot \log t \quad \text{für} \quad \hat{\tau}_0 < t < \hat{\tau}_Z$$

$$\log G'(\omega) \approx \log G''(\omega) \propto \frac{1}{3\nu} \cdot \log \omega \quad \text{für} \quad \frac{1}{\hat{\tau}_Z} < \omega < \frac{1}{\hat{\tau}_0}$$

Im Bereich des viskosen Fließens ($\omega \ll \hat{\tau}_Z^{-1}$) kann mit dem Zimm-Modell ein funktionaler Zusammenhang zwischen der intrinsischen Viskosität $[\eta]$ und dem Molekulargewicht eines gelösten Polymers abgeleitet werden,

$$[\eta] = \lim_{c \to 0} \left(\frac{\eta - \eta_S}{\eta_S} \right) \cdot \left(\frac{1}{c} \right) \propto M^{3\nu - 1}$$

wobei c den Gewichtsanteil des Polymers pro Volumenelement Lösungsmittel, η die Viskosität der verdünnten Lösung und η_S die Viskosität des Lösungsmittels bezeichnet.

3.14.4 Das Reptationsmodell

Bei der Diskussion des Rouse- und des Zimm-Modells in den vorigen beiden Abschnitten wurde deutlich, dass beide Modelle das dynamisch-mechanische Verhalten von Polymeren nur in bestimmten Bereichen richtig beschreiben.

Im Bereich der glasartigen Erstarrung sind beide Modelle per Definition nur eingeschränkt zu verwenden, da sie eine kürzeste Relaxationszeit voraussetzen und energetische Wechselwirkungen vernachlässigen. Dies führt dazu, dass die mit beiden Modellen berechneten Module im Bereich der glasartigen Erstarrung um einen Faktor 10 bis 50 kleiner sind als die experimentell bestimmten Werte.

Des Weiteren gelten beide Modelle nur für Polymere mit geringem Molekulargewicht. Mit steigendem Molekulargewicht werden systematische Unterschiede zwischen Modell und Experiment sichtbar. Abb. 3.84 illustriert dies am Beispiel frequenzabhängiger Modulmessungen an Polystyrolproben mit variablem Molekulargewicht (siehe Abb. 3.84a) und am Zusammenhang zwischen Molekulargewicht und Viskosität bei einer großen Anzahl an Polymeren (siehe Abb. 3.84b).

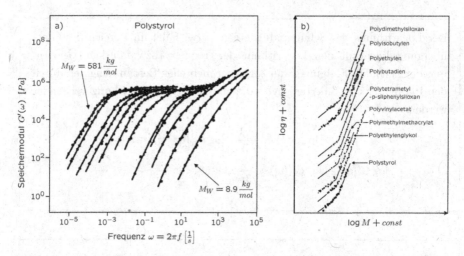

Abb. 3.84 Frequenzabhängigkeit des Speichermoduls in Abhängigkeit vom Molekulargewicht (a) und Zusammenhang zwischen Viskosität und Molekulargewicht bei verschiedenen Polymeren (b), nach Ferry (1980) und Fox (1968)

Betrachtet man die Frequenzabhängigkeit des Speichermoduls, so findet man nur bei niedrigen Molekulargewichten den von Rouse und Zimm abgeleiteten Übergang vom Bereich der glasartigen Erstarrung in den Bereich des viskosen Fließens (siehe Abb. 3.84a). Ab einem kritischen Molekulargewicht bildet sich ein Plateau des Speichermoduls zwischen Glasübergang und viskosem Fließen aus. Der Modulwert dieses Plateaus ist dabei unabhängig vom Molekulargewicht.

Betrachtet man die Grenzviskositäten

$$\eta = \lim_{\omega \to 0} \eta^{\star}(\omega)$$

bei den verschiedenen Molekulargewichten (siehe Abb. 3.84b), so stimmt der von Rouse postulierte lineare Zusammenhang zwischen Viskosität und Molekulargewicht wiederum nur bei niedrigen Molekulargewichten mit dem Experiment überein. An einer großen Anzahl von Polymeren konnte experimentell nachgewiesen werden, dass der Zusammenhang zwischen Molekulargewicht M und Viskosität

η ab einem bestimmten kritischen Molekulargewicht M_C durch ein Potenzgesetz beschrieben werden kann (siehe Gl. 3.210).

$$\eta = k \cdot M^1 \quad \text{für: } M < M_C$$
$$\eta = k \cdot M^{3.4} \quad \text{für: } M > M_C$$
$$\Downarrow$$
$$\eta = k \cdot M^1 \left[1 + \left(\frac{M}{M_C} \right)^{2.4} \right] \tag{3.210}$$

Der Exponent ist für Polymere mit linearer Kettenstruktur konstant (≈ 3.4) und unabhängig von der Struktur und der Zusammensetzung der Monomere, während das kritische Molekulargewicht M_C eine polymerspezifische Größe darstellt.

Entanglements

Schon um 1940 interpretierte Treloar (siehe Treloar (1975)) das mechanische Verhalten von hochmolekularen Polymerschmelzen durch den Einfluss von Entanglements. Danach führen Verhakungen und Verschlaufungen von Polymerketten zur Ausbildung eines temporären Netzwerks. Da das Lösen einer Verhakung eine große Anzahl von Konformationsänderungen voraussetzt, ist das gebildete Netzwerk bei einer kurzzeitigen bzw. hochfrequenten Belastung mechanisch stabil. Das Plateau des Speichermoduls reflektiert somit die elastischen Eigenschaften des Netzwerks. Nach längerer mechanischer Belastung können Verhakungen durch die Änderung der Kettenkonformation gelöst werden. Das viskose Fließen von hochmolekularen Polymerschmelzen ist damit nicht mehr allein von der Kettenlänge abhängig, sondern wird entscheidend von der Dynamik der Entanglements beeinflusst.

DeGennes, Doi und Edwards (siehe deGennes (1971); Doi (1996, 1986)) erweiterten den Ansatz der Entanglements und konnten damit die Dynamik einer hochmolekularen Kette analytisch beschreiben. In ihrem Modell wird ein schlangenartiges Kriechen der Kette entlang ihrer Kontur als dominierende Kettenbewegung postuliert.

Das Röhrenmodell

DeGennes vereinfachte das Problem der durch Verhakungen und Verschlaufungen begrenzten Beweglichkeit einer Kette, indem er annahm, dass die möglichen Konformationen einer Kette durch die Verschlaufungen und Verhakungen mit anderen Ketten auf das Volumen einer Röhre begrenzt sind, wobei der Durchmesser der Röhre durch den Abstand zweier Entanglements gegeben ist (siehe Abb. 3.85).

Die Kette kann sich durch Diffusion nur entlang ihrer Konturlinie in der Röhre bewegen, und senkrecht dazu wird die Bewegung durch die Wände der Röhre bzw. durch die Verhakungen und Verschlaufungen begrenzt. Die schlangen- oder wurmförmige Bewegung der Kette in der Röhre wurde von deGennes als Reptation bezeichnet.

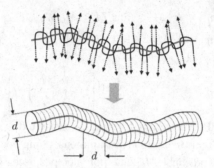

Abb. 3.85 Reptation einer Kette im Röhrenmodell

Die Dimension der Röhre kann aus der Anzahl der Entanglements abgeschätzt werden. Befinden sich im Mittel N_e Kettensegmente zwischen 2 Entanglements, so entspricht der Röhrendurchmesser d_{Rep} dem End-to-End-Abstand einer Kette mit N_e-Segmenten.

Für eine ideale Kette mit N_e Segmenten gilt (siehe Gl. 3.173):

$$d_{Rep} \approx a \cdot \sqrt{N_e}, \tag{3.211}$$

wobei a die Länge eines Kettensegments bzw. Submoleküls bezeichnet.

Für Bewegungen innerhalb der Röhre merkt eine Kette nichts von der Behinderung durch Entanglements. Da der Durchmesser der Röhre durch den mittleren Abstand zwischen zwei Entanglements definiert ist, können sich die N_e Segmente zwischen zwei Entanglements frei bewegen. Die Bewegung dieser Kettensegmente kann analog zum Rouse-Modell durch die Eigenmoden der Kettensegmente beschrieben werden.

Die Bewegungsmöglichkeiten der N_e Kettensegmente in der Röhre sind damit durch ein Spektrum von Relaxationszeiten $\hat{\tau}_p$ charakterisiert.

$$\hat{\tau}_p \approx \frac{\zeta_0 N_e^2 a^2}{6\pi^2 kT p^2} \approx \hat{\tau}_0 \cdot \left(\frac{N_e}{p}\right)^2 \tag{3.212}$$

Die kürzeste Relaxationszeit ($p = N_e$) entspricht der kürzesten Relaxationszeit gemäß dem Rouse-Modell und begrenzt die Bewegung der N_e Kettensegmente zu kurzen Zeiten bzw. hohen Frequenzen.

Bei Beanspruchungen bei kleineren Zeiten ($t < \hat{\tau}_0$) bzw. höheren Frequenzen ($\omega < \hat{\tau}_0^{-1}$) findet auch innerhalb der Röhre keine Relaxation mehr statt, das Polymer ist glasartig erstarrt.

Die höchste Relaxationszeit $\hat{\tau}_e$ entspricht der Grundmode ($p = 1$) der N_e Kettensegmente zwischen zwei Verhakungen.

$$\hat{\tau}_e = \hat{\tau}_0 \cdot N_e^2 = \hat{\tau}_R \cdot \left(\frac{N_e}{N}\right)^2 \tag{3.213}$$

Sie ist kleiner als die höchste Relaxationszeit $\hat{\tau}_R$ des Rouse-Modells (siehe Gl. 3.183). Dies ist verständlich, da die kürzeste Kettenlänge, die frei relaxieren kann, durch Verhakungen und Verschlaufungen auf N_e Segmente begrenzt ist, während die Rouse-Zeit $\hat{\tau}_R$ die unbehinderte Relaxation der gesamten Kette aus N Segmenten beschreibt.

Die Relaxationszeit $\hat{\tau}_e$ gibt damit die Zeit bzw. die Länge ($\hat{\tau}_e \propto N_e^2 \propto d_{Rep}$) an, bis zu der eine Kette nichts von der Behinderung durch Verhakungen und Verschlaufungen merkt. Die Bewegung von Kettensegmenten ist für Zeiten $t \leq \hat{\tau}_e$ auf ein Segment der Röhre beschränkt. Erst bei größeren Zeiten $t > \hat{\tau}_e$ merkt die Kette, dass ihre Bewegung durch die Verhakung mit Nachbarketten eingeschränkt ist.

Bei Beanspruchungen im Zeitbereich $\hat{\tau}_0 \leq t \leq \hat{\tau}_e$ bzw. im Frequenzbereich $\hat{\tau}_e^{-1} \leq \omega \leq \hat{\tau}_0^{-1}$ tragen damit nur die innerhalb der Röhre ablaufenden Relaxationen von Kettensegmenten zum zeit- bzw. frequenzabhängige Modul bei. Analog zur Ableitung des Rouse-Modells ergibt sich:

$$G(t) = \sum_{p=1}^{N_e} G_p(t) \quad \text{bzw.} \quad G^\star(\omega) = \sum_{p=1}^{N_e} G_p^\star(\omega) \tag{3.214}$$

mit

$$G_p(t) = \frac{\rho \cdot R \cdot T}{M_e} e^{-\frac{t}{\hat{\tau}_p}} \quad \text{bzw.} \quad G_p^\star(\omega) = \frac{\rho \cdot R \cdot T}{M_e} \frac{\imath\omega\hat{\tau}_p}{1 + \imath\omega\hat{\tau}_p} \tag{3.215}$$

Bei höheren Zeiten ($t > \hat{\tau}_e$) ist die Bewegung der Kette eingeschränkt. Bedingt durch die Verhakungen und Verschlaufungen mit Nachbarketten kann sie nur noch entlang ihrer Konturlinie diffundieren. Senkrecht zur Konturlinie ist nur noch eine, durch die Wände der Röhre begrenzte, Fluktuation möglich.

Geht man davon aus, dass ein viskoses Fließen von Ketten erst möglich wird, wenn sämtliche Entanglements gelöst sind, so wird der Zustand des viskosen Fließens im Röhrenmodell erreicht, wenn die Kette vollständig aus der Röhre, die ja alle Verhakungen und Verschlaufungen repräsentiert, diffundiert ist.

Bei einer diffusiven Bewegung ist das Quadrat der zurückgelegten Wegstrecke immer proportional zur Zeit. Die Zeit $\hat{\tau}_{Rep}$, die eine Kette benötigt, um aus der Röhre zu diffundieren, ist damit etwa proportional zum Quadrat ihrer Konturlänge L.

$$\hat{\tau}_{Rep} \approx \frac{L^2}{D} \tag{3.216}$$

Nach Einstein ist der Diffusionskoeffizient D definiert durch die Beziehung.

$$D = \frac{kT}{N\zeta_0} \tag{3.217}$$

Damit ergibt sich ein Zusammenhang zwischen der Diffusions bzw. Reptationszeit $\hat{\tau}_{Rep}$ und der Konturlänge L der Kette in Abhängigkeit von der Temperatur T, den

Reibungsverlusten ζ_0 eines Submoleküls im viskosen Medium der Polymermatrix und der Anzahl N der Submoleküle der Kette.

$$\hat{\tau}_{Rep} \approx L^2 \cdot \frac{N\zeta_0}{kT} \tag{3.218}$$

Zur quantitativen Bestimmung der Zeit $\hat{\tau}_{Rep}$, die den Übergang vom viskoelastischen in das rein viskose Verhalten charakterisiert, muss jetzt nur noch die Konturlänge der Kette und damit die Länge der Röhre berechnet werden.

Entlang der Kontur der Kette befinden sich N/N_e Entanglements, die die freie Beweglichkeit der Kette einschränken. Der mittlere End-to-End-Abstand zweier Entanglements entspricht dem Radius der Röhre und wurde in Gl. 3.211 hergeleitet. Die Konturlänge berechnet sich damit aus dem Produkt aus der Anzahl an Entanglements und dem Röhrendurchmesser (siehe Gl. 3.219).

$$L = \frac{N}{N_e} \cdot d_{Rep}$$

$$\Downarrow \quad \text{mit } d_{Rep} \approx a \cdot \sqrt{N_e}$$

$$L = \frac{1}{\sqrt{N_e}} \cdot a \cdot N \tag{3.219}$$

Der Ansatz, der zur Konturlänge bzw. zur Länge der Röhre führt, wurde schon bei der Beschreibung einer realen Polymerkette im Rouse-Modell verwendet. Dabei wurde die beschränkte Drehbarkeit benachbarter Monomere dadurch berücksichtigt, dass mehrere Monomere zu einem Submolekül zusammengefasst wurden. Die aus den Submolekülen der mittleren Länge $\bar{a}$ aufgebaute Kette mit N_S Submolekülen konnte dann als Valenzwinkelkette mit freier Drehbarkeit d.h. als ideale Gaußsche Kette behandelt werden.

Der bei der Berechnung der Konturlänge verwendete Ansatz ist identisch. Die Bewegung der Kette ist durch die Verhakungen und Verschlaufungen mit Nachbarketten behindert. Diese Behinderung wird nun durch die Definition eines neuen Submoleküls berücksichtigt. Fasst man alle N_S Segmente zwischen zwei Entanglements zu einem neuen Submolekül zusammen, so sind diese bezüglich ihrer benachbarten Submoleküle frei beweglich. Die neu segmentierte Kette mit N/N_e Submolekülen kann daher als Gaußsche Kette behandelt werden. Deren Konturlänge ergibt sich aus dem Produkt von Anzahl und Länge der Submoleküle, wobei die Länge eines Submoleküls dem End-to-End-Abstand der N_S Segmente und damit dem Durchmesser d_{Rep} der Röhre entspricht.

Durch die Segmentierung der Kette in N/N_e neue Submoleküle der Länge d_{Rep} wird die Idee des Reptationsmodells sehr anschaulich. Innerhalb eines Submoleküls sind die N_e Segmente frei beweglich. Die Dynamik dieser Kettensegmente kann durch die Rouse-Theorie und damit durch das Spektrum der Relaxationszeiten ihrer Eigenmoden analytisch beschrieben werden. Die Behinderung der Kettenbeweglichkeit durch Verhakungen und Verschlaufungen mit anderen Ketten wird durch die diffusive Bewegung der N/N_e Submoleküle entlang der Kontur der neu segmentierten Kette modelliert.

Eine Konsequenz dieser Segmentierung ist die in Gl. 3.219 hergeleitete Beziehung für die Konturlänge. Durch die Unterteilung der Kette in N/N_e neue Submoleküle der Länge $d_{Rep} = a \cdot \sqrt{N_e}$ ist die Konturlänge der Kette, d.h., die Länge der Röhre um den Faktor $\sqrt{N_e}$ kürzer als die Länge der Kette ($l_{\text{Kette}} = a \cdot N$).

Das Einsetzen von Gl. 3.219 in Gl. 3.218 ergibt die Zeit, nach der die Kette vollständig aus der Röhre diffundiert ist:

$$\hat{\tau}_{Rep} \propto \frac{\zeta_0\, a^2}{k\,T\,N_e} \cdot N^3 \propto \hat{\tau}_0 \cdot \frac{N^3}{N_e} \propto \hat{\tau}_e \cdot \left(\frac{N}{N_e}\right)^3 \propto \hat{\tau}_R \cdot \frac{N}{N_e} \tag{3.220}$$

Nach langen Zeiten $t > \hat{\tau}_{Rep}$ bzw. bei tiefen Frequenzen $\omega < \hat{\tau}_{Rep}^{-1}$ sind sämtliche Verhakungen und Verschlaufungen gelöst und die Polymerkette verhält sich wie eine ideal viskose Flüssigkeit.

Bei Beanspruchungen im Zeitbereich $\hat{\tau}_e \leq t \leq \hat{\tau}_{Rep}$ ist der Modul proportional zum Anteil der Kette bzw. zum Anteil seiner Kontur, der sich noch in der Röhre befindet. Die exakte Berechnung des Moduls ist mathematisch anspruchsvoll und wird als *First-passage-time*-Problem bezeichnet.

Doi und Edwards lösten dieses Problem 1978 und erhielten die in Gl. 3.221, Gl. 3.222 und Gl. 3.223 dargestellten Ausdrücke für den zeit- bzw. den frequenzabhängigen Modul.

$$G(t) = \sum_{q=1,3,5,\ldots}^{\infty} G_q(t) \quad \text{bzw.} \quad G^\star(\omega) = \sum_{q=1,3,5,\ldots}^{\infty} G_q^\star(\omega) \tag{3.221}$$

mit

$$G_q(t) = G_e \cdot \frac{8}{\pi^2\, q^2}\, e^{-q^2 \frac{t}{\hat{\tau}_{Rep}}} \tag{3.222}$$

bzw.

$$G_q^\star(\omega) = G_e \cdot \frac{8}{\pi^2\, q^2} \cdot \frac{\mathrm{i}\omega\hat{\tau}_{Rep}}{q^2 + \mathrm{i}\omega\hat{\tau}_{Rep}} \tag{3.223}$$

Der Plateaumodul G_e ist indirekt proportional zum mittleren Gewicht $M_e = M_S \cdot N_e$ eines Netzbogens zwischen zwei Entanglements und damit ein Maß für die physikalische Netzstellendichte.

$$G_e = \frac{\rho\, R\, T}{M_e} = \frac{\rho\, R\, T}{M_S} \cdot \frac{1}{N_e} \propto \frac{1}{N_e} \tag{3.224}$$

Zu beachten ist, dass der Plateaumodul G_e nur von der mittleren Anzahl an Polymersegmenten zwischen zwei Entanglements N_e und nicht von der Kettenlänge N bzw. vom Molekulargewicht M abhängt.

N_e stellt eine polymerspezifische Größe dar. So wird eine flexiblere Polymerkette mehr Verhakungen und Verschlaufungen mit ihren Nachbarketten ausbilden; dies verringert die Anzahl der Segmente N_e zwischen zwei Entanglements und führt zu einer Erhöhung des Moduls. Eine flexiblere Kette hat somit einen höheren Plateaumodul G_e als ein Polymer mit steiferer Kettenstruktur.

Von Doi und Edwards wurde ein mathematisch exakter Ausdruck für die Reptationszeit $\hat{\tau}_{Rep}$ hergeleitet (siehe Gl. 3.225).

$$\hat{\tau}_{Rep} = 6\,\hat{\tau}_0 \cdot \frac{N^3}{N_e} = 6\,\hat{\tau}_e \cdot \left(\frac{N}{N_e}\right)^3 = 6\,\hat{\tau}_R \cdot \frac{N}{N_e} \qquad (3.225)$$

Die Gleichungen für den zeit- und den frequenzabhängigen Modul (siehe Gl. 3.221 und Gl. 3.222) lassen sich analog zum Rouse-Modell durch eine Summe von Relaxationsvorgängen mit unterschiedlichen Relaxationszeiten $\hat{\tau}_q$ interpretieren. Im Unterschied zum Rouse-Modell, in dem jede Mode bzw. jede Eigenschwingung einen identischen Beitrag

$$G_p(t) = G_p^\star(\omega) = \frac{\rho \cdot R \cdot T}{M_e}$$

zum gesamten zeit- bzw. frequenzabhängigen Modul liefert (siehe Gl. 3.215), nimmt der Beitrag der q-ten Mode bei der Reptation mit steigender Modenzahl q ab (siehe Gl. 3.222).

$$G_q(t) = G_q^\star(\omega) = \frac{\rho \cdot R \cdot T}{M_e} \cdot \frac{8}{\pi^2\, q^2}$$

In Abb. 3.86 ist das gesamte Spektrum der Relaxationszeiten am Beispiel einer Kette aus $N = 50$ Segmenten grafisch dargestellt, wobei angenommen wurde, dass im Mittel nach 10 Segmenten ein Entanglement auftritt. Die quadratischen Symbole geben die Relaxationszeiten der Rouse-Moden wieder, wobei die Relaxationszeit $\hat{\tau}_0$ der höchsten Mode auf $1\,\mathrm{s}$ festgelegt wurde. Die höchste Relaxationszeit des Rouse-Anteils entspricht der Grundschwingung des Segments zwischen zwei Entanglements und berechnet sich mit Gl. 3.213 zu

$$\hat{\tau}_e = \hat{\tau}_0 \cdot N_e^2 = 1 \cdot 10^2\,\mathrm{s} = 100\,\mathrm{s}$$

Im Zeitbereich zwischen $1\,\mathrm{s}$ und $100\,\mathrm{s}$ relaxieren nur die Kettensegmente zwischen zwei Entanglements. In diesem Zeitbereich wird die Bewegung der Kettensegmente nicht durch Entanglements behindert.

Nach der Reptationszeit

$$\hat{\tau}_{Rep} = 6\,\hat{\tau}_0 \cdot \frac{N^3}{N_e} = 6 \cdot \frac{50^3}{10}\,\mathrm{s} = 75000\,\mathrm{s}$$

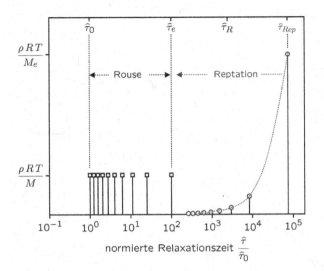

Abb. 3.86 Relaxationszeiten einer idealen Gaußschen Kette aus $N = 50$ Segmenten mit $\frac{N}{N_e} = 5$ Entanglements

sind sämtliche Entanglements gelöst bzw. ist die Kette aus der Röhre diffundiert. Bei größeren Zeiten entspricht das mechanisch-dynamische Verhalten dem einer ideal viskosen Flüssigkeit. Damit ist $\hat{\tau}_{Rep}$ die höchste im Spektrum vorkommende Relaxationszeit. Die kreisförmigen Symbole in Abb. 3.86 stellen die Beiträge des Reptationsvorgangs zum Relaxationsverhalten der Kette dar. Diese sind theoretisch nicht zu kleinen Zeiten begrenzt, tragen aber bei höheren Moden nur noch wenig zum gesamten Relaxationsverhalten bei. Beschränkt man sich bei der Beschreibung der Reptation auf den Anteil der Grundmode ($q = 1$) mit der Relaxationszeit $\hat{\tau}_{Rep}$, so werden damit schon ca. 98 % des gesamten Reptationseffekts berücksichtigt.

Der zeit- bzw. frequenzabhängige Modul berechnet sich aus der Summe aller Relaxationsvorgänge. In Abb. 3.87 ist der zeit- bzw. frequenzabhängige Modul für die Modellkette aus 50 Segmenten mit 5 Entanglements pro Kette grafisch dargestellt. Die dünneren Linien entsprechen den Beiträgen der Rouse- (siehe Gl. 3:215) und Reptationsmoden (siehe Gl. 3.222). Die Summe aus beiden Beiträgen (stärkere Linien) charakterisiert das vollständige dynamisch-mechanische Verhalten der Modellkette.

Im Bereich des viskosen Fließens führt die Grenzwertbetrachtung der Viskosität

$$\eta = \lim_{w \to 0} \eta^\star(\omega) = lim_{w \to 0} \frac{G^\star(\omega)}{i\,\omega}$$

zu einer Beziehung zwischen der makroskopisch definierten Viskosität und den mikroskopischen Parametern der Kette (siehe Gl. 3.226 mit $\sum_{p=1,3,5,\ldots}^{\infty} \frac{1}{p^2} = \frac{\pi^4}{96}$).

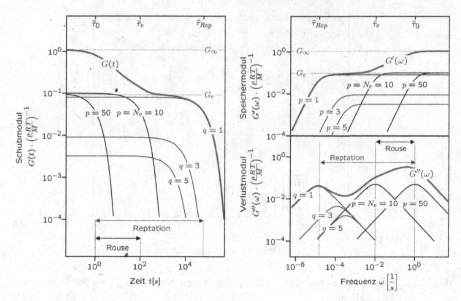

Abb. 3.87 Zeit- und frequenzabhängiger Modul einer idealen Gaußschen Kette aus $N = 50$ Segmenten mit $N/N_e = 5$ Entanglements

$$\eta = \lim_{w \to 0} \frac{8}{\pi^2} \frac{\rho\,RT}{M_e} \sum_{p=1,3,5,\dots}^{\infty} \frac{1}{p^2} \frac{i\,\hat{\tau}_{Rep}}{1 + \dfrac{i\,\omega\hat{\tau}_{Rep}}{p^2}}$$

$$\approx \frac{8}{\pi^2} \frac{\rho\,RT}{M_e} \cdot \tau_{Rep} \sum_{p=1,3,5,\dots}^{\infty} \frac{1}{p^4} = \frac{\pi^2}{12} \cdot \frac{\zeta_0\,a^2}{\nu_0\,N_e^2} \cdot N^3 \qquad (3.226)$$

Damit ist die Grenzviskosität einer idealen Gaußschen Kette proportional zur dritten Potenz der Kettenlänge bzw. zur dritten Potenz des Molekulargewichts.

$$\eta \propto N^3 \propto M^3 \qquad (3.227)$$

Diese Beziehung gibt den experimentell gefundenen Zusammenhang (siehe Abb. 3.84 bzw. Gl. 3.210) zwischen Molekulargewicht und Viskosität ($\eta \propto M^{3.4}$) wesentlich besser wieder als das Rouse-Modell, wobei auch hier die theoretisch berechneten Viskositäten noch deutlich kleiner als die experimentell bestimmten Werte sind.

Angesichts der doch relativ rudimentären Annahmen des einfachen Reptations-modells (die durch Verhakungen und Verschlaufungen begrenzte Beweglichkeit einer Kette wird durch die räumliche Begrenzung auf eine Röhre beschrieben) verwundert dies nicht; es ist eher erstaunlich, dass die einfache Modellvorstellung der Reptation (komplex ist nur die mathematische Ableitung) die experimentellen Befunde so gut wiedergibt.

Auf die Diskussion der Erweiterungen des einfachen Röhrenmodells, wie *Tube Length Fluctuation* und *Constraint Release*, wird an dieser Stelle verzichtet. Weiterführende Literatur findet sich in Doi (1986) und Rubinstein (2003).

Das Reptationsmodell beschreibt den Einfluss von Verhakungen und Verschlaufungen auf die Dynamik einer Polymerkette.

Dabei wird vorausgesetzt, dass alle Ketten im Polymer gleiche Längen, d.h. gleiche Molekulargewichte haben und die Beweglichkeit einer Kette durch die Verhakungen und Verschlaufungen (engl. Entanglements) mit ihren Nachbarketten eingeschränkt ist.

Die eingeschränkte Beweglichkeit einer verhakten Kette wird durch die Begrenzung ihrer möglichen Konformationen auf das Volumen einer Röhre modelliert. Der Durchmesser der Röhre entspricht dem mittleren Abstand zweier Entanglements.

Kettensegmente zwischen zwei Entanglements sind frei beweglich. Ihre Dynamik kann mit dem Rouse-Modell beschrieben werden.

Die Bewegung größerer Kettensegmente ist durch die Verhakung mit Nachbarketten behindert. Die gesamte Kette kann sich daher nur entlang ihrer Kontur bewegen. Die Konturlänge der Kette definiert die Länge der Röhre. Die schlangen- oder wurmförmige Bewegung der Kette in der Röhre wurde von DeGennes als Reptation bezeichnet.

3.14.5 Das Mäandermodell

Die von Pechhold entwickelte Mäandertheorie beschreibt die Eigenschaften von Polymerschmelzen und Netzwerken durch ein Strukturmodell der Schmelze. Grundlage des Modells sind ein Nahordnungskonzept und die schon in Abschnitt 3.12.2 erwähnte Cluster-Entropie-Hypothese.

Das Nahordnungskonzept fordert die Parallelität von benachbarten Ketten über längere Distanzen. Durch die enge Rückfaltung von Kettensegmenten bilden sich Bündel aus mehreren Einzelketten (siehe Abb. 3.88). Der Durchmesser des Kettenbündels ist dabei sowohl von der Mikrostruktur der Kette als auch von ihrer Länge abhängig.

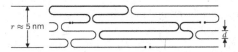

Abb. 3.88 Bündel mit eng rückgefalteten Einzelketten

Eine vollständige Raumerfüllung der Bündel aus Einzelketten ist nur möglich, wenn eine Faltung des gesamten Bündels eingeführt wird. Dies führt unmittelbar zum eigentlichen Problem der Theorie. Die Faltung eines Bündels bedingt die geordnete Faltung einer ganzen Anzahl von Einzelketten und erhöht damit die Ordnung des Systems. Dies steht im Widerspruch zum 2. Hauptsatz der Thermodynamik. Die Cluster-Entropie-Hypothese löst diesen Widerspruch, indem sie die Bildung von Superstrukturen erlaubt, wenn die dadurch reduzierte Entropie durch entropische oder energetische Zustandsänderungen der in der Struktur enthaltenen Elemente kompensiert werden kann.

Akzeptiert man diese Hypothese, so führt die Forderung nach Raumerfüllung zur Bildung von Strukturen aus mehrfach gefalteten Bündeln, den sogenannten Mäanderwürfeln.

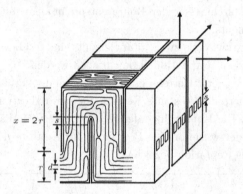

Abb. 3.89 Aufbau eines Mäanderwürfels

Aus geometrischen Gründen kann die Kantenlänge dieser Würfel nur ungerade Vielfache der Bündeldicke r annehmen ($3\,r$, $5\,r$, $7\,r$, ...). Abbildung 3.89 zeigt den einfachsten Mäanderwürfel mit einer Kantenlänge von $3\,r$, der durch die neunfache Faltung eines Bündels entsteht. Thermodynamische Betrachtungen (siehe Eckert (1997)) zeigen, dass der einfachste Mäanderwürfel zugleich der wahrscheinlichste ist. Alle folgenden Betrachtungen beschränken sich deshalb auf den Mäanderwürfel mit neunfacher Bündelfaltung ($x + r = 3\,r$).

Da die Bündel in einem Mäanderwürfel eine räumliche Orientierung besitzen, muss eine Aggregation von Mäanderwürfeln zu Körnern gefordert werden, um die makroskopisch anisotrope Struktur der Polymerschmelze richtig zu beschreiben. Der Durchmesser dieser Körner (ca. $0.3\,\mu$m bis $30\,\mu$m) stellt sich abhängig von der freien Enthalpie der Würfelgrenzflächen ein.

Bereich der glasartigen Erstarrung

Bei endlichen Temperaturen werden geordnete Strukturen durch Fehlstellen bzw. Versetzungen gestört. Für Metalle leiteten Nabarro (1967) und Hull (1968) einen

Zusammenhang zwischen der Struktur und der Energie einer Versetzung mit dem makroskopischen Schubmodul ab.

Dieser Zusammenhang wurde von Pechhold auf Polymere übertragen. Der Modul im Bereich der glasartigen Erstarrung kann damit analog zur Versetzungstheorie der Metalle berechnet werden.

$$G_G \approx \varepsilon_S \cdot \frac{10}{3} \cdot \frac{4\pi(1-\nu)}{b^2 d} \quad \text{bzw.} \quad J_G \approx 0.3 \cdot \frac{b^2 d}{4\pi(1-v)\varepsilon_S} \tag{3.228}$$

Dabei bezeichnet b den Burgers-Vektor, der die Art der Versetzung kennzeichnet, d den Durchmesser des Monomers und ν die Querkontraktionszahl. ε_S ist die freie Energie einer Versetzung bzw. einer Versetzung, die Teil einer Versetzungswand ist (siehe Hull (1968)). Sie ist eine polymerspezifische Größe und kann aus dem Aktivierungsdiagramm abgeleitet werden (siehe dazu Abschnitt 3.12.2). In Tabelle 3.3 sind die Versetzungsenergien einiger Elastomere zusammengestellt. Typischerweise findet man bei Elastomeren Werte zwischen 2 kJ/mol und 4 kJ/mol ich.

Aus Gl. 3.228 folgt ein direkter Zusammenhang zwischen dem Modul im Bereich der glasartigen Erstarrung und dem Durchmesser der Monomeren. Geht man davon aus, dass der Burgers-Vektor in der Größenordnung des Moleküldurchmessers liegt, so ist der Modul im glasartig erstarrten Bereich indirekt proportional zur dritten Potenz des Moleküldurchmessers.

$$G_G \propto \frac{1}{d^3} \quad \text{bzw.} \quad J_G \propto d^3$$

D.h., je geringer der Moleküldurchmesser eines Polymers, umso höher sein Modul im Bereich der glasartigen Erstarrung.

Nähert man den Moleküldurchmesser d mit ca. 0.2 nm bis 0.5 nm an (siehe Rubinstein (2003)und Pechhold (1979)), den Burgers-Vektor mit einem halben bis zu einem Moleküldurchmesser und die Querkontraktionszahl ν mit Werten zwischen 0.2 und 0.4, so erhält man für den Modul im Bereich der glasartigen Erstarrung Werte von ca. 0.6 GPa bis 28 GPa. Im Gegensatz zum Rouse- bzw. Reptationsmodell wird der Bereich der glasartigen Erstarrung vom Mäandermodell damit auch quantitativ richtig wiedergegeben.

Gummielastizität und Plateaumodul

Das Mäandermodell beschreibt den Glasprozess mit der kooperativen Bewegung von Versetzungen in einer quasi-hexagonalen Packung der Ketten im Bündel. Dabei wird die Bündelstruktur durch Versetzungen so gestört, dass sie keine Fernordnung besitzt.

Die Bewegung von Versetzungen kann zu einer Verschiebung von ganzen Molekülschichten führen und so eine makroskopische Deformation hervorrufen. Durch die Faltung der Bündel sind zwei elementare Deformationsmechanismen im Mäanderwürfel identifizierbar: die Würfelquerschnitts- und die Intrabündelscherung. Dabei werden Kettensegmente sowohl senkrecht (siehe Abb. 3.90) als auch parallel (siehe Abb. 3.91) zur Richtung der Kette bewegt. Die maximale Abgleitung, die ohne Zerstörung der Bündelstruktur erreicht werden kann, entspricht sowohl für die Bündelquerschnitts- als auch für die Intrabündelscherung einem Moleküldurchmesser d. Damit ergibt sich für beide Schermechanismen ein maximaler Scherwinkel von $\gamma_{Max} = 1/\sqrt{3}$.

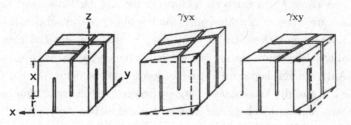

Abb. 3.90 Würfelquerschnittsscherung bei neunfacher Bündelfaltung ($x = 2\,r$)

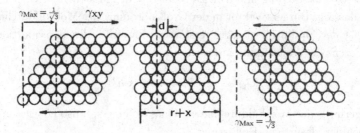

Abb. 3.91 Intrabündelscherung bei neunfacher Bündelfaltung ($x = 2\,r$)

Aus Würfelquerschnitts- und Intrabündelscherung lässt sich durch die Minimalisierung der freien Enthalpie die mittlere Relaxationsstärke J_{eN}^0 des Glasprozesses berechnen.

$$J_{eN}^0 = \frac{d\,(r + x)^2}{9\,kT} \tag{3.229}$$

r bezeichnet den Durchmesser eines Bündels (siehe Abb. 3.88), d den Durchmesser eines Kettensegments bzw. Monomers und x die Art der Superfaltung.

Im wahrscheinlichsten Fall der 9-fachen Bündelfaltung entspricht die Kantenlänge des Mäanderwürfels drei Bündeldurchmessern. Der Plateaumodul G_{eN}^0 bzw. die Plateaukomplianz J_{eN}^0 ist nur noch von der Temperatur sowie vom Monomer- und vom Bündeldurchmesser abhängig (siehe Gl. 3.229).

$$J_{eN}^0 = \frac{d\,r^2}{kT} \quad \text{bzw.} \quad G_{eN}^0 = \frac{kT}{d\,r^2} \tag{3.230}$$

Bei Raumtemperatur findet man für Moleküldurchmesser d von 0.2 nm bis 0.5 nm und für Bündel, die ca. 6 bis 10 Moleküle beinhalten ($r \approx 6\,d \cdots 10\,d$), den Plateaumodul G_{eN}^0 in einem Bereich von 0.3 MPa bis 14 MPa. Vorausgesetzt ist natürlich, dass die Glastemperatur des Polymers deutlich unter Raumtemperatur liegt. Für eine sehr große Anzahl von Polymeren konnte der theoretisch abgeleitete Zusammenhang zwischen dem makroskopisch definierten Plateaumodul und den molekularen Größen Molekül- und Bündeldurchmesser experimentell bestätigt werden (siehe Pechhold (1979)).

Grundlage der Würfelquerschnitts- bzw. Intrabündelscherung sind kooperative Konformationsänderungen mehrerer Kettensegmente. Dabei wird die Konformationsänderung eines einzelnen Kettensegments durch ein einfaches Platzwechselmodell (siehe Abschnitt 3.11.1) beschrieben. Kooperative Platzwechsel mehrerer Kettensegmente laufen umso schneller ab, je mehr Versetzungen vorhanden sind (in Analogie zum freien Volumen bei der Ableitung der WLF-Beziehung).

Können kooperative Platzwechselvorgänge im Beobachtungszeitraum vollständig ablaufen, so wird das mechanische Verhalten durch den Plateaumodul G_{eN}^0 bzw. durch die Plateaukomplianz J_{eN}^0 charakterisiert (siehe Gl. 3.230). Ist die Zeit, die zum Ablauf einer kooperativen Umlagerung benötigt wird, sehr viel größer als der Beobachtungszeitraum, so erscheint das Polymer glasartig erstarrt, und das mechanische Verhalten wird durch den Modul G_G bzw. durch die Komplianz J_G bestimmt (siehe Gl. 3.228).

Quantitativ kann das frequenzabhängige dynamisch-mechanische Verhalten durch ein Relaxationsmodell beschrieben werden. Im Mäandermodell wird dazu der Ansatz von Cole-Cole verwendet (siehe Abschnitt 3.10.6).

$$J^*(\omega, T) = J_G + \frac{J_{eN}^0}{1 + [\mathrm{i}\omega\hat{\tau}_{eN}(T)]^a} \qquad (3.231)$$

$\hat{\tau}_{eN}(T)$ ist die für Würfelquerschnitts- und Intrabündelscherung charakteristische Relaxationszeit. Der funktionale Zusammenhang zwischen Temperatur und Relaxationszeit wird durch das Versetzungskonzept hergestellt (siehe Abschnitt 3.137).

$$\hat{\tau}_{eN}(T) = \frac{\pi}{\nu_0} \cdot e^{\left(\frac{Q_\gamma}{RT}\right)} \cdot \left[1 - \left(1 - e^{\left(-\frac{\varepsilon_s}{RT}\right)}\right)^{\frac{3r}{d}}\right]^{-3\left(\frac{3r}{d}\right)^2 \frac{d}{s}} \qquad (3.232)$$

Bei konstanter Temperatur wird die Relaxationszeit $\hat{\tau}_{eN}(T)$ von den Abmessungen des Monomers (bzw. vom Verhältnis d/s aus Durchmesser und Länge), von der Würfelstruktur (Anzahl $3r/d$ der Bündel pro Kantenlänge des Würfels), von der für eine Konformationsänderung nötigen Energie Q_γ (Barrierenhöhe im Platzwechselmodell) und von der freien Enthalpie ε_s einer Versetzung bestimmt.

Mit steigender Temperatur nehmen sowohl die Wahrscheinlichkeit für einen Platzwechsel bzw. für eine Konformationsänderung als auch die Wahrscheinlichkeit für die Existenz einer Versetzung zu. Damit können kooperative Konformationsänderungen wie Würfelquerschnitts- und Intrabündelscherung schneller ablaufen.

Bis auf den Parameter a, der die Breite des Glasprozesses charakterisiert (siehe Gl. 3.231) sind alle im Mäandermodell verwendeten Größen molekular definiert. Experimentell findet man beim Glasprozess für den Parameter a, der auch als Breitenparameter bezeichnet wird, Werte zwischen 0.7 und 0.9. Für Werte kleiner als 1 ist der Glasübergang nicht mehr durch eine einzige Relaxationszeit, sondern durch ein Spektrum von Relaxationszeiten charakterisiert (siehe Abbildung 3.34).

Da die Relaxationszeit $\hat{\tau}_{eN}^0$ durch die Beziehung 3.232 mit molekularen Größen verknüpft ist, kann ein Spektrum von Relaxationszeiten durch eine Verteilung der molekularen Größen im Polymer erklärt werden. Ursache kann beispielsweise die Fluktuation der Würfelquerschnittsfläche $3r/d$ oder eine inhomogene Verteilung der Aktivierungsenergien Q_γ im Polymer sein.

Scherbandprozess, Fließrelaxation und viskoses Fließen

Die maximale reversible Deformation der Würfelquerschnitts- und Intrabündelscherung ist auf $\gamma_{Max} \approx 1/\sqrt{3}$ beschränkt. Um größere Deformationen zu erreichen ist es nötig, Bündel gegeneinander zu verschieben und damit die Mäanderwürfel aufzuziehen. Dies geschieht kooperativ in Würfelzeilen und -schichten (siehe Abb. 3.92).

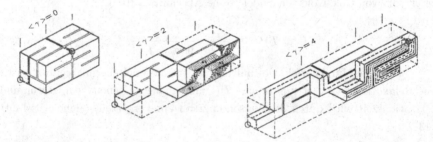

Abb. 3.92 Aufziehen von Scherbändern (in den Würfel ein- und austretende Bündel sind kreisförmig markiert)

Durch die wirkenden Spannungen werden die Mäanderwürfel zunächst so orientiert, dass sie ein gemeinsames Scherband bilden, in dem dann die Bündel in Scherrichtung abgleiten können. Nach aufwändiger Rechnung (siehe Eckert (1997)) findet man für den Schubmodul des Scherbandprozesses die Beziehung

$$\Delta J_B = \frac{1}{\phi\,\xi} \cdot \frac{\beta}{5} \cdot s \cdot x \cdot \left(1 + \frac{r}{x}\right)^2 \frac{d \cdot \gamma_M^2}{kT}. \qquad (3.233)$$

Beim Scherbandprozess werden ganze Würfel aufgezogen. Die entropisch bedingte Rückstellkraft kann teilweise durch die Reorientierung der Ketten im Bündel
relaxieren. Die Parameter ϕ und ξ geben den Anteil der Ketten an, die ihre bei
der Scherung aufgeprägte Orientierung beibehalten. Der Parameter β bestimmt
den Anteil der Polymerketten, die sich unter Dehnung zu Scherbändern arrangieren, und ist eine polymerspezifische Größe. r und d bezeichnen wiederum Bündel-
und Moleküldurchmesser, s die Länge eines Kettensegments und $x + r$ die Art
der Superfaltung. Die maximal mögliche Deformation γ_M eines Scherbands wird
9, wenn man zulässt, dass bei der Scherung auch Bündelteile, die Würfelschichten
verbinden, deformiert werden.

Für den Fall, dass alle Ketten ihre Orientierung im Bündel beibehalten ($\phi \xi = 1$)
und die Bündel im Würfel 9-fach gefaltet sind ($r + x = 3r$), vereinfacht sich
Gleichung 3.233 zu

$$J_B \approx 73 \cdot \beta \cdot \frac{r \cdot s \cdot d}{kT} \quad \text{bzw.} \quad G_B \approx \frac{kT}{73 \cdot \beta \cdot r \cdot s \cdot d} \tag{3.234}$$

Nähert man die Länge eines Segments mit dem halben bis zweifachen Moleküldurchmesser und den Bündeldurchmesser analog zur Abschätzung des Plateaumoduls mit sechs bis zehn Moleküldurchmessern an, so findet man für die
Relaxationstärke bzw. für den Plateauwert des Scherbandprozesses Werte zwi-
schen $0.02\,\text{MPa}$ und $0.4\,\text{MPa}$. Dabei wurde vorausgesetzt, dass sich alle Ketten in
Scherbändern befinden (also $\beta = 1$ ist).

Das frequenzabhängige Verhalten wird analog zum Glasprozess durch eine Cole-
Cole-Funktion beschrieben.

$$J_B^*(\omega, T) = \frac{J_B^0}{1 + [i\omega\hat{\tau}_B(T)]^{a_B}} \tag{3.235}$$

Da der Scherbandprozess deutlich mehr Konformationsänderungen einzelner
Kettensegmente voraussetzt als der Glasprozess, muss die Relaxationszeit des
Scherbandprozesses deutlich höher als die des Glasprozesses sein ($\hat{\tau}_B \gg \hat{\tau}_{eN}^0$).

Geht man davon aus, dass alle im Polymer ablaufenden Prozesse durch die diffusive Bewegung von Versetzungen verursacht werden, so ist die Relaxationszeit
$\hat{\tau}$ proportional zum Quadrat der Anzahl n der benötigten Versetzungsschritte.

$$\hat{\tau} \propto n^2$$

Aus dem Verhältnis der Relaxationszeiten von Scherband- und Glasprozess kann
damit das Verhältnis der bei der Relaxation ablaufenden elementaren Versetzungsschritte berechnet werden.

$$\frac{n_B}{n_{eN}^0} = \left(\frac{\hat{\tau}_B}{\hat{\tau}_{eN}^0}\right)^2 \tag{3.236}$$

Im frequenz- bzw. zeitabhängigen Spektrum der Komplianz erscheint zusammen mit dem Einsetzen des viskosen Fließens, das durch den Anstieg des Imaginärteils mit abnehmender Frequenz $(J'' = 1/(\omega\eta))$ gekennzeichnet ist, ein weiterer Relaxationsprozess, der sogenannte Fließrelaxationsprozess.

Dieser wird darauf zurückgeführt, dass ganze Scherbänder gegen andere Würfelschichten abgleiten können, indem ihre Verbindung durch die Diffusion von Kettensegmenten gelöst wird. Die sehr komplexe Ableitung der Relaxationsstärken und -zeiten findet sich in Eckert (1997). Wichtig am Ergebnis ist, dass für Polymere mit Ketten gleicher Länge (d.h. $M_W = M_N$) der Zusammenhang zwischen der Relaxationsstärke bzw. -zeit und dem Molekulargewicht der Ketten M durch ein Potenzgesetz verknüpft ist.

$$J_F \propto \left(\frac{M}{M_0}\right)^{0.5} \quad \text{und} \quad \hat{\tau}_F \propto \left(\frac{M}{M_0}\right)^{3.8} \quad \text{für} \quad M > M_C \tag{3.237}$$

Dabei bezeichnet M_C das kritische Molekulargewicht, wie schon mehrfach erwähnt, bzw. die Kettenlänge, ab der eine Polymerkette sich über mehrere Mäanderwürfel erstreckt und diese damit verbindet. Nach Pechhold (1979) steigt das kritische Molekulargewicht linear mit dem Bündeldurchmesser r, dem mittlerem Molekulargewicht M_0 eines Monomers und dem Kehrwert der Monomerlänge l_0.

$$M_C \approx 4 \cdot \frac{3\,r}{l_0} \cdot M_0 \tag{3.238}$$

Bei Polymeren, deren Ketten zu kurz sind, um mehrere Mäanderwürfel zu verbinden $(M < M_C)$, bilden sich keine Verbindungen zwischen Scherbändern und angrenzenden Würfelschichten. Damit können beide ungehindert aneinander abgleiten. Polymere mit kurzen Ketten zeigen somit nur viskoses Verhalten und keine Fließrelaxation. Auch die Ausbildung von Scherbändern wird mit abnehmender Kettenlänge immer unwahrscheinlicher, da auch hier Verbindungen über mehrere Würfel hergestellt werden müssen. Die Viskosität von niedermolekularen Polymeren entspricht damit dem Verhältnis von Relaxationszeit $\hat{\tau}_{eN}$ und Relaxationsstärke J_{eN}^0 des Glasprozesses (siehe Pechhold (1979)).

$$\eta = \frac{\hat{\tau}_{eN}}{J_{eN}^0} \propto \left(\frac{M}{M_0}\right)^1 \tag{3.239}$$

Ist das Molekulargewicht eines Polymers deutlich größer als das kritische Molekulargewicht, so dominiert die Fließrelaxation das dynamisch-mechanische Verhalten bei tiefen Frequenzen bzw. hohen Temperaturen. Die Viskosität entspricht dem Verhältnis von Relaxationszeit $\hat{\tau}_F$ und Relaxationsstärke J_F des Fließrelaxationsprozesses.

$$\eta = \frac{\hat{\tau}_F}{J_F^0} \propto \left(\frac{M}{M_0}\right)^{3.5} \tag{3.240}$$

Der vom Mäandermodell vorhergesagte Exponent von 3.5 liegt im Bereich des experimentell ermittelten Werts 3.4. Dabei liegt die Genauigkeit der experimentellen Bestimmung des Exponenten je nach Messmethode im Bereich von 5 % bis 10 %.

Das Mäandermodell beschreibt das dynamisch-mechanische Verhalten von amorphen Polymerschmelzen damit vollständig durch die Summe der Relaxationsprozesse (siehe Gl. 3.241). Der Bereich der glasartigen Erstarrung und des viskosen Fließens werden durch die Terme J_G bzw. $1/(\mathrm{i}\omega\eta)$ berücksichtigt.

$$J^*(\omega, T) = J_G + \frac{J_{eN}^0}{1 + (\mathrm{i}\,\omega\hat{\tau}_{eN})^{a_{eN}}} + \frac{J_B}{1 + (\mathrm{i}\,\omega\hat{\tau}_B)^{a_B}} + \frac{J_F}{1 + (\mathrm{i}\,\omega\hat{\tau}_F)^{a_F}} + \frac{1}{\mathrm{i}\,\omega\eta} \quad (3.241)$$

Dabei sind die Relaxationsstärken und -zeiten aller Prozesse durch molekulare Größen bestimmt.

Vergleich mit dem Experiment

In Abb. 3.93 sind die schon bei der Diskussion des Rouse- bzw. des Reptationsmodells verwendeten Masterkurven der zwei NBR-Kautschuke in Komplianzdarstellung abgebildet. Die Symbole kennzeichnen die Messwerte von Speicher- und Verlustkomplianz, die Linien zeigen die Anpassung von Gl. 3.241 an die Messdaten.

Die durch die Anpassung bestimmten Parameter von Glas- und Scherbandprozess sind in Tabelle 3.7 zusammengestellt. Auf die Auswertung der Fließrelaxation

	$M_N = 4.2\,\mathrm{kg/mol}$	$M_N = 105\,\mathrm{kg/mol}$
$J_G\,[GPa^{-1}]$	1.3 ($\pm$0.2)	1.2 ($\pm$0.2)
$J_{eN}^0\,[MPa^{-1}]$	0.4 ($\pm$0.02)	0.51 ($\pm$0.02)
$\hat{\tau}_{eN}^0\,[\mu s]$	0.14 ($\pm$0.2)	0.87 ($\pm$0.3)
$J_B\,[MPa^{-1}]$	1.0 ($\pm$0.5)	1.0 ($\pm$0.5)
$\hat{\tau}_B\,[\mu s]$	4.9 ($\pm$2)	2500 ($\pm$1000)

Tab. 3.7 Relaxationsstärken und -zeiten des nieder- und des hochmolekularen NBR-Kautschuks

wurde verzichtet, da der Frequenzbereich der Masterkurve nicht zur vollständigen Abbildung der Fließrelaxation ausreicht und die Parameter dieses Prozesses daher nicht mit ausreichender Genauigkeit aus den Messdaten extrahiert werden konnten.

Eine Bestimmung der molekularen Größen (Moleküldurchmesser, Bündeldurchmesser, Anzahl der Superfalten, ...) wird möglich, wenn man zusätzlich die Temperaturabhängigkeit der Relaxationszeiten betrachtet, die im Mäandermodell durch das Versetzungskonzept beschrieben wird. Dazu werden die bei der Kon-

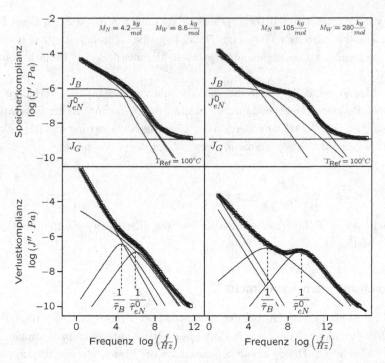

Abb. 3.93 Masterkurven zweier NBR-Kautschuke und Beschreibung durch das Mäandermodell

struktion der Masterkurven bestimmten Verschiebungsfaktoren so normiert, dass sie für jede Temperatur der Frequenzlage des Maximums der Verlustkomplianz wiedergeben und damit der Relaxationszeit $\hat{\tau}_{eN}^0$ des Glasprozesses entsprechen.

In Abb. 3.94 ist der Zusammenhang zwischen der Relaxationszeit des Glasprozesses und der Temperatur für die zwei NBR-Kautschuke grafisch dargestellt. Die durchgezogenen Linien geben die Anpassung der aus dem Versetzungskonzept abgeleiteten Gl. 3.232 an die experimentell bestimmten Verschiebungsfaktoren wieder.

Die Aktivierungsenergie Q_γ liegt für beide NBR-Kautschuke in der Größenordnung des Kinkplatzwechselvorgangs einer C-C-Kette (ca. 23 kJ/mol, siehe Abschnitt 3.11.4). Dabei nimmt die Aktivierungsenergie mit steigendem Molekulargewicht leicht zu. Dies ist ein Indiz dafür, dass die Aktivierungsenergie Q_γ nicht nur durch die Barrierenhöhe des Kinkplatzwechselvorgangs, sondern auch durch die Wechselwirkung mit umgebenden Polymerketten beeinflusst wird.

Die Zunahme der Versetzungsenergie ε_S mit steigendem Molekulargewicht kann durch die geringere Anzahl von freien Kettenenden (diese wirken als zusätzliche Defektstellen) erklärt werden.

Mit sinkendem Molekulargewicht nimmt die Anzahl r/d der Moleküldurchmesser pro Bündelquerschnitt ab. Beim höhermolekularen NBR ist der Bündelquer-

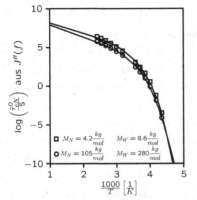

		$M_N = 4.2 \frac{kg}{mol}$	$M_N = 105 \frac{kg}{mol}$
Q_γ	$[\frac{kJ}{mol}]$	25(±0.5)	30(±0.5)
ε_s	$[\frac{kJ}{mol}]$	2.74(±0.02)	2.86(±0.02)
$(\frac{3r}{d})$		15.5(±0.5)	18(±0.5)
$(\frac{d}{s})$		1.5(±0.05)	1.5(±0.05)
$f_0 \cdot 10^{10} [Hz]$		1(±0.3)	1(±0.3)

Abb. 3.94 Aktivierungsdiagramm zweier NBR-Kautschuke und Analyse nach dem Versetzungskonzept

schnitt durch ca. 6, beim niedermolekularen durch ca. 5 Moleküldurchmesser charakterisiert, wie sich aus $3r/d = 18$ bzw. $3r/d = 15.5$ berechnen lässt.

Ist die Anzahl der Moleküldurchmesser pro Bündelquerschnitt bekannt, so kann der Moleküldurchmesser aus der Plateaukomplianz berechnet werden. Durch Umformen von Gl. 3.230 ergibt sich der Moleküldurchmesser zu

$$d = \sqrt[3]{\frac{9\,k\,T \cdot J_{eN}^0}{(3r/d)^2}}$$

Mit den Werten der Plateaukomplianz (siehe Tabelle 3.7) findet man für beide NBR-Kautschuke einen Moleküldurchmesser von ca. 0.42 (±0.02) nm.

Die Art der Versetzung wird durch den Burgers-Vektor charakterisiert. Sind Versetzungsenergie und Moleküldurchmesser bekannt, so kann der Burgers-Vektor bzw. sein Betrag aus der Komplianz im Bereich der glasartigen Erstarrung berechnet werden (siehe Gl. 3.228). Für beide NBR-Kautschuke findet man $b/d \approx 0.5$. Damit kann der elementare Versetzungsschritt bei NBR durch das Abgleiten einer Molekülschicht um einen halben Moleküldurchmesser charakterisiert werden.

Mit Gl. 3.236 kann aus dem Verhältnis der Relaxationszeiten von Scherband- und Glasprozess das Verhältnis der Anzahlen an Versetzungsschritten berechnet werden. Mit den Werten aus Tabelle 3.7 ergibt sich für das hochmolekulare NBR ein Verhältnis von ca. 54 und für das niedermolekulare eines von ca. 6. Da eine Versetzung beim NBR durch einen halben Moleküldurchmesser charakterisiert ist, sind am Scherbandprozess des hochmolekularen NBR ca. 27-mal so viele Versetzungsschritte beteiligt wie am Glasprozess, während dies beim niedermolekularen nur dreimal so viele sind. Die Ausbildung von Scherbändern, der eine große Anzahl von kooperativen Versetzungsschritten zugrunde liegt, ist damit beim niedermolekularen NBR deutlich weniger ausgeprägt als beim höhermolekularen Typ. Da die Relaxationsstärken des Scherbandprozesses beider NBR-Kautschuke vergleichbar sind, kann man folgern, dass der Anteil von Polymerketten, die sich unter Dehnung zu Scherbändern arrangieren, unabhängig vom Molekulargewicht ist.

Damit arrangieren sich die Polymerketten beider NBR-Kautschuke zwar zu gleichen Anteilen in Scherbänder, aber beim niedermolekularen Typ verknüpfen die kürzeren Ketten deutlich weniger Bündel bzw. Mäanderwürfel und können somit schneller relaxieren.

Im Mäandermodell ordnen sich Ketten zu Bündeln, und diese falten sich zu Mäanderwürfeln. Dabei wird die Ordnung des gesamten Systems nicht erhöht (Cluster-Entropie-Hypothese).

Makroskopische Deformationen werden durch die kooperative Bewegung von Versetzungen in der Bündel- und Würfelstruktur erklärt.

Der Modul im Bereich der glasartigen Erstarrung ist konstant und proportional zur Energie einer Versetzung und indirekt proportional zur dritten Potenz des Moleküldurchmessers.

Das dynamisch-mechanische Verhalten vom Bereich der glasartigen Erstarrung bis in den Bereich des viskosen Fließens wird durch drei Relaxationsprozesse (Glasprozess, Scherband- und Fließprozess) beschrieben.

3.14.6 Einfluss der Kettenarchitektur

Bei allen bisher diskutierten Modellen (Rouse, Reptation, Mäander) wurde vorausgesetzt, dass alle Ketten eines Polymers gleiche Länge bzw. identisches Molekulargewicht besitzen. Die meisten technisch hergestellten Elastomere erfüllen diese Voraussetzung nicht. Bei der Polymerisation kann sich eine mehr oder weniger stark ausgeprägte Verteilung der Kettenlängen bzw. Molekulargewichte ausbilden, und es kann auch eine Verzweigung der Kettenstruktur auftreten.

Im Folgenden werden einige der Ideen und Ansätze vorgestellt, die eine Verknüpfung der Kettenarchitektur, d.h. von Molekulargewichtsverteilung und Grad bzw. Struktur der Langkettenverzweigung, mit den dynamisch-mechanischen Eigenschaften ermöglichen. Ziel dieser Ansätze ist die Charakterisierung der Molekulargewichtsverteilung bzw. der Verzweigungsstruktur eines unbekannten Polymers auf der Basis dynamisch-mechanischer Messungen. Darüber hinaus wird die Möglichkeit der Optimierung der dynamisch-mechanischen Eigenschaften durch die gezielte Variation der Kettenarchitektur geschaffen.

Molekulargewichtsverteilung

Nur bei Polymeren mit Ketten gleicher Länge führt die Betrachtung des dynamisch-mechanischen Verhaltens bei beliebig großen Zeiten ($t \rightarrow \infty$) und analog bei beliebig kleinen Frequenzen ($\omega \to 0$) zu dem bekannten, durch ein Potenzgesetz darstellbaren Zusammenhang zwischen der Viskosität

$$\eta_0 = \lim_{t \to \infty} \eta(t) = \lim_{\omega \to 0} \eta^\star(\omega)$$

und dem Molekulargewicht M bzw. der Kettenlänge.

$$\eta_0 \propto M^\alpha \text{ mit } \begin{cases} \alpha = 1 \text{ für } M < M_C \\ \alpha = 3.4 \text{ für } M > M_C \end{cases} \tag{3.242}$$

Bei der einfachsten Beschreibung der dynamisch-mechanischen Eigenschaften von Polymeren mit einer Verteilung von Kettenlängen bzw. Molekulargewichten geht man davon aus, dass die Dynamik jeder Polymerkette durch einen einzigen Relaxationsvorgang charakterisiert werden kann, wobei dessen Relaxationszeit proportional zur Masse bzw. Länge der Kette ist.

$$\hat{\tau} \propto M^\alpha \tag{3.243}$$

Betrachtet man hierzu nochmals das einfache Reptationsmodell, so ist die Reptation einer Kette aus der zugehörigen Röhre zwar durch ein ganzes Spektrum von Relaxationsprozessen charakterisiert (siehe dazu Gl. 3.221 und Gl. 3.222 und auch Abb. 3.86), aber eine Vereinfachung auf nur einen Relaxationsprozess führt nur zu einer Ungenauigkeit von etwas über 10 %, so dass die in Gl. 3.243 angegebene Beziehung im Rahmen einer Näherung durchaus zur Beschreibung der Relaxationszeit einer einzelnen Kette verwendet werden kann.

Nähert man die Reptation einer Kette durch einen einzigen Relaxationsprozess an, so führt eine Verteilung von Kettenlängen zu einem Spektrum von Relaxationsprozessen, wobei jede enthaltene Relaxationszeit mit Gl. 3.243 genau einer Kettenlänge bzw. einem Molekulargewicht zugeordnet werden kann.

Der Plateaumodul bzw. die gesamte Relaxationsstärke des Polymers entspricht dann der Summe bzw. dem Integral der einzelnen Relaxationsstärken $H(\check{\tau})$,

$$G_e = \int_0^\infty H(\check{\tau}) d\check{\tau} \tag{3.244}$$

wobei vorausgesetzt wird, dass alle Ketten durch die Ausbildung von Verhakungen und Verschlaufungen zum Plateaumodul beitragen. Dies gilt allerdings nur dann, wenn die kürzeste Kette im Polymer immer noch deutlich länger als die mittlere Anzahl N_e von Kettensegmenten zwischen zwei Entanglements ist.

Die im Weiteren abgeleiteten Beziehungen zwischen der Molekulargewichtsverteilung und den korrespondierenden dynamisch-mechanischen Materialgrößen gelten damit nur unter der Voraussetzung, dass der Großteil der Ketten im Polymer länger als die kritische Entanglement-Länge N_e ist. Für großtechnisch eingesetzte Elastomere ist diese Näherung so gut wie immer erfüllt. Problematisch wird die Betrachtung bei Thermoplasten, deren mittleres Molekulargewicht durchaus in der Größenordnung der kritischen Länge liegen kann.

Nutzt man den Zusammenhang $\check{\tau} = k \cdot m^\alpha$ zwischen der Relaxationszeit und dem Molekulargewicht, so kann das Relaxationszeitspektrum als Funktion des Molekulargewichts angegeben werden: $(H(\check{\tau}) \to H(m))$. Mit der Substitution $h(m) = k \cdot m^\alpha \cdot H(m)$ erhält man nach Umformen und logarithmischer Skalierung von Gl. 3.244 die Beziehung

$$\frac{\alpha}{G_e} \cdot \int_{-\infty}^{\infty} h(m)d\ln m = 1 \qquad (3.245)$$

Ausgenutzt wird dabei die Beziehung

$$\frac{d\check{\tau}}{dm} = \alpha \cdot m^{\alpha-1} = \alpha \cdot \frac{\check{\tau}}{m} \quad \text{aus der folgt:} \quad \frac{d\check{\tau}}{\check{\tau}} = d\ln\check{\tau} = \alpha \cdot \frac{dm}{m} = \alpha \cdot d\ln m$$

Der Zusammenhang zwischen der Relaxationsstärke $h(m)$ von Ketten gleicher Masse m und ihrem Gewichtsanteil $w(m)$ wird klar, wenn man die Definition der Molekulargewichtsverteilung betrachtet.

$$\int_{-\infty}^{\infty} w(m)d\ln m = 1 \qquad (3.246)$$

Dabei ist $w(m)$ der Gewichtsanteil der Ketten mit dem Molekulargewicht m und mit der Relaxationszeit $\check{\tau} \propto m^\alpha$.

Setzt man voraus, dass die Reptation einer Kette unabhängig von der Länge aller anderen Ketten abläuft, so kann jede Relaxationszeit $\check{\tau}$ einer Kettenlänge bzw. einem Molekulargewicht m zugeordnet werden. Die Relaxationsstärke $h(m)$ aller Ketten der Masse m ist dann ein direktes Maß für deren Gewichtsanteil im Polymer. Ein Vergleich der Gleichungen 3.245 und 3.246 führt zur einfachstmöglichen Beziehung zwischen der Relaxationsstärke $h(m)$ der Ketten mit der Masse m und ihrem Gewichtsanteil $w(m)$.

$$w(m) = \frac{\alpha}{G_e}h(m) \qquad (3.247)$$

Diese Gleichung ermöglicht eine einfache Methode zur Bestimmung der Molekulargewichtsverteilung eines Polymers auf der Basis dynamisch-mechanischer Daten. Dazu muss einzig das Spektrum der Relaxationszeiten bestimmt werden. Dieses Spektrum wird normalerweise mit numerischen Methoden aus frequenzabhängigen Messungen des komplexen Moduls berechnet (siehe dazu die Abschnitte 3.10.5 und 3.10.6).

Voraussetzung ist allerdings, dass die Reptation einer Kette unabhängig von der Länge der benachbarten Ketten abläuft. Dass diese Annahme die Realität nur ungenügend beschreibt, kann man sich an einem einfachen Gedankenexperiment plausibel machen. Man stelle sich dazu eine sehr lange Kette vor, die von vielen kürzeren Ketten umgeben und mit ihnen verhakt und verschlauft ist. Eine Kette löst Verschlaufungen, indem sie entlang ihrer Kontur diffundiert. Die Relaxationsstärke ist dabei proportional zur Anzahl der Verschlaufungen.

Sind alle Ketten gleich lang, so können die umgebenden Ketten durch eine Röhre ersetzt werden, und die Relaxation wird durch das einfache Reptationsmodell beschrieben. Sind die umgebenden Ketten, die ja auch entlang ihrer Konturlänge diffundieren können, deutlich kürzer, so können sie Entanglements naturgemäß schneller lösen.

Während also die lange Kette noch in der (durch Verhakungen mit kurzen Ketten gebildeten) Röhre diffundiert, werden diese schon durch die Diffusion der kurzen Ketten gelöst. Dies verringert die effektive Anzahl von Verhakungen der langen Kette und reduziert damit die Relaxationsstärke.

Erstmals wurde dieser Effekt im sogenannten Double-Reptation-Modell (siehe Cloizeaux (1988)) beschrieben.

Der analytische Zusammenhang zwischen dem Relaxationszeitspektrum $h(m)$ und der Molekulargewichtsverteilung $w(m)$ lässt sich in allgemeiner Form durch eine Mischungsregel beschreiben, wobei β den sogenannten Mischungsparameter darstellt.

$$w(m) \;=\; \frac{1}{\beta} \left(\frac{\alpha}{G_e} \right)^{\frac{1}{\beta}} h(m) \left[\int_{\ln m}^{\infty} h(m')\, d\ln m' \right]^{\frac{1}{\beta}-1} \qquad (3.248)$$

bzw.

$$h(m) \;=\; \beta \frac{G_e}{\alpha} w(m) \left[\int_{\ln m}^{\infty} w(m')\, d\ln m' \right]^{\beta-1} \qquad (3.249)$$

Wählt man $\beta = 1$, so gibt es keine Beeinflussung zwischen Ketten unterschiedlicher Länge. Gl. 3.248 kann für diesen Fall auf die lineare Beziehung zwischen Gewichtsanteil $w(m)$ und Relaxationsstärke $h(m)$ (siehe Gl. 3.247) reduziert werden. Nimmt β Werte größer als 1 an, so beschreibt dies die Beeinflussung der Reptation einer Kette durch benachbarte Ketten unterschiedlicher Längen. Für das Double-Reptation-Modell ergibt sich ein Mischungsparameter von $\beta = 2$.

Die Gleichungen 3.248 und 3.249 gelten allerdings nur, wenn ein kontinuierliches Relaxationszeitspektrum $H(m)$ bzw. $h(m)$ vorliegt. Bei einer diskreten Verteilung der Relaxationszeiten (jede Messung liefert diskrete Signale, damit bestehen experimentell bestimmte Relaxationszeitspektren in der Regel aus diskreten Werten) erhält man nach längerer, aufwändiger Rechnung

$$w_i \;=\; \left(\frac{1}{G_e} \right)^{\frac{1}{\beta}} \left[\left(\sum_{k=i}^{N} H_k \right)^{\frac{1}{\beta}} - \left(\sum_{k=i+1}^{N} H_k \right)^{\frac{1}{\beta}} \right] \qquad (3.250)$$

$$H_i \;=\; G_e \left[\left(\sum_{k=i}^{N} w_k \right)^{\beta} - \left(\sum_{k=i+1}^{N} w_k \right)^{\beta} \right] \qquad (3.251)$$

H_k bezeichnet die nach aufsteigenden Relaxationszeiten $\check{\tau}_k$ sortierten Relaxationsstärken, w_k die entsprechenden Gewichtsanteile im Polymer.

Mit der diskreten Form der Mischungsregel kann der Zusammenhang zwischen Relaxationszeitspektrum und Molekulargewichtsverteilung an dem einfachen Beispiel einer bimodalen Molekulargewichtsverteilung sehr anschaulich dargestellt werden. Das exemplarisch betrachtete System bestehe dazu nur aus Ketten mit zwei unterschiedlichen Längen bzw. Massen $m_1 < m_2$. Das Relaxationszeitspektrum setzt sich dann aus zwei Prozessen mit den Stärken H_1 und H_2 und den Relaxationszeiten $\check{\tau}_1 < \check{\tau}_2$ zusammen.

Das Einsetzen in Gl. 3.251 führt unter Verwendung der Normierung $w_1 + w_2 = 1$ zu den Beziehungen

$$H_1 = \left(1 - w_2^\beta\right) \cdot G_e \quad \text{und} \quad H_2 = w_2^\beta \cdot G_e. \tag{3.252}$$

w_2 bezeichnet dabei den Gewichtsanteil der höhermolekularen bzw. längeren Ketten.

Vergleicht man nun den einfachsten Fall, bei dem die Relaxation einer Kette unabhängig von der Umgebung ist ($\beta = 1$), mit dem Double-Reptation-Modell, bei dem die Beeinflussung der Relaxation einer Kette durch die Umgebung durch einen Mischungsparameter von $\beta = 2$ abgebildet wird, so berechnen sich die Relaxationsstärken bei gleichen Gewichtsanteilen $w = w_1 = w_2 = \frac{1}{2}$ für

$$\beta = 1 \quad \text{zu} \quad H_1 = \frac{1}{2} \cdot G_e \quad \text{und} \quad H_2 = \frac{1}{2} \cdot G_e$$

und für

$$\beta = 2 \quad \text{zu} \quad H_1 = \frac{3}{4} \cdot G_e \quad \text{und} \quad H_2 = \frac{1}{4} \cdot G_e$$

Bei gleichen Gewichtsanteilen (also $w_1 = w_2 = \frac{1}{2}$) führt die Berücksichtigung der Wechselwirkung mit umgebenden Ketten zu höheren Relaxationsstärken ($H_{1(\alpha=2)} > H_{1(\alpha=1)}$) bei kleineren Relaxationszeiten $\check{\tau}_1$ und zu kleineren Relaxationsstärken ($H_{2(\alpha=2)} < H_{2(\alpha=1)}$) bei höheren Relaxationszeiten $\check{\tau}_2$.

In Abb. 3.95 sind die Zusammenhänge zwischen dem Gewichtsanteil (linkes Diagramm), der Verteilung der Relaxationsstärken (mittleres Diagramm) und dem resultierenden frequenzabhängigen Verlauf von Speicher- und Verlustmodul (rechtes Diagramm) für das Beispiel der bimodalen Molekulargewichtsverteilung grafisch dargestellt.

Die Berücksichtigung des Einflusses der Umgebung auf die Relaxation einer Kette führt damit zu einer schwächeren Relaxation der langen Ketten und zu einer stärkeren Relaxation der kürzeren Ketten. Beim frequenzabhängigen Modulverlauf (siehe rechtes Diagramm in Abb. 3.95) bewirkt ein größerer Mischungsparameter β bzw. das dadurch geänderte Relaxationszeitspektrum ein früheres Abfallen von Real- und Imaginärteil bei kleinen Frequenz und damit eine geringere Grenzviskosität.

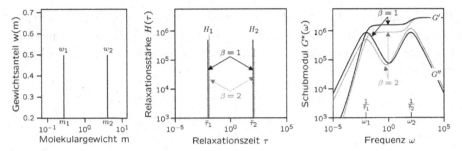

Abb. 3.95 Relaxationszeitspektren und frequenzabhängiger Modul bei bimodaler Molekulargewichtsverteilung und variablem Mischungsparameter β

Die Grenzviskosität

$$\eta_0 = \lim_{\omega \to 0} \eta^\star(\omega) = \lim_{\omega \to 0} \frac{G^\star(\omega)}{i\omega} \qquad (3.253)$$

eines Blends aus N Komponenten berechnet sich mit der Definition des komplexen Moduls

$$G^\star(\omega) = \int_0^\infty H(\check{\tau}) \frac{i\omega\check{\tau}}{1 + i\omega\check{\tau}} d\check{\tau} \qquad (3.254)$$

und der verallgemeinerten Mischungsregel (siehe Gl. 3.251) zu

$$\eta_B = \sum_{i=1}^N \eta_i \left[\left(\sum_{k=i}^N w_k \right)^\beta - \left(\sum_{k=i+1}^N w_k \right)^\beta \right] \qquad (3.255)$$

Bei einer bimodalen Verteilung ($N = 2$) der Kettenlängen bzw. Molekulargewichte ergibt sich damit für die Mischungsviskosität von

$$\eta_B = \eta_1 + w_2^\beta \cdot (\eta_2 - \eta_1) \qquad (3.256)$$

Diese Gleichung zeigt anschaulich die Konsequenz der Beeinflussung der Relaxation von Ketten durch umgebende Ketten unterschiedlicher Längen. Nur für den Fall, dass sich Ketten unterschiedlicher Längen nicht in ihrer Relaxation beeinflussen ($\beta = 1$), entspricht die Viskosität der bimodalen Mischung dem gewichteten Mittelwert der Einzelviskositäten.

$$\overline{\eta} = \sum_{i=1}^2 w_i \eta_i = w_1 \eta_1 + w_2 \eta_2 \stackrel{w_2 = 1 - w_1}{=} \eta_1 + w_2 \cdot (\eta_2 - \eta_1)$$

Für alle anderen Fälle ($\beta > 1$) führt die Beeinflussung der Relaxation durch umgebende Ketten unterschiedlicher Längen bzw. unterschiedlicher Molekulargewichte zu einer Mischungsviskosität, die kleiner als der gewichtete Mittelwert ist.

$$\eta_B = \eta_1 + w_2^\beta \cdot (\eta_2 - \eta_1) < \overline{\eta} \quad \text{für} \quad \beta < 1$$

Die Mischungsviskosität η_B eignet sich damit hervorragend zur experimentellen Bestimmung des Mischungsparameters β. In Abb. 3.96 ist dies am Beispiel von bimodalen Blends aus Polystyrolfraktionen mit verschiedenen Molekulargewichten dargestellt.

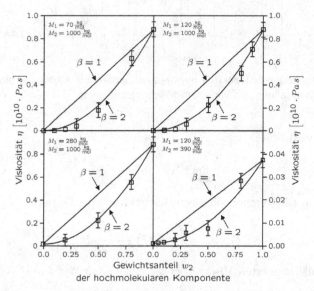

Abb. 3.96 Mischungsviskosität von bimodalen Polystyrol-Blends (Daten aus Eckert (1997)) und Beschreibung durch die Mischungsregel mit $\beta = 1$ und $\beta = 2$

Aufgetragen sind zum einen die experimentell bestimmten Mischungsviskositäten in Abhängigkeit vom Gewichtsanteil der hochmolekularen Komponente und zum anderen die mit Gl. 3.256 berechneten Werte für die beiden Mischungsparameter $\beta = 1$ und $\beta = 2$.

Für Polystyrol bestätigen die experimentellen Ergebnisse die These, wonach die Dynamik einer Polymerkette durch umgebende Ketten unterschiedlicher Längen beeinflusst wird. Quantitativ können die Ergebnisse der Messungen durch die verallgemeinerte Mischungsregel beschrieben werden, wobei ein Mischungsparameter von $\beta = 2$ die experimentell bestimmten Werte am besten wiedergibt.

Dass der Wert des Mischungsparameters nicht nur für Polystyrol dem Wert gemäß dem Double-Reptation-Modell entspricht ($\beta = 2$), sieht man in Abb. 3.97. Dargestellt ist der Vergleich der Molekulargewichtsverteilung von NBR-Kautschuken mit unterschiedlichen Mooney-Viskositäten $ML_{1+4/100}$, die mittels GPC und dynamisch-mechanischer Analyse unter Verwendung der verallgemeinerten Mischungsregel mit $\beta = 2$ bestimmt bzw. berechnet wurden.

Die gute Übereinstimmung zwischen beiden Messmethoden bestätigt den Ansatz der verallgemeinerten Mischungsregel und den vom Double-Reptation-Modell vorgeschlagenen Wert des Mischungsparameters.

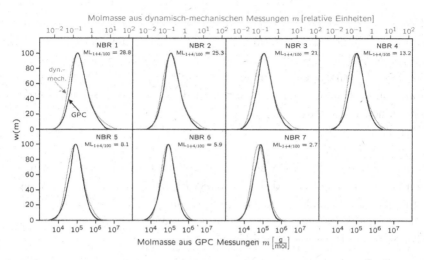

Abb. 3.97 Bestimmung der Molekulargewichtsverteilung von NBR-Kautschuken unterschiedlicher (Mooney-)Viskositäten mittels GPC und dynamisch-mechanischer Analyse unter Verwendung der verallgemeinerten Mischungsregel mit $\beta = 2$

Die aus dynamisch-mechanischen Messungen berechneten Molekulargewichte sind in Abb. 3.97 aus gutem Grund nur in relativen Einheiten angegeben. Die Bestimmung der Absolutwerte würde die quantitative Kenntnis der Beziehung zwischen Relaxationszeit und Molekulargewicht voraussetzen.

$$\check{\tau} = k \cdot m^\alpha$$

Da die Konstante k eine polymerspezifische Größe ist, müsste sie für jedes Polymer explizit aus einer Messreihe an Eich- bzw. Kalibriersubstanzen mit bekanntem Molekulargewicht im Vorfeld der eigentlichen Messung bestimmt werden.

Damit ist eine Bestimmung von Absolutwerten des Molekulargewichts bzw. seiner Verteilung aus dynamisch-mechanischen Messungen zwar prinzipiell möglich, setzt aber eine aufwändige Kalibrierung voraus. Für einen Vergleich ist eine relative Bestimmung der Molekulargewichtsverteilung, d.h. eine beliebige Wahl der Konstanten k, meistens völlig ausreichend. Soll also beispielsweise eine Serie von NBR-Kautschuken hinsichtlich ihrer Molekulargewichtsverteilung charakterisiert werden (siehe Abb. 3.97), so kann die Reihung der Molekulargewichte und die Beurteilung der Breite der Molekulargewichtsverteilung auf der Basis eines relativen Vergleichs erfolgen.

Kritisch ist der relative Vergleich zu bewerten, wenn unterschiedliche Polymere betrachtet werden. Vergleicht man beispielsweise zwei Polymere mit identischer Kettenlänge, aber unterschiedlichen Kettensteifigkeiten, so führen die unterschiedlichen Proportionalitätskonstanten bei gleichen Molekulargewichten zu unterschiedlichen Relaxationszeiten und damit zu unterschiedlichen dynamisch-mechanischen Eigenschaften.

Interessanterweise findet man bei flexibleren Ketten höhere Relaxationszeiten und damit auch höhere Viskositäten als bei steiferen Ketten gleicher Länge. Dieser scheinbare Widerspruch löst sich, wenn man bedenkt, dass flexiblere Ketten mehr Verschlaufungen und Verhakungen ausbilden als steifere Ketten. Die höhere Anzahl von Verschlaufungen führt zu höheren Relaxationsstärken und -zeiten und damit zu höheren Viskositäten.

Besteht ein Polymer aus Ketten unterschiedlicher Längen, so führt die Verhakung und Verschlaufung der unterschiedlich langen Ketten zu einer geänderten Polymerdynamik. Deutlich wird dieser Effekt, wenn man die Mischungsviskosität eines Blends aus unterschiedlich langen Polymerketten betrachtet. Die Viskosität des Blends ist aufgrund der geänderten Polymerdynamik immer geringer als der gewichtete Mittelwert.

$$\eta_B < \overline{\eta} = \sum_{i=1}^{2} w_i \eta_i$$

Analytisch kann dieser Effekt durch eine verallgemeinerte Mischungsregel beschrieben werden,

$$h(m) = \beta \, \frac{G_e}{\alpha} \, w(m) \left[\int_{\ln m}^{\infty} w(m') \, d\ln m' \right]^{\beta-1}$$

wobei der Einfluss der Molekulargewichtsverteilung $w(m)$ auf die Relaxationsstärke $h(m)$ einer Kette der Masse m durch den Mischungsparameter β beschrieben wird. Sowohl theoretische Überlegungen (siehe Double-Reptation-Modell) als auch experimentelle Ergebnisse (Viskosität von bimodalen Polystyrol-Blends) führen dabei zu einem Mischungsparameter von $\beta = 2$.

Durch die verallgemeinerte Mischungsregel kann ein quantitativer Zusammenhang zwischen der Molekulargewichtsverteilung und den dynamisch-mechanischen Eigenschaften hergestellt werden.

Langkettenverzweigung

Da gerade der Begriff der Verzweigung oft missverständlich oder mehrdeutig verwendet wird, ist es sinnvoll, zuerst die physikalische Definition der Verzweigung vorzustellen und erst danach den Zusammenhang zwischen Verzweigung und mechanischen bzw. dynamisch-mechanischen Eigenschaften zu diskutieren.

Eine verzweigte Kette lässt sich durch zwei Eigenschaften charakterisieren: die Struktur der Verzweigung und die mittlere Länge der Arme. Ein Arm bezeichnet das Kettensegment von einem Verzweigungspunkt bis zum nächsten Kettenende. Unterschiede in der Struktur der Verzweigung führen beispielsweise zu stern-, kamm-, h-förmigen oder auch zu rein statistischen Gebilden.

Dabei ist offensichtlich, dass sowohl die Struktur der Verzweigung als auch die mittlere Armlänge großen Einfluss auf die Dynamik der Kette und damit auf die dynamisch-mechanischen Eigenschaften haben müssen.

Sind die Arme einer verzweigten Struktur im Mittel länger als die kritische Entanglement-Länge, so werden durch die Verzweigung zusätzliche Entanglements gebildet. Von Langkettenverzweigung spricht man, wenn die Arme einer verzweigten Kette im Mittel deutlich länger als die Entanglement-Länge sind. Der Fließvorgang einer langkettenverzweigten Kette erfordert dann nicht nur die vollständige Relaxation der Hauptkette, sondern auch die der Arme. Damit kann das einfache Reptationsmodell, welches die Dynamik einer linearen Kette durch die Diffusion entlang ihrer Konturlänge beschreibt, nicht zur Charakterisierung einer langkettenverzweigten Struktur eingesetzt werden. Als unmittelbare Konsequenz kann der Zusammenhang zwischen der Kettenlänge bzw. dem Molekulargewicht und der Relaxationszeit nicht mehr durch ein einfaches Potenzgesetz beschrieben werden. Damit sind alle Modellvorstellungen und Aussagen, die auf der Basis dieses Zusammenhangs abgeleitet wurden, nicht auf langkettenverzweigte Ketten übertragbar.

Auch für den Fall der Kurzkettenverzweigung (die durchschnittliche Armlänge ist deutlich kleiner als die Entanglement-Länge) ergeben sich signifikante Auswirkungen auf die Dynamik der Kette und damit auf die makroskopischen Eigenschaften. Die bei der Verzweigung gebildeten kurzen, nicht verschlauften, Kettensegmente erhöhen die Anzahl der freien Kettenenden im Polymer und vergrößern damit das freie Volumen. Damit können kooperative Segmentumlagerungen schneller ablaufen. Im Prinzip entspricht die Wirkung der Kurzkettenverzweigung derjenigen einer Beimischung niedermolekularer Komponenten. Im Extremfall können die kurzen Seitenarme der verzweigten Kette als ideales Lösungsmittel betrachtet werden. Die Dynamik des Gesamtsystems ist dann auf der Basis des Zimm-Modells (siehe Abschnitt 3.14.3) berechenbar.

Der Zusammenhang zwischen Art und Stärke der Kurzkettenverzweigung und den dynamisch-mechanischen Eigenschaften kann somit durch die Erweiterung bestehender Modelle quantitativ beschrieben werden. Für langkettenverzweigte Strukturen ist dies bisher nicht möglich. Erste Erweiterungen (siehe Rubinstein (2003) und McLeish (1998)) des einfachen Reptationsmodells zeigen, dass die Langkettenverzweigung zu einem geänderten Relaxationsverhalten führt, wobei speziell das Verhalten bei hohen Relaxationszeiten massiv beeinflusst wird. Bis heute existiert aber keine Theorie, die einen quantitativen Zusammenhang zwischen Struktur und Anteil an Langkettenverzweigungen und den dynamisch-mechanischen Eigenschaften herstellt. De facto ist es bis heute nicht einmal möglich, aus den dynamisch-mechanischen Eigenschaften,bzw. aus dem daraus berechneten Relaxationszeitspektrum auf die Existenz von verzweigten Strukturen zu schließen.

Da also keine vollständige physikalische Modellvorstellung existiert, bleibt einzig die Verwendung von mehr oder weniger etablierten empirischen Methoden zur experimentellen Charakterisierung der Langkettenverzweigung. Drei dieser empirischen Methoden sollen im Folgenden vorgestellt und diskutiert werden. Dabei wurde die Auswahl auf der Basis einer möglichst sinnvollen physikalischen Messmethodik durchgeführt.

Bei der ersten empirischen Methode zur Charakterisierung von langkettenverzweigten Strukturen nimmt man (fälschlicherweise) an, dass sich die Dynamik einer verzweigten Kette nicht von der einer linearen Kette unterscheidet.

Bestimmt man die Molekulargewichtsverteilung eines verzweigten Polymers auf der Basis dieser Annahme via GPC oder dynamisch-mechanischer Analyse, so führt dies natürlich zu einem falschen Messergebnis. Da bei der GPC-Messung der Gyrationsradius einer Kette als Maß für das Molekulargewicht bestimmt wird und dieser bei einer verzweigten Kette immer kleiner als bei einer entsprechenden linearen Kette mit gleichem Molekulargewicht ist, wird das Molekulargewicht einer verzweigten Kette durch die GPC-Methode somit systematisch zu klein bestimmt.

Im Gegensatz dazu führt die, aus dynamisch-mechanischen Messungen bestimmte, Molekulargewichtsverteilung eines verzweigten Polymers immer zu Werten, die deutlich größer sind als die des entsprechenden linearen Polymers. Hierzu erinnere man sich an die Vorgehensweise bei der Berechnung der Molekulargewichtsverteilung aus dynamisch-mechanischen Daten. Grundlage war das für lineare Ketten abgeleitete Potenzgesetz, welches die Relaxationszeit mit der Kettenlänge verknüpft. Da durch eine Langkettenverzweigung mehr Entanglements entstehen, wird mehr Zeit benötigt, um diese zu lösen. Eine verzweigte Struktur relaxiert deshalb langsamer als eine lineare. Verwendet man das einfache Potenzgesetz zur Berechnung des Molekulargewichts einer verzweigten Struktur, so werden diese, durch die höhere Relaxationszeit, immer größer als das tatsächliche Gewicht sein.

Nimmt man also an, dass sich die Dynamik einer verzweigten Kette nicht von der einer linearen Kette unterscheidet, so wird das Molekulargewicht eines verzweigten Polymers sowohl durch GPC- als auch durch dynamisch-mechanische Messungen systematisch falsch bestimmt. Da sich die Fehler beider Methoden gegensätzlich auswirken, können sie zur qualitativen Charakterisierung der Langkettenverzweigung verwendet werden.

Dies ist in Abb. 3.98 am Beispiel zweier EPM- bzw. EPDM-Kautschuke grafisch dargestellt. In Abb. 3.98a wurde die Molekulargewichtsverteilung eines linearen Copolymers aus Ethylen mit einem Gewichtsanteil (oft durch wt% abgekürzt) von 48 wt% und Propylen mittels GPC und dynamisch-mechanischer Analyse bestimmt. Der Vergleich der Ergebnisse beider Methoden führt, wie nicht anders zu erwarten, zu vergleichbaren Molekulargewichtsverteilungen.

Die aus dynamisch-mechanischen Messungen bestimmte Molekulargewichtsverteilung eines mit VNB (Vinylnorbornen) verzweigten EPDM (48 wt% Ethylen) unterscheidet sich bis zu Molekulargewichten von ca. 10^5 g/mol nicht von der mittels GPC bestimmten Molekulargewichtsverteilung (siehe Abb. 3.98b). Erst bei höheren Molekulargewichten sind die aus dynamisch-mechanischen Messungen bestimmten Werte deutlich größer als die entsprechenden Werte der GPC-Messung. Nur bei der aus dynamisch-mechanischen Messungen bestimmten Molekulargewichtsverteilung findet man ein lokales Maximum des Phasenwinkels (im Beispiel in Abb. 3.98b bei ca. 10^6 g/mol und $3 \cdot 10^6$ g/mol).

Da das Molekulargewicht von verzweigten Ketten bei der dynamisch-mechanischen Analyse immer zu groß und bei der GPC-Messung immer zu klein bestimmt wird, kann der Unterschied bei höheren Molekulargewichten als Indiz für einen Anteil an langkettenverzweigten Ketten im Polymer dienen.

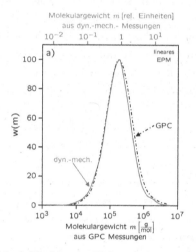 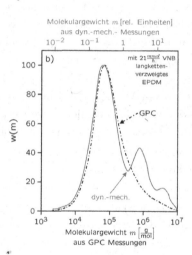

Abb. 3.98 Mittels GPC und dynamisch-mechanischer Analyse bestimmte Molekulargewichtsverteilungen eines linearen EPM-Kautschuks (a) und eines mit VNB verzweigten EPDM-Kautschuks (b)

Der Vergleich von GPC- und dynamisch-mechanischen Messungen liefert somit zwar keine quantitative Information über Art und Menge einer langkettenverzweigten Struktur, kann aber dennoch als Mittel zur qualitativen Beurteilung der Kettenarchitektur eingesetzt werden.

Bestimmt man die Molekulargewichtsverteilung einer langkettenverzweigten Struktur durch GPC- und dynamisch-mechanische Messungen, so zeigen beide Ergebnisse systematische Unterschiede.

Bei dem Polymer mit einem langkettenverzweigten Anteil wird das Molekulargewicht des langkettenverzweigten Anteils bei der GPC-Messung prinzipiell bei zu kleinen Werten gemessen, während bei der dynamisch-mechanischen Messung prinzipiell zu große Werten bestimmt werden.

Der Grund für die systematischen Unterschiede beider Methoden führt zu einem weiteren Charakteristikum langkettenverzweigter Strukturen. Bei der GPC-Messung wird die Diffusion einer Polymerkette in verdünnter Lösung bestimmt, während die dynamisch-mechanischen Messungen am Bulk durchführt werden.

Durch eine Verzweigung erhöht sich die Anzahl der Verschlaufungen mit benachbarten Ketten und damit die Zeit, die benötigt wird, um diese Verschlaufungen zu lösen. Die Grenzviskosität eines verzweigten Polymers ist damit deutlich höher als die einer linearen Struktur mit vergleichbarem Molekulargewicht.

In hochverdünnter Lösung durchdringen sich die Ketten nicht, die Viskosität des gelösten Polymers hängt damit nur vom Gyrationsradius ab. Da dieser bei einer verzweigten Struktur immer kleiner als bei einer linearen Kette mit vergleichbarem Molekulargewicht ist, besitzt die verzweigte Struktur eine geringere Lösungsviskosität als die lineare Kette.

Die Messung der Viskosität in Abhängigkeit von der Konzentration eines Lösungsmittels ist damit eine direkte Methode zur Identifizierung langkettenverzweigter Strukturen.

Vergleicht man Lösungs- und Grenz- bzw. Bulk-Viskosität zweier Polymere, so hat das Polymer mit dem höheren Anteil an langkettenverzweigten Ketten eine niedrigere Lösungs- und eine höhere Bulk-Viskosität.

Die dritte und letzte hier vorgestellte, Methode zur Identifizierung von langkettenverzweigten Strukturen nutzt eine modifizierte Darstellung dynamisch-mechanischer Daten. Normalerweise werden Speicher- und Verlustmodule in Abhängigkeit von der Frequenz dargestellt. Aus dieser Darstellung lassen sich dann Informationen über den Glasübergang, das Plateau der Gummielastizität und den Bereich des viskosen Fließens extrahieren. Beim sogenannten Van-Gurp-Palmen-Plot (van Gurp (1998)) wird nun gerade die Frequenzabhängigkeit der komplexen Größen eliminiert, indem der Phasenwinkel als Funktion des Moduls bzw. seines Betrags dargestellt wird. Der Sinn dieser doch etwas merkwürdigen Auftragung wird klar, wenn man sie am Beispiel zweier Maxwell-Elemente (siehe Abschnitt 3.10.1) diskutiert.

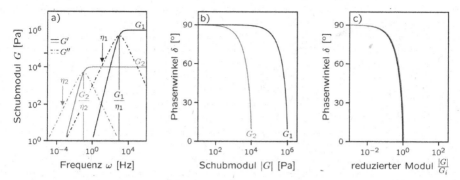

Abb. 3.99 Frequenzabhängige Darstellung (a), Van-Gurp-Palmen-Plot (b) und reduzierter Van-Gurp-Palmen-Plot (c) zweier Maxwell-Elemente

In Abb. 3.99a sind die Speicher- und Verlustmodule der zwei Maxwell-Elemente in Abhängigkeit von der Frequenz dargestellt. Trägt man den Phasenwinkel ($\delta = \arctan \frac{G''}{G'}$) gegen den Betrag des Moduls ($|G| = \sqrt{G'^2 + G''^2}$) auf (siehe Abb. 3.99b), so findet man für den Bereich kleiner Module ($|G| \to 0$) vergleichbare Phasenwinkel. Teilt man den Betrag des Moduls noch durch die Relaxationsstärke, im vorliegenden Beispiel ist dies die Relaxationsstärke des jeweiligen Maxwell-Elements G_1 bzw. G_2, so findet man für beide Elemente identische Kurven (siehe Abb. 3.99c). Man bezeichnet diese Darstellung als reduzierten Van-Gurp-Palmen-Plot.

Durch die spezielle Art der Auftragung im Van-Gurp-Palmen-Plot wird somit der Einfluss der Viskosität eliminiert. Dies gilt sowohl für die normale als auch für die reduzierte Darstellung. Da die Viskosität bei linearen Polymeren durch ein Potenzgesetz mit dem Molekulargewicht verknüpft ist, kann der Van-Gurp-Palmen-Plot als eine vom Molekulargewicht unabhängige Darstellung der dynamisch-mechanischen Eigenschaften angesehen werden.

Trinkle und Friedrich (siehe Trinkle (1998), Trinkle (2002)) zeigten durch Messungen an linearen Polymeren mit einer nicht zu schmalen Molekulargewichtsverteilung ($\frac{M_W}{M_N} \geq 2$), dass weder das Molekulargewicht noch dessen Verteilung zu Unterschieden in der Van-Gurp-Palmen-Darstellung führen. In Abb. 3.100a ist dies am Beispiel von Blends aus linearen EPM-Copolymeren mit unterschiedlichen Molekulargewichten illustriert.

Wie man sieht, sind die Van-Gurp-Palmen-Plots der Blends nahezu identisch, obwohl das Molekulargewicht und dessen Verteilung durch die Variation des Verschnittverhältnisses deutlich variiert wurde.

Gänzlich anders verhalten sich die langkettenverzweigten Systeme. Je höher der Anteil der langkettenverzweigten Ketten ist, umso stärker prägt sich ein zweites lokales Minimum des Phasenwinkels bei Modulwerten aus, die deutlich kleiner als die des Plateaumoduls sind. Dieser empirische Befund ist in Abb. 3.100b am Beispiel von unterschiedlich stark langkettenverzweigten EPDM-Kautschuken de-

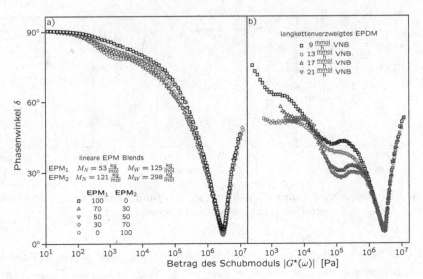

Abb. 3.100 Van-Gurp-Palmen-Plot für lineares EPM und verzweigtes EPDM

monstriert, wobei der Grad der Verzweigung durch die Dosierung des Termono-mers VNB eingestellt wurde.

Das lokale Minimum des Phasenwinkels kann sogar als Maß für den Anteil der verzweigten Struktur verwendet werden. Je kleiner der Wert des Phasenwinkels, umso höher der Anteil der verzweigten Struktur.

> Der Van-Gurp-Palmen-Plot stellt ein einfaches, empirisches Werkzeug zur Be-urteilung der Kettenstruktur dar. Dazu plottet man den Phasenwinkel ($\delta = \arctan \frac{G''}{G'}$) in Abhängigkeit vom Betrag des Moduls ($|G| = \sqrt{G'^2 + G''^2}$). Findet man ein lokales Minimum des Phasenwinkels bei Modulwerten, die un-terhalb der Werte des Plateaumoduls liegen, so kann dies entweder durch das Verschneiden von Polymeren mit sehr unterschiedlichen Molekulargewichten bei gleichzeitig sehr schmaler Molekulargewichtsverteilung oder durch einen Anteil von langkettenverzweigten Ketten verursacht werden.

Bei Polymeren mit einer relativ breiten Molekulargewichtsverteilung ($\frac{M_W}{M_N} \geq 2$) ist die Ausbildung eines lokalen Minimums des Phasenwinkels ein Charakteris-tikum für die Existenz einer langkettenverzweigten Struktur im Polymer, wobei kleinere Werte des minimalen Phasenwinkels einen höheren langkettenverzweigten Anteil anzeigen.

Da die Molekulargewichtsverteilung bei großtechnisch hergestellten Elastomeren meistens relativ breit ist, kann die Existenz eines lokalen Minimums des Phasenwinkels als guter Indikator für die Existenz von langkettenverzweigten Anteilen im Polymer verwendet werden.

3.15 Gummielastizität vernetzter Systeme

3.15.1 Vernetzung

Unter Vernetzung versteht man die Bildung eines makroskopischen, dreidimensionalen Netzwerks durch die mechanisch stabile Verbindung von Kettensegmenten.

Die Verbindung der Kettensegmente kann durch eine chemische Reaktion (z.B. mit Schwefel oder Peroxiden) ionisch oder radikalisch realisiert werden. Man spricht dann von einer chemischen Vernetzung (siehe dazu Soddemann (2014)). Bei der Strahlenvernetzung verwendet man hochenergetische Strahlung (wie β- oder γ-Strahlung) zur Verbindung von Kettensegmenten.

3.15.2 Einfluss der Vernetzung auf die dyn.-mech. Eigenschaften

In Abb. 3.101 ist der Einfluss der Vernetzung auf die dynamisch-mechanischen Eigenschaften am Beispiel des frequenzabhängigen komplexen Schubmoduls eines unvernetzten (a) und eines mit Schwefel vernetzten (b) L-SBR-Kautschuks bei einer Temperatur von 23 °C exemplarisch dargestellt. Bei hohen Frequenzen (> 10^4 Hz) ist das dynamisch-mechanische Verhalten beider Systeme vergleichbar und damit unabhängig von der Vernetzung. Dies entspricht dem in Abschnitt 3.12.9 diskutierten Einfluss der Vernetzermenge auf die Glasübergangstemperatur. Dabei war eine Erhöhung der Glastemperatur erst bei sehr hohen Schwefeldosierungen festzustellen.

Unterschiede in den dynamisch-mechanischen Eigenschaften werden im betrachteten Beispiel erst bei kleineren Frequenzen (< 1 Hz) deutlich. Das unvernetzte System (siehe Abb. 3.101a) zeigt viskoses Verhalten, d.h., sowohl Speicher- als auch Verlustmodul sind proportional zur Frequenz (für ideal viskoses Verhalten gilt $G' \propto \omega^2$ bzw. $G'' \propto \omega^2$) und nehmen mit dieser ab.

Im vernetzten System (Abb. 3.101b) findet man einen auch bei tiefen Frequenzen konstanten Wert des Speichermoduls, der abhängig von der Vernetzungsdichte deutlich über dem Wert des Plateaumoduls des unvernetzten Polymers liegt (man vergleiche dazu Abb. 3.101a und b).

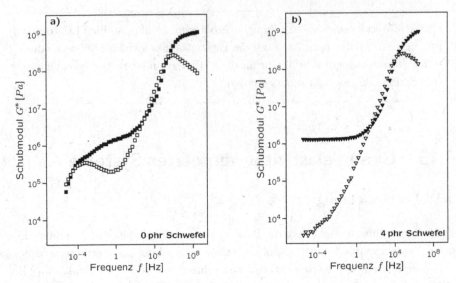

Abb. 3.101 Vergleich der Masterkurven von vernetztem (b) und unvernetztem (a) L-SBR

Das im Grenzfall statischer Belastung ($\omega \to 0$) ideal elastische Verhalten bedeutet nun aber nicht, dass generell keine Fließvorgänge mehr im Polymer ablaufen können. Dies wird deutlich, wenn man die Vernetzung am Beispiel eines Modellsystems diskutiert. Dazu ist in Abb. 3.102 die Viskosität eines Systems aus N Polymerketten in Abhängigkeit von der Anzahl der Netzstellen schematisch dargestellt. Jeder Punkt in den 6 Kästchen im oberen Teil der Abbildung stelle dazu eine Polymerkette dar. Verbundene Punkte stehen für durch Vernetzung verbundene Ketten. Das unvernetzte Polymer besitzt eine Viskosität η_0, die nur von der Länge der Ketten abhängt (siehe dazu Abschnitt 3.14.4). Durch eine Netzstelle werden zwei Ketten verbunden. Damit erhöht sich die Länge der resultierenden Kette. Im allgemeinen Fall bildet sich eine verzweigte Struktur immer dann, wenn keine Kettenenden, sondern Segmente in der Kette verbunden werden. Sowohl die Verlängerung der Kette als auch deren Verzweigung führen zu einer Erhöhung der Viskosität.

Ab einer gewissen Anzahl von Netzstellen erstreckt sich eine vernetzte Struktur über das gesamte Volumen des Polymers. Es sind aber durchaus noch Ketten im Polymer, die nicht an das Netzwerk angebunden sind und sich diffusiv bewegen können.

Die Vernetzungsdichte p_c, bei der das System von einer Anzahl verzweigter Substrukturen in ein makroskopisches Netzwerk übergeht, bezeichnet man als Gelpunkt oder auch als Perkolationsschwelle. Eine sehr gute Einführung in die Theorie der Perkolation findet sich in Stauffer (1995). Unterhalb des Gelpunkts bzw. der Perkolationsschwelle ($p < p_c$) ist das System durch eine hohe, aber endliche Visko-

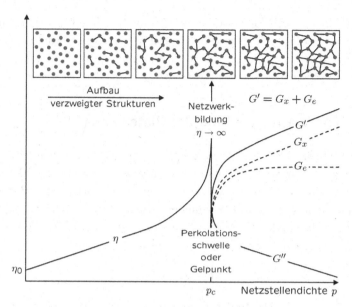

Abb. 3.102 Einfluss der Vernetzung auf Viskosität und Modul

sität charakterisiert, bei Annäherung an die Perkolationsschwelle $(p \to p_c)$ strebt die Viskosität gegen unendlich. Von einem vernetzten Elastomer oder Vulkanisat spricht man immer dann, wenn die Konzentration der Netzstellen größer oder gleich dem Wert am Gelpunkt bzw. an der Perkolationsschwelle ist $(p \geq p_c)$.

Die Summe der im Netzwerk gebundenen Ketten wird auch als Gelanteil bezeichnet, den Anteil der nicht gebundenen Ketten bezeichnet man als Solanteil. Die freie Beweglichkeit der Ketten im Solanteil führt zu einer Energiedissipation bei mechanischer Deformation. Liegt die Netzstellendichte in der Nähe der Perkolationsschwelle, so kann die Anzahl der nicht im Netzwerk gebundenen Ketten die der gebundenen deutlich überschreiten.

Der bei einer periodischen Deformation gemessene Phasenwinkel des vernetzten Polymers kann als Indikator für den Solanteil eines Vulkanisats dienen. Je höher der Phasenwinkel, umso höher der Anteil der noch frei beweglichen Ketten.

Eine vollständige Charakterisierung der mechanischen Eigenschaften eines Netzwerks ist durch den komplexen Modul gegeben. Der Imaginärteil G'' des Schubmoduls korreliert dabei mit der von frei beweglichen Ketten und Kettenenden dissipierten Energie, während der Realteil G' ein Maß für die Elastizität bzw. Stärke des Netzwerks darstellt und damit proportional zur Netzstellendichte ist.

Ein kurzer Rückblick auf das Röhrenmodell macht den Zusammenhang zwischen Netzstellendichte und Speichermodul plausibel. Bei einer Polymerschmelze führte die Verschlaufung und Verhakung von Ketten zur Ausbildung eines Plateaumoduls, dessen Wert proportional zur Anzahl der Verhakungen und Verschlaufungen ist.

Die Verhakungen und Verschlaufungen können durch die Reptation von Ketten gelöst werden und sind damit zeitlich instabil. Das Langzeitverhalten einer Polymerschmelze wird somit durch viskose Fließvorgänge bestimmt ($\lim_{t\to\infty} G' = 0$ und $\lim_{t\to\infty} G'' = \eta/t$).

3.15.3 Die Vernetzung und der Plateaumodul

Bei chemisch oder mittels Strahlen vernetzten Systemen bestimmen zeitlich stabile Verbindungen von Kettensegmenten das dynamisch-mechanische Langzeitverhalten. Der Speichermodul eines Netzwerks konvergiert nach langen Zeiten gegen einen konstanten Wert, den Plateaumodul ($\lim_{t\to\infty} G' = G$), der Imaginärteil ($\lim_{t\to\infty} G'' = 0$) gegen null. Der Plateaumodul ist ein Maß für die Netzstellendichte und setzt sich aus zwei Teilen zusammen:

$$G = G_x + G_e \qquad (3.257)$$

G_x charakterisiert die Dichte der chemisch oder durch Strahlung erzeugten zeitlich stabilen Verbindungen zwischen Kettensegmenten in einem makroskopischen Netzwerk (im Folgenden auch als chemische Netzstellendichte p_x bezeichnet). Abb. 3.102 zeigt die schematische Abhängigkeit des Modulwerts G_x von der Netzstellendichte. Da ein makroskopisches Netzwerk erst bei bzw. oberhalb der Perkolationsschwelle gebildet wird, ist auch der Modul G_x erst ab dieser Schwelle messbar.

Im Bereich des Perkolationsübergangs ($p \geq p_c$) steigt G_x stark an. Bei höheren Netzstellendichten findet man eine lineare Beziehung zwischen dem Modul G_x und der Netzstellendichte p_x. Dies entspricht einer Erweiterung der bisher diskutierten Modelle der Polymerschmelze, die einen linearen Zusammenhang zwischen Plateaumodul und Verhakungsdichte bzw. dem zur Verhakungsdichte proportionalen Kehrwert des mittleren Netzbogengewichts (siehe dazu Gleichung 3.224) prognostizieren, auf zeitlich und mechanisch stabile makroskopische Netzwerke.

G_e ist proportional zu dem Anteil an Verhakungen und Verschlaufungen, der durch die Vernetzung fixiert wurde. Da die Reptation von Polymerketten durch die, bei der Vernetzung gebildeten, mechanisch stabilen Verbindungen zwischen Kettensegmenten verhindert wird, können Verhakungen und Verschlaufungen auch nach langen Zeiten nicht mehr gelöst werden. Die durch Vernetzung fixierten Verhakungen und Verschlaufungen erhöhen damit die Anzahl der zeitlich stabilen Netzstellen. Dies führt zu einem um G_e erhöhten Plateaumodul.

Auch der Modul G_e nimmt erst oberhalb der Perkolationsschwelle messbare Werte an (erst ab dieser Schwelle werden Verhakungen und Verschlaufungen durch das makroskopische Netzwerk fixiert). Mit wachsender Netzstellendichte steigt G_e an und konvergiert für höhere Netzstellendichten gegen einen Grenzwert. Dieser ist erreicht, sobald alle Verhakungen und Verschlaufungen fixiert sind.

Im technisch relevanten Bereich höherer Netzstellendichten (alle Verhakungen und Verschlaufungen sind fixiert) kann Gl. 3.257 analog zur Ableitung des Röhrenmodells als Funktion des durchschnittlichen Netzbogengewichts zwischen zwei Netzstellen dargestellt werden.

$$G = G_x + G_e = \rho\, R\, T \left(\frac{1}{M_x} + \frac{1}{M_e} \right) \qquad (3.258)$$

M_x bezeichnet das mittlere Molekulargewicht zwischen zwei benachbarten chemischen Netzstellen, M_e das mittlere Molekulargewicht zwischen zwei benachbarten, bei der Vernetzung fixierten Verhakungen bzw. Verschlaufungen. Gl. 3.258 wird etwas anschaulicher, wenn man von der Netzbogenlänge M zur Netzstellendichte p übergeht. Die Netzstellendichte gibt an, mit welcher Wahrscheinlichkeit ein Monomer Teil einer Netzstelle ist. Bei bekanntem Molekulargewicht m_M der Monomere ergibt sich die Netzstellendichte p zu

$$p = \frac{2}{f} \cdot \frac{m_M}{M}. \qquad (3.259)$$

Zu dieser Beziehung gelangt man, wenn man sich überlegt, wie viele Monomere einer Netzstelle zuzurechnen sind.

Dabei gibt die Funktionalität f die Anzahl der Kettensegmente an, die einer Netzstelle entspringen. Verbindet eine Netzstelle zwei Ketten, so entspringen ihr vier Kettensegmente, die Funktionalität ist also 4. Bei Copolymeren berechnet sich das durchschnittliche Molekulargewicht m_M aus dem Mittelwert der Molekulargewichte der einzelnen Monomere (siehe Gl. 3.260), wobei c_i den Zahlenanteil und g_i den Gewichtsanteil des i-ten Monomers im Copolymer angibt.

$$m_M = \sum_{i=1}^{N} c_i \cdot m_i = \left(\sum_{i=1}^{N} \frac{g_i}{m_i} \right)^{-1} \qquad (3.260)$$

Aus der Kombination der Gleichungen Gl. 3.258 und 3.259 ergibt sich die Beziehung zwischen Plateaumodul und Netzstellendichte.

$$G = G_x + G_e = \rho\, R\, T\, \frac{f}{2}\, \frac{1}{m_M}\, (p_x + p_e) \qquad (3.261)$$

Diese Gleichung (der Realteil des Moduls wird oftmals mit G bezeichnet, obwohl eigentlich G' gemeint ist) kann zur experimentellen Bestimmung der Netzstellendichte von vernetzten Kautschuken verwendet werden. Dazu muss der komplexe Modul im gummielastischen Bereich durch frequenz- oder zeitabhängige Messungen bestimmt werden. Dabei sollte beachtet werden, dass Messungen bei zu kurzen Zeiten bzw. zu hohen Frequenzen und/oder bei zu tiefen Temperaturen zu falschen Ergebnissen führen können. Der Speichermodul ist dann nicht nur durch die mechanischen Eigenschaften der Kettensegmente zwischen den Netzstellen bestimmt, sondern auch die Relaxation von kürzeren Kettensegmenten (siehe Rouse-Modell,

Abschnitt 3.14.2) trägt zum Modul bei. Sind die kürzeren Kettensegmente noch nicht vollständig relaxiert, so erhöht dies den gemessenen Modul und täuscht eine zu hohe Netzstellendichte vor.

Eine weitere Einschränkung ergibt sich aus der zur Ableitung von Gl. 3.261 notwendigen Annahme, dass alle gebildeten Netzstellen mechanisch aktiv sind und zum Modul beitragen. Dies ist allerdings nur dann gewährleistet, wenn keine freien Kettenenden vorliegen und alle Ketten Teil des Netzwerks sind. Nur in diesem Fall ergibt sich ein proportionaler Zusammenhang zwischen Modul und Netzstellendichte. Ansonsten führt die Relaxation von freien Kettenenden und von nicht im Netzwerk gebundenen Ketten zu kleineren Modulwerten und damit zu einer reduzierten Netzstellendichte. (Der Einfluss der freien Kettenenden auf die Netzstellendichte wird im nachfolgenden Beispiel demonstriert.)

Bei vernetzten Kautschuken konvergiert der komplexe Schubmodul nach langen Zeiten bzw. bei kleinen Frequenzen gegen einen konstanten Wert, der proportional zur Netzstellendichte ist und sich aus zwei Anteilen zusammensetzt:

$$\lim_{t \to \infty} G(t) = \lim_{\omega \to 0} G^{\star}(\omega) = G_x + G_e$$

G_x charakterisiert die Dichte p_x der durch chemische Reaktionen oder hochenergetische Strahlung erzeugten mechanisch stabilen Verbindungen zwischen Kettensegmenten in einem makroskopischen Netzwerk. G_e ist proportional zu dem Anteil p_e an Verhakungen und Verschlaufungen, der durch die Vernetzung fixiert wurde.

Für ein ideales Netzwerk (es existieren keine freien Kettenenden, und alle Ketten sind Teil des Netzwerks) ergibt sich eine direkte Proportionalität zwischen Modul und Netzstellendichte.

$$G = G_x + G_e = \rho \, R \, T \, \frac{f}{2} \, \frac{1}{m_M} \, (p_x + p_e)$$

f bezeichnet die Funktionalität der Netzstellen, die angibt, wie viele Kettensegmente durch eine Netzstelle verbunden werden, und m_M das Molekulargewicht eines Monomers (bzw. das mittlere Molekulargewicht der Monomere bei einem Copolymer).

Bei realen Netzwerken führt die Relaxation von freien Kettenenden und von nicht im Netzwerk gebundenen Ketten zur Dissipation von Energie und damit zu einer Reduktion des Speichermoduls und zu einem endlichen Verlustmodul (bei einem idealem Netzwerk wird keine Energie dissipiert, d.h., es ist $G'' = 0$).

3.15.4 Beispiel

Der Zusammenhang zwischen Plateaumodul und Vernetzungsdichte wird im Folgenden an der peroxidischen Vernetzung von HNBR (34 wt% ACN) demonstriert.

Dabei wurden sowohl die Menge an Peroxid (zu 100 phr Kautschuk wurden 2, 4, 6, 8, 10 bzw. 12 phr Di(tert-butylperoxyisopropyl)benzol gemischt) als auch die Viskosität und damit auch das Molekulargewicht des Kautschuks variiert (Therban A 3407 mit einer Mooney-Viskosität ML1+4/100 °C von 70 und Therban AT A 3401 mit einer Mooney-Viskosität ML1+4/100 °C von ca. 6).

Die Vulkametermessung (MDR)

Zur experimentellen Charakterisierung der Vernetzung wird oft das in der elastomerverarbeitenden Industrie sehr verbreitete Moving-Die-Rheometer (MDR) eingesetzt. Der prinzipielle Aufbau eines MDR ist in Abb. 3.103 skizziert.

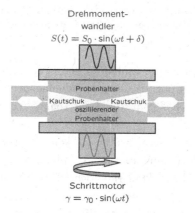

Abb. 3.103 Schematischer Aufbau eines MDR

Zur Charakterisierung der Vernetzung wird das zu untersuchende Compound bei konstanter Frequenz (üblicherweise 1.6 Hz) sowie konstanter Temperatur und Amplitude (üblicherweise 7 %) oszillierend deformiert. Gemessen wird dann das komplexe Drehmoment $S^\star(\omega, T)$ über der Zeit.

Bei bekannter Geometrie des Probenhalters bzw. der zu untersuchenden Probe ist der komplexe Schubmodul proportional zum gemessenen komplexen Drehmoment.

$$G^\star(\omega, T) = g \cdot S^\star(\omega, T)$$

In Abb. 3.104 ist der zeitabhängige Speichermodul der beiden peroxidisch vernetzten HNBR-Kautschuke bei einer Variation der Vernetzermenge dargestellt.

Bei allen Systemen beobachtet man nach dem Start der Messung einen Abfall des Drehmoments, dem anschließend ein starker Anstieg folgt. Nach langer Zeit konvergiert das Drehmoment aller Vulkanisate gegen einen konstanten Endwert.

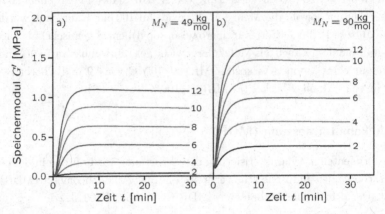

Abb. 3.104 Vulkameterkurven zweier HNBR-Kautschuke (34 wt% ACN) mit unterschiedlichen Molekulargewichten, die mit Di(tert-Butylperoxyisopropyl-)benzol bei 180 °C vernetzt wurden

Da die Compounds nach dem Einbau in den Probenhalter nicht sofort dessen Temperatur annehmen, ist der Abfall des Drehmoments nach Beginn der Messung eine direkte Folge der durch die mit steigender Temperatur verursachten Abnahme der Viskosität.

Falls keine Vernetzung einsetzt, würde ein konstanter Wert des Drehmoments erreicht werden, sobald die Temperatur des Polymers der Messtemperatur bzw. der Temperatur des Probenhalters entspricht. Das Drehmoment wäre dann ein Maß für die Viskosität des Polymers.

Bei beginnender Vernetzung führt die Bildung verzweigter Strukturen zu einer Viskositätserhöhung, bis sich am Gelpunkt ein elastisches makroskopisches Netzwerk bildet. Beide Effekte führen zu einem Anstieg des Drehmoments. Das Ende der Vernetzungsreaktion ist durch ein konstantes Drehmoment gekennzeichnet, das ein direktes Maß für die Netzstellendichte darstellt.

In der Gummiindustrie wird aus historischen Gründen die Differenz zwischen Minimum und Maximum bzw. Endwert des Drehmoments zur Charakterisierung der Netzstellendichte verwendet. Dies ist nur richtig, wenn das Minimum des Drehmoments dem aus Verhakungen und Verschlaufungen resultierenden Plateaumodul der Polymerschmelze entspricht. Dann, und nur dann, gibt die Differenz zwischen Minimal- und Endwert des Drehmoments die Differenz zwischen der gesamten Netzstellendichte und der durch Verhakungen und Verschlaufungen gebildeten physikalischen Netzstellendichte p_e wieder und ist somit direkt proportional zur chemischen Netzstellendichte p_x.

Allerdings ist die Ausbildung des Minimums des Drehmoments zumeist die Folge zweier gegenläufiger Effekte, die nichts mit Verhakungen und Verschlaufungen zu tun haben. Zum einen sinkt die Viskosität der Polymerschmelze durch die Zunahme der Probentemperatur, zum anderen verursacht die beginnende Vernetzung die Bildung vernetzter Strukturen mit höherer Viskosität. Der Minimalwert des Drehmoments gibt somit die temperaturabhängige Viskosität einer undefiniert verzweigten Struktur wieder.

Zur Bestimmung der gesamten Netzstellendichte $p_x + p_e$ sollte deshalb ausschließlich der Plateauwert des Drehmoments bzw. der daraus berechnete Modul verwendet werden.

Charakterisierung der Effizienz der Vernetzung

In Abb. 3.105 sind die aus den Plateauwerten des Drehmoments (siehe hierzu Abb. 3.104) berechneten Netzstellendichten in Abhängigkeit von der Menge an eingemischtem Vernetzer dargestellt.

Dazu wurde vorausgesetzt, dass die Anzahl N_C der bei der Vulkanisation gebildeten chemischen Netzstellen proportional zur Anzahl N_V der Vernetzermoleküle ist,

$$N_V = \alpha \cdot N_C \qquad (3.262)$$

wobei α die Effizienz der Vernetzung bezeichnet und angibt, welcher Anteil der beim thermischen Zerfall der Peroxide entstehenden Radikale zur Bildung einer mechanisch wirksamen Netzstelle führt. Bei einer Dosierung von M_V phr Vernetzer pro 100 phr Kautschuk mit einem mittleren Molekulargewicht der Monomere von m_M ergibt sich die molare Dosierung des Vernetzers zu

$$N_V = \frac{M_V}{100} \cdot \frac{m_M}{M_{\text{O-O}}} \qquad (3.263)$$

Für das im Beispiel verwendete HNBR mit 34 % ACN berechnet sich das mittlere Molekulargewicht zu 53.7 g/mol.

Da die Bildung von Radikalen bei Peroxiden durch den Zerfall einer oder mehrerer Sauerstoffbindungen verursacht wird, bezieht man sich bei der molaren Dosierung von Peroxiden auf die molare Masse pro aktiver Sauerstoffbindung.

Die Bindungsenergie einer einfachen Sauerstoffbindung O–O beträgt ca. 142 kJ/mol. Im Vergleich dazu beträgt die Bindungsenergie einer Kohlenstoffbindung C–C ca. 346 kJ/mol und die einer Bindung C–O zwischen Kohlenstoff und Sauerstoff ca. 358 kJ/mol.

Für das im Beispiel verwendete Perkadox 14-40 (die Zahl 40 gibt die Wirkstoffkonzentration in Prozent an) mit einem Molekulargewicht von 338.5 g/mol und zwei aktiven Sauerstoffbindungen berechnet sich die molare Masse pro Sauerstoffbindung zu $m_{\text{O-O}} = 169.25$ g/mol.

Aus der Kombination der Gleichungen 3.261, 3.262 und 3.263 folgt eine Beziehung zwischen dem gemessenen Modul, der Menge M_V des eingemischten Vernetzers, der Effizienz α der Vernetzung und der Anzahl p_e an fixierten Verhakungen und Verschlaufungen.

$$G = \rho\, R\, T\, \frac{f}{2}\, \frac{1}{m_M} \left(\alpha \cdot \frac{M_V}{100} \cdot \frac{m_M}{m_{\text{O-O}}} + p_e \right) \qquad (3.264)$$

Geht man davon aus, dass bei der peroxidischen Vernetzung die Verbindung von Kettenenden vernachlässigt werden darf, so kann eine Funktionalität von $f = 4$ vorausgesetzt werden. Ist die Reaktion von Radikalen mit Kettenenden nicht von der mit Segmenten in der Kette zu unterscheiden, so ist eine Endgruppenvernetzung ($f = 2$ bzw. $f = 3$) aufgrund der geringen Anzahl von Endgruppen sehr viel unwahrscheinlicher als die Vernetzung zweier Segmente in der Kette ($f = 4$). Nach Einsetzen in Gl. 3.264 und Umformen erhält man eine vereinfachte lineare Beziehung zwischen dem Modul und der Peroxidmenge (siehe Gl. 3.265).

$$\frac{G}{\rho\, R\, T} = \frac{2}{100} \cdot \frac{M_V}{m_{\text{O-O}}} \cdot \alpha + 2 \cdot \frac{p_e}{m_M} \qquad (3.265)$$

Abb. 3.105 zeigt die praktische Anwendung von Gl. 3.265. Aufgetragen ist der durch $\rho\, R\, T$ dividierte Plateaumodul in Abhängigkeit von der durch das 50-Fache der Masse $m_{\text{O-O}}$ dividierte Vernetzermenge.

Die Geraden in Abb. 3.105 sind das Ergebnis einer linearen Regression. Die Steigung der Regressionsgeraden entspricht der Effizienz der Vernetzung, und aus dem Achsenabschnitt kann die Dichte der fixierten Verhakungen und Verschlaufungen berechnet werden. Das Ergebnis ist für die beiden untersuchten Kautschuke in der Tabelle in Abb. 3.105 zusammengefasst.

Für beide Kautschuke ist die Effizienz der Vernetzung im Rahmen der Mess- und Auswertegenauigkeit vergleichbar und liegt in einem Bereich von ca. 0.6 bis 0.7. Demgemäß erzeugen von 10 gebildeten Radikalen 6 bis 7 eine mechanisch wirksame Netzstelle.

Die berechnete Anzahl p_e von Verhakungen und Verschlaufungen pro Monomer der Hauptkette unterscheidet sich für die beiden HNBR-Kautschuke deutlich. Im Fall des niedermolekularen HNBR werden sogar negative Werte gefunden.

Dieses Ergebnis widerspricht der idealen Netzwerktheorie, die fordert, dass die Anzahl der Verhakungen und Verschlaufungen ab einem kritischen Molekulargewicht nicht mehr von diesem abhängig ist. Da die Molekulargewichte der beiden Polymere deutlich über dem kritischen Molekulargewicht liegen, sind die Unterschiede in der Verschlaufungsdichte ein Indiz dafür, dass bei realen Netzwerken ein Einfluss des Molekulargewichts auf die Anzahl der bei der Vernetzung fixierten Verhakungen und Verschlaufungen vorliegt.

Dies macht Sinn, wenn man sich daran erinnert, dass die Formel zur Berechnung der Netzstellendichte nur für ein ideales Netzwerk gültig ist. Dazu dürfen

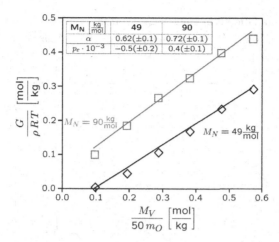

Abb. 3.105 Bestimmung der Vernetzungseffizienz und der Verhakungswahrscheinlichkeit

keine freien Kettenenden vorliegen, und alle Ketten müssen in das Netzwerk eingebunden sein. Bei realen Systemen ist beides nicht der Fall. Dies führt dazu, dass nicht alle Verhakungen und Verschlaufungen durch die Vernetzung fixiert werden können. Man stelle sich dazu eine Verhakung oder Verschlaufung vor, die sich zwischen einer Netzstelle und einem freien Kettenende befindet. Wird auf diese Kette eine Spannung ausgeübt, so kann die Verhakung durch die Reptation des Kettenendes gelöst werden. Die Verhakung ist somit nicht fixiert und trägt daher nicht zur Netzstellendichte bei.

Der Einfluss von freien Kettenenden

Der Einfluss von freien Kettenenden und von nicht im Netzwerk gebundenen Ketten wird deutlich, wenn man die Verhakungs- und Verschlaufungsdichte in Abhängigkeit von der Anzahl an freien Kettenenden darstellt. Die Anzahl N_F der freien Kettenenden kann aus dem Zahlenmittel des Molekulargewichts berechnet werden.

Da die Anzahl der Ketten in einem Polymer ($\sum c_i$) explizit in der Definition des Zahlenmittels des Molekulargewichts enthalten ist,

$$M_N = \frac{\sum c_i \cdot M_i}{\sum c_i}$$

folgt eine direkte Proportionalität zwischen der Anzahl N_F der Kettenenden und dem Kehrwert des Zahlenmittels. Für lineare Ketten gilt $N_F = 2 \sum c_i$, d.h. jede Kette hat zwei Enden.

$$N_F = 2 \sum c_i = \frac{2 \cdot \sum c_i \cdot M_i}{M_N} \propto \frac{1}{M_N}$$

In Abb. 3.106 sind die Verhakungs- bzw. Verschlaufungsdichten der beiden Kautschuke über dem Kehrwert der Zahlenmittel des Molekulargewichts aufgetragen (ungefüllte Symbole).

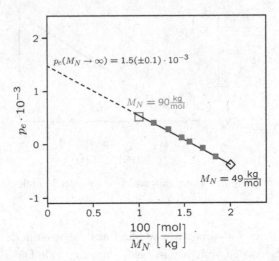

Abb. 3.106 Abhängigkeit der Verhakungs- und Verschlaufungsdichte von der Anzahl an Kettenenden

Zusätzlich sind die Ergebnisse einiger weiterer HNBR-Kautschuke dargestellt, die metathetisch aus dem HNBR mit $M_N = 90\,\text{kg/mol}$ hergestellt wurden (kleinere gefüllte Symbole).

Bei HNBR findet man eine lineare Beziehung zwischen der Anzahl der durch die Vernetzung fixierten Verhakungen und Verschlaufungen und der Anzahl der freien Kettenenden. Quantitativ kann der Einfluss der freien Kettenenden auf die Netzstellendichte durch eine Modifikation von Gl. 3.261 beschrieben werden.

$$G = G_x + G_e = \rho\,R\,T\,\frac{f}{2}\,\frac{1}{m_M}\left(p_x + p_{e\infty} - \frac{\kappa}{M_N}\right) \qquad (3.266)$$

Dabei bezeichnet $p_{e\infty}$ die Dichte der durch Vernetzung fixierten Verhakungen- bzw. Verschlaufungen bei einem idealen Netzwerk ohne freie Kettenenden. Dies kann durch ein Polymer mit unendlich hohem Molekulargewicht oder durch eine Vernetzung der Kettenenden realisiert werden. Für das hier untersuchte HNBR mit 34 wt% ACN findet man etwa 1,5 Verhakungen bzw. Verschlaufungen pro 1000 Monomere. Der Parameter κ ist eine polymerspezifische Konstante, die angibt, wie stark die Fixierung der Verhakungen und Verschlaufungen bei der Vernetzung durch freie Kettenenden beeinflusst wird. Für das Beispiel findet man einen Wert von $\kappa \approx 97\,(\pm 10)\,\text{g/mol}$. In Abschnitt 4.2.4 findet sich ein Vergleich mit dem von Flory abgeleiteten Einfluss der freien Kettenenden auf den Plateaumodul eines idealen Netzwerks.

Das Vulkanisationsverhalten eines ungefüllten Kautschuks kann einfach durch eine MDR-Messung bestimmt werden. Dabei ist der Endwert des Drehmoments proportional zur Netzstellendichte.

Variiert man die Menge des Peroxids, so können aus den Vulkameterkurven sowohl die Effizienz des Vernetzers als auch die Dichte der bei der Vernetzung fixierten Verhakungen und Verschlaufungen berechnet werden.

3.16 Füllstoffe

Der charakteristische Einfluss von Füllstoffen auf die dynamisch-mechanischen Eigenschaften kann durch die Variation der Scher- oder Deformationsamplitude bei konstanter Frequenz und Temperatur verdeutlicht werden. Eine detaillierte Beschreibung der Messungen findet sich in Abschnitt 3.9.3. Ebendort wird als Beispiel eine amplitudenabhängige Messung an einem mit hochaktivem Ruß (N121) gefüllten L-SBR-Compound vorgestellt (siehe Abb. 3.21).

Das amplitudenabhängige Verhalten von gefüllten, vernetzten Elastomeren wird besonders augenfällig, wenn man sich das identische Experiment an einem ungefüllten, vernetzten Kautschuk mit linearem Materialverhalten vorstellt. Dies kann durch den Oberwellenanteil nachgeprüft werden (siehe Exkurs auf Seite 62). Lineares Materialverhalten bedeutet, dass eine Verdopplung der Amplitude eine Verdopplung der Spannung nach sich zieht. Der Modul als Verhältnis beider Größen ist somit konstant und nicht von der Amplitude abhängig.

Dies ändert sich durch die Beimischung eines aktiven Füllstoffs drastisch. Bei dem in Abschnitt 3.21 beschriebenen Beispiel findet man nur für sehr kleine Amplituden einen konstanten Wert von Speicher- und Verlustmodul. Eine Erhöhung der Amplitude führt zu einer deutlichen Absenkung des Speichermoduls. Im Grenzfall sehr hoher Amplituden wird ein konstanter Wert des Speichermoduls auf einem deutlich niedrigeren Werteniveau erreicht. Der Verlustmodul nimmt mit steigender Amplitude zu, durchläuft ein Maximum und nimmt bei weiterer Erhöhung der Deformationsamplitude stetig ab.

D.h., obwohl lineares Materialverhalten vorliegt, findet man eine Abhängigkeit des komplexen Moduls von der Amplitude. Dieses scheinbar widersprüchliche Verhalten wurde von A. R. Payne grundlegend untersucht (siehe Payne (1962, 1963, 1964)) und wird nach ihm als Payne-Effekt bezeichnet.

Vor der eigentlichen Diskussion des Payne-Effekts werden die typischen Größenordnungen von Füllstoffen und Polymeren skizziert. Dies soll eine bildhafte Vorstellung von den möglichen Wechselwirkungen zwischen Füllstoffpartikeln sowie zwischen Polymerketten und der Füllstoffoberfläche ermöglichen.

3.16.1 Charakteristische Größen von Polymeren und Füllstoffen

Die Größenordnung von Polymeren kann auf zwei Ebenen diskutiert werden. Diese sind zum einen die Größe eines Monomers als Grundbaustein der Polymerkette und zum anderen die des Knäuls bzw. des Gyrationsradius der gesamten Kette. In Abb. 3.107 sind diese Größenordnungen am Beispiel einer Polyisoprenkette skizziert.

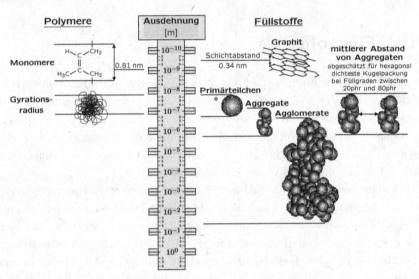

Abb. 3.107 Größenordnungen von Füllstoffen und Polymeren

Die Länge eines Monomers liegt bei einem Isopren (NR) bei ca. 0.8 nm. Der Gyrationsradius (Definition in Abschnitt 3.14.2) liegt für typische Molekulargewichte des Naturkautschuks zwischen ca. 100 kg/mol und 1000 kg/mol bei 10 nm bis 100 nm.

Auch die Größenordnung von Füllstoffen ist auf mehreren Ebenen darstellbar. Kleinstes Strukturelement aller Füllstoffe ist das Primärteilchen. Im Fall von Ruß ist dieses Primärteilchen aus Graphitschichten aufgebaut, deren Abstand ca. 0.34 nm beträgt. Beim Herstellungsprozess von Rußen (siehe hierzu Fröhlich (2008)) verbinden sich diese Primärteilchen zu mechanisch stabilen Aggregaten. Abb. 3.108 zeigt die TEM-(Transmissionselektronenmikroskopie-)Aufnahme zweier Rußaggregate. In der Vergrößerung wird zum einen die Schichtstruktur deutlich, zum anderen sieht man die Verbindung der Primärpartikel, die zur Ausbildung von mechanisch stabilen Aggregaten führt. Die Größe der Primärteilchen bzw. Aggregate korreliert mit der Aktivität der Füllstoffe. Die Primärteilchendurchmesser von besonders aktiven Rußen können im Bereich von einigen Nano-

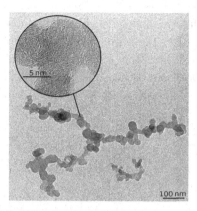

Abb. 3.108 Aufbau und Struktur eines Rußaggregats (TEM-Aufnahme)

metern liegen, während die Teilchendurchmesser von inaktiven Rußen bis in den Mikrometerbereich reichen können.

So hat der aktive Ruß N121 einen Partikeldurchmesser von ca. 19 nm, während der inaktive Ruß N990 einen Partikeldurchmesser von ca. 0.285 μm aufweist. Die Durchmesser der Primärpartikel von aktiven Silika liegen in der gleichen Größenordnung wie die der Ruße. So hat das hochaktive Silika „Vulkasil S" einen Primärteilchendurchmesser von ca. 14 nm.

Die bei Ruß gebildeten Aggregate sind um ca. einen Faktor 10 größer als die Primärteilchen (siehe Abb. 3.107). Nach heutigem Kenntnisstand ist die Bildung von mechanisch stabilen Aggregaten eine spezielle Eigenschaft von Rußen.

Bei Füllstoffen auf der Basis von Silika gibt es diese mechanisch stabile Sekundärstruktur nicht, d.h., Silika kann durch mechanische Energie bis auf Primärteilchengröße abgebaut werden (siehe Göritz (2006)).

Bei höheren Füllgraden bilden sich durch die Verbindung von Aggregaten bei Rußen und von Primärpartikeln bei Silika mechanisch instabile Agglomerate. Diese können durch mechanischen Energieeintrag zerstört werden, sich aber durch Reagglomeration mit der Zeit neu bilden.

Die Größe von Agglomeraten wird sowohl von der Vorgeschichte als auch vom Füllgrad beeinflusst. Ab einem bestimmten Füllgrad gibt es ein durchgehendes „Füllstoffnetzwerk", das Agglomerat hat makroskopische Dimensionen. Dieser kritische Füllgrad, der auch als Perkolationsschwelle bezeichnet wird, kann bei Rußen durch einfache Leitfähigkeitsmessungen bestimmt werden. Da Elastomere zumeist nichtleitend sind, Ruß aber ein recht guter elektrischer Leiter ist, ändert sich der ohmsche Widerstand beim Überschreiten der Perkolationsschwelle sprungartig um mehrere Größenordnungen.

Ein Vergleich der Größenordnungen von Füller und Polymer lässt sich sehr anschaulich am mittleren Abstand zweier Aggregate diskutieren. Dieser kann einfach abgeschätzt werden, wenn die Form eines Aggregats durch eine Kugel und die statistische räumliche Anordnung der Aggregate durch eine einfache kubische Struktur angenähert werden. Die Mittelpunkte der Aggregate entsprechen dann den Kanten der kubischen Struktur. Der mittlere Abstand Δ zweier Aggregate ergibt sich aus einfachen geometrischen Überlegungen als Funktion des Aggregatdurchmessers d und des Volumenanteils des Füllers Φ bzw. des Füllgrads m_Φ (in phr).

$$\Delta = d \cdot \left(\sqrt[3]{\frac{\pi}{6 \cdot \Phi}} - 1 \right) = d \cdot \left(\sqrt[3]{\frac{\pi}{6} \cdot \frac{m_\phi + m_p \cdot \frac{\rho_\phi}{\rho_P}}{m_\phi}} - 1 \right) \qquad (3.267)$$

Dabei bezeichnet ρ_Φ die Dichte des Füllstoffs und ρ_P die des Polymers. Für typische Füllgrade zwischen 20 und 80 phr ergibt sich bei einer Aggregatgröße von $0.1\,\mu m$ bis $1\,\mu m$ ein mittlerer Abstand zweier Aggregate von ca. 20 nm bis ca. $2\,\mu m$. Der mittlere Abstand zweier Aggregate hat damit die gleiche Größenordnung wie der Gyrationsradius einer Polymerkette. Dies lässt schon erahnen, dass eine Wechselwirkung zwischen Polymer und Füllstoff zu einer Verknüpfung mehrerer Füllstoffaggregate führen kann und damit einen Einfluss auf die mechanischen Eigenschaften haben kann.

Im Folgenden werden die Vor- und Nachteile der unterschiedlichen Modelle zur Erklärung des Payne-Effekts vorgestellt und diskutiert. Abschließend wird der Einfluss von Frequenz und Temperatur auf die amplitudenabhängigen Eigenschaften von vernetzten und unvernetzten gefüllten Elastomeren demonstriert, und es wird gezeigt, wie diese Messungen zur Charakterisierung von gefüllten Systemen eingesetzt werden können.

3.16.2 Die hydrodynamische Verstärkung

Die grundlegendste Arbeit zur Verstärkung wurde 1906 von A. Einstein veröffentlicht (siehe Einstein (1906)). Darin berechnete Einstein die durch die Zugabe von starren, kugelförmigen Füllstoffen geänderte Viskosität einer Flüssigkeit. Als Ergebnis erhielt er die Beziehung $\eta_\Phi = \eta \cdot (1 + \Phi)$, wobei η_Φ die Viskosität des Gesamtsystems, η die Viskosität der Flüssigkeit und Φ den Volumenanteil des Füllers bezeichnet.

Interessant an dieser Beziehung ist nicht nur, dass sie falsch ist, sondern auch, wie dies von Einstein in einer weiteren Veröffentlichung (siehe Einstein (1911)) kommentiert wurde:

Vor einigen Wochen teilte mir Hr. Bacelin, der auf Veranlassung von Hrn. Perrin eine Experimentaluntersuchung über die Viskosität von Suspensionen ausführte, brieflich mit, dass der Viskositätskoeffizient von Suspensionen nach seinen Resultaten erheblich größer sei, als der in meiner Arbeit entwickelten Formel entspricht. Ich ersuchte deshalb Hr. Hopf, meine Rechnungen nachzuprüfen, und er fand in der Tat einen Rechenfehler, der das Resultat erheblich fälscht. Diesen Fehler will ich im folgenden berichtigen.

Die Korrektur der Herleitung führt dann zu der bekannten Gleichung der hydrodynamischen Verstärkung:

$$\eta_\Phi = \eta \cdot (1 + 2.5 \cdot \Phi) \tag{3.268}$$

Diese Beziehung gilt unter den folgenden drei Voraussetzungen:

- Der Füllstoffpartikel sind kugelförmig.
- Die Viskosität des Füllstoffs ist sehr viel größer als die des Mediums.
- Es gibt keine Interaktion zwischen den Füllstoffen und keine Interaktion zwischen Füllstoff und Medium.

G. I. Taylor (siehe Taylor (1932)) erweiterte die hydrodynamische Verstärkung, indem er einen Ausdruck herleitete, der die endliche Viskosität von kugelförmigen Füllstoffen (im Folgenden als η' bezeichnet) berücksichtigt und zu einer reduzierten Viskosität des Gesamtsystems führt.

$$\eta_\Phi = \eta \left[1 + 2.5 \cdot \Phi \left(\frac{\eta' + \frac{1}{2.5}\eta}{\eta' + \eta} \right) \right] \tag{3.269}$$

Die Gleichungen 3.268 und 3.269 gelten im Prinzip nur für fließfähige, d.h. ideal viskose Medien, lassen sich aber einfach auf ideal elastische, bzw. ideal viskoelastische Körper erweitern, indem man beide Seiten der Gleichungen mit der Frequenz multipliziert und die Beziehung $\eta \cdot \omega = G$ nutzt.

$$G_\Phi = G \cdot (1 + 2.5 \cdot \Phi) \tag{3.270}$$

Liegt keine Interaktion (d.h. keine physikalische und/oder chemische Wechselwirkung) zwischen viskoelastischem Medium und Füllstoff vor und ist eine Wechselwirkung zwischen den Füllstoffen auszuschließen, so ist die Erhöhung des Moduls eines gefüllten Systems proportional zum 2.5-fachen Volumenanteil des Füllstoffs.

Dabei wird vorausgesetzt, dass die Füllstoffpartikel kugelförmig und starr sind (der Modul der Füllstoffpartikel G_F sei sehr viel größer als der Modul des Mediums ($G_F \gg G$)).

Für kugelförmige Füllstoffe mit einem endlichen Modul G_F (der aber immer noch deutlich höher als der Modul des Mediums sein sollte ($G_F > G$)) kann Gl. 3.269 analog umgeformt werden.

$$G_\Phi = G \left[1 + 2.5 \cdot \Phi \left(\frac{G_F + \dfrac{1}{2.5} G}{G_F + G} \right) \right] \tag{3.271}$$

Ist der Modul eines Füllstoffpartikels beispielsweise 10-mal so hoch wie der Modul des Mediums ($G_F = 10 \cdot G$), so führt dies zu einer um ca. 5.5 % reduzierten hydrodynamischen Verstärkung.

Guth und Gold untersuchten den Einfluss der Form der Füllstoffpartikel als auch die Wirkung der Interaktion von Füllstoffpartikeln (siehe Guth (1938, 1945)) auf die Verstärkung und beschrieben dies durch folgende Gleichung:

$$G_\Phi = G \cdot \left(1 + \alpha_1 \cdot \Phi + \alpha_2 \cdot \Phi^2 + \alpha_3 \cdot \Phi^3 + \ldots \right) \tag{3.272}$$

Bei kugelförmigen Füllstoffen beschreiben die Größen α_i die Interaktionen zwischen Füllstoffpartikeln; dabei gibt α_1 die Interaktion zwischen Füllstoffpaaren, α_3 die Interaktion zwischen Füllstofftriplets etc. an, wobei die Werte der α_i stark von der Form der Partikel abhängig sind.

Unklar wird die Arbeit von Guth und Gold bei der Beschreibung des verstärkenden Verhaltens von Rußen. Die Autoren leiten aus theoretischen Erwägungen, die nicht so recht nachvollziehbar bzw. nicht nachzulesen sind, eine allgemeine Formel für das Verstärkungsverhalten von Rußen ab.

$$G_\Phi = G \cdot \left(2.5 \cdot \Phi + 14.1 \cdot \Phi^2 \right) \tag{3.273}$$

Der Faktor 14.1 erscheint in den Arbeiten von Guth und Gold zum ersten Mal und verbreitete sich danach mit hoher Geschwindigkeit durch die gesamte füllstoffrelevante Literatur. Außer einem zaghaften Verweis auf Berechnungen von Lorentz und Smoluchowski und einem Verweis auf eigene Literatur, in der aber nichts zum Thema steht, gibt es keinerlei Begründung für Gl. 3.273.

3.16.3   Das Füllstoffnetzwerk

Alle Modelle, die ein Füllstoffnetzwerk postulieren oder dieses zur Beschreibung der Verstärkung verwenden, setzen voraus, dass die Wechselwirkung zwischen Füllstoffpartikeln oder Aggregaten zur Bildung von mechanisch instabilen Agglomeraten führt. Diese können durch eine äußere Kraft zerstört werden und sich nach Entfernen der Kraft wieder bilden.

Occluded Rubber

Eines der ersten Modelle, welche den amplitudenabhängigen Modul auf die Eigenschaften mechanisch instabiler Agglomerate zurückführten, ist das von Medalia entwickelte Konzept des „Occluded Rubber" (siehe Medalia (1970, 1972, 1978)).

Die simple Annahme hinter diesem Konzept ist die Vorstellung, dass Polymerketten, die sich innerhalb eines Agglomerats befinden, von der äußeren Spannung abgeschirmt werden und damit den effektiven Füllgrad erhöhen. Mit steigender Spannung werden Agglomerate zerstört, und die eingeschlossenen, abgeschirmten Polymerketten werden freigesetzt. Damit sinkt der effektive Füllgrad.

Zur analytischen Beschreibung dieses Effekts leitete Medalia einen empirischen Ausdruck ab, der die Struktur DBP (siehe dazu Fröhlich (2008)) und die Dichte ρ des Rußes mit dem effektiven Füllgrad Φ' korreliert.

$$\Phi' = \Phi \cdot \left(1 + \frac{DBP \cdot \rho}{100}\right) \tag{3.274}$$

Kombiniert man das Konzept des „Occluded Rubber" mit dem der hydrodynamischen Verstärkung, so erhält man einen modifizierten Ausdruck zur Beschreibung der Verstärkung.

$$G_\Phi = G \cdot (1 + 2.5 \cdot \Phi') = G \cdot \left(1 + 2.5 \cdot \Phi \left(1 + \frac{DBP \cdot \rho}{100}\right)\right) \tag{3.275}$$

Mit dieser Gleichung konnte Medalia zwar einige grundlegende Effekte von gefüllten, vernetzten Elastomeren erklären, allerdings nur auf rein empirischer Basis. Die Interaktion zwischen Füllstoffpartikeln bzw. Aggregaten wird ausschließlich durch den empirischen Strukturfaktor (gemessen als DBP-Zahl) berücksichtigt, und der Einfluss des Polymers wird vernachlässigt.

Ein prinzipielles Problem des „Occluded Rubber" ist die Erklärung der amplitudenabhängigen energiedissipativen Effekte in gefüllten Vulkanisaten. Durch die Abschirmung der Polymerketten, die sich innerhalb von Agglomeraten befinden, können diese keine Energie dissipieren. Damit sollte die Energiedissipation in gefüllten Systemen geringer als in ungefüllten sein. Mit zunehmender Amplitude werden immer mehr Agglomerate aufgebrochen, die abgeschirmten Polymerketten werden durch die dann anliegende Spannung deformiert. Damit sollte die Energiedissipation mit zunehmender Dehnungsamplitude ansteigen und im Grenzfall großer Amplituden auf demselben Niveau wie beim ungefüllten Vulkanisat liegen.

Die Realität widerspricht dieser Modellvorstellung. Betrachtet man den Verlustfaktor eines gefüllten Vulkanisats als relatives Maß für die dissipierte Energie, so liegt dieser bei kleinen Amplituden meistens deutlich höher als der eines vergleichbaren ungefüllten Vulkanisats. Mit steigender Dehnungsamplitude nimmt der Verlustfaktor zwar zu, bildet aber bei einer bestimmten Amplitude einen Maximalwert aus, um dann bei einer weiteren Zunahme stetig abzunehmen.

Unter „Occluded Rubber" versteht man den Anteil an Polymerketten, der sich innerhalb eines Agglomerats befindet sowie von der äußeren Spannung abgeschirmt wird und damit den effektiven Füllgrad erhöht.

Mit steigender Spannung werden Agglomerate zerstört, die eingeschlossenen, abgeschirmten Polymerketten werden freigesetzt, und damit sinkt der effektive Füllgrad.

Das „Occluded-Rubber"-Konzept gibt zwar eine einfache Erklärung der Verstärkung, kann aber mehrere experimentelle Befunde nicht beschreiben.

Das dynamische Netzwerkmodell

Bei der Ableitung des dynamischen Netzwerkmodells (siehe Kraus (1984)) wird angenommen, dass der Anteil R_b des pro Deformationszyklus zerstörten Füllstoffnetzwerks sowohl von der Anzahl $N(\hat{\gamma})$ an Füllstoff-Füllstoff-Kontakten als auch von der Deformationsamplitude $\hat{\gamma}$ bzw. von einer Funktion $f_b(\hat{\gamma})$ der Deformationsamplitude abhängt.

$$R_b(\hat{\gamma}) = k_b \cdot N(\hat{\gamma}) \cdot f_b(\hat{\gamma})$$

Dabei bezeichnet k_b eine Proportionalitätskonstante. Der Anteil des pro Deformationszyklus neu gebildeten Füllstoffnetzwerks ist dann proportional zur Anzahl der abgebauten Füllstoff-Füllstoff-Kontakte,

$$R_M = k_M \cdot (N_0 - N) \cdot f_M(\hat{\gamma})$$

wobei N_0 die Gesamtanzahl der Füllstoff-Füllstoff-Kontakte, k_M eine Konstante und $f_M(\hat{\gamma})$ eine von der Deformation abhängige Funktion darstellt.

Im Gleichgewicht entsprechen sich die beiden Konstanten R_b und R_M.

$$R_b = R_M$$

Damit berechnet sich die Anzahl $N(\hat{\gamma})$ der bei einer bestimmten Amplitude $\hat{\gamma}$ stabilen Füllstoff-Füllstoff-Kontakte zu

$$N(\hat{\gamma}) = N_0 \cdot \frac{1}{1 + \dfrac{k_b \cdot f_b(\hat{\gamma})}{k_M \cdot f_M(\hat{\gamma})}}$$

Kraus wählte für die Funktionen f_b und f_m folgende Beziehungen: $f_b = \hat{\gamma}^m$ und $f_M = \hat{\gamma}^{-m}$. Ein Grund für diese Wahl ist in der Originalliteratur nicht angegeben. Betrachtet man die von Kraus abgeleiteten Formeln für den amplitudenabhängigen Speicher- und Verlustmodul, so ist eine Analogie zu den Funktionen von Cole-Cole (siehe Abschnitt 3.10.6) nicht zu übersehen. Unter der Annahme, dass der Speichermodul proportional zu der Anzahl der intakten Füller-Füller-Kontakte ist,

$$G'(\hat{\gamma}) \propto N(\hat{\gamma})$$

folgt aus den Gleichgewichtsbedingungen eine analytische Beziehung für den amplitudenabhängigen Speichermodul.

$$G'(\hat{\gamma}) = G'_\infty + \frac{G'_0 - G'_\infty}{1 + \left(\dfrac{\hat{\gamma}}{\hat{\gamma}_C}\right)^{2m}} \tag{3.276}$$

G'_0 bezeichnet den Modul im Grenzfall sehr kleiner Amplituden ($\hat{\gamma} \to 0$) und G'_∞ den Grenzwert des Moduls bei sehr großen Amplituden ($\hat{\gamma} \to \infty$). Die Größe $\hat{\gamma}_C$ ist eine charakteristische Deformationsamplitude, die von den Gleichgewichtskonstanten k_b und k_M abhängt.

$$\hat{\gamma}_C = \left(\frac{k_M}{k_b}\right)^{\frac{1}{2m}}$$

Zur Ableitung des Verlustmoduls setzt man voraus, dass energiedissipative Effekte ausschließlich durch den Bruch und die Neubildung von Füllstoff-Füllstoff-Kontakten verursacht werden. An dieser Stelle wird sehr deutlich, dass Kraus ein reines Füllstoffmodell beschreibt. Der viskoelastische Charakter der Polymere und eventuelle Wechselwirkungen zwischen Polymerketten und der Füllstoffoberfläche werden vernachlässigt. Der Verlustmodul ist ein direktes Maß der pro Zyklus abgebauten Füllstoffkontakte.

$$G''(\hat{\gamma}) = G''_\infty + C_1 \dot{k}_N \cdot N \cdot f_b$$

G''_∞ kennzeichnet den Verlustmodul im Grenzfall hoher Amplituden ($\hat{\gamma} \to \infty$) und C_1 eine nicht näher definierte Konstante.

Mit $f_b = \hat{\gamma}^m$ und einer nicht näher beschriebenen Ableitung (in der Originalarbeit wird dies mit *various substitutions and rearrangements* beschrieben) folgt der Ausdruck für den amplitudenabhängigen Verlustmodul

$$G''(\hat{\gamma}) = 2 \cdot G''_\infty + \frac{(G'_0 - G''_\infty) \cdot \left(\dfrac{\hat{\gamma}}{\hat{\gamma}_C}\right)^m}{1 + \left(\dfrac{\hat{\gamma}}{\hat{\gamma}_C}\right)^{2m}} \tag{3.277}$$

Da die zur Ableitung von Speicher- und Verlustmodul getroffenen Annahmen physikalisch nicht sehr gut begründet sind, wurde das Modell von Kraus in den letzten Jahren mehrfach modifiziert. Erwähnenswert ist die Arbeit von Ulmer (siehe Ulmer (1996)), die in einer umfangreichen experimentellen Studie zeigt, dass der Modellansatz von Kraus ohne empirische Modifikationen nicht zur quantitativen Beschreibung des amplitudenabhängigen Moduls von gefüllten Elastomeren verwendet werden kann.

Das dynamische Netzwerkmodell ermöglicht eine quantitative Beschreibung des amplitudenabhängigen Moduls von gefüllten Elastomeren.

Das dynamische Netzwerkmodell basiert auf der Annahme, dass der Modul direkt proportional zur Anzahl der Füllstoff-Füllstoff-Kontakte ist. Alle anderen Einflüsse werden vernachlässigt.

Die Füllstoff-Füllstoff-Kontakte sind dabei instabil und können sowohl aufgebrochen als auch neu gebildet werden. Das Gleichgewicht zwischen Aufbrechen und Neubildung hängt von der einwirkenden Deformationsamplitude ab.

Das Cluster-Cluster-Aggregationsmodell

Das Cluster-Cluster-Aggregationsmodell (CCA-Modell) (siehe Heinrich (1997); Klüppel (2003)) stellt eine Erweiterung des dynamischen Netzwerkmodells dar. Analog zu den Agglomeraten des dynamischen Netzwerkmodells werden Cluster eingeführt, die aus mechanisch instabil verbundenen Füllstoffaggregaten aufgebaut sind.

Wirkt ein äußeres mechanisches Feld, so kann das Cluster brechen, es bilden sich mehrere kleinere Subcluster. Die Clustergröße hängt von der Deformationsamplitude ab. Je größer die Amplitude, umso kleiner die Cluster. Das CCA-Modell ist ein dynamisches Modell, d.h., jeder Deformationsamplitude entspricht ein dynamisches Gleichgewicht, welches durch eine mittlere Clustergröße charakterisiert ist. Dynamisch bedeutet hier, dass pro Zeitintervall bzw. pro Zyklus eine gewisse Anzahl Cluster durch die Aggregation kleinerer bzw. durch den Bruch größerer Cluster gebildet werden, während eine identische Anzahl durch das Aufbrechen von Clustern mittlerer Größe abgebaut wird.

Der neue Ansatz im CCA-Modell ist die Vorstellung, dass die Cluster auf gewissen Längenskalen fraktale, d.h. selbstähnliche Strukturen besitzen (für eine Einführung in die Theorie der Fraktale siehe Stauffer (1995)). So finden Heinrich und Klüppel zwischen dem Modul G_0' bei kleinen Amplituden und dem Volumenfüllgrad Φ einen Zusammenhang, den sie durch ein Potenzgesetz beschreiben.

$$G_0' \propto \Phi^\alpha \tag{3.278}$$

Der Exponent α wird als Funktion der massenfraktalen Dimension der Cluster und der fraktalen Dimension des Rückgrats der Cluster definiert und zu $\alpha = 3.5$ hergeleitet, wobei die gesamte Herleitung nicht nachvollziehbar ist. Auch die zitierten Referenzen tragen nicht zum Verständnis bei.

Zusammenfassung

In Abb. 3.109 sind nochmals alle Effekte zusammengestellt, die zur Interpretation der Amplitudenabhängigkeit des komplexen Moduls auf der Basis von Füllstoff-Füllstoff-Wechselwirkungen benötigt werden.

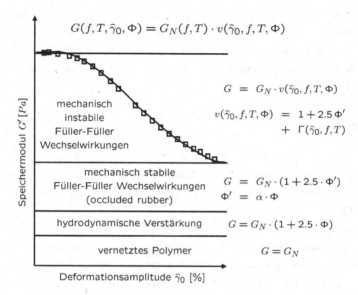

Abb. 3.109 Amplitudenabhängigkeit des Schubmoduls und Interpretation im Rahmen des Füllstoffnetzwerkmodells

Der Modul G_N des ungefüllten, vernetzten Vulkanisats ist amplitudenunabhängig und wird nur von der Anzahl an chemischen und physikalischen Netzstellen beeinflusst (siehe dazu Abschnitt 3.15).

Die hydrodynamische Verstärkung führt zu einer Erhöhung des Moduls. Diese ist zum Volumenanteil des Füllstoffs proportional.

Alle weiteren Effekte, die zu einer Erhöhung des Moduls führen, wie Occluded Rubber, mechanisch stabile und mechanisch instabile Füllstoff-Füllstoff-Kontakte sind nur qualitativ verstanden und lassen sich experimentell durch einen von Frequenz, Temperatur, Amplitude und Volumenanteil des Füllers abhängigen Term $\Gamma(\hat{\gamma}_0, f, T, \Phi)$, der im Folgenden als Verstärkung bezeichnet wird, beschreiben.

$$G(f, T, \hat{\gamma}_0, \Phi) = G_N(f, T) \cdot v(\hat{\gamma}_0, f, T, \Phi) \qquad (3.279)$$

mit

$$v(\hat{\gamma}_0, f, T, \Phi) = 1 + 2.5\,\Phi + \Gamma(\hat{\gamma}_0, f, T, \Phi) \qquad (3.280)$$

In Abschnitt 3.16.8 finden sich einige Messbeispiele, die den Einfluss von Frequenz und Temperatur auf diesen Verstärkungsterm demonstrieren.

3.16.4   Adhäsionsmodelle

Alle Adhäsionsmodelle beruhen auf der Annahme, dass Polymerketten mit der Füllstoffoberfläche wechselwirken und diese Wechselwirkung die Ursache der Verstärkung ist. Die Wechselwirkungen zwischen Füllstoffoberfläche und Segmenten der Polymerketten können sowohl mechanisch stabil (z.B. durch eine chemische Bindung zwischen Polymersegmenten und der Füllstoffoberfläche) als auch instabil (z.B. durch eine Verhakung der Polymerkette auf der Oberfläche des Füllstoffs) sein. Mechanisch instabile Wechselwirkungen können wiederum bei höheren Spannungen gelöst werden.

Bound Rubber

Das einfachste und älteste Adhäsionsmodell ist das von Donnet (1976), Kraus (1965) und Twiss (1925) entwickelte „Bound-Rubber"-Konzept. Die mechanische Verstärkung wird dabei mit einer auf der Füllstoffoberfläche adsorbierten Polymerschicht erklärt.

Die klassische Methode zur experimentellen Bestimmung des Anteils an Bound Rubber sind Lösungsversuche. Dabei wird das gefüllte, unvernetzte Elastomer mit einem Lösungsmittel vermischt. Im Idealfall besteht der nicht lösliche Anteil nur noch aus Füller und adsorbierter Polymerschicht, dem Bound Rubber. Allerdings ist bei der Versuchsdurchführung sehr darauf zu achten, dass die Dauer nicht zu kurz gewählt wird (Tage bis Wochen sind hier eher Regel als Ausnahme). Bei zu kurzer Versuchszeit werden nicht alle frei beweglichen Ketten gelöst, und die Menge an Bound Rubber wird dann zu hoch bestimmt. Auch die Temperatur kann entscheidenden Einfluss auf die Menge des gelösten Polymers haben. Insgesamt ist die Bestimmung des Bound Rubber durch Lösungsversuche zwar eine etablierte, aber nicht sehr genaue Messmethode und sollte daher nur zu einer qualitativen Beurteilung eingesetzt werden.

Oftmals wird der Bound Rubber auch als auf der Füllstoffoberfläche glasartig erstarrte Polymerschicht interpretiert. Dies würde eine deutlich erhöhte Glastemperatur dieser Schicht implizieren. Da eine Erhöhung des Füllgrads die Füllstoffoberfläche vergrößert, sollte eine erhöhte Menge an Bound Rubber entweder zu einer mit dem Füllgrad steigenden Glastemperatur oder zu der Bildung eines Systems mit zwei Glastemperaturen führen.

Bisher konnte keine der beiden Annahmen experimentell verifiziert werden. Alle bisher durchgeführten Experimente (DSC, Neutronenstreuung, DMA) deuten darauf hin, dass die Glastemperatur eines Elastomers nur geringfügig durch den Füllstoff beeinflusst wird (siehe hierzu auch Abschnitt 3.12.10).

Damit kann der Anteil an Bound Rubber also bestenfalls durch eine auf der Füllstoffoberfläche adsorbierte Polymerschicht mit geänderter Kettenbeweglichkeit erklärt werden.

3.16.5 Das dynamische Adhäsionsmodell

Eine qualitative Erklärung der mechanischen Verstärkung auf der Basis von auf der Füllstoffoberfläche adsorbierten Kettensegmenten wurde von Funt (siehe Funt (1987)) im Rahmen eines dynamisches Adhäsionsmodells vorgeschlagen.

Dabei wird vorausgesetzt, dass die auf der Füllstoffoberfläche adsorbierten Kettensegmente noch eine gewisse Beweglichkeit besitzen. Eine an der Kette anliegende Spannung kann damit durch die Verschiebung eines adsorbierten Kettensegments auf der Füllstoffoberfläche reduziert werden. Der mit steigender Deformationsamplitude abnehmende Schubmodul eines gefüllten Elastomers kann dann als direkte Folge der durch das Abgleiten der Kettensegmente auf der Füllstoffoberfläche verursachten Spannungsreduktion erklärt werden.

Göritz (2006) quantifizierte das dynamische Adhäsionsmodell, indem er zwei Arten von Füllstoff-Polymer-Kontakten einführte: zum einen mechanisch stabile Kontakte, die den Modul bei hohen Deformationsamplituden charakterisieren, und zum anderen einen Anteil von mechanischen instabilen Füllstoff-Polymer-Kontakten, die mit steigender Deformationsamplitude gelöst werden.

Prinzipiell gelten bei der Ableitung des amplitudenabhängigen Speicher- und Verlustmoduls die gleichen Annahmen wie beim dynamischen Netzwerkmodell, wobei die Füllstoff-Füllstoff-Kontakte im Netzwerkmodell durch Füllstoff-Polymer-Kontakte im dynamischen Adhäsionsmodell zu ersetzen sind. Als Ergebnis erhält man die in Gl. 3.281 und Gl. 3.282 dargestellten Beziehungen, wobei der amplitudenunabhängige Beitrag G_S^* den Anteil der mechanisch stabilen Füllstoff-Polymer-Kontakte und G_i^* den der mechanisch instabilen Füllstoff-Polymer-Kontakte charakterisiert. c ist eine experimentell zu bestimmende Konstante.

$$G'(\hat{\gamma}) = G'_S + G'_i \cdot \frac{1}{1 + c\hat{\gamma}} \tag{3.281}$$

$$G''(\hat{\gamma}) = G''_S + G''_i \cdot \frac{c\hat{\gamma}}{1 + (c\hat{\gamma})^2} \tag{3.282}$$

Vergleicht man die von Göritz abgeleiteten Beziehungen zur quantitativen Beschreibung des amplitudenabhängigen Schubmoduls mit den Formeln des dynamischen Netzwerkmodells (vergleiche Gl. 3.281 und Gl. 3.282 mit Gl. 3.276 und Gl. 3.277), so fällt die große Ähnlichkeit beider Ausdrücke auf. Im Prinzip unterscheiden sich beide Modelle nur in der Interpretation der Parameter.

Damit ist es nicht möglich, auf der Basis dynamisch-mechanischer Messungen zu entscheiden, welches der beiden Modelle – das auf Füllstoff-Füllstoff-Wechselwirkungen basierende dynamische Netzwerkmodell oder das auf Füllstoff-Polymer-Wechselwirkungen basierende dynamische Adhäsionsmodell – als Erklärung der mechanischen Verstärkung anzusehen ist.

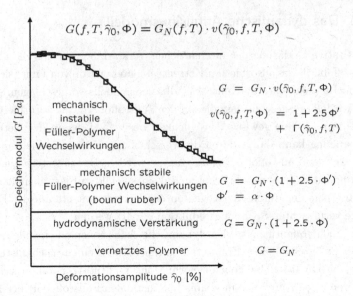

$$G(f, T, \tilde{\gamma}_0, \Phi) = G_N(f, T) \cdot v(\tilde{\gamma}_0, f, T, \Phi)$$

mechanisch
instabile
Füller-Polymer
Wechselwirkungen

$$G = G_N \cdot v(\tilde{\gamma}_0, f, T, \Phi)$$
$$v(\tilde{\gamma}_0, f, T, \Phi) = 1 + 2.5\,\Phi'$$
$$+ \Gamma(\tilde{\gamma}_0, f, T)$$

mechanisch stabile
Füller-Polymer Wechselwirkungen
(bound rubber)

$$G = G_N \cdot (1 + 2.5 \cdot \Phi')$$
$$\Phi' = \alpha \cdot \Phi$$

hydrodynamische Verstärkung $\qquad G = G_N \cdot (1 + 2.5 \cdot \Phi)$

vernetztes Polymer $\qquad G = G_N$

Abb. 3.110 Amplitudenabhängigkeit des Schubmoduls und Interpretation im Rahmen des Adhäsionsmodells

Das dynamische Adhäsionsmodell ermöglicht, wie auch das dynamische Netzwerkmodell, eine quantitative Beschreibung des amplitudenabhängigen Moduls von gefüllten Elastomeren. Dabei sind die abgeleiteten Funktionen beider Modelle zur quantitativen Beschreibung des amplitudenabhängigen Moduls nahezu identisch. Eine hinreichend gute Beschreibung von experimentell bestimmten Daten ist damit auch beim Adhäsionsmodell nur möglich, wenn empirisch modifizierte Ausdrücke verwendet werden.

Das dynamische Adhäsionsmodell basiert auf der Annahme, dass der Modul direkt proportional zur Anzahl der Füllstoff-Polymer-Kontakte ist. Alle anderen Einflüsse werden vernachlässigt.

Dabei existieren sowohl mechanisch stabile als auch mechanisch instabile Füllstoff-Polymer-Kontakte. Der mit der Amplitude abnehmende Modul ist eine Folge der Adsorption und Desorption von instabil auf der Füllstoffoberfläche gebundenen Polymerketten bzw. Kettensegmenten. Der Gleichgewichtszustand von Adsorption und Desorption hängt von der wirkenden Deformationsamplitude ab.

3.16.6   Zusammenfassung

Abb. 3.110 zeigt die aus Füllstoff-Polymer-Wechselwirkungen abgeleitete Erklärung der Amplitudenabhängigkeit des Moduls.

Ganz analog zu dem auf Füllstoff-Füllstoff-Kontakten basierten Netzwerkmodell sind auch im Adhäsionsmodell alle über die hydrodynamische Verstärkung hinaus gehenden Verstärkungseffekte wie Bound Rubber, mechanisch stabile und mechanisch instabile Füllstoff-Polymer-Kontakte nur qualitativ verstanden und können deshalb analog zum Netzwerkmodell durch einen von Frequenz, Temperatur, Amplitude und Volumenanteil des Füllers abhängigen Term $\Gamma(\hat{\gamma}_0, f, T, \Phi)$, der im Folgenden als Verstärkung bezeichnet wird, beschrieben werden.

3.16.7 Das Konzept der immobilisierten Schicht

Der Grund für die Einführung eines weiteren Konzepts zur Interpretation der Interaktion von Füllstoff und Polymer ist exemplarisch in Abb. 3.111 darstellt. Die Abbildung zeigt das Ergebnis eines amplitudenabhängigen Experiments, das weder mit einem reinen Füllstoff-Füllstoff-Modell noch mit einem reinen Füllstoff-Polymer-Modell verstanden werden kann.

Dabei zeigt die mit a) bezeichnete Kurve den bekannten amplitudenabhängigen Verlauf des Speichermoduls bei sinusförmiger Anregung mit steigender Scheramplitude $\hat{\gamma}_{HF}$.

Die mit (b) bezeichnete Kurve zeigt die Amplitudenabhängigkeit des Speichermoduls bei multimodaler Anregung. Unter multimodaler Anregung ist hier die Superposition von zwei sinusförmigen Signalen zu verstehen.

$$\text{b)} \quad \gamma(t) = \hat{\gamma}_{LF} \cdot \sin(\omega_{LF}\, t) + \hat{\gamma}_{HF} \cdot \sin(\omega_{HF}\, t)$$

Dabei bezeichnet $\hat{\gamma}_{LF}$ die Amplitude des Anteils mit der kleineren Frequenz ($\omega_{LF} < \omega_{HF}$) und $\hat{\gamma}_{HF}$ die Amplitude des höherfrequenten Signals.

Im dargestellten Beispiel wurde die Amplitude des niederfrequenten Signals konstant zu $\hat{\gamma}_{LF} = \text{const.} = 15\,\%$ gewählt, während die Scheramplitude des höherfrequenten Signals $\hat{\gamma}_{HF}$ schrittweise erhöht wurde.

Sowohl das auf Füllstoff-Füllstoff-Wechselwirkungen basierende Netzwerkmodell als auch das auf Füllstoff-Polymer-Wechselwirkungen basierende Adhäsionsmodell erklären die Abnahme des Speichermoduls mit steigender Scheramplitude durch ein dynamisches Gleichgewicht von Füllstoff-Füllstoff- bzw. Füllstoff-Polymer-Kontakten. Mit Erhöhung der Amplitude wird dieses Gleichgewicht in Richtung der gelösten Kontakte verschoben. Bei hohen Amplituden ist der Gleichgewichtszustand fast ausschließlich durch gelöste Kontakte charakterisiert.

Bei einer höheren Amplitude der niederfrequenten Grundschwingung dürfte eine Überlagerung mit einer weiteren Sinusschwingung somit zu keiner wesentlichen Änderung der Anzahl an Füllstoff-Füllstoff- bzw. Füllstoff-Polymer-Kontakten führen. Der Modul des überlagerten Signals sollte nahezu unabhängig von der Amplitude sein (siehe dazu die Gerade in Abb. 3.111).

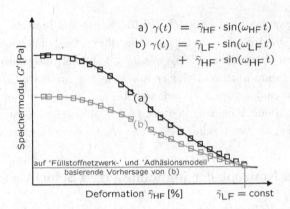

Abb. 3.111 Amplitudenabhängigkeit des Schubmoduls bei sinusförmiger (a) und multi-modaler (b) Anregung

Das experimentelle Ergebnis (siehe Kurve (b) in Abb. 3.111) steht im Widerspruch zu dieser Vorhersage. Obwohl die Amplitude des niederfrequenten Signals so hoch gewählt wurde, dass eigentlich keine Füllstoff-Füllstoff- oder Füllstoff-Polymer-Kontakte mehr vorhanden sein sollten, zeigt der Speichermodul des höherfrequenten Signals eine deutliche Abhängigkeit von der Amplitude.

Die Amplitudenabhängigkeit des Speichermoduls ist damit nicht mehr als alleinige Folge des dynamischen Gleichgewichts von Füllstoff-Füllstoff- bzw. Füllstoff-Polymer-Kontakten interpretierbar.

Eine Erklärung des amplitudenabhängigen Verhaltens bei multimodaler Anregung bietet das Konzept der immobilisierten Schicht (siehe Berriot (2002); Sternstein (2000); Wrana (2003, 2008)). Dabei geht man davon aus, dass ein Füllstoffcluster sowohl aus Füllstoff-Füllstoff- als auch aus Füllstoff-Polymer-Kontakten aufgebaut ist. Bei Deformation kann das Füllstoffcluster entweder durch den Bruch von Füllstoff-Füllstoff-Kontakten oder durch die Desorption von Polymerketten in mehrere kleinere Cluster aufgebrochen werden. Zusätzlich ist auch eine Deformation des Clusters möglich, wobei nur die immobilisierte Polymerschicht zwischen zwei Füllstoffpartikeln bzw. Füllstoffaggregaten gedehnt wird. Abb. 3.112 gibt einen schematischen Überblick über die Struktur eines Füllstoffclusters und über die möglichen Wechselwirkungen im Füllstoffcluster.

In der Modellvorstellung der immobilisierten Polymerschicht wird die Frequenz- und/oder Temperaturabhängigkeit des amplitudenabhängigen Verhaltens durch die Deformation der Cluster erklärt.

Dabei geht man davon aus, dass der Modul der immobilisierten Schicht deutlich höher als der Modul der Polymermatrix ist. Der Modul der Polymerschicht zwischen zwei Füllstoffoberflächen ist dann vom Abstand der Oberflächen abhängig (siehe Abb. 3.112).

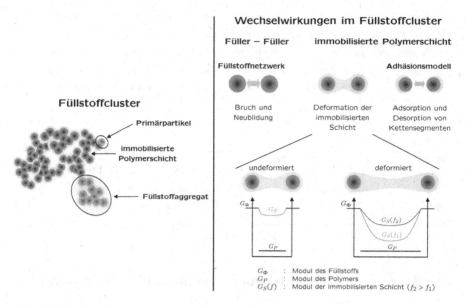

Abb. 3.112 Das Konzept der immobilisierten Schicht

Wird das System gedehnt, so steigt der Abstand zwischen den Füllstoffoberflächen. Dies bewirkt eine Verringerung des Moduls in der Zwischenschicht und führt zu einer Erweichung des Gesamtsystems. Eine Erhöhung der Frequenz bzw. die Überlagerung einer weiteren Schwingung mit höherer Frequenz führt dann konsequenterweise zu einer Erhöhung des Moduls der Zwischenschicht und zu einer Verhärtung des Gesamtsystems.

Das scheinbar widersprüchliche Ergebnis der multimodalen Messung kann somit durch die Frequenzabhängigkeit der gedehnten immobilisierten Zwischenschicht erklärt werden.

Zusammenfassung

Das Konzept der immobilisierten Schicht ist eine Erweiterung und Kombination von Netzwerk- und Adhäsionsmodell, wobei sowohl Füllstoff-Füllstoff- als auch Polymer-Füllstoff-Wechselwirkungen diskutiert werden. Der heutige Entwicklungsstand des Modells erlaubt keine bzw. nur eine qualitative Unterscheidung zwischen beiden Wechselwirkungen.

Zur Erklärung der Frequenz- und der Temperaturabhängigkeit der Amplitudenabhängigkeit als auch zur Interpretation der Ergebnisse einer multimodalen Anregung wird ein dritter Mechanismus eingeführt, der eine Deformierbarkeit der immobilisierten Polymerschicht zwischen Füllstoffoberflächen zulässt.

Der Modul der Zwischenschicht ist von der Temperatur, der Frequenz und auch vom Abstand der Füllstoffoberflächen abhängig und beeinflusst die Stärke der Amplitudenabhängigkeit gefüllter Systeme maßgeblich.

3.16.8   Einfluss von Vernetzung, Temperatur und Frequenz

In den folgenden drei Beispielen wird der Einfluss von Vernetzung, Frequenz und Temperatur auf die Amplitudenabhängigkeit des Moduls an mit aktivem Ruß gefüllten HNBR-Compounds diskutiert. Die vorgestellten Mess- und Analysemethoden können natürlich auch auf andere Polymere und Füllstoffe übertragen werden.

Vernetzung

Die Diagramme in Abb. 3.113 zeigen den Einfluss der Vernetzung auf den amplitudenabhängigen Modul.

Im linken Diagramm sind die Ergebnisse der Messungen an den unvernetzten Mischungen dargestellt. Der Vergleich der Speichermodule der ungefüllten mit denen der gefüllten, unvernetzten Mischung zeigt den typischen amplitudenabhängigen Einfluss des Füllstoffs. Bei kleinen Amplituden sind alle Füllstoff-Füllstoff- und/oder Füllstoff-Polymer-Wechselwirkungen stabil, und der im Vergleich zum ungefüllten System erhöhte, konstante Speichermodul reflektiert die verstärkenden Eigenschaften des eingemischten aktiven Rußes. Mit steigender Amplitude wird das dynamische Gleichgewicht von Füllstoff-Füllstoff- bzw. Füllstoff-Polymer-Kontakten in Richtung gelöste Kontakte verschoben, und der zur Anzahl der Kontakte proportionale Speichermodul sinkt. Bei sehr hohen Amplituden ist der Einfluss des Füllstoffs nur noch durch die hydrodynamische Verstärkung bestimmt.

Der Verlustmodul der gefüllten, unvernetzten Mischung ist bei kleinen Amplituden für das gewählte Beispiel sogar etwas kleiner als der Verlustmodul der ungefüllten Referenz. Geht man davon aus, dass bei kleinen Amplituden nur das Polymer Energie dissipiert (Füllstoff-Füllstoff- bzw. Füllstoff-Polymer-Kontakte sind bei kleinen Amplituden stabil und dissipieren daher keine Energie), so kann

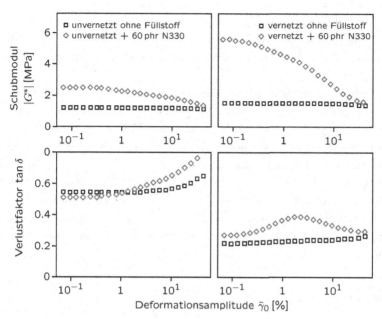

Abb. 3.113 Einfluss der Vernetzung auf den amplitudenabhängigen Modul ($T = 60\,°\text{C}$, $f = 10\,\text{Hz}$)

der geringere Verlustmodul des gefüllten Systems mit der geringeren Menge an Polymer in der Mischung korreliert werden.

Bei größeren Amplituden wird durch das Aufbrechen und die Neubildung von Füllstoff-Füllstoff- bzw. Füllstoff-Polymer-Kontakten zusätzlich Energie dissipiert; dadurch steigt der Verlustmodul der gefüllten Mischung mit steigender Amplitude stärker an als der Verlustmodul der ungefüllten Mischung.

Nach der Vernetzung der Polymermatrix steigt die Verstärkung (zur Definition siehe Gl. 3.279 und 3.280) bei kleinen Amplituden stark an (siehe rechtes Diagramm in Abb. 3.113). Damit wird sichtbar, dass nicht nur der Füllstoff und das Polymer, sondern auch die Struktur und die Stärke des polymeren Netzwerks Einfluss auf die verstärkenden Eigenschaften des Füllstoffs haben. Innerhalb des Füllstoffnetzwerk- und des Adhäsionsmodells ist eine Interpretation des Einflusses des polymeren Netzwerks nicht möglich, da beide Modelle die Verstärkung nur auf der Basis eines Gleichgewichtszustands zwischen stabilen und instabilen Füllstoff-Füllstoff- bzw. Füllstoff-Polymer-Kontakten diskutieren.

Im Konzept der immobilisierten Schicht kann die, durch die Vernetzung der Polymermatrix, erhöhte Verstärkung mit der räumlichen Fixierung der Polymerketten in der immobilisierten Schicht erklärt werden. Eine auf die vernetzte Schicht wirkende Spannung kann nicht mehr durch das Abgleiten von Ketten relaxieren; dies erhöht den Modul der Zwischenschicht und führt damit zu einer höheren Verstärkung des vernetzten gefüllten Systems.

Mit steigender Amplitude nimmt auch der Speichermodul des gefüllten, vernetzten Vulkanisats stark ab. Wie auch beim unvernetzten System wird der Einfluss
des Füllstoffs bei hohen Amplituden nur noch durch die hydrodynamische Verstärkung bestimmt.

Der Verlustmodul des ungefüllten Systems wird durch die Vernetzung deutlich
abgesenkt, da das energiedissipative Abgleiten von Polymerketten durch die Vernetzung verhindert wird. Der Verlustmodul des gefüllten, vernetzten Systems ist
bei kleinen Amplituden etwas höher als der des ungefüllten, vernetzten Systems,
wächst mit steigender Amplitude an, erreicht bei einer kritischen Amplitude ein
Maximum und nähert sich bei weiterer Erhöhung der Amplitude wieder dem Bereich bei der ungefüllten, vernetzten Referenz. Der amplitudenabhängige Verlauf
des Verlustmoduls kann klassisch durch das dynamische Gleichgewicht zwischen
stabilen und gelösten Füllstoff-Füllstoff- bzw. Füllstoff-Polymer-Kontakten erklärt
werden.

Temperatur

Im linken Teil von Abb. 3.114 ist das Ergebnis der amplitudenabhängigen Messungen eines rußgefüllten, vernetzten L-SBR-Kautschuks bei verschiedenen Temperaturen dargestellt. Dabei scheint der Einfluss der Amplitude mit steigender Temperatur abzunehmen. So verringert sich der bei kleinen Amplituden ($\hat{\gamma}_0 < 0.1\,\%$)
gemessene Modul von ca. $55\,\mathrm{MPa}$ bei $20\,°\mathrm{C}$ auf ca. $15\,\mathrm{MPa}$ bei $100\,°\mathrm{C}$, während
der bei größeren Amplituden ($\hat{\gamma}_0 \approx 15\,\%$) bestimmte Modul bei gleicher Temperaturerhöhung nur eine vergleichsweise geringe Abnahme von ca. $8\,\mathrm{MPa}$ auf ca.
$6\,\mathrm{MPa}$ zeigt.

Die einfachste, physikalisch motivierte Beschreibung der Temperaturabhängigkeit des Speichermoduls ist die auf einem einfachen Platzwechselmodell beruhende
Arrhenius-Beziehung (siehe Gl. 3.283). Die zwei Zustände des Platzwechselmodells
stehen dann für eine stabile bzw. eine gelöste Bindung zwischen Polymer und Füllstoff.

$$\Gamma(T, \hat{\gamma}_0) = \Gamma_\infty(\hat{\gamma}_0) \cdot e^{\frac{E}{RT}} \tag{3.283}$$

Der Parameter E charakterisiert die zur Lösung bzw. Bildung einer Bindung
benötigte Energie, während $\Gamma_\infty(\hat{\gamma}_0)$ die Verstärkung im Grenzfall hoher Temperaturen bezeichnet. Das rechte Diagramm in Abb. 3.114 zeigt die typische Arrhenius-
Darstellung für den Verstärkungsterm $\Gamma(T, \hat{\gamma}_0)$ bei zwei Amplituden ($\hat{\gamma}_0 = 0.1\,\%$
und $\hat{\gamma}_0 = 15\,\%$). Sowohl bei kleinen als auch bei großen Amplituden findet man
eine lineare Beziehung zwischen dem Logarithmus des Verstärkungsterms und der
inversen Temperatur.

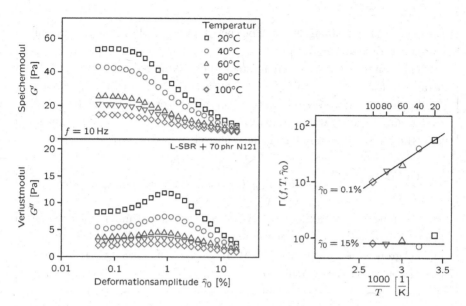

Abb. 3.114 Einfluss der Temperatur auf den amplitudenabhängigen Modul ($f = 10\,\text{Hz}$)

Die aus der Steigung bestimmte Aktivierungsenergie $E = 12\,(\pm 2)\,\text{kJ/mol}$ liegt bei den kleinen Amplituden in derselben Größenordnung wie bei typischen Van-der-Waals-Bindungen. Ähnliche Werte wurden auch von Schröder (2000) gefunden, der die Adsorptionsenergie von Polymerketten auf Rußoberflächen mittels inverser Gaschromatographie experimentell bestimmte.

Mit Erhöhung der Amplitude konvergiert der von der Temperatur unabhängige Verstärkungsterm $\Gamma_\infty(\hat{\gamma}_0)$ gegen null. Experimentell findet man schon bei einer Deformationsamplitude von ca. 15 % einen konstanten Wert für den Verstärkungsterm $\Gamma(T, \hat{\gamma}_0)$. Die daraus berechnete Aktivierungsenergie unterscheidet sich im Rahmen der Messgenauigkeit nicht mehr vom Nullwert. Nimmt man an, dass bei dieser Amplitude das Gleichgewicht zwischen der Adsorption und der Desorption von Kettensegmenten auf der Füllstoffoberfläche schon fast zur Gänze in Richtung Desorption verschoben ist (d.h. $\Gamma_\infty(\hat{\gamma}_0) \to 0$), so gibt es kaum mehr adsorbierte Ketten, deren Bindungsenergie bestimmt werden könnte.

Die Amplitudenabhängigkeit des Speicher- und des Verlustmoduls sinkt mit steigender Temperatur.

Trägt man den logarithmierten Verstärkungsfaktor gegen die inverse Temperatur auf, so findet man in vielen Fällen einen linearen Zusammenhang, der durch ein Platzwechselmodell physikalisch interpretiert werden kann. Die zwei Zustände des Platzwechselmodells sind durch eine stabile bzw. eine gelöste Bindung zwischen Polymer und Füllstoff charakterisiert.

$$\frac{G(f,T,\hat{\gamma}_0)}{G_N(f,T)} = 1 + 2.5 \cdot \Phi + \Gamma(f,T,\hat{\gamma}_0) = 1 + 2.5 \cdot \Phi + \Gamma_\infty(\hat{\gamma}_0) \cdot e^{\dfrac{E}{RT}}$$

Die Bindungsenergie E liegt bei typischen Füllstoffen und Polymeren bei kleinen Amplituden im Bereich schwacher Van-der-Waals-Wechselwirkungen, und bei größeren Amplituden ist die Mehrzahl der Bindungen gelöst, der Term $\Gamma_\infty(\hat{\gamma})$ konvergiert gegen null.

Frequenz

Abb. 3.115 zeigt den Einfluss der Frequenz auf die Amplitudenabhängigkeit des komplexen Moduls für das im vorigen Beispiel verwendete System.

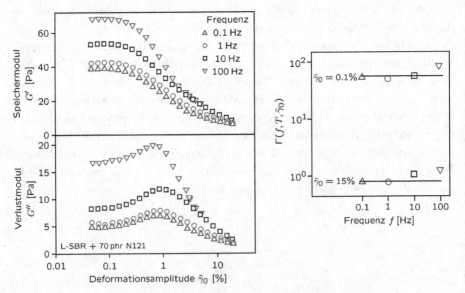

Abb. 3.115 Einfluss der Frequenz auf den amplitudenabhängigen Modul ($T = 20\,^\circ\text{C}$)

Dabei wurden Speicher- und Verlustmodul bei einer konstanter Temperatur von 20 °C bei vier verschiedenen Frequenzen in Abhängigkeit von der Amplitude bestimmt. Das Ergebnis ist im linken Teil von Abb. 3.115 dargestellt.

Mit steigender Frequenz steigt der Modul bei kleinen Amplituden deutlich an. Der Unterschied zur Amplitudenabhängigkeit als Funktion der Temperatur wird deutlich, wenn man den Verstärkungsfaktor $\Gamma(f, T, \hat{\gamma}_0)$ (zur Definition siehe Gl. 3.279 und Gl. 3.280) als Funktion der Messfrequenz plottet (siehe rechter Teil in Abb. 3.115).

Sowohl bei kleinen als auch bei größeren Amplituden ist der Verstärkungsfaktor unabhängig von der Frequenz.

$$\Gamma(f, T, \hat{\gamma}_0) = \Gamma(T, \hat{\gamma}_0)$$

Der Einfluss der Frequenz auf die Amplitudenabhängigkeit von Speicher- und Verlustmodul wird damit ausschließlich durch die Frequenzabhängigkeit der Polymermatrix verursacht.

> Die Amplitudenabhängigkeit des Speicher- und des Verlustmoduls steigt mit der Frequenz. Der aus dem Verhältnis der Module von gefülltem und ungefülltem Elastomer berechnete Verstärkungsfaktor ist frequenzunabhängig.
>
> $$\frac{G(f, T, \hat{\gamma}_0)}{G_N(f, T)} = 1 + 2.5 \cdot \Phi + \Gamma(f, T, \hat{\gamma}_0) = 1 + 2.5 \cdot \Phi + \Gamma(T, \hat{\gamma}_0)$$
>
> Die Frequenzabhängigkeit von gefüllten Systemen wird ausschließlich durch die Frequenzabhängigkeit der Polymermatrix verursacht.

3.17 Viskosität und Verarbeitbarkeit

Ein dem amplitudenabhängigen Verhalten von gefüllten Elastomeren ähnliches Verhalten findet man bei der Charakterisierung des Einflusses der Scherrate $\dot{\gamma}$ auf die Viskosität von gefüllten und ungefüllten Elastomeren.

Statt des im vorigen Abschnitt vorgeführten oszillatorischen Experiments bei konstanter Frequenz und steigender Amplitude wird eine kontinuierliche Deformation bei ansteigender Deformationsgeschwindigkeit bzw. Scherrate betrachtet.

Die Kenntnis der in Abb. 3.116 skizzierten Abhängigkeit der Viskosität von der Scherrate ist unerlässlich, wenn die Verarbeitbarkeit von Elastomeren oder deren Mischungen beurteilt werden soll. In der Abbildung sind die Scherratenbereiche verschiedener Verarbeitungsaggregate dargestellt. Soll beispielsweise die Extrudierbarkeit einer Elastomermischung beurteilt werden, so muss die Viskosität bei den während des Extrusionsvorgangs auftretenden typischen Scherraten

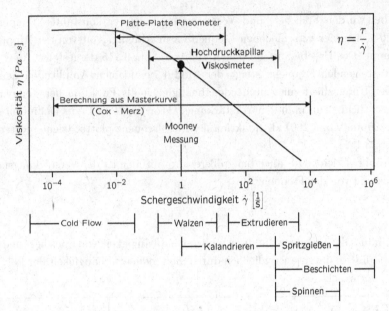

Abb. 3.116 Einfluss der Scherrate auf die Viskosität und das Verarbeitungsverhalten

von $20\,\mathrm{s}^{-1}$ bis $5000\,\mathrm{s}^{-1}$ bestimmt werden. Eine geringere Viskosität in diesem Bereich deutet dann auf eine bessere Verarbeitbarkeit hin. Aus dem Diagramm wird ebenfalls ersichtlich, warum bestimmte Messmethoden nicht zur Vorhersage der Verarbeitbarkeit geeignet sind. So kann die üblicherweise bei einer Scherrate von ca. $1\,\mathrm{s}^{-1}$ bestimmte Mooney-Viskosität zwar Auskunft über das Walzverhalten geben, aber nicht zur Vorhersage des Spritzgießverhaltens verwendet werden, da die beim Spritzguss auftretenden Scherraten deutlich höher als die bei der Mooney-Messung sind.

In Abb. 3.116 sind die apparativ zugänglichen Bereiche der Scherraten für zwei typische Messmethoden zur Bestimmung der scherratenabhängigen Viskosität dargestellt. Beim Platte-Platte-Rheometer befindet sich die Probe zwischen zwei Platten, wobei eine der Platte mit konstanter Geschwindigkeit gedreht wird. Als Scherrate wird entweder die maximale oder die mittlere Scherrate angegeben. Bei der zweiten dargestellten Methode wird ein Hochdruckkapillarviskosimeter verwendet. Dabei wird eine Polymerschmelze unter konstantem Druck durch eine Düse gepresst. Aus angelegtem Druck und dem resultierenden Volumenstrom können Scherrate und Viskosität berechnet werden (siehe hierzu Geisler (2008)). Eine dritte Methode, die auf der aus dynamisch-mechanischen Messungen konstruierten Masterkurve beruht, wird in Abschnitt 3.17.2 vorgestellt.

3.17.1 Nicht-newtonsche Flüssigkeiten

Allgemein werden alle Medien, die keine lineare Beziehung zwischen Spannung und Scherrate besitzen, als nicht-newtonsche Flüssigkeiten bezeichnet. Abb. 3.116 gibt ein Beispiel für typisch strukturviskoses Verhalten.

Neben den verschiedenen nichtlinearen Beziehungen zwischen Spannung und Scherrate (siehe Abb. 3.117) kann die Viskosität auch eine Zeitabhängigkeit aufweisen (siehe Abb. 3.119).

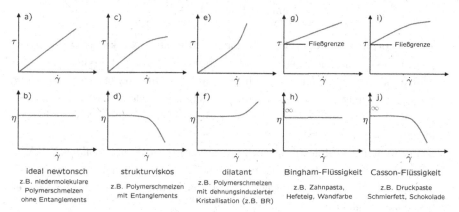

Abb. 3.117 Einfluss der Scherrate $\dot{\gamma}$ auf die Viskosität η

Bei den in Abb. 3.117 skizzierten zeitunabhängigen Beziehungen zwischen Viskosität und Scherrate unterscheidet man fünf verschiedene Arten:

- Ideal newtonsches Verhalten
  Die Spannung τ ist proportional zur Scherrate η (siehe Abb. 3.117a). Die Viskosität η ist eine von der Scherrate $\dot{\gamma}$ unabhängige Konstante (siehe Abb. 3.117b).

$$\tau = \eta \cdot \dot{\gamma}$$

- Strukturviskoses Verhalten (engl. shear thinning)
  Bei kleinen Scherraten $\dot{\gamma} \to 0$ steigt die Spannung τ proportional zur Scherrate $\dot{\gamma}$ (siehe Abb. 3.117c). Bei höheren Scherraten steigt die Spannung zwar noch an, allerdings deutlich geringer als bei kleineren Scherraten. Die Viskosität ist nur bei kleinen Scherraten spannungsunabhängig, und bei höheren Scherraten nimmt die Viskosität mit steigender Scherrate ab (siehe Abb. 3.117d). Eine mögliche mathematische Modellierung dieses Zusammenhangs wird im Folgenden dargestellt.

$$\eta(\dot{\gamma}) = \eta_0 \cdot \frac{1}{1 + \left(\dfrac{\dot{\gamma}}{\dot{\gamma}_C}\right)^a}$$

Dabei bezeichnet η_0 die Viskosität (auch als Nullviskosität bezeichnet) für den Grenzfall sehr kleiner Scherraten ($\dot\gamma \to 0$) und $\dot\gamma_C$ die sogenannte kritische Schergeschwindigkeit, bei der die Viskosität auf die Hälfte der Nullviskosität η_0 abgesunken ist, sowie a einen empirisch definierten Parameter, der nur Werte größer als 1 annehmen kann ($a > 1$). Für hohe Scherraten ($\dot\gamma \gg \dot\gamma_C$) kann die Beziehung zwischen Viskosität und Scherrate durch ein Potenzgesetz approximiert werden, das auch als Ostwald-de-Waele-Beziehung bezeichnet wird.

$$\lim_{\dot\gamma \to \infty} \eta(\dot\gamma) = \eta_0 \cdot \left(\frac{\dot\gamma}{\dot\gamma_C} \right)^{-a}$$

Viele amorphe Polymere zeigen ab einem bestimmten Molekulargewicht strukturviskoses Verhalten. Dieses kritische Molekulargewicht korreliert mit dem Auftreten von Entanglements. D.h., ist das Molekulargewicht so gering, dass keine Verhakungen oder Verschlaufungen gebildet werden, so ist keine Abhängigkeit der Viskosität von der Scherrate zu beobachten, und das Verhalten ist ideal newtonsch.

Überschreitet das Molekulargewicht einen kritischen Wert, so bilden sich Verhakungen und Verschlaufungen, die zu einer deutlichen Erhöhung der Viskosität führen. Bei einer Deformation werden Verhakungen gelöst und an anderer Stelle neu gebildet.

Bei kleinen Scherraten ist die Polymerschmelze durch ein dynamisches Gleichgewicht der Anzahl an Verhakungen charakterisiert. Die Gesamtanzahl an Verhakungen ist dabei konstant und scherratenunabhängig. Mit steigender Scherrate werden mehr Verhakungen gelöst als neu gebildet, damit reduziert sich die Anzahl an Verhakungen in der Polymerschmelze, was eine Abnahme der Viskosität zur Folge hat. Der Vorgang lässt sich analytisch wiederum durch ein einfaches Platzwechselmodell beschreiben (siehe Abschnitt 3.11.1).

- Dilatantes Verhalten (engl.: shear thickening)

Bei kleinen Scherraten ($\dot\gamma \to 0$) steigt die Spannung τ proportional zur Scherrate $\dot\gamma$ (siehe Abb. 3.117e). Bei höheren Scherraten steigt die Spannung deutlich stärker an als bei kleineren Scherraten. Die Viskosität ist nur bei kleinen Scherraten spannungsunabhängig, bei höheren Scherraten nimmt die Viskosität mit steigender Scherrate zu (siehe Abb. 3.117f). D.h., die Polymerschmelze verfestigt sich mit steigender Scherrate. Die mathematische Beschreibung des dilatanten Verhaltens kann analog zur analytischen Darstellung der Strukturviskosität abgeleitet werden, wobei Bedeutung und Wertebereich der Parameter für beide Fälle identisch sind.

$$\eta(\dot\gamma) = \eta_0 \cdot \left[1 + \left(\frac{\dot\gamma}{\dot\gamma_C} \right)^{a} \right]$$

Typische Vertreter für Materialien mit dilatantem Verhalten sind Polymere mit der Fähigkeit zur dehnungsinduzierten Kristallisation. Das bekannteste

Beispiel eines dehnungskristallisierenden Elastomers ist Naturkautschuk, der bei Raumtemperatur schon bei Dehnungen ab 100 % einen messbaren Anteil an mechanisch verstärkenden Kristalliten bildet. Auch Polybutadien ist bei Zimmertemperatur zur Dehnungskristallisation fähig, allerdings bei wesentlich höheren Dehnungen.

Ob ein Polymer dilatantes oder strukturviskoses Verhalten aufweist, wird stark von der Temperatur beeinflusst. In Abb. 3.118 ist dies am Beispiel der Fließ-kurve eines hoch cis-1,4-Polybudatiens illustriert.

Bei 23 °C ist das Fließverhalten dilatant (bei höheren Scherraten steigt die Spannung überproportional an), da das Polybutadien bei diesen Temperaturen die Fähigkeit zur Dehnungskristallisation besitzt. Mit Erhöhung der Tempera-tur wird das dilatante Verhalten zu höheren Scherraten verschoben. So zeigt die bei 40 °C gemessene Fließkurve mit ansteigender Scherrate zuerst struktur-viskoses Verhalten und bei weiterer Erhöhung der Scherrate einen Übergang in eine dilatante Fließcharakteristik.

Bei einer weiteren Temperaturerhöhung (siehe Fließkurve bei 80 °C) ist keine Dehnungskristallisation mehr möglich, das Fließverhalten zeigt rein struktur-viskoses Verhalten. Bei noch höheren Temperaturen beobachtet man ein insta-biles Verhalten, das als Schmelzebruch bezeichnet wird. Ab einer bestimmten Spannung erhöht sich die Scherrate durch den Bruch von Ketten sprunghaft, was direkten Einfluss auf die Verarbeitungseigenschaften hat.

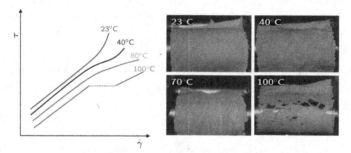

Abb. 3.118 Einfluss der Temperatur auf das Fließ- und Walzverhalten von Polybutadien (cis-1.4 > 99 %)

Wie das Walzbeispiel in Abb. 3.118 zeigt, führt das durch den Kettenbruch verursachte instabile Fließverhalten zur Ausbildung von Löchern im Walzfell. Als Konsequenz erhält man Mischungen mit inhomogenen Eigenschaften.

Das beste Walzverhalten findet man bei einer Temperatur von etwa 23 °C. Die durch die Dehnungskristallisation verursachte mechanische Verstärkung führt zur Ausbildung eines glatten, an der Walze anliegenden Fells. Bei Erhöhung der Temperatur wird die Dehnungskristallisation unterdrückt, und die reduzierte Festigkeit des Elastomers führt zu einem nicht mehr anliegenden Walzfell. Die

Folge sind Probleme beim Einmischen von Zuschlagstoffen und bei der Homogenisierung von Mischungen.

■ Bingham-Flüssigkeiten

Eine Substanz wird als Bingham-Flüssigkeit bezeichnet, wenn sie eine Fließgrenze besitzt. Bei kleinen Spannungen τ ist die Substanz nicht fließfähig, und erst ab einer bestimmten kritischen Spannung τ_C erfolgt ein sprunghafter Übergang zu ideal newtonschem Fließen (siehe Abb. 3.117g).

$$\tau = \tau_C + \eta \cdot \dot{\gamma}$$

Die Viskosität einer Bingham-Flüssigkeit ist bei kleinen Spannungen unendlich hoch und nimmt erst mit Überschreiten der kritischen Spannung τ_C einen endlichen, konstanten Wert an (siehe Abb. 3.117h).

$$\eta(\dot{\gamma}) = \begin{cases} \infty & \text{für } \tau < \tau_C \\ \eta & \text{für } \tau \geq \tau_C \end{cases}$$

Typische Vertreter von Bingham-Flüssigkeiten sind Wandfarbe und Zahnpasta. Beide fließen erst ab einer Spannung und sind fest, wenn diese Spannung unterschritten wird. Deshalb fließt Zahnpasta nicht von der Bürste und tropft Wandfarbe nicht von der Decke. Falls es doch tropft, war es eine billige Variante mit ideal newtonschem Verhalten.

■ Casson-Flüssigkeiten

Auch Casson-Flüssigkeiten besitzen eine Fließgrenze, zeigen aber oberhalb der kritischen Spannung strukturviskose Eigenschaften (siehe Abb. 3.117i).

$$\tau = \tau_C + \eta(\dot{\gamma}) \cdot \dot{\gamma}$$

Bei kleinen Spannungen ist die Viskosität einer Casson-Flüssigkeit ebenfalls unendlich hoch, und beim Überschreiten der kritischen Spannung nimmt sie strukturviskoses Verhalten an.

$$\eta(\dot{\gamma}) = \begin{cases} \infty & \text{für } \tau < \tau_C \\ \dfrac{\eta_0}{1 + \left(\dfrac{\dot{\gamma}}{\dot{\gamma}_C}\right)^a} & \text{für } \tau \geq \tau_C \end{cases}$$

Typische Casson-Flüssigkeiten sind spezielle Druckpasten und Schmiermittel. Auch Schokolade zeigt in bestimmten Temperaturbereichen casson-typisches Verhalten.

Alle bisher diskutierten Beziehungen zwischen Viskosität und Scherrate haben eines gemeinsam: Sie sind zeitunabhängig. Vermindert man beispielsweise die Spannung einer Bingham-Flüssigkeit unter die kritische Spannung, so tritt eine instantane Verfestigung ein, die das Fließen unterbindet.

Das bei bestimmten Materialien auftretende zeitabhängige Fließverhalten lässt sich in zwei Fälle unterteilen:

■ Thixotropes Verhalten

Eine Flüssigkeit zeigt thixotropes Verhalten, wenn ihre Viskosität bei konstanter Scherrate mit der Zeit abnimmt (siehe Abb. 3.119a und b). Prominentester Vertreter einer thixotropen Flüssigkeit ist Ketchup, das zumeist erst nach kräftigem Schütteln fließt.

■ Rheopexes Verhalten

Eine Flüssigkeit zeigt rheopexes Verhalten, wenn ihre Viskosität bei konstanter Scherrate mit der Zeit ansteigt (siehe Abb. 3.119c und d). Flüssigkeiten mit rheopexem Verhalten sind sehr selten, als typische Beispiele gelten Polyethylenglykol-Gele und Bentonitsole. Bentonit ist ein Gestein, das eine Mischung aus verschiedenen Tonmineralien ist und als wichtigsten Bestandteil Montmorillonit (60–80 %) enthält, was seine starke Wasseraufnahme- und Quellfähigkeit erklärt.

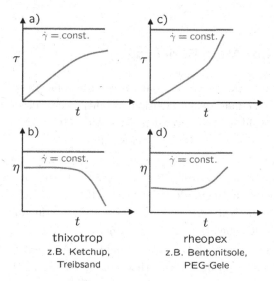

Abb. 3.119 Zeitabhängige Änderung der Viskosität η bei konstanter Scherrate $\dot\gamma$

Bei der Diskussion des Fließverhaltens unterscheidet man allgemein zeitabhängiges und zeitunabhängiges Verhalten. Im Fall von zeitunabhängigem Fließverhalten kann der Zusammenhang zwischen Viskosität und Scherrate in fünf Fälle unterschieden werden.

Bei ideal newtonschem Verhalten ist die Spannung immer proportional zur Scherrate, die Viskosität ist konstant und scherratenunabhängig.

Bei strukturviskosem Verhalten ist die Viskosität nur bei kleinen Scherraten konstant, oberhalb einer kritischen Scherrate sinkt die Viskosität. Eine strukturviskose Flüssigkeit wird mit steigender Scherrate dünnflüssiger.

Bei dilatantem Verhalten ist die Viskosität nur bei kleinen Scherraten konstant, oberhalb einer kritischen Scherrate steigt die Viskosität. Eine dilatante Flüssigkeit wird mit steigender Scherrate dickflüssiger.

Eine Bingham-Flüssigkeit besitzt eine Fließgrenze. Unterhalb einer kritischen Spannung ist eine Bingham-Flüssigkeit nicht fließfähig, oberhalb dieser Spannung zeigt sie ideal newtonsches Verhalten.

Eine Casson-Flüssigkeit besitzt ebenfalls eine Fließgrenze. Unterhalb einer kritischen Spannung ist eine Casson-Flüssigkeit nicht fließfähig, oberhalb dieser Spannung zeigt sie strukturviskoses Verhalten.

Zeigt eine Substanz eine zeitabhängige Änderung der Viskosität bei konstanter Scherrate, so ist ihr Verhalten entweder thixotrop oder rheopex. Bei thixotropem Verhalten sinkt die Viskosität mit der Zeit, während sie bei rheopexer Fließcharakteristik mit der Zeit ansteigt.

3.17.2 Die Cox-Merz-Beziehung

Zur Beurteilung des Verarbeitungsverhaltens von Elastomeren (z.B. Fließverhalten bei Lagerung oder Verhalten bei Extrusion, Mischen oder Walzen) ist die Kenntnis der Viskosität sowohl bei sehr geringen Scherraten ($\dot{\gamma} < 10^{-2}\,\text{s}^{-1}$) als auch bei relativ hohen Scherraten ($\dot{\gamma} \geq 10^{4}\,\text{s}^{-1}$) notwendig.

Da mit Rheometern in Platte-Platte- oder Platte-Kegel-Geometrie die Viskosität bei Scherraten von ca. $10^{-2}\,\text{s}^{-1}$ bis ca. $50\,\text{s}^{-1}$ bestimmt werden kann und Kapillarviskosimeter in einem Bereich von ca. $10\,\text{s}^{-1}$ bis ca. $10^{4}\,\text{s}^{-1}$ vernünftige Messergebnisse liefern, wird zur experimentellen Bestimmung der Viskosität üblicherweise eine Kombination beider Messmethoden eingesetzt.

Eine einfachere Möglichkeit zur Bestimmung der Viskosität in einem großen Scherratenbereich wurde von Cox und Merz (siehe Cox-Merz (1958)) auf der Basis einer empirischen Beziehung zwischen scherratenabhängigen und oszillatorischen, frequenzabhängigen Viskositätsmessungen abgeleitet.

Dazu postulierten sie, dass die bei konstanter Scherrate $\dot{\gamma}$ gemessene Viskosität $\eta(\dot{\gamma})$ dem bei konstanter Kreisfrequenz ω gemessenen Betrag $|\eta^{\star}(\omega)|$ der Viskosität entspricht (siehe Gl. 3.284), wenn Scherrate und Kreisfrequenz identisch sind.

$$\eta(\dot{\gamma}) = |\eta^{\star}(\omega)| \text{ für } \dot{\gamma} = \omega \qquad (3.284)$$

Diese Beziehung ist rein empirischer Natur und hat keinen physikalischen Hintergrund.

Deutlich wird dies, wenn man sich den Zusammenhang zwischen Scherrate und Frequenz beim periodischen Experiment verdeutlicht. Bei einer periodischen Deformation

$$\gamma(t) = \hat{\gamma}_0 \cdot \sin(\omega\, t)$$

berechnet sich die zeitliche Änderung der Deformation, d.h. die Scherrate zu

$$\frac{d\gamma(t)}{dt} = \dot{\gamma}(t) = \hat{\gamma}_0 \cdot \omega \cdot \cos(\omega\, t).$$

Damit ändert sich die Scherrate beim oszillatorischen Experiment periodisch in einem Bereich von

$$0 \le \dot{\gamma}(t) \le \dot{\gamma}_{\text{Max}} = \hat{\gamma}_0 \cdot \omega$$

während sie beim kontinuierlichen Experiment konstant bleibt. Somit ist es nicht möglich, frequenz- und scherratenabhängige Messungen bei identischen Bedingungen d.h. bei vergleichbaren Scherraten durchzuführen.

Näherungsweise kann der bei maximaler oder effektiver Schergeschwindigkeit gemessene Betrag der Schergeschwindigkeit mit der Viskosität aus scherratenabhängigen Messungen korreliert werden.

$$\dot{\gamma}_{\text{Eff}} = \frac{1}{\sqrt{2}} \cdot \dot{\gamma}_{\text{Max}} = \frac{1}{\sqrt{2}} \cdot \hat{\gamma}_0 \cdot \omega$$

Diese Korrelation wird beispielsweise beim RPA (Rubber Process Analyzer der Fa. Alpha Technology) verwendet, um scherratenabhängige Daten aus oszillatorischen Messungen zu berechnen.

Der Grund für die doch sehr mutige Konstruktion der empirischen Beziehung zwischen Scherrate und Frequenz ist die Suche nach einer einfachen experimentellen Methode zur Bestimmung der Viskosität als Funktion der Scherrate.

Geht man davon aus, dass die bei einer oszillatorischen Messung gemessene Viskosität in eine scherratenabhängige Viskosität umgerechnet werden kann, so würde man durch die Masterkurventechnik Zugang zu einem deutlich größeren Bereich von Scherraten erhalten.

Zur Bestimmung der Viskosität bei einer Scherrate von $10^5\,\text{s}^{-1}$ und einer Temperatur von $140\,°\text{C}$ würde dann beispielsweise eine frequenzabhängige Messung bei Zimmertemperatur und eine weitere bei $140\,°\text{C}$ ausreichen. Durch die Anwendung des Prinzips der Äquivalenz von Temperatur und Frequenz würde die bei Zimmertemperatur durchgeführte Messung die Messung bei $140\,°\text{C}$ zu hohen Frequenzen fortsetzen und nach Anwendung der Cox-Merz-Beziehung den Bereich der Scherrate zu höheren Werten erweitern.

Abb. 3.120 zeigt einen Vergleich von oszillatorischen und scherratenabhängigen Messungen bei $140\,°\text{C}$ am Beispiel eines HNBR (hydrierten Copolymers aus Acrylnitril ($34\,\text{wt}\%$) und Butadien mit einer Mooney-Viskosität (ML1+4/$100\,°\text{C}$) von 4). Die ungefüllten Vierecke zeigen die in einem Platte-Platte-Rheometer gemessenen scherratenabhängigen Viskositäten in dem apparativ zugänglichen

Scherratenbereich von $10^{-2}\,\mathrm{s}^{-1}$ bis $2\,\mathrm{s}^{-1}$. Natürlich hat auch die Probe Einfluss auf den Bereich der Scherrate. Je höher die Viskosität der Probe, umso schneller wird das maximale Drehmoment des Rheometers erreicht und umso niedriger ist dann die maximale Scherrate. Die ungefüllten kreis- und rautenförmigen Symbole sind das Ergebnis der mit der Cox-Merz-Beziehung ($\omega = \dot{\gamma}$) aus oszillatorischen Messungen (Variation der Frequenz bei konstanter Scheramplitude) berechneten Viskositäten, und die gefüllten Symbole zeigen die aus oszillatorischen Messungen bestimmten Viskositäten als Funktion der maximalen Scherrate ($\dot{\gamma}_{\mathrm{Max}} = \omega \cdot \gamma_0$).

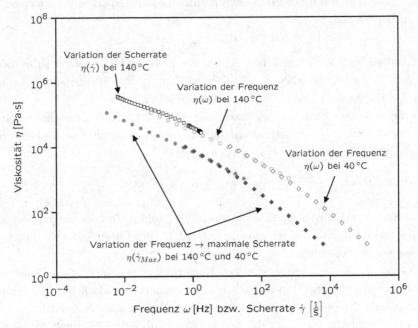

Abb. 3.120 Die empirische Beziehung von Cox und Merz

Das Ergebnis des Vergleichs ist erstaunlich. Man findet eine relativ gute Übereinstimmung zwischen den mittels Cox-Merz-Beziehung aus oszillatorischen Messungen berechneten Werten und den gemessenen scherratenabhängigen Viskositäten. Dagegen zeigen die bei maximaler Scherrate berechneten Viskositäten keinerlei Übereinstimmung mit den scherratenabhängigen Messungen.

Da keine physikalische Korrelation zwischen frequenz- und scherratenabhängigen Messungen existiert, ist das Ergebnis zwar erstaunlich, aber dennoch empirisch und damit nur auf das betrachtete Beispiel anwendbar.

Da eine Verallgemeinerung der Ergebnisse nicht physikalisch begründet werden kann, sollte vor der Verwendung der Cox-Merz-Beziehung zur Bestimmung der scherratenabhängigen Viskosität aus oszillatorischen Messungen die Gültigkeit der Beziehung zumindest an einigen Messungen überprüft werden.

Die Cox-Merz-Beziehung ist ein Versuch, eine Beziehung zwischen Scherrate und Frequenz herzustellen. Damit könnten frequenzabhängige Messungen zur Berechnung der scherratenabhängigen Viskosität verwendet werden.

Da die experimentelle Bestimmung der scherratenabhängigen Viskosität über einen großen Scherratenbereich nur durch die Kombination mehrerer Messmethoden (wie z.B. Platte-Platte-Rheometer und Hochdruckkapillarviskosimeter) möglich ist, würde der Zugang über frequenzabhängige Messungen eine deutliche Vereinfachung darstellen.

Die Cox-Merz-Beziehung besagt, dass die bei einer Frequenz ω gemessene Viskosität identisch mit der bei einer Scherrate $\dot{\gamma}$ gemessenen Viskosität ist, wenn Scherrate und Frequenz identisch sind (d.h. bei $\omega = \dot{\gamma}$). Diese Beziehung ist rein empirischer Natur und hat keinerlei physikalische Motivation. Vor der Anwendung der Cox-Merz-Beziehung sollten wenigstens einige frequenz- und scherratenabhängige Messungen der Viskosität durchgeführt werden. Aus dem Vergleich der Messergebnisse kann dann die Gültigkeit der Cox-Merz-Regel überprüft werden.

4 Nichtlineare Deformationsmechanik

4.1   Grundbegriffe

Das Deformationsverhalten von Polymeren im nichtlinearen Bereich ist äußerst komplexer Natur und bisher bei Weitem nicht vollständig verstanden. Bereits am einfachen uniaxialen Spannungs-Dehnungs-Versuch bei einigen ausgewählten Thermoplasten zeigt sich die große Variationsbreite des Verhaltens im nichtlinearen Bereich. In Abb. 4.1 sind dazu charakteristische Spannungs-Dehnungs-Kurven einiger ausgewählter Thermoplaste und Elastomere vergleichend gegenübergestellt.

Das nichtlineare Deformationsverhalten kann grob in die Klassen sprödes, duktiles und gummielastisches Verhalten eingeteilt werden:

- Sprödes Deformationsverhalten zeichnet sich durch eine geringe Deformierbarkeit bei hohen Modulwerten aus. Ein typischer Vertreter ist Styrolacrylnitril (SAN). Seine Bruchdehnung liegt im Bereich einiger Prozent, die Bruchspannung zwischen 60 MPa und 80 MPa.

- Duktile Materialien lassen sich plastisch und damit irreversibel deformieren, bevor sie brechen. Typische Vertreter dieses Verhaltens sind ABS (mit Polybutadien gepfropftes SAN), Polycarbonat (PC) und Polyamid (PA). Bei duktilem Deformationsverhalten beobachtet man ein sogenanntes *Yield-Maximum* in der Spannung, an das sich eine Fließzone anschließt. Sehr deutlich sieht man dies am Beispiel des Polypropylens (PP) (siehe Abb. 4.1). Bei einer Deformation von ca. 10 % beobachtet man das Yield-Maximum der Spannung bei ca. 25 MPa. Bei weiterer Erhöhung der Deformation nimmt die Spannung leicht ab und behält dann bis zu einer Deformation von ca. 450 % einen nahezu kon-

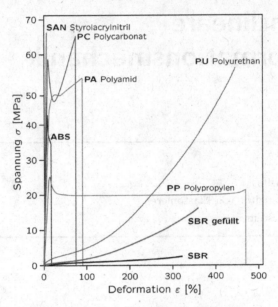

Abb. 4.1 Spannungs-Dehnungs-Kurven verschiedener Polymere

stanten Wert von etwa 20 MPa. Eine weitere Erhöhung der Deformation führt zum Bruch.

Das Auftreten der Yield-Spannung ist in der Regel mit einer inhomogenen Verstreckung verknüpft, die sich in einer ausgeprägten Schulter-Hals-Bildung der Zugprobe manifestiert.

Reversibel ist das Deformationsverhalten duktiler Materialien nur deutlich unterhalb der Yield-Spannung. Bei stärkeren Deformationen ist das Verhalten durch irreversible Fließvorgänge gekennzeichnet.

■ Gummielastisches Verhalten zeichnet sich durch eine hohe reversible Deformierbarkeit bei niedrigem Modul aus. Im Bereich hoher Deformation tritt das Phänomen der Selbstverfestigung (progressiver Spannungsanstieg mit zunehmender Dehnung) auf, dessen Ausmaß die Festigkeitseigenschaften von Elastomeren zu großen Anteilen bestimmt.

Die Diskussion des nichtlinearen Deformationsverhaltens wird im Folgenden nur für den Fall des gummielastischen Verhaltens weitergeführt, da nur für diesen Fall eine vollständige physikalische Beschreibung existiert. Ursache dafür ist das nahezu vollständig reversible Deformationsverhalten von elastomeren Netzwerken, das die Grundlage einer thermodynamischen Beschreibung darstellt.

Sowohl bei sprödem als auch bei duktilem Verhalten ist die Voraussetzung des reversiblen Deformationsverhaltens nicht gegeben. Eine thermodynamische Beschreibung ist damit nicht möglich. Da bei Thermoplasten weniger die Festigkeit, sondern mehr die Zähigkeit bzw. die Schlagzähigkeit von technologischem Interesse

ist, behilft man sich in der Praxis mit der Messung der Schlagzähigkeit bzw. Kerb-
schlagzähigkeit zur Charakterisierung des spröden bzw. duktilen Verhaltens. Der
Nachteil dieser Methoden besteht darin, dass die damit erfasste Zähigkeit keine
Materialkonstante ist, sondern unter anderem von der Probengeometrie abhängt.

4.2 Gummielastizität von Elastomeren

Da dem gummielastischen Verhalten in erster Näherung reversible Platzwechselvorgänge zugrunde liegen, kann die Thermodynamik zur Beschreibung des nichtlinearen Deformationsverhaltens verwendet werden.

4.2.1 Thermodynamik der Gummielastizität

Die Grundlage zur thermodynamischen Beschreibung des nichtlinearen Deformationsverhaltens ist der erste Hauptsatz der Thermodynamik.

$$dU = \partial Q + \partial A \qquad (4.1)$$

Die Änderung dU der inneren Energie eines geschlossenen Systems ist gleich der
Summe der zugeführten Wärme $\partial Q = T dS$ und der am System verrichteten Arbeit
$\partial A = -pdV$. Das negative Vorzeichen beruht auf der Tatsache, dass man Arbeit
verrichtet bzw. zuführt, wenn man das Volumen verkleinert. Der Begriff geschlossen bedeutet, dass das System keine Energie mit seiner Umgebung austauscht.
Das d wird in Gl. 4.1 benutzt, um herauszuheben, dass es sich um ein vollständiges Differenzial, das heißt um die Änderung einer Zustandsgröße handelt. Eine
Zustandsgröße ist eine makroskopische physikalische Größe in einer Zustandsgleichung, die nur vom momentanen Zustand des betrachteten physikalischen Systems
abhängt und daher vom Weg, auf dem dieser Zustand erreicht wurde, unabhängig
ist. Sie beschreibt eine Eigenschaft des Systems in diesem Zustand. Beispiele sind
die Energie, Entropie, Volumen, Masse, Temperatur, Druck, Dichte, Polarisati-
on oder Magnetisierung des betrachteten Systems. Das ∂ einer Größe stellt eine
allgemeine Änderung dar, die auch wegabhängig sein kann.

$$dU = T dS - pdV \qquad (4.2)$$

Dabei ist die Entropie S (Einheit J/K) eine thermodynamische Größe, die den
Ordnungszustand eines Systems charakterisiert.

Der zweite Hauptsatz der Thermodynamik besagt, dass die Ordnung eines geschlossenen Systems nicht zunehmen, d.h. dessen Entropie nicht abnehmen kann
(siehe Gl. 4.3), und legt damit die Richtung fest, in die ein Prozess selbsttätig
ablaufen kann.

$$dS \geq 0 \qquad (4.3)$$

Zur Beschreibung von Gleichgewichtszuständen werden in der Thermodynamik Zustandsfunktionen eingeführt. Diese beschreiben den momentanen Zustand eines Systems in Abhängigkeit von weiteren Zustandsgrößen.

Werden in einem System beispielsweise der Druck p und die Temperatur T konstant gehalten, so spricht man von einem isothermen und isobaren System ($p, T = \text{const}$) und verwendet die freie Enthalpie G, die auch als freie Gibbssche Energie bezeichnet wird, als Zustandsfunktion zur Beschreibung des Gleichgewichtszustands. Ein ausführliches Beispiel für die Anwendung der freien Enthalpie wird bei der Beschreibung des Glasprozesses als Phasenumwandlung 2. Ordnung gegeben (siehe Abschnitt 3.12.1).

Betrachtet man ein System von Makromolekülen bei konstantem Volumen ($dV = 0$) und konstanter Temperatur ($dT = 0$), so kann die freie Energie als die relevante Zustandsfunktion betrachtet werden.

$$F = U - TS \qquad (4.4)$$

Wird an dem System mechanische Arbeit verrichtet, so ändert sich die freie Energie. Übertragen auf eine Dehnungsexperiment bedeutet dies, dass die Arbeit $\partial A = f dl$ verrichtet werden muss, um eine Probe mit einer Kraft f um dl zu dehnen. Die Änderung der freien Energie berechnet sich bei konstanter Temperatur (d.h. $dT = 0$ und damit auch $SdT = 0$) zu:

$$dF = dU - TdS = \partial A = f dl \qquad (4.5)$$

Damit ergibt sich die Kraft f, die man zur Deformation der Probe um dl benötigt, zu

$$f = \left(\frac{\delta F}{\delta l}\right)_{T,V} = \left(\frac{\delta U}{\delta l}\right)_{T,V} - T\left(\frac{\delta S}{\delta l}\right)_{T,V} \qquad (4.6)$$

$\delta F/\delta l$ bezeichnet eine partielle Ableitung, d.h., die Kraft f wird nach l abgeleitet, und die beiden Größen T und V bleiben konstant.

Die Kraft besteht somit aus zwei Bestandteilen, einem energetischen und einem entropischen:

$$f_E = \left(\frac{\delta U}{\delta l}\right)_{T,V} \quad \text{und} \quad f_S = -T\left(\frac{\delta S}{\delta l}\right)_{T,V} \qquad (4.7)$$

Der energetische Anteil f_E charakterisiert die Änderung der inneren Energie bei einer Deformation. In typischen Festkörpern dominiert dieser Anteil, da die innere Energie stark ansteigt, wenn Atome oder Moleküle aus ihren Gleichgewichtslagen in den Kristallstrukturen ausgelenkt werden.

In typischen Elastomeren dominiert der entropische Term f_S das Deformationsverhalten. Dies wird plausibel, wenn man den Ordnungszustand einer geknäulten nicht deformierten Polymerkette mit dem einer vollständig gedehnten vergleicht. Der geknäulte Zustand kann durch viele Kettenkonfigurationen, d.h. durch viele Anordnungen von Kettensegmenten, dargestellt werden und besitzt somit einen niedrigen Ordnungsgrad, d.h. eine hohe Entropie. Der vollständig gedehnte Zustand ist nur durch eine einzige Konfiguration der Kettensegmente darstellbar und besitzt damit die größtmögliche Ordnung und somit die geringste Entropie. Damit ist die Entropie von der Deformation abhängig und nimmt mit steigender Deformation stetig ab.

Ein weiteres Charakteristikum von Materialien mit vorwiegend entropieelastischem Verhalten ist der Einfluss der Temperatur auf das Deformationsverhalten. Aus Gl. 4.7 ist ersichtlich, dass der entropische Term direkt proportional zur Temperatur ist, während der energieelastische Term nicht von der Temperatur abhängt. Ein schönes Beispiel für dieses Verhalten stellt ein unter konstantem Gewicht gedehnter Gummifaden dar. Die durch das Gewicht wirkende Kraft F verursacht eine Dehnung des Gummifadens um dl. Bei erhöhter Temperatur kann die Deformation dl nur konstant gehalten werden, wenn die Kraft um den mit zunehmender Temperatur steigenden entropieelastischen Anteil erhöht wird. Ist dies nicht der Fall, so reduziert sich die ursprüngliche Deformation – der Gummi zieht sich zusammen.

Eine einfache Methode zur Charakterisierung von entropie- und energieelastischem Deformationsverhalten wurde von Flory (1979) entwickelt. Dabei wird die von der Temperatur abhängige Kraft $f(T)$ bestimmt, die zu einer konstanten Dehnung dl einer Probe notwendig ist. Abb. 4.2 zeigt eine schematische Darstellung der Kraft f als Funktion der Temperatur.

Der Zusammenhang der in der Abbildung dargestellten Größen mit Gl. 4.6 wird deutlich, wenn man die Definition der freien Enthalpie und die daraus ableitbaren Zusammenhänge etwas detaillierter betrachtet. Aus Gl. 4.4 ergibt sich die Änderung der freien Energie dF zu

$$dF = -SdT - pdV + fdl \qquad (4.8)$$

Die freie Energie ist eine Zustandsfunktion. Sie hängt nur von der Temperatur T, dem Volumen V und der Länge l der Probe ab und kann als vollständiges Differenzial angegeben werden:

$$dF = \left(\frac{\delta F}{\delta T}\right)_{V,l} dT + \left(\frac{\delta F}{\delta V}\right)_{T,l} dV + \left(\frac{\delta F}{\delta l}\right)_{T,V} dl \qquad (4.9)$$

Ein Vergleich der Gleichungen 4.8 und 4.9 führt zu den Beziehungen

$$\left(\frac{\delta F}{\delta T}\right)_{l,V} = -S \quad \text{und} \quad \left(\frac{\delta F}{\delta l}\right)_{T,V} = f \qquad (4.10)$$

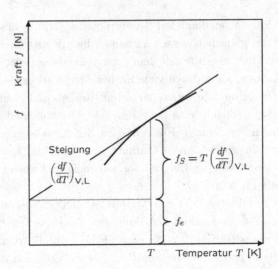

Abb. 4.2 Temperaturabhängigkeit von entropie- und energieelastischem Deformationsverhalten, nach Flory (1979)

Da eine Zustandsgröße den momentanen Zustand eines Systems angibt und unabhängig von dem Weg ist, auf dem dieser Zustand erreicht wurde, gilt:

$$\frac{\delta\left(\frac{\delta F}{\delta T}\right)}{\delta l} = \frac{\delta\left(\frac{\delta F}{\delta l}\right)}{\delta T} \tag{4.11}$$

Die Kombination der Gleichungen 4.10 und 4.11 führt zu der Beziehung

$$-\left(\frac{\delta S}{\delta l}\right)_{T,V} = \left(\frac{\delta f}{\delta T}\right)_{V,l} \tag{4.12}$$

Der entropieelastische Anteil f_S lässt sich damit sowohl aus der Änderung dS der
Entropie bei der Änderung dl der Probenlänge als auch durch die experimentell
einfacher zu realisierende Messung der Änderung df der Kraft bei der Temperaturänderung dT bestimmen.

$$f_S = -T\left(\frac{\delta S}{\delta l}\right)_{T,V} = T\left(\frac{\delta f}{\delta T}\right)_{l,V} \tag{4.13}$$

In Abb. 4.3 sind die experimentell ermittelten energieelastischen Beiträge f_E für
verschiedene Elastomere zusammengestellt. Ein Vergleich der Beiträge zeigt, dass
für nahezu alle Polymere die entropische Komponente der Kraft die energetische
um ein Vielfaches überwiegt.

Damit kann das Deformationsverhalten von Elastomeren nach Flory (1979) in
guter Näherung durch rein entropieelastisches Verhalten beschrieben werden.

Polymer	Ref.	$\dfrac{f_e}{f}$	$\Delta\dfrac{f_e}{f}$	Methode
Naturkautschuk	Allen et al.	0.2	±0.02	const. V
	Allen et al.	0.12	±0.25	const. V
	Rose u. Kriegbaum	0.11		const. p
	Ciferri	0.18	±0.3	const. p
	Shen	0.15	±0.02	const. p
	Boyce u. Treloar	0.13		Torsion
Butyl	Allen et al.	0.08		const. V
	Ciferri	-0.03	±0.02	const. V
Silikonkautschuk	Price	0.25	±0.01	const. V
Polyethylen	Ciferri	-0.42	±0.05	const. p
cis-1.4-Polybutadien	Mark	0.08		
SBR 15% Styrol		-0.13		
SBR 24% Styrol		-0.12		
NBR 50% ACN		0.03		

Abb. 4.3 Energieelastischer Beitrag f_E/f bei verschiedenen Elastomeren, nach Treloar (1975)

Aus diesem Grund wird bei allen folgenden Betrachtungen rein entropieelastisches Verhalten vorausgesetzt. Die Kraft, die man zur Deformation eines Systems von Makromolekülen benötigt, ist dann die direkte Folge der durch Deformation geänderten Entropie.

$$f = -T\left(\frac{\delta S}{\delta l}\right)_{T,V} \tag{4.14}$$

Das Zug-Dehnungs-Verhalten eines Elastomers kann damit in zwei Schritten aus thermodynamischen Größen abgeleitet werden. Zuerst wird die Entropie als Funktion der Deformation abgeleitet, dann wird die Kraft f bzw. die Spannung σ aus der Ableitung der Entropie S bezüglich der Deformation d berechnet.

In den folgenden Abschnitten wird diese Vorgehensweise bei der Berechnung des Zug-Dehnungs-Verhaltens einer idealen Gaußschen Kette, einer Valenzwinkelkette mit freier Drehbarkeit sowie eines Systems von vernetzten Ketten demonstriert.

Setzt man voraus, dass gummielastisches Verhalten durch reversible Platzwechselvorgänge verursacht wird, so ist das Deformationsverhalten durch eine thermodynamische Betrachtung quantitativ beschreibbar.

Das Deformationsverhalten kann in guter Näherung durch rein entropieelastisches Verhalten beschrieben werden. Dieses zeichnet sich dadurch aus, dass die Bindungslängen zwischen Kettensegmenten bei Dehnung nicht geändert werden. Die einzigen Folgen der Deformation sind die mit steigender Dehnung abnehmende Anzahl an möglichen Kettenkonfigurationen (bei maximaler Dehnung gibt es noch genau eine mögliche Anordnung der Segmente) und die daraus resultierende höhere Ordnung.

Da eine Erhöhung der Ordnung bzw. Verringerung der Entropie in einem geschlossenem System niemals freiwillig abläuft (gemäß dem 2. Hauptsatz der Thermodynamik), muss mechanische Arbeit am System geleistet werden.

Bei rein entropieelastischem Verhalten ist die Kraft, die man zur Deformation eines Systems von Makromolekülen benötigt, direkt proportional zu der durch die Deformation verursachten Änderung der Entropie.

$$f = \left(\frac{\delta S}{\delta l}\right)_{T,V}$$

4.2.2   Die ideale Gaußsche Kette

Zur Berechnung des nichtlinearen Deformationsverhaltens ideal gummielastischer, d.h. rein entropieelastischer Materialien wird im ersten Schritt eine ideale Kette betrachtet. Bei einer idealen Kette sind ihre Segmente gegenüber ihren Nachbarn frei drehbar (Näheres zu Definition und Realisierung findet sich in Abschnitt 3.14.2).

Zur Beschreibung der Entropie wird die Definition von Boltzmann verwendet.

$$S(r) = k_B \cdot \ln w(r) \tag{4.15}$$

Dabei ist k_B die Boltzmann-Konstante und w die Wahrscheinlichkeit, mit der ein thermodynamischer Zustand realisiert werden kann. Betrachtet man eine Kette aus N_S Segmenten – mit der Segmentlänge a –, so gibt $w(r)$ die Wahrscheinlichkeit an, dass diese Kette einen End-to-End-Abstand r besitzt.

Die Wahrscheinlichkeit, dass sich das Ende einer Kette bei $\vec{r}$ befindet (siehe Abb. 4.4), lässt sich bei einer genügend großen Anzahl von Kettenkonfigurationen durch eine Gauß-Verteilung für jede Raumrichtung beschreiben.

$$
\begin{aligned}
w(r_x) &= \left(\frac{b}{\sqrt{\pi}}\right) \cdot e^{-b^2 r_x^2} \\
w(r_y) &= \left(\frac{b}{\sqrt{\pi}}\right) \cdot e^{-b^2 r_y^2} \\
w(r_z) &= \left(\frac{b}{\sqrt{\pi}}\right) \cdot e^{-b^2 r_z^2}
\end{aligned}
$$

$$\text{mit} \quad b^2 = \frac{3}{2N_S a^2} \tag{4.16}$$

Ist keine Raumrichtung ausgezeichnet, so erhält man

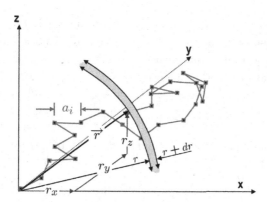

Abb. 4.4 Länge bzw. End-to-End-Abstand einer idealen Gaußschen Kette mit N Segmenten der Länge a_i

$$w(\vec{r}) = w(r_x) \cdot w(r_y) \cdot w(r_z) = \left(\frac{b}{\sqrt{\pi}}\right)^3 \cdot e^{-b^2(r_x^2 + r_y^2 + r_z^2)} = \left(\frac{b}{\sqrt{\pi}}\right)^3 \cdot e^{-b^2 \vec{r}^2}$$
(4.17)

Um die Wahrscheinlichkeit zu berechnen, mit der ein End-to-End-Abstand der Länge $r = |\vec{r}|$ auftritt, muss über alle Raumrichtungen gemittelt werden, d.h., es wird die Wahrscheinlichkeit betrachtet, mit der ein Kettenende in einer Kugelschale des Volumens $4\pi r^2 \cdot dr$ zu finden ist.

$$w(r)dr = \left(\frac{b}{\sqrt{\pi}}\right)^3 \cdot e^{-b^2 r^2} \cdot 4\pi r^2 \, dr$$
(4.18)

Das mittlere Kettenlängenquadrat r_M^2 folgt mit

$$\int_0^\infty x^n e^{-ax} = \frac{1 \cdot 3 \cdots (2k-1)\sqrt{\pi}}{2^{k+1} a^{k+\frac{1}{2}}} \quad \text{bei geradzahligem} \quad n = 2k$$

aus Gl. 4.18 zu

$$r_M^2 = \int_0^\infty r^2 \, w(r) \, dr = \frac{4b^3}{\sqrt{\pi}} \int_0^\infty r^4 \, e^{-b^2 r^2} \, dr = \frac{3}{2} \frac{1}{b^2} = N_S a^2$$
(4.19)

Die Kettenlänge mit der höchsten Wahrscheinlichkeit r_W berechnet sich aus dem Maximum von Gl. 4.18 mit

$$\frac{dw}{dr} = \frac{d}{dr} \left(\frac{b}{\sqrt{\pi}}\right)^3 \cdot e^{-b^2 r^2} \cdot 4\pi r^2 = r^2 - br^3 = 0$$

zu

$$r_W = \frac{1}{b} = a \cdot \sqrt{\frac{2}{3} N_S}$$
(4.20)

Zur Berechnung der Kraft f, die man benötigt, um eine Kette aus N_S Segmenten um dr zu dehnen, wird in einem ersten Schritt die Entropie S abgeleitet. Mit der Definition von Boltzmann (siehe Gl. 4.15) und der in Gl. 4.17 angegebenen Wahrscheinlichkeit $w(r)$ erhält man

$$S = k_B \cdot \ln w(r) = k_B \ln \frac{4b^3}{\sqrt{\pi}} - k_B b^2 r^2 \qquad (4.21)$$

Die zur Dehnung einer idealen Gaußschen Kette benötigte Kraft f berechnet sich mit Gl. 4.14 zu

$$f = -T \frac{\delta S}{\delta r} = \frac{3k_B T}{N_S a^2} r \qquad (4.22)$$

Eine ideale Gaußsche Kette besitzt damit eine von der Dehnung unabhängige Federkonstante

$$D = \frac{f}{r} = \frac{3\,k_B\,T}{N_S\,a^2}$$

Diese kann in Analogie zum idealen Festkörper betrachtet werden, wobei der prinzipielle Unterschied zwischen dem idealen Festkörper und der idealen Gaußschen Kette darin besteht, dass der ideale Festkörper rein energieelastisch deformiert wird, während die Deformation einer idealen Gaußsche Kette rein entropische Ursachen hat.

Eine ideale Gaußsche Kette besitzt die folgenden Eigenschaften:

- Mit steigender Temperatur nimmt ihre Steifigkeit bzw. Federkonstante zu $(D \propto T)$.

- Je weniger Segmente sie besitzt, umso steifer ist sie $\left(D \propto \dfrac{1}{N_S} \right)$.

- Eine kürzere Segmentlänge (d.h., weniger Monomere b ilden ein statistisches Segment) führt zu einer höheren Steifigkeit $\left(D \propto \dfrac{1}{a^2} \right)$.

4.2.3 Statistik der Valenzwinkelkette mit freier Drehbarkeit

Eine reale Polymerkette unterscheidet sich von einer idealen Gaußschen Kette vor allem dadurch, dass die Kohlenstoffatome in der Kette bei konstantem Bindungswinkel β und konstanter Bindungslänge l nur auf Kegelflächen angeordnet sein können (siehe Abb. 4.5). Wenn alle Positionen auf dem Kegelmantel gleich wahrscheinlich sind, spricht man von einer Valenzwinkelkette mit freier Drehbarkeit.

Bei einer genügend großen Anzahl N_C von Kohlenstoffbindungen der Länge l kann die mittlere Länge der Kette hergeleitet werden. Die vollständige Herleitung findet sich in Colby (1987) auf den Seiten 55f. Der Winkel α bezeichnet dabei das Supplement des Bindungswinkels ($\alpha = 180° - \beta$).

$$r_M^2 = l^2 \cdot \frac{1 + \cos \alpha}{1 - \cos \alpha} \cdot N_C \qquad (4.23)$$

Die maximale Länge der Kette mit N_C Kohlenstoffbindungen im gestreckten Zustand ergibt sich aus geometrischen Überlegungen (siehe Abb. 4.5).

$$R_{\text{Max}} = l \cdot \cos \frac{\alpha}{2} \cdot N_C \qquad (4.24)$$

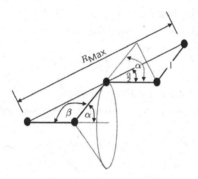

Abb. 4.5 Valenzwinkelkette mit freier Drehbarkeit (Bindungslänge l, Bindungswinkel β, Supplement des Bindungswinkels $\alpha = 180° - \beta$, maximale Kettenlänge R_{Max})

Vergleicht man die mittlere und die maximale Länge der Valenzwinkelkette mit freier Drehbarkeit mit den entsprechenden Größen der idealen Gaußschen Kette, dann lässt sich eine zur realen Kette äquivalente ideale Kette konstruieren. Dabei bezeichnet N die Anzahl der Kettensegmente der idealen Kette und N_C die Anzahl der Bindungen der Valenzwinkelkette. a ist die Segmentlänge der idealen Kette und l die Bindungslänge der Valenzwinkelkette. Bei einer Kette aus Kohlenstoffatomen wäre dies die Länge der C-C-Einfachbindung.

$$\begin{array}{ccccc} & \text{ideale Kette} & & \text{Valenzwinkelkette} \\ \\ r_M^2 & = & a^2\,N & = & l^2 \cdot \dfrac{1 + \cos \alpha}{1 - \cos \alpha} \cdot N_C \\ \\ R_{\text{Max}} & = & a\,N & = & l \cos \frac{\alpha}{2} \cdot N_C \end{array}$$

Bestimmt man die Segmentlänge a und die Anzahl N der Segmente der idealen Kette aus obiger Gleichung in Abhängigkeit von Bindungslänge l, Bindungswinkel β und Bindungsanzahl N_C, so können alle für die ideale Kette abgeleiteten Größen auf die Valenzwinkelkette mit freier Drehbarkeit übertragen werden.

$$N_S = \left(\cos\frac{\alpha}{2}\right)^2 \frac{1-\cos\alpha}{1+\cos\alpha} \cdot N_C \quad \text{und} \quad a = \frac{1+\cos\alpha}{1-\cos\alpha} \cdot \frac{1}{\cos\frac{\alpha}{2}} \cdot l \qquad (4.25)$$

Für Polymere, die aus einfachen C-C-Bindungen aufgebaut sind, ergibt sich

$$N_S \approx 3 \cdot N_C \text{ und } a \approx 2.45 \cdot l \qquad (4.26)$$

für einen Bindungswinkel von $\beta = 109.5°$. Ein Segment oder Submolekül der idealen Kette ist dann ca. 2.45-mal so lang wie eine einfache Kohlenstoffbindung ($l = 0.154\,\text{nm}$) und besteht aus ca. drei C-C-Bindungen.

Zur Berechnung der Kraft, die zur Dehnung einer einfachen Kohlenstoffkette nötig ist, ersetzt man die Segmentlänge und die Anzahl der Kettensegmente in Gl. 4.22 durch die Werte bei der realen Kette.

$$f = \frac{3k_BT}{N_S a^2} \cdot r = \frac{3k_BT}{N_C l^2} \cdot \frac{1-\cos\alpha}{1+\cos\alpha} \cdot r \approx \frac{1}{2} \cdot \frac{3k_BT}{N_C l^2} \cdot r \qquad (4.27)$$

Damit ist eine ideale Gaußsche Kette etwa doppelt so steif wie eine vergleichbare, aus C-C-Einfachbindungen aufgebaute Valenzwinkelkette mit freier Drehbarkeit.

Dies ist einleuchtend, wenn man bedenkt, dass Gl. 4.14 die Kraft mit der Änderung der Entropie, d.h. mit der Änderung der Ordnung, in Beziehung setzt. Je mehr Ordnung man in eine Struktur bringt, desto geringer wird ihre Entropie. Die Valenzwinkelkette mit freier Drehbarkeit ist gegenüber der idealen Gaußschen Kette geordneter, da sie einen konstanten Bindungswinkel als zusätzlichen Ordnungsparameter aufweist. Sie besitzt damit die geringere Entropie. Dies führt zu einer entsprechend geringeren Entropieänderung bei Deformation und somit zu einer reduzierten Kraft.

Die Valenzwinkelkette mit freier Drehbarkeit der Kettenglieder ist durch eine konstante Bindungs- bzw. Segmentlänge l und einen konstanten Bindungswinkel β definiert.

Die Festlegung des Bindungswinkels ($\beta = \text{const.}$) reduziert die Anzahl der möglichen Konfigurationen einer Kette und erhöht damit deren Ordnung. Die Valenzwinkelkette mit konstantem Bindungswinkel besitzt damit eine geringere Entropie als die ideale Gaußsche Kette. Als Folge der geringeren Entropieänderung bei Deformation findet man eine Abnahme der Kettensteifigkeit.

Die Reduktion der möglichen Konfigurationen einer Kette führt zu einer Erhöhung der Ordnung und damit zu einer Abnahme der Kettensteifigkeit.

4.2.4 Das affine Gaußsche Netzwerk

Durch die Vulkanisation werden Kettensegmente irreversibel zu einem dreidimensionalen Netzwerk verknüpft. Zur Ableitung quantitativer Zusammenhänge zwischen der Netzwerkstruktur und den Deformationseigenschaften werden im einfachsten Fall die folgenden Näherungen angesetzt.

- Alle Ketten enden in Vernetzungspunkten, und jeder Vernetzungspunkt ist vierfunktional, d.h., jeder Vernetzungspunkt verbindet vier Kettensegmente.
- Zyklisierungen und Verhakungen von Kettensegmenten werden vernachlässigt.
- Eine Kette ist volumenlos und hat keinerlei Wechselwirkungen mit anderen Ketten.
- Bei einer Deformation des Netzwerks ändern sich die Kettenlängen im gleichen Verhältnis wie die makroskopischen Dimensionen. Dies bezeichnet man auch als affine Deformation.
- Das Netzwerk ist inkompressibel, d.h., das Volumen bleibt bei Deformation konstant.
- Die Ketten sind im Volumen isotrop verteilt.

Ein Netzwerk, das alle genannten Näherungen erfüllt, wird auch als affines oder Gaußsches Netzwerk bezeichnet. Prägt man diesem Netzwerk eine äußere makroskopische Deformation auf, so wird jeder Netzbogen zwischen zwei Netzstellen gedehnt. Dies reduziert die Anzahl der möglichen Konfigurationen der Netzbögen und verringert somit die Entropie. Daraus resultiert eine Rückstellkraft, die versucht, die Entropie des Gesamtsystems gemäß dem 2. Hauptsatz der Thermodynamik zu erhöhen.

Zur Berechnung des Deformationsverhaltens des idealen Netzwerks wird ein räumliches Netzwerk aus ν gleich langen Netzbögen betrachtet. Dabei besteht jeder Netzbogen aus N Segmenten.

Greift an einem quaderförmigen Probekörper der Abmessungen l_x, l_y und l_z mit dem Volumen $V = l_x l_y l_z$ eine Kraft in x-Richtung an, so führt die Deformation des Quaders zu den neuen Abmessungen l'_x, l'_y und l'_z mit dem Volumen $V' = l'_x l'_y l'_z$ (siehe Abb. 4.6).

Die Annahme der Volumenkonstanz führt zu den Beziehungen

$$V' = l'_x \cdot l'_y \cdot l'_z = V = l_x \cdot l_y \cdot l_z \qquad (4.28)$$

Führt man den Begriff der Dehnung λ ein,

$$\lambda = \frac{l'}{l} = \frac{l + \Delta l}{l} = 1 + \frac{\Delta l}{l} = 1 + \varepsilon \qquad (4.29)$$

so folgt aus Gl. 4.28

$$\lambda_x \cdot \lambda_y \cdot \lambda_z = 1 \qquad (4.30)$$

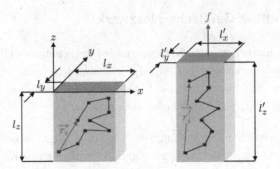

Abb. 4.6 Uniaxiale Deformation eines Netzbogens in einem quaderförmigen Probekörper der Abmessungen l_x, l_y und l_z

Die Definition der Dehnung λ (siehe Gl. 4.29) wird bei der Diskussion des nichtlinearen Verhaltens bevorzugt verwendet, da sie einen sehr anschaulichen Zusammenhang zwischen Kompression und Dehnung liefert. Bei $0 < \lambda < 1$ wird die Probe komprimiert, bei $\lambda = 1$ ist sie nicht deformiert, und bei allen $\lambda > 1$ wird sie gedehnt.

Zur übersichtlicheren Darstellung wird im Folgenden immer dann auf den Index einer Größe verzichtet, wenn sie in Richtung der Kraft weist. Bei dem Beispiel in Abb. 4.6 ist dies die z-Richtung. Damit ergibt sich aus der Forderung der Volumenkonstanz die Beziehung.

$$\lambda = \lambda_z = \frac{1}{\lambda_y \cdot \lambda_x} \tag{4.31}$$

Bei einer Dehnung in z-Richtung sind die resultierenden Dehnungen in den beiden anderen Raumrichtungen x und y identisch, wenn isotropes und affines Verhalten vorausgesetzt wird.

$$\lambda_y = \lambda_x \tag{4.32}$$

Die Kombination der Gleichungen 4.31 und 4.32 führt zu einem Zusammenhang zwischen der Dehnung in Kraftrichtung und den Dehnungen in den beiden anderen Raumrichtungen.

$$\lambda_y = \lambda_x = \frac{1}{\sqrt{\lambda}} \tag{4.33}$$

Betrachtet man einen nicht deformierten Probekörper mit ν Netzbögen, so berechnet sich der mittlere End-to-End-Abstand der Netzbögen mit Gl. 4.19 zu

$$r_M^2 = \frac{1}{\nu} \sum_{i=1}^{\nu} \vec{r_i}^2 = N \cdot a^2 \tag{4.34}$$

Bei einer isotropen Verteilung der Netzbögen in der Probe gilt:

$$\frac{1}{\nu} \sum_{i=1}^{\nu} r_{xi}^2 = \frac{1}{\nu} \sum_{i=1}^{\nu} r_{yi}^2 = \frac{1}{\nu} \sum_{i=1}^{\nu} r_{zi}^2 = \frac{1}{3} N \cdot a^2 \tag{4.35}$$

Bei affiner Deformation gilt

$$\lambda_{x,y,z} = \frac{l'_{x,y,z}}{l_{x,y,z}} = \frac{r'_{x,y,z}}{r_{x,y,z}}$$

Damit entspricht die Deformation des Probekörpers für jede Raumrichtung der Deformation der Netzbögen. Für den deformierten Probekörper berechnet sich der mittlere End-to-End-Abstand der Netzbögen mit Gl. 4.29 und Gl. 4.33 dann zu

$$
\begin{aligned}
r'^2_M &= \frac{1}{\nu} \sum_{i=1}^{\nu} \vec{r'}^2_i \\
&= \frac{1}{\nu} \sum_{i=1}^{\nu} r'^2_{zi} + \frac{1}{\nu} \sum_{i=1}^{\nu} r'^2_{yi} + \frac{1}{\nu} \sum_{i=1}^{\nu} r'^2_{xi} \\
&= \lambda^2 \cdot \frac{1}{\nu} \sum_{i=1}^{\nu} r^2_{zi} + \frac{1}{\lambda} \cdot \frac{1}{\nu} \sum_{i=1}^{\nu} r^2_{yi} + \frac{1}{\lambda} \cdot \frac{1}{\nu} \sum_{i=1}^{\nu} r^2_{xi} \\
&= \frac{1}{3} N \cdot a^2 \left(\lambda^2 + \frac{2}{\lambda} \right)
\end{aligned}
\tag{4.36}
$$

Die Kraft f, die zur Deformation aller Netzbögen in der Probe benötigt wird, kann mit Gl. 4.14 aus der Ableitung der Entropie aller gedehnten Netzbögen nach der Länge $l'_z = l_z \cdot \lambda$ bestimmt werden.

$$
\begin{aligned}
f &= -T \left(\frac{\delta S(r')}{\delta l'_z} \right)_{T,V} = -T \left(\frac{\delta}{\delta l'_z} \sum_{i=1}^{\nu} S(r'_i) \right)_{T,V} \\
&\overset{(\delta l'_z = l_z \cdot \delta \lambda)}{=} -T \frac{1}{l_z} \left(\frac{\delta}{\delta \lambda} \sum_{i=1}^{\nu} S(r'_i) \right)_{T,V}
\end{aligned}
$$

Mit der Definition der Entropie nach Boltzmann und der in Gl. 4.21 angegebenen Beziehung für die Entropie einer gedehnten Kette erhält man die Kraft

$$
\begin{aligned}
f &= -T \frac{1}{l_z} \left(\frac{\delta}{\delta \lambda} \sum_{i=1}^{\nu} S(r'_i) \right)_{T,V} \\
&= -T \frac{1}{l_z} \left(\frac{\delta}{\delta \lambda} \sum_{i=1}^{\nu} \left\{ k_B \ln \frac{4b^3}{\sqrt{\pi}} - k_B b^2 r'^2_i \right\} \right)_{T,V} \\
&= -T \frac{1}{l_z} \left(\frac{\delta}{\delta \lambda} \sum_{i=1}^{\nu} k_B \ln \frac{4b^3}{\sqrt{\pi}} - \frac{\delta}{\delta \lambda} \sum_{i=1}^{\nu} k_B b^2 r'^2_i \right)_{T,V}
\end{aligned}
\tag{4.37}
$$

Durch Aufsummieren über alle ν Netzbögen und anschließendes Ableiten nach der Dehnung λ ergibt sich die gesuchte Beziehung zwischen Kraft und Deformation des idealen Gaußschen Netzwerks (siehe dazu Gl. 4.16 und Gl. 4.36).

$$f = -T\frac{1}{l_z}\left(\underbrace{\frac{\delta}{\delta\lambda}\left(\nu\,k_B\ln\frac{4b^3}{\sqrt{\pi}}\right)}_{=0} - \frac{\delta}{\delta\lambda}\left(k_B\,b^2\sum_{i=1}^{\nu}r'^2_i\right)\right)_{T,V}$$

$$\overset{\left(b^2=\frac{3}{2\,N_S\,a^2}\right)}{=} T\frac{\nu\,k_B}{2\,l_z}\frac{\delta}{\delta\lambda}\left(\lambda^2+\frac{2}{\lambda}\right)$$

$$= \frac{\nu\,k_B\,T}{l_z}\left(\lambda-\frac{1}{\lambda^2}\right) \tag{4.38}$$

Bei der Berechnung der Spannung bezieht man sich üblicherweise auf die Querschnittsfläche $A = l_x\,l_y$ der nicht deformierten Probe. Man nennt die Spannung σ dann nominelle oder technische Spannung.

$$\sigma = \frac{f}{A} = \frac{f}{l_x\,l_y} = \frac{\nu k_B T}{l_x\,l_y\,l_z}\left(\lambda-\frac{1}{\lambda^2}\right) = \frac{\nu k_B T}{V}\left(\lambda-\frac{1}{\lambda^2}\right) \tag{4.39}$$

Alternativ kann auch die wahre Spannung berechnet werden. Diese bezieht sich auf die momentane Querschnittsfläche $A' = l'_x\cdot l'_y$. Bei affiner Deformation ($l'_x\cdot l'_y = \frac{1}{\lambda}\cdot l_y\cdot l_x$) gilt (siehe Gl. 4.33)

$$\sigma_W = \frac{f}{A'} = \frac{f}{A}\cdot\lambda = \sigma\cdot\lambda = \frac{\nu k_B T}{V}\left(\lambda^2-\frac{1}{\lambda}\right) \tag{4.40}$$

Da man sich in der Gummiindustrie aus historischen Gründen immer auf den Ursprungsquerschnitt A bezieht, wird im Folgenden nur noch die nominelle bzw. technische Spannung diskutiert.

Eine molare Darstellung von Gl. 4.39 erhält man durch den Zusammenhang

$$n = \frac{\nu}{N_A} = \frac{\nu\,k_B}{R} \tag{4.41}$$

wobei n die Anzahl der Mole der Kettenbögen zwischen zwei Netzstellen bezeichnet.

Mit dieser Beziehung und der Definition der Dichte ρ

$$\rho = \frac{M}{V} = \frac{n\cdot M_C}{V}$$

ergibt sich ein quantitativer Zusammenhang zwischen der Molmasse M_C eines Netzbogens und dem mechanischen Verhalten.

$$\sigma = \frac{\rho\,R\,T}{M_C}\cdot\left(\lambda-\frac{1}{\lambda^2}\right) \tag{4.42}$$

Abb. 4.7a zeigt den Einfluss zweier Netzbögen mit unterschiedlichen Massen auf das nichtlineare Deformationsverhalten. Gemäß Gl. 4.42 verursacht die Abnahme der Masse eines Netzbogens einen Anstieg der Spannung.

Kennt man zusätzlich das Molekulargewicht m_M der Monomere, so kann die Netzstellendichte p_C aus der Masse eines Netzbogens berechnet werden. p_C gibt dabei die Wahrscheinlichkeit an, dass ein Monomer Netzstelle ist. Üblicherweise wird p_C mit 1000 multipliziert und dann als Anzahl Netzstellen pro 1000 Monomere bezeichnet (siehe dazu Gl. 3.259 im Abschnitt 3.15.3). f gibt die Funktionalität der Netzstellen an. Bei einem idealen Gaußschen Netzwerk sind alle Netzstellen vierfunktional (d.h., es ist $f = 4$).

$$p_C = \frac{2}{f} \cdot \frac{m_M}{M_C} = \frac{m_M}{2} \cdot \frac{1}{M_C} \qquad (4.43)$$

Daraus folgt für das ideale Gaußsche Netzwerk ein direkter Zusammenhang zwischen der Zunahme der Spannung und der Netzstellendichte. Vorausgesetzt wird dabei, dass die Vernetzung keinen Einfluss auf die Masse der Kettensegmente hat.

$$\sigma = \frac{2\,\rho\,R\,T}{m_M} \cdot p_C \cdot \left(\lambda - \frac{1}{\lambda^2}\right) \qquad (4.44)$$

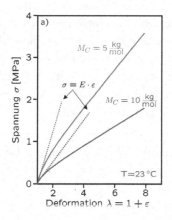 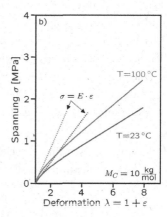

Abb. 4.7 Einfluss der Netzbogenlänge (a) und der Temperatur (b) auf das nichtlineare Deformationsverhalten eines idealen affinen (Gaußschen) Netzwerks

Der Einfluss der Temperatur auf das Zug-Dehnungs-Verhalten ist in Abb. 4.7b für zwei Temperaturen (23 °C und 100 °C) skizziert. Bei konstanter Dehnung steigt die Spannung bei Erhöhung der Temperatur. Dies ist wiederum eine direkte Folge der schon ausgiebig diskutierten Entropieelastizität.

Die gestrichelten Linien in Abb. 4.7 zeigen den jeweiligen Grenzfall des linearen Deformationsverhaltens. Bei kleinen Deformationen ($\varepsilon \to 0$ bzw. $\lambda \to 1$) kann das

Deformationsverhalten aus einer Grenzwertbetrachtung von Gl. 4.42 abgeleitet werden. Mit der Näherung

$$\lim_{x \to 0} \frac{1}{(1+x)^n} \approx 1 - nx$$

ergibt sich die Beziehung zwischen Spannung und Deformation zu

$$
\begin{aligned}
\sigma \ \overset{\varepsilon = \lambda - 1}{=} \ & \frac{\rho R T}{M_C} \left(1 + \varepsilon - \frac{1}{(1+\varepsilon)^2} \right) \\
\overset{\varepsilon \to 0}{\approx} \ & \frac{\rho R T}{M_C} \left(1 + \varepsilon - (1 - 2\varepsilon) \right) \\
= \ & \frac{\rho R T}{M_C} \cdot 3 \cdot \varepsilon
\end{aligned}
\tag{4.45}
$$

Im Bereich des linearen Deformationsverhaltens ist das Verhältnis zwischen Spannung und Deformation konstant und wird bei uniaxialer Deformation durch den Elastizitätsmodul E beschrieben. Dieser entspricht bei inkompressiblen Medien dem dreifachen Wert des Schubmoduls G (siehe dazu Abschnitt 3.3).

$$E = 3 \cdot G = \frac{\sigma}{\varepsilon} = 3 \cdot \frac{\rho R T}{M_C} \Rightarrow G = \frac{\rho R T}{M_C} \tag{4.46}$$

Berücksichtigt man, dass bei der Diskussion des Gaußschen Netzwerks Verhakungen und Verschlaufungen vernachlässigt werden, dann entspricht Gl. 4.46 exakt dem in Abschnitt 3.258 abgeleiteten Zusammenhang zwischen Plateaumodul und Netzstellendichte. Dort wird das Gewicht eines Netzbogens zwischen zwei benachbarten Netzstellen nicht mit M_C, sondern mit M_x bezeichnet. Werden Verhakungen vernachlässigt, so geht deren Wahrscheinlichkeit gegen null ($p_e \to 0$), bzw. die Masse der physikalisch gebildeten Netzbögen gegen unendlich ($M_e \to \infty$).

Die Herleitung des nichtlinearen Deformationsverhaltens eines idealen Gaußschen Netzwerks führt auf die allgemeine Form

$$\sigma = G_C \cdot \left(\lambda - \frac{1}{\lambda^2} \right) \quad \text{mit} \quad G_C = \frac{\rho R T}{M_C} \tag{4.47}$$

wobei M_C die Masse eines Netzbogens zwischen zwei benachbarten Netzstellen bezeichnet.

Dabei wird vorausgesetzt, dass alle Ketten volumenlos sind, nicht mit anderen Ketten oder Segmenten wechselwirken und in Vernetzungspunkten enden, wobei jeder Vernetzungspunkt vier Kettensegmente verbindet. Zyklisierungen und Verhakungen von Kettensegmenten werden vernachlässigt. Des Weiteren wird vorausgesetzt, dass das gebildete Netzwerk isotrop und inkompressibel ist sowie affin deformiert.

4.2.5 Einfluss der Beanspruchungsmoden

Die Forderung nach Volumenkonstanz führt bei einem idealen affinen Netzwerk zu einer Spannungs-Dehnungs-Beziehung, die von der Art der Beanspruchung abhängt.

Man kann prinzipiell drei Beanspruchungen unterscheiden: die uniaxiale Dehnung bzw. Kompression, die einfache Scherung und die biaxiale Dehnung.

Für das Verständnis der folgenden drei Abschnitte ist es wichtig sich vor Augen zu halten, dass der diskutierte Probekörper bzw. das darin enthaltene Netzwerk bei allen Beanspruchungen identisch und durch den Modul G_C vollständig charakterisiert ist. Unterschiede im Spannungs-Dehnungs-Verhalten sind damit eine direkte Folge der unterschiedlichen Beanspruchungen.

Aus der theoretischen Betrachtung des affinen Netzwerks wurde in Abschnitt 4.2.4 auf Seite 291 ein allgemeiner, von der Art der Beanspruchung unabhängiger Zusammenhang zwischen Spannung und Deformation hergeleitet. Danach ist die Entropie eines deformierten, quaderförmigen Probekörpers gegeben durch

$$S = -\frac{1}{2} \frac{\rho R V}{M_C} \left(\lambda_x^2 + \lambda_y^2 + \lambda_z^2 \right) \tag{4.48}$$

Bei rein entropieelastischem Verhalten berechnet sich die Spannung τ_{ik} nach Gl. 4.14 zu

$$\tau_{ik} = -\frac{T}{A_i} \left(\frac{\delta S}{\delta l_k'} \right) = -\frac{T}{V} \left(\frac{\delta S}{\delta \lambda_k} \right) \tag{4.49}$$

Zur Definition der Indices siehe Abschnitt 3.1 ab Seite 27.

Uniaxiale Dehnung bzw. Kompression

Eine Dehnung in z-Richtung ($\lambda = \lambda_z$) führt bei Volumenkonstanz und affiner Deformation zu der in Gl. 4.33 angegebenen Beziehung für die Dehnungskomponenten in x- und in y-Richtung.

$$\lambda_y = \lambda_x = \frac{1}{\sqrt{\lambda}}$$

Die Entropie erhält man durch einfaches Einsetzen in Gl. 4.48.

$$S = -\frac{1}{2} \frac{\rho R V}{M_C} \left(\lambda^2 + \frac{2}{\lambda} \right) \tag{4.50}$$

Die Ableitung der Entropie nach der wirkenden Dehnung (siehe Gl. 4.49) führt auf die schon bekannte Spannungs-Dehnungs-Beziehung (siehe Gl. 4.47) eines idealen Gaußschen Netzwerks bei uniaxialer Deformation.

$$\sigma = G_C \cdot \left(\lambda - \frac{1}{\lambda^2} \right) \quad \text{mit} \quad G_C = \frac{\rho R T}{M_C} \tag{4.51}$$

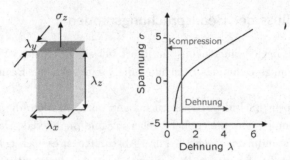

Abb. 4.8 Uniaxiale Deformation eines affinen, volumentreuen Netzwerks

In Abb. 4.8 ist sowohl der Zusammenhang zwischen der Kraft und den Dehnungen in allen Raumrichtungen skizziert als auch der prinzipielle Verlauf einer Spannungs-Dehnungs-Kurve dargestellt. Für den Fall der Dehnung gilt $\lambda > 1$, und die Kompression des Probekörpers ist durch $\lambda < 1$ charakterisiert.

Biaxiale Dehnung

Bei einer biaxialen Deformation entsprechen sich die Dehnungen in zwei Raumrichtungen. Bei dem in Abb. 4.9 dargestellten Beispiel wurde die Probe in z- und in x-Richtung gleichermaßen gedehnt.

$$\lambda = \lambda_z = \lambda_x$$

Die Dehnung in y-Richtung ergibt sich bei Volumenkonstanz, also bei $V'/V = \lambda_x \cdot \lambda_y \cdot \lambda_z = 1$, zu

$$\lambda_y = \frac{1}{\lambda_z \cdot \lambda_x} = \frac{1}{\lambda^2}$$

Bei der Berechnung der Spannung wird im Gegensatz zur uniaxialen Deformation nicht die technische oder nominale Definition der Spannung, sondern aus historischen Gründen der wahre Wert eingesetzt, der sich auf die Abmessungen bzw. auf die Querschnittsfläche A' der gedehnten Probe bezieht.

$$A' = l'_x \cdot l'_y = \lambda_x \cdot \lambda_y \cdot A = \frac{A}{\lambda}$$

Für die Entropie folgt

$$S = -\frac{1}{2}\frac{\rho\, R\, V}{M_C}\left(2\lambda^2 + \frac{1}{\lambda^4}\right) \tag{4.52}$$

Damit ergibt sich die Spannung zu

$$\sigma_w = \frac{\rho\, R\, V}{M_C}\frac{2}{A'}\left(\lambda^2 - \frac{1}{\lambda^4}\right) = 2\,G_C\left(\lambda^2 - \frac{1}{\lambda^4}\right) \tag{4.53}$$

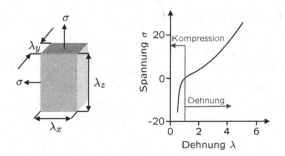

Abb. 4.9 Biaxiale Deformation eines affinen, volumentreuen Netzwerks

Einfache Scherung

Da bei der einfachen Scherung definitionsgemäß keine Dehnung in y-Richtung (bei der in Abb. 4.10 verwendeten Notation) auftritt, gilt bei Volumenkonstanz

$$\lambda_z = \lambda, \; \lambda_y = 1, \; \lambda_x = \frac{1}{\lambda} \quad \text{und} \quad \gamma = \tan\delta = \lambda - \frac{1}{\lambda}$$

Für die Entropie folgt

$$S = -\frac{1}{2}\frac{\rho\, R\, V}{M_C}\left(\lambda^2 + \frac{1}{\lambda^2}\right) = \frac{1}{2}\frac{1}{V}\,\gamma^2\, G \tag{4.54}$$

Damit ergibt sich die Spannung aus Gl. 4.49 zu

$$\tau = G_C\, \gamma \tag{4.55}$$

D.h., für den Fall der einfachen Scherung findet man eine lineare Beziehung zwischen Scherdeformation und Scherspannung (siehe Abb. 4.10).

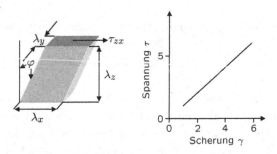

Abb. 4.10 Einfache Scherung eines affinen, volumentreuen Netzwerks

4.2.6 Das Phantomnetzwerk

Eine der wesentlichen Annahmen beim idealen Gaußschen Netzwerk ist die der
affinen Deformation. Dies bedeutet, dass die Deformation der Netzbögen der makroskopischen Deformation des Probekörpers entspricht. Damit wird vorausgesetzt, dass die Netzstellen in einer Probe ortsfest sind. In realen Netzwerken sind
Netzstellen aber über Netzbögen mit anderen Netzstellen verbunden und damit
beweglich.

Bei der Herleitung des Phantomnetzwerks nimmt man deshalb an, dass Netzstellen um ihre mittlere Lage fluktuieren können. Durch diese Fluktuation wird die
effektive Dehnung des Netzwerks reduziert. Die Dehnung eines Phantomnetzwerks
benötigt daher weniger Kraft als die eines affinen Netzwerks. Auf die Herleitung
des genauen Zusammenhangs sei an dieser Stelle verzichtet, Interessierte finden sie
in Colby (1987) auf den Seiten 259–262. Als Resultat erhält man einen Ausdruck
ähnlichen wie beim affinen Netzwerk, wobei f wiederum die Funktionalität der
Netzstellen angibt.

$$\sigma = G_P \cdot \left(\lambda - \frac{1}{\lambda^2} \right) = G_C \cdot \left(1 - \frac{2}{f} \right) \cdot \left(\lambda - \frac{1}{\lambda^2} \right) \quad \text{mit} \quad G_C = \frac{\rho \, RT}{M_C} \quad (4.56)$$

Da ein räumliches Netzwerk nur für $f > 2$ entsteht ($f = 2$ verlängert eine Kette
und $f = 1$ modifiziert ein Kettenende), ist der Modul eines Phantomnetzwerks um
den Faktor $1 - \frac{2}{f}$ niedriger als der eines affinen Netzwerks mit gleicher Netzbogenlänge M_C. So würde der Modul eines Phantomnetzwerks bei einer 4-funktionalen
Vernetzung um genau 50 % geringer sein als der eines idealen affinen Netzwerks.

4.2.7 Limitierungen der idealen Netzwerkmodelle

Sowohl bei der Herleitung der Eigenschaften des idealen affinen Netzwerks als auch
bei der des Phantomnetzwerks wurden einige grundlegende Annahmen genutzt,
die mit dem realen nichtlinearen Deformationsverhalten von Elastomeren nicht
vereinbar sind.

Zum einen werden Entanglements vernachlässigt. Wie bei der Diskussion des
Reptationsmodell (siehe Abschnitt 3.14.4) gezeigt, führt die Berücksichtigung
von Verhakungen und Verschlaufungen zur Bildung von instabilen physikalischen
Netzstellen. Bei der chemischen Vernetzung werden diese räumlich fixiert. Sie können sich zwar noch entlang der Netzbögen zwischen Netzstellen bewegen, sich aber
nicht mehr lösen. Im Bereich der linearen Deformation wirken die fixierten Netzstellen somit als zusätzlicher konstanter Beitrag zur chemischen Netzstellendichte
(siehe Abschnitt 3.15).

Die Auswirkung von Entanglements auf das nichtlineare Deformationsverhalten
wird im Abschnitt 4.2.8 am Beispiel der empirischen Theorie von Mooney-Rivlin

und in den Abschnitten 4.2.9 und 4.2.10 am Beispiel von zwei Erweiterungen der klassischen Netzwerktheorie, nämlich der Van-der-Waals-Theorie von Kilian und des nichtaffinen Reptationsmodells von deGennes, diskutiert.

Eine zweite und wesentlich drastischere Vereinfachung aller idealen Netzwerktheorien ist die Annahme der unendlichen Dehnbarkeit von Netzbögen. Dass diese Vereinfachung das reale Deformationsverhalten nur sehr ungenügend wiedergibt, kann einfach plausibel gemacht werden.

Die maximale Länge eines Netzbogens ist durch die Anzahl N_S der Kettensegmente zwischen zwei Netzstellen und die Länge a eines Segments festgelegt.

$$r_{\text{Max}} = N_S \cdot a$$

Nach Gl. 4.19 berechnet sich der End-to-End-Abstand eines nicht deformierten Netzbogens zu

$$r_M = a \cdot \sqrt{N_S}$$

Daraus ergibt sich die maximale Dehnung einer Gaußschen Kette bzw. eines Netzbogens.

$$\lambda_{\text{Max}} = \frac{r_{\text{Max}}}{r_M} = \frac{N_S \cdot a}{\sqrt{N_S} \cdot a} = \sqrt{N_S} \tag{4.57}$$

Für ein ideales Netzwerk kann die maximale Dehnung aus dem Plateaumodul G_C abgeschätzt werden. Dabei wird angenommen, dass ein Monomer identisch mit einen statistischen Segment ist, d.h., die Anzahl der Segmente zwischen zwei Netzstellen entspricht der Anzahl an Monomeren ($N_C = N_S$) zwischen zwei Netzstellen, und die Masse eines Segments entspricht der Masse eines Monomers ($m_M = m_S$). Dies ist zwar mit Sicherheit nicht richtig, aber für eine Abschätzung absolut ausreichend. Aus Gl. 4.46 und Gl. 4.57 ergibt sich

$$\lambda_{\text{Max}} = \sqrt{N_S} \approx \sqrt{N_C} = \sqrt{\frac{\rho\, R\, T}{G_C\, m_M}}$$

Für das bisher in den Beispielen betrachtete vernetzte HNBR mit 34 wt% ACN, mit einem mittleren Molekulargewicht der Monomere von 53.7 g/mol und einer Dichte von ca. 950 kg/m^3 findet man für typische Werte des bei 23 °C gemessenen Plateaumoduls (1 MPa $< G_C <$ 10 MPa) maximale Dehnbarkeiten in einem Bereich von 2 $< \lambda_{\text{Max}} <$ 7. Das vernetzte HNBR kann damit nur zwischen 100 % und 600 % deformiert werden, während ideale Netzwerktheorien eine unendliche Dehnbarkeit fordern.

Die Erweiterung der klassischen affinen Netzwerktheorie zur Beschreibung der maximalen Dehnbarkeit der Netzbögen wird in den Abschnitten 4.2.9 und 4.2.10 für das Van-der-Waals-Modell bzw. das nichtaffine Reptationsmodell vorgestellt.

4.2.8   Theorie von Mooney und Rivlin

Die Theorie von Mooney (1940, 1948) und Rivlin (1948a,b) ist keine molekulare Theorie, sondern eine phänomenologische Beschreibung. Daher haben die verwendeten Parameter zunächst keine physikalische Bedeutung.

Zur Beschreibung des nichtlinearen Zusammenhangs von Spannung und Dehnung verwendeten Mooney und Rivlin eine empirische Formulierung der freien Energie auf der Basis der drei Invarianten (Invarianten sind unabhängig vom verwendeten Koordinatensystem) der Deformation.

$$I_1 = \lambda_x^2 + \lambda_y^2 + \lambda_z^2 \tag{4.58}$$

$$I_2 = \lambda_x^2\,\lambda_y^2 + \lambda_y^2\,\lambda_z^2 + \lambda_z^2\,\lambda_x^2 \tag{4.59}$$

$$I_3 = \lambda_x^2\,\lambda_y^2\,\lambda_z^2 \tag{4.60}$$

Die freie Energiedichte F/V eines Netzwerks wird als Potenzreihenentwicklung der Differenz der Invarianten im gedehnten und im nicht gedehnten Zustand dargestellt.

$$\frac{F}{V} = C_0 + C_1\,(I_1 - 3) + C_2\,(I_2 - 3) + C_3\,(I_3 - 3) + \cdots \tag{4.61}$$

Der zweite Term in dieser Gleichung,

$$C_1(I_1 - 3) = C_1\left(\lambda_x^2 + \lambda_y^2 + \lambda_z^2 - 3\right)$$

ist identisch mit der freien Energie eines ideal entropieelastischen affinen Netzwerks (siehe Gl. 4.48)

$$\frac{F}{V} = \frac{\Delta S \cdot T}{V} = \frac{G_C}{2}\left(\lambda_x^2 + \lambda_y^2 + \lambda_z^2 - 3\right)$$

Damit ergibt sich ein funktionaler Zusammenhang zwischen der empirischen Konstante C_1 und dem auf molekulare Größen zurückführbaren Modul G_C.

$$C_1 = \frac{G_C}{2} = \frac{\rho RT}{2\,M_C} \tag{4.62}$$

Der dritte Term in Gl. 4.61 beschreibt die Änderung des Volumens bei Deformation und kann bei inkompressiblen Medien vernachlässigt werden.

$$C_3\left(\lambda_x^2\,\lambda_y^2\,\lambda_z^2 - 1\right) \approx 0$$

Die freie Energie eines inkompressiblen Netzwerks unter uniaxialer Deformation, d.h., $\lambda = \lambda_z$ und $\lambda_x = \lambda_y = \frac{1}{\sqrt{\lambda}}$, berechnet sich damit zu

$$\frac{F}{V} = C_0 + C_1\left(\lambda^2 + \frac{2}{\lambda} - 3\right) + C_2\left(2\lambda + \frac{1}{\lambda^2} - 3\right) + \cdots$$

Die wahre Spannung (dabei bezieht man sich auf den Querschnitt der deformierten Probe) kann dann aus der Ableitung der freien Energie nach der Deformation berechnet werden.

$$\sigma_W = \sigma \cdot \lambda = \frac{\lambda}{V}\frac{dF}{d\lambda} = 2C_1\left(\lambda^2 - \frac{1}{\lambda}\right) + 2C_2\left(\lambda - \frac{1}{\lambda^2}\right) + \cdots$$

Berücksichtigt man nur die linearen Glieder der Potenzreihenentwicklung und bezieht sich bei der Berechnung auf die Querschnittsfläche der nicht deformierten Probe, so erhält man die bekannte Mooney-Rivlin-Gleichung.

$$\sigma = 2\left(C_1 + \frac{C_2}{\lambda}\right)\left(\lambda - \frac{1}{\lambda^2}\right) \tag{4.63}$$

Führt man noch die reduzierte Spannung σ_{Red} ein, so resultiert daraus eine lineare Beziehung zwischen reduzierter Spannung und inverser Dehnung $\frac{1}{\lambda}$.

$$\sigma_{\text{Red}} = \frac{\sigma}{\lambda - \frac{1}{\lambda^2}} = 2\,C_1 + \frac{2\,C_2}{\lambda} \tag{4.64}$$

Die praktische Bedeutung von Gl. 4.64 wird deutlich, wenn man Zug-Dehnungs-Kurven in der sogenannten Mooney-Rivlin-Darstellung betrachtet. Dazu wird die reduzierte Spannung σ_{Red} gegen die inverse Dehnung $\frac{1}{\lambda}$ aufgetragen.

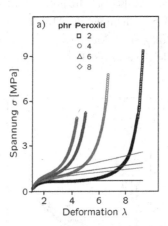
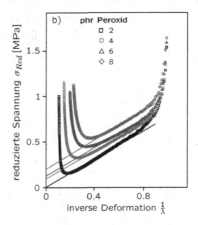

Abb. 4.11 Zug-Dehnungs-Messungen an unterschiedlich stark vernetztem HNBR mit 34 wt% ACN in normaler (a) und Mooney-Rivlin-Darstellung (b)

Abb. 4.11 zeigt Zug-Dehnungs-Kurven von peroxidisch (wie auch in Abschnitt 3.15.4 wurde ein Perkadox 14-40 als Vernetzer gewählt) vernetztem HNBR mit 34 wt% ACN sowohl in normaler (a) als auch in Mooney-Rivlin-Darstellung (b). Die je vier Kurven sind das Ergebnis der Zug-Dehnungs-Messungen an Vulkanisaten mit unterschiedlichen Peroxidmengen (2, 4, 6 bzw. 8 phr).

Betrachtet man die Zug-Dehnungs-Kurven in Mooney-Rivlin-Darstellung, so weichen die gemessenen Kurven bei kleinen und großen Dehnungen von dem in Gl. 4.64 prognostizierten linearen Verhalten ab. Die Abweichung bei hohen Dehnungen (d.h. $\frac{1}{\lambda} \to 0$) ist durch die endliche Länge der Netzbögen und die dadurch begrenzte maximale Dehnbarkeit erklärbar.

Die Abweichungen bei kleinen Dehnungen können sowohl durch physikalische als auch durch messtechnische Effekte erklärt werden. Bei der physikalischen Begründung geht man davon aus, dass der Einfluss von Verhakungen und Verschlaufungen durch die Mooney-Rivlin-Gleichung nicht richtig wiedergegeben wird.

Messtechnisch kann die Abweichung durch einen Offset der Spannung der nicht deformierten Probe erklärt werden. Praktisch bedeutet dies, dass das Kraftsignal nach dem Einbau der Probe leicht von null abweicht. Dies kann entweder durch eine leichte Dehnung der Probe oder auch durch die Sensorik verursacht werden. Berücksichtigt man den Offset der Spannung σ_0 in der Mooney-Rivlin-Gleichung, so erhält man einen modifizierten Ausdruck für die reduzierte Spannung.

$$\sigma_{\text{Red}} = \frac{\sigma}{\lambda - \dfrac{1}{\lambda^2}} = \frac{\sigma_0}{\lambda - \dfrac{1}{\lambda^2}} + 2\,C_1 + \frac{2\,C_2}{\lambda} \tag{4.65}$$

Der zusätzliche Term $\sigma_0 \cdot \left(\lambda - \dfrac{1}{\lambda^2}\right)^{-1}$ führt bei kleinen Dehnungen $\lambda \approx 1$ zu einem deutlichen Anstieg der reduzierten Spannung. Im Fall einer nicht deformierten Probe ($\lambda = 1$) würde die reduzierte Spannung selbst bei einem beliebig kleinen Offset der Spannung einen unendlich hohen Wert annehmen. In Abb. 4.12 wurden die Spannungs-Dehnungs-Kurven mit der modifizierten Mooney-Rivlin-Gleichung gefittet, wobei ein Offset der Spannung σ_0 als zusätzlicher Parameter verwendet wurde.

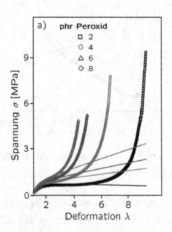 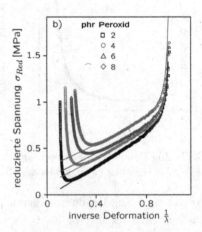

Abb. 4.12 Zug-Dehnungs-Messungen an unterschiedlich stark vernetztem HNBR mit 34 wt% ACN in normaler (a) und Mooney-Rivlin-Darstellung (b) mit Berücksichtigung eines Offsets der Spannung σ_0

Wie man in Abb. 4.12b erkennt, wird das Verhalten bei kleinen Dehnungen ($\lambda \to 1$) durch die Berücksichtigung des Offsets σ_0 sehr gut beschrieben. Für die im Beispiel dargestellten Zug-Dehnungs-Kurven ergeben sich durch den Fit des Offsets Werte zwischen 0.04 MPa und 0.06 MPa. Multipliziert man diese Werte mit der Querschnittsfläche der Proben (ca. $10\,\text{mm}^2$), so erhält man Kräfte in einem Bereich von $0.4\,\text{N}$ bis $0.6\,\text{N}$, die im Bereich der Auflösung der verwendeten Kraftaufnehmer liegen. Üblicherweise verwendet man bei Zug-Dehnungs-Messungen an Elastomeren Kraftmessdosen mit einer Maximalkraft von $1000\,\text{N}$.

Da auch ein kleiner Offset in der Kraft bzw. der Spannung einen beliebig großen Einfluss auf die reduzierte Spannung im Bereich kleiner Dehnungen hat,

$$\lim_{\varepsilon \to 0} \sigma_{\text{Red}} = \frac{\sigma_0}{1 + \varepsilon - \frac{1}{(1+\varepsilon)^2}} + 2\,C_1 + \frac{2\,C_2}{1+\varepsilon} \approx \frac{\sigma_0}{3\,\varepsilon} + 2\,C_1 + 2\,C_2 = \infty$$

wird der Offset bei allen folgenden Modellbetrachtungen als Fitparameter berücksichtigt.

Der Vorteil der Mooney-Rivlin-Darstellung liegt darin, dass sie eine einfache Bestimmung der chemischen Netzstellendichte ermöglicht. Der Vergleich mit dem ideal affinen Netzwerk zeigte schon, dass die Konstante C_1 und der Modul G_C proportional sind. Die Mooney-Rivlin-Konstante C_1 ist damit ein Maß für die chemische Netzstellendichte.

Zu ihrer Bestimmung plottet man die Zug-Dehnungs-Kurve in Mooney-Rivlin-Darstellung und extrapoliert die reduzierte Spannung im linearen Bereich, d.h. für $\frac{1}{\lambda} \to 0$. Für die in Abb. 4.11 dargestellten Kurven wurden die reduzierten Spannungen in dem Bereich zwischen etwa $0.4 \leq \frac{1}{\lambda} \leq 0.8$ für den Fit verwendet. Der Parameter $2\,C_1$ entspricht dann dem Achsenabschnitt der extrapolierten Geraden.

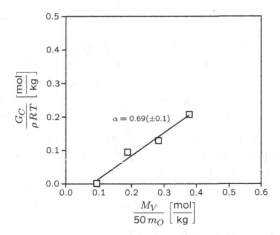

Abb. 4.13 Bestimmung der Vernetzungseffizienz aus der Mooney-Rivlin-Analyse von Zug-Dehnungs-Messungen

In Abb. 4.13 wurde der Modul G_C des idealen affinen Netzwerks aus den Werten von C_1 bestimmt und daraus die mittlere Molmasse eines Netzbogens berechnet. Plottet man die inverse Molmasse eines Netzbogens gegen die Menge der aktiven Sauerstoffbindungen (analog zu Abschnitt 3.15.4 $\frac{M_V}{m_{O\text{-}O}}$ des eingemischten Peroxids), so entspricht die Steigung der Ausgleichsgeraden (siehe Abb. 4.13) der

Effizienz der Vernetzungsreaktion. Bei dem angegebenen Beispiel findet man eine Effizienz von etwa 0.7. Demnach erzeugen 7 von 10 gebildeten Radikalen eine mechanisch wirksame Netzstelle. Dies ist in guter Übereinstimmung mit dem Ergebnis der dynamisch-mechanischen Vulkametermessungen im linear viskoelastischen Bereich (siehe dazu Abschnitt 3.15.4) und zeigt, dass die Mooney-Rivlin-Analyse eine einfache Möglichkeit zur Bestimmung der Netzstellendichte bietet.

Die Theorie von Mooney und Rivlin gründet auf einer empirischen Formulierung der freien Energie eines Netzwerks auf der Basis der Invarianten der Deformation. In der sogenannten reduzierten Darstellung ergibt sich ein linearer Zusammenhang zwischen reduzierter Spannung σ_{Red} und inverser Dehnung $\frac{1}{\lambda}$. Die Größen C_1 und C_2 sind empirische Parameter und haben keine direkt ableitbare physikalische Bedeutung.

$$\sigma_{\mathrm{Red}} = 2\,C_1 + 2\,C_2 \cdot \frac{1}{\lambda} \quad \text{mit} \quad \sigma_{\mathrm{Red}} = \sigma \cdot \frac{1}{\lambda - \frac{1}{\lambda^2}}$$

Aus dem Vergleich mit der affinen Netzwerktheorie ergibt sich ein Zusammenhang zwischen der Konstanten C_1 und dem Modul G_C bzw. der Masse eines Netzbogens zwischen zwei Netzstellen M_C. Die Mooney-Rivlin-Konstante C_1 kann somit als Maß für die Netzstellendichte betrachtet werden.

$$2\,C_1 = G_C = \frac{\rho\,R\,T}{M_C}$$

Da das Modell von Mooney-Rivlin weder die Verhakung von Ketten noch die endliche Dehnbarkeit von Ketten berücksichtigt, findet man sowohl bei kleinen als auch bei großen Dehnungen signifikante Unterschiede zwischen dem von Mooney-Rivlin abgeleiteten Materialmodell und dem Verhalten eines realen Polymernetzwerks. Zumeist besteht in mittleren Deformationsbereichen ein linearer Zusammenhang zwischen reduzierter Spannung und inverser Dehnung. Dieser Bereich kann dann zur direkten Bestimmung der Netzstellendichte verwendet werden.

4.2.9   Das Van-der-Waals-Modell

Ein Modell, das die endliche Dehnbarkeit der Netzbögen berücksichtigt, ist das von Kilian (1981, 1983, 1984,a, 1986, 1987,a, 1988) entwickelte Van-der-Waals-Modell für Polymernetzwerke. Die Formulierung der Zustandsgleichung eines Netzwerks wurde in Analogie zur Formulierung der Van-der-Waals-Zustandsgleichung (siehe van der Waals (1873)) für reale Gase durchgeführt:

$$p = \frac{nRT}{V - n\,b} - \frac{n^2}{V^2}\,a \tag{4.66}$$

n bezeichnet dabei die Anzahl der Gasmoleküle pro Volumeneinheit. Die Parameter a und b charakterisieren die Wechselwirkung der Gasmoleküle und deren Eigenvolumen. Ein ideales Gas hat kein Eigenvolumen der Moleküle ($b = 0$) und keine Wechselwirkung zwischen den Molekülen ($a = 0$).

Die Kraft, die man zur Dehnung eines realen Netzwerks benötigt, ergibt sich nach Kilian durch eine analoge Formulierung.

$$f = \frac{nRT}{l_0} \cdot \left(\frac{1}{\dfrac{1}{D} - b} - a_0\,D^2 \right) \tag{4.67}$$

Dabei stellt D die charakteristische Dehnungsfunktion eines entropieelastischen Netzwerks dar.

$$D = \lambda - \frac{1}{\lambda^2} \tag{4.68}$$

Der Parameter b berücksichtigt die endliche Dehnbarkeit der Netzbögen. Aus der maximalen Dehnung

$$\lambda_{\text{Max}} = \frac{l_{\text{Max}}}{l_0}$$

eines Netzwerks der Ursprungslänge l_0 resultiert die Dehnungsfunktion

$$D_{\text{Max}} = \lambda_{\text{Max}} - \frac{1}{\lambda_{\text{Max}}^2}.$$

Zwischen D_{Max} und dem Parameter b besteht dann der Zusammenhang

$$b = \frac{1}{D_{\text{Max}}} = \frac{1}{\lambda_{\text{Max}} - \dfrac{1}{\lambda_{\text{Max}}^2}} \tag{4.69}$$

Der Zusammenhang zwischen dem Parameter b und den molekularen Größen des Netzwerks wird klar, wenn man sich an die Diskussion der endlichen Dehnbarkeit in Abschnitt 4.2.7 erinnert. Für den Zusammenhang zwischen der maximalen Dehnbarkeit und der Anzahl N_S der Segmente eines Netzbogens ergab sich die Beziehung (siehe Gl. 4.57)

$$\lambda_{\text{Max}} = \sqrt{N_S}$$

Damit ist der Parameter b nur von der Anzahl der Segmente zwischen zwei Netzstellen abhängig.

$$b = \frac{1}{\sqrt{N_S} - \dfrac{1}{N_S}} \tag{4.70}$$

Die Konstante a_0 soll die Summe aller Wechselwirkungen zwischen den Netz-werkketten erfassen, kann aber nicht mit molekularen Netzwerkparametern ver-knüpft werden und stellt demzufolge einen empirischen Parameter dar. Damit ist das Van-der-Waals-Modell von Kilian keine rein molekulare Theorie, sondern zum Teil empirischer Natur.

Mit der Definition des Moduls des idealen Gaußschen Netzwerks,

$$G_C = \frac{\rho RT}{M_C} = \frac{m}{V} \frac{RT}{M_C} = \frac{N}{V} RT = nRT$$

und einer etwas modifizierten Definition des empirischen Parameters

$$a = \frac{a_0 \, l_0}{nRT}$$

ergibt sich die allgemeine Formulierung des Spannungs-Dehnungs-Verhaltens eines Polymernetzwerks im Rahmen des Van-der-Waals-Modells, wobei σ_0, analog zum Modell von Mooney-Rivlin, den Offset der Spannung berücksichtigt.

$$\sigma = G_C \cdot D \left(\frac{D_{\text{Max}}}{D_{\text{Max}} - D} - a \cdot D \right) + \sigma_0 \qquad (4.71)$$

Dabei bezieht sich die Spannung σ auf die Querschnittsfläche der nicht deformier-ten Probe.

Wird der Wechselwirkungsterm der Polymerketten vernachlässigt ($a = 0$), so kann Gl. 4.71 bei kleineren Dehnungen ($\lambda \ll \lambda_{\text{Max}}$) durch das Zug-Dehnungs-Verhalten eines idealen Gaußschen Netzwerks angenähert werden.

$$\sigma = G_C \cdot D + \sigma_0$$

Das ideale Gaußsche Netzwerk ist damit als Spezialfall im Van-der-Waals-Modell enthalten. Abb. 4.14 zeigt die schon bei der Mooney-Rivlin Analyse ver-wendeten Zug-Dehnungs-Kurven der peroxidisch vernetzten HNBR-Kautschuke in normaler und in Mooney-Rivlin-Darstellung. Die durchgezogenen Linien zeigen die Anpassung der Van-der-Waals-Gleichung (siehe Gl. 4.71) an die Messdaten. Dabei wurden G_C, λ_{Max} und a sowie der Offset σ_0 der Spannung als Fitparameter verwendet.

Vergleicht man die aus der Anpassung des Van-der-Waals-Modells resultieren-den Kurven mit den Messwerten, so wird durch die Berücksichtigung der endlichen Dehnbarkeit der Netzbögen zwischen zwei benachbarten Netzstellen eine wesent-lich bessere Übereinstimmung bei höheren Dehnungen erreicht.

Deutlichere Abweichungen der angepassten Kurven vom realen Zug-Deh-nungs-Verhalten findet man bei den schwächer vernetzten Vulkanisaten (siehe Abb. 4.14a). Speziell bei hohen Dehnungen wird die Übereinstimmung zwischen den angepassten Kurven und den Messdaten mit steigender Vernetzung immer bes-ser. Dies deutet darauf hin, dass das mechanische Verhalten der chemischen Netz-stellen vom Van-der-Waals-Modell gut wiedergegeben wird, während der Einfluss

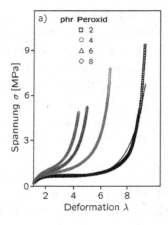
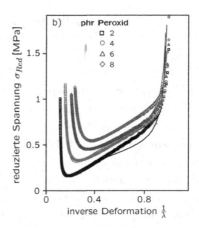

Abb. 4.14 Beschreibung des Zug-Dehnungs-Verhaltens von unterschiedlich stark vernetztem HNBR mit 34 wt% ACN mit dem Van-der-Waals-Modell in normaler (a) und in der Mooney-Rivlin-Darstellung (b)

von Verhakungen und Verschlaufungen, der bei schwächer vernetzten Netzwerken naturgemäß stärker zum Tragen kommt, nicht vollständig erfasst wird.

Das Verhalten bei kleinen Deformationen bestätigt diese Annahme. Vergleicht man die Messdaten mit den theoretisch berechneten Kurven bei kleinen Dehnungen ($\lambda \to 1$), so zeigen sich die größten Unterschiede bei den schwächer vernetzten Proben (siehe Abb. 4.14b). Betrachtet man dazu nochmals Gl. 4.71, so wird das Zug-Dehnungs-Verhalten bei höheren Dehnungen überwiegend durch die chemischen Netzstellen und die endliche Dehnbarkeit der Netzbögen bestimmt, während die Spannung bei kleinen Dehnungen deutlich durch den Parameter a beeinflusst wird. Je größer die Dehnung, umso geringer der Einfluss des Parameters a und umso besser die Übereinstimmung mit den Messwerten.

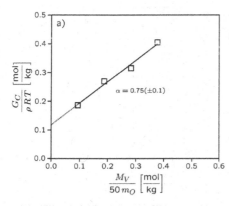
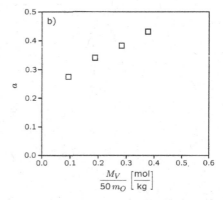

Abb. 4.15 Bestimmung der Effizienz der Vernetzung (a) und des empirischen Wechselwirkungsparameters (b) aus Zug-Dehnungs-Messungen mit dem Van-der-Waals-Modell

In Abb. 4.15 sind die durch die Anpassung von Gl. 4.70 an die Messdaten ermittelten Parameter G_C und a in Abhängigkeit von der Menge des eingemischten Peroxids dargestellt (analog zu Abb. 4.13 bei der Mooney-Rivlin Analyse). Berechnet man die Effizienz der Vernetzung – analog zur Mooney-Rivlin-Auswertung wird dazu die Steigung der Regressionsgeraden (siehe dazu Abb. 4.15a) durch lineare Regression bestimmt –, so ergibt sich ein Wert von ca. 0.75, der sehr gut mit dem Ergebnis der Mooney-Rivlin-Analyse und dem der dynamisch-mechanischen Vulkametermessungen im linear viskoelastischen Bereich (siehe dazu Abschnitt 3.15.4 auf Seite 241) übereinstimmt.

Damit ist der Parameter G_C des Van-der-Waals-Modells ebenfalls ein guter Indikator für die Netzstellendichte. Problematisch ist allerdings, dass der gemessene Modul und damit die chemische Netzstellendichte einen von null verschiedenen Wert annehmen würde, wenn die Peroxidmenge auf null extrapoliert wird (siehe dazu die gestrichelte Linie in Abb. 4.15a). Daraus müsste man schließen, dass auch im unvernetzten Polymer Netzstellen vorhanden sind. Dieses widersprüchliche Ergebnis würde bedeuten, dass der Parameter G_C im Van-der-Waals-Modell nicht nur die chemischen Netzstellen, sondern zu einem Teil auch die durch Verhakungen und Verschlaufungen gebildeten physikalischen Netzstellen beschreiben würde. Dieser Teil wäre dann von der Vernetzermenge unabhängig. Die Netzstellendichte wäre damit bei einer Analyse mit dem Van-der-Waals-Modell immer um den Beitrag der Verhakungen und Verschlaufungen zu hoch bestimmt.

Der Parameter a steigt beim abgebildeten Beispiel mit der Netzstellendichte an (siehe Abb. 4.15b). Da er nur empirisch definiert ist, können keine weiteren Rückschlüsse auf die Struktur des Netzwerks oder auf den Einfluss von Verhakungen oder Verschlaufungen gezogen werden.

Abb. 4.16 zeigt den Zusammenhang der endlichen Dehnung λ_{Max} mit der Netzstellendichte bzw. der mittleren Anzahl an Monomeren zwischen zwei Netzstellen.

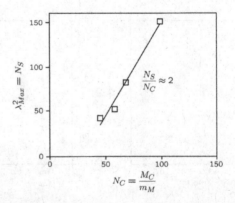

Abb. 4.16 Abschätzung der Größe eines statistischen Segments aus der endlichen Kettendehnbarkeit mit dem Van-der-Waals-Modell

Da das Quadrat der maximalen Dehnung direkt proportional zur Anzahl N_S der Segmente eines Netzbogens ist (siehe Gl. 4.57) und die Anzahl N_C der Monomere zwischen zwei Netzstellen aus dem Modul G_C mit

$$G_C = \frac{\rho RT}{M_C} = \frac{\rho RT}{m_M} \frac{1}{N_C}$$

bei bekannter Masse der Monomere m_C berechnet werden kann, lässt sich aus dem Vergleich beider Größen abschätzen, wie viele Monomere zur Bildung eines statistischen Segments notwendig sind.

Bei dem verwendeten Beispiel ist die Anzahl der statistischen Segmente zwischen zwei benachbarten Netzstellen etwa doppelt so groß wie die Anzahl der Monomere zwischen zwei benachbarten Netzstellen ($N_S \approx 2N_C$). Dies bedeutet, dass ein statistisches Segment einem halben Monomer entsprechen müsste. Da 3.3 C-C-Einfachbindungen das mittlere Monomer eines HNBR mit 34 wt% ACN bilden, würde dies bei einem halben Monomer pro statistischem Segment bedeuten, dass nur ca. 1.5 C-C-Einfachbindungen ein statistisches Element bilden. Dies ist mit Sicherheit nicht richtig, denn es würde bedeuten, dass eine aus Acrylnitril und Butadien synthetisierte Kette flexibler als eine Valenzwinkelkette mit freier Drehbarkeit wäre. Für diese ergab die Rechnung (siehe Abschnitt 4.2.3 auf Seite 290) ein aus ca. 3 Einfachbindungen gebildetes statistisches Segment.

Dieses doch sehr unphysikalische Ergebnis kann zum Teil durch die im Van-der-Waals-Modell zu hoch berechnete Netzstellendichte erklärt werden. Korrigiert man beim gewählten Beispiel alle Modulwerte um den von der Vernetzermenge unabhängigen Anteil (bei dem in Abb. 4.15a dargestellten Beispiel wären dies etwa $\frac{0.12}{\rho RT}$), so würde ein statistisches Segment statt aus 0.5 Monomeren aus ca. 2 Monomeren und damit aus ca. 6.6 C-C-Einfachbindungen gebildet. Da eine Valenzwinkelkette mit freier Drehbarkeit wesentlich flexibler als eine HNBR-Kette ist, würde dieses Ergebnis dem realen Verhalten deutlich näher kommen.

In dem von H. G. Kilian entwickelten Van-der-Waals-Modell für Polymernetzwerke wird die chemische Netzstellendichte, analog zum Gaußschen Netzwerk, durch den Modul G_C charakterisiert. Die endliche Dehnbarkeit der Netzbögen ist durch die Anzahl der statistischen Segmente zwischen zwei Netzstellen ($\lambda_{\text{Max}} = \sqrt{N_S}$) definiert. Der Parameter a beschreibt die globale Wechselwirkung zwischen den Polymerketten.

$$\sigma = G_C \cdot D \left(\frac{D_{\text{Max}}}{D_{\text{Max}} - D} - a \cdot D \right)$$

Dabei entspricht D der charakteristischen Dehnungsfunktion.

$$D = \lambda - \frac{1}{\lambda^2}$$

Die Übereinstimmung zwischen gemessenen Zug-Dehnungs-Kurven und den mittels Van-der-Waals-Modell berechneten Daten verbessert sich mit steigendem Vernetzungsgrad, wobei sie bei größeren Dehnungen tendenziell besser ist als bei kleinen. Variiert man die Netzstellendichte, so zeigt sich, dass der Parameter G_C systematisch zu groß bestimmt wird. Dies deutet darauf hin, dass der Parameter G_C im Van-der-Waals-Modell nicht nur die chemischen Netzstellen, sondern auch einen Teil der durch Verhakungen und Verschlaufungen gebildeten physikalischen Netzstellen beinhaltet.

4.2.10   Das nichtaffine Reptationsmodell

Die Grundidee des nichtaffinen Reptationsmodells basiert auf der Annahme, dass Netzwerke mit verschlauften oder verhakten Ketten nichtaffin deformieren. Durch die Relaxation von Kettensegmenten entspricht die Deformation der Netzbögen zwischen Entanglements nicht mehr der makroskopischen Deformation eines Probekörpers. Rubinstein (1997) zeigte, dass die mikroskopische Deformation der Kettensegmente zwischen Entanglements über ein Potenzgesetz mit der makroskopischen Deformation einer Probe verbunden ist.

$$d_{x,y,z} = d_0 \cdot \lambda_{x,y,z}^{\nu} \tag{4.72}$$

Dabei entspricht d_0 dem mittleren Abstand zweier Entanglements. Im Reptationsmodell ist dies der Radius der undeformierten Röhre. $d_{x,y,z}$ charakterisiert den Radius der gedehnten Röhre in den jeweiligen Raumrichtungen, und $\lambda_{x,y,z}$ entspricht der makroskopischen Deformation. Für den Fall der nichtaffinen Deformation entspricht der Parameter $\nu = \frac{1}{2}$, und bei affiner Deformation erhält man $\nu = 1$.

Für den Fall der nichtaffinen Deformation führt die Berechnung der freien Energie bzw. der Energiedichte (Interessenten finden die Herleitung in Heinrich (1998); Edwards (1976, 1986, 1988)) auf den in Gl. 4.73 dargestellten Term, wobei w_C den Anteil der chemischen Netzstellen und w_e den der Entanglements bezeichnet.

$$w = w_C + w_e = \frac{G_C}{2} \left(\sum_{i=1}^{3} \lambda_i^2 - 3 \right) + 2 \cdot G_e \left(\sum_{i=1}^{3} \lambda_i^{-1} - 3 \right) \tag{4.73}$$

Bis zu diesem Punkt wird die endliche Dehnbarkeit der Ketten vernachlässigt. Die Betrachtung der nichtaffinen Deformation führt lediglich zu einer Änderung der Energie bei relativ kleinen Deformationen, und bei größeren Deformationen konvergiert der Term w_e gegen null. Für diesen Fall beschreibt Gl. 4.73 das ideale Gaußsche Netzwerk.

Edwards und Vilgis (siehe Edwards (1976, 1986)) berücksichtigten die endliche Dehnbarkeit der Netzbögen durch eine Modifikation des Terms w_c. Da w_e für hohe Deformationen gegen null konvergiert, kann er im Bereich der maximalen Kettendehnung vernachlässigt werden

$$w_c = \frac{G_C}{2} \left\{ \frac{\left(\sum_{i=1}^{3} \lambda_i^2 - 3 \right) \left(1 - \frac{T_e}{n_e} \right)}{1 - \frac{T_e}{n_e} \left(\sum_{i=1}^{3} \lambda_i^2 - 3 \right)} + \ln \left(1 - \frac{T_e}{n_e} \left(\sum_{i=1}^{3} \lambda_i^2 - 3 \right) \right) \right\} \quad (4.74)$$

Allerdings wird die Ableitung von Gl. 4.74 auch bei längerer Lektüre der Originalarbeiten nicht wirklich transparent. Der Parameter n_e charakterisiert die mittlere Anzahl der Segmente zwischen zwei Entanglements. T_e wird als Langley-Trapping-Faktor (siehe Langley (1968)) bezeichnet und gibt den Anteil der Entanglements an, der durch die chemische Vernetzung irreversibel fixiert wird. Dieser Anteil ist zeitlich stabil und kann nicht durch die Reptation der Kette gelöst werden. T_e ist zwischen 0 und 1 definiert und hat bei kritischer Betrachtung alle Eigenschaften eines empirischen Anpassparameters.

Die chemische Vernetzung hat im nichtaffinen Reptationsmodell nur indirekten Einfluss auf die maximale Dehnbarkeit eines Netzwerks. So gehen die Autoren davon aus, dass bei einer Erhöhung der chemischen Netzstellendichte auch die Anzahl der fixierten Entanglements erhöht wird. Bei einer geringen chemischen Vernetzungsdichte ist dies eventuell noch nachvollziehbar, da die Anzahl der Verhakungen und Verschlaufungen deutlich größer ist als die Anzahl der chemischen Netzstellen. Sobald alle Entanglements fixiert sind, wird das Modell allerdings fragwürdig. Eine weitere Erhöhung der chemischen Netzstellendichte würde dann keinen weiteren Einfluss auf die maximale Dehnbarkeit haben. Damit müsste die maximale Dehnbarkeit eines Netzwerks bei steigender Vernetzung gegen ein Grenzwert streben. Dies wird experimentell nicht beobachtet.

Praktisch gibt das Verhältnis T_e/n_e den Einfluss aller Netzstellen, d.h. sowohl der chemischen als auch der fixierten physikalischen, auf die endliche Dehnbarkeit eines Netzwerks wieder.

Die Kombination der Gleichungen 4.73 und 4.74 und die Ableitung der freien Energie nach der Deformation führt im Fall einer uniaxialen Deformation auf die folgende Beziehung zwischen Spannung und Dehnung:

$$\sigma = G_C \left(\lambda - \frac{1}{\lambda^2} \right) \left\{ \frac{1 - \frac{T_e}{n_e}}{\left[1 - \frac{T_e}{n_e} \left(\lambda^2 + \frac{2}{\lambda} - 3 \right) \right]^2} - \frac{\frac{T_e}{n_e}}{1 - \frac{T_e}{n_e} \left(\lambda^2 + \frac{2}{\lambda} - 3 \right)} \right\}$$
$$+ 2 G_e \left(\frac{1}{\sqrt{\lambda}} - \frac{1}{\lambda^2} \right) \quad (4.75)$$

Auch für das nichtaffine Reptationsmodell wurde eine Anpassung des Modells an die Zug-Dehnungs-Daten der mit unterschiedlichen Mengen an Peroxid vernetzten

HNBR-Systeme durchgeführt. Dabei wurden G_C, G_e und das Verhältnis T_e/n_e sowie ein Spannungsoffset σ_0 als Fitparameter verwendet. Abb. 4.17 zeigt die grafische Darstellung der Modellfunktion an die Messdaten in normaler (a) und Mooney-Rivlin-Darstellung (b).

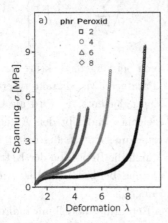 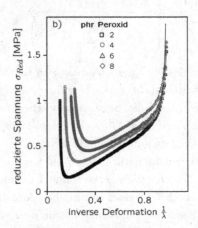

Abb. 4.17 Beschreibung des Zug-Dehnungs-Verhaltens von unterschiedlich stark vernetztem HNBR mit 34 wt% ACN mit dem nichtaffinen Reptationsmodell in normaler (a) und Mooney-Rivlin-Darstellung (b)

Im gesamten Deformationsbereich findet man für alle untersuchten Vernetzungsgrade eine gute bis sehr gute Übereinstimmung zwischen den mit Gl. 4.75 berechneten Kurven und den gemessenen Daten. Kleinere Unterschiede zwischen gemessenen und berechneten Werten finden sich nur noch bei kleinen Deformationen (siehe Mooney-Rivlin-Darstellung). Insgesamt findet man beim nichtaffinen Reptationsmodell die bisher beste Übereinstimmung zwischen Modell und Messwerten.

In Abb. 4.18 sind die durch die Anpassung von Gl. 4.75 an die Messdaten ermittelten Parameter G_C und G_e bzw. die daraus berechnete chemische und physikalische Netzstellendichte $\frac{G}{\rho RT}$ bzw. p_e (siehe dazu Abschnitt 3.15.3 ab Seite 236) in Abhängigkeit von der Menge des eingemischten Peroxids dargestellt.

Die Effizienz der peroxidischen Vernetzung kann wie schon beim Mooney-Rivlin- und beim Van-der-Waals-Modell aus der Steigung der Regressionsgeraden (siehe die Linie in Abb. 4.18a) berechnet werden. Auf der Basis der mit dem nichtaffinen Reptationsmodell berechneten Netzstellendichten ergibt sich die Vernetzungseffizienz zu $0.64\,(\pm 0.1)$. Dieser Wert stimmt im Rahmen der Mess- bzw. Auswertegenauigkeit sehr gut mit den aus der Mooney-Rivlin- und der Van-der-Waals-Analyse erhaltenen Werten überein.

In Abb. 4.18b ist die aus dem Parameter G_e berechnete physikalische Netzstellendichte p_e in Abhängigkeit von der Menge des eingemischten Peroxids aufgetragen. Im Bereich der untersuchten Netzstellendichten ist p_e unabhängig von der

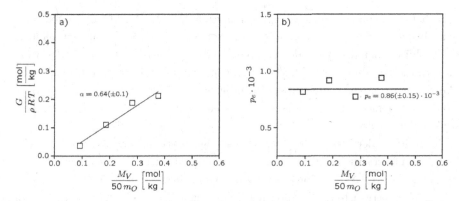

Abb. 4.18 Bestimmung der Effizienz der Vernetzung (a) und der Anzahl der Verhakungen und Verschlaufungen (b) aus Zug-Dehnungs-Messungen mit dem nichtaffinen Reptationsmodell

chemischen Netzstellendichte. Dies war zu erwarten, da es keinen physikalischen Grund für eine Abhängigkeit der Anzahl der Verhakungen und Verschlaufungen von der chemischen Netzstellendichte gibt. Man findet ca. 0.86 Verschlaufungen und Verhakungen pro 1000 Monomere. Dies stimmt gut mit den Ergebnissen der molekulargewichtsabhängigen Bestimmung der physikalischen Netzstellendichte in Abschnitt 3.15.4 auf Seite 243 überein.

Die Anzahl der Monomere pro statistischem Segment kann wie schon bei der Diskussion des Van-der-Waals-Modells aus dem Vergleich der endlichen Dehnbarkeit mit der Netzbogenmasse bestimmt werden (siehe Abb. 4.19).

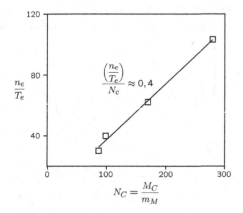

Abb. 4.19 Abschätzung der Größe eines statistischen Segments aus der endlichen Kettendehnbarkeit mit dem nichtaffinen Reptationsmodell

Für eine Abschätzung kann der Trapping-Faktor T_e zu eins gewählt werden. Damit setzt man voraus, dass alle physikalischen Netzstellen durch die chemische Vernetzung fixiert werden. Die Anzahl der statistischen Segmente eines Netzbogens beträgt beim gewählten Beispiel dann etwa 40 % der Anzahl an Monomeren. Dies bedeutet, dass ein statistisches Segment aus etwa 2.5 Monomeren gebildet wird. Würde man die Werte des Trapping-Faktors kleiner als eins wählen, so würde sich die Anzahl der statistischen Segmente eines Netzbogens verkleinern. Die Anzahl der Monomere pro statistischem Segment würde somit steigen. Der Wert von 2.5 Monomeren pro statistischem Segment kann damit als unterer Grenzwert verstanden werden.

Im Rahmen der Mess- und Auswertegenauigkeit stimmt der Wert von 2.5 Monomeren pro statistischem Segment gut mit dem aus dem Van-der-Waals-Modell berechneten Wert von 2 Monomeren pro statistischem Segment überein.

Auch der Vergleich der Netzbogenlängen N_S gemäß dem Van-der-Waals-Modell mit dem Verhältnis n_e/T_e des nichtaffinen Reptationsmodells zeigt eine starke lineare Korrelation beider Größen ($R^2 > 0.99$). Allerdings sind die Werte des Van-der-Waals-Modells um ca. 50 % größer als die des nichtaffinen Röhrenmodells. Bei gleicher Segmentlänge würde dies bedeuten, dass der Trapping-Faktor T_e des nichtaffinen Reptationsmodells einen Wert von ca. 0.66 besitzen müsste.

Die chemische Netzstellendichte beim nichtaffinen Reptationsmodell ist wie beim Gaußschen Netzwerk proportional zum Modul G_C. Die im Gaußschen Netzwerk nicht berücksichtigten Verhakungen und Verschlaufungen von Ketten werden im nichtaffinen Reptationsmodell durch den Modul G_e repräsentiert, wobei die lokale Relaxation von Kettensegmenten zur nichtaffinen Deformation der Netzbögen zwischen zwei Entanglements führt. Die endliche Dehnbarkeit der Netzbögen wird durch die Anzahl n_e der Kettensegmente zwischen zwei Entanglements charakterisiert. Dabei wird nur der durch chemische Vernetzung fixierte Anteil T_e der Entanglements berücksichtigt.

$$\sigma = G_C \left(\lambda - \frac{1}{\lambda^2}\right) \left\{ \frac{1 - \dfrac{T_e}{n_e}}{\left[1 - \dfrac{T_e}{n_e}\left(\lambda^2 + \dfrac{2}{\lambda} - 3\right)\right]^2} - \frac{\dfrac{T_e}{n_e}}{1 - \dfrac{T_e}{n_e}\left(\lambda^2 + \dfrac{2}{\lambda} - 3\right)} \right\}$$
$$+ 2G_e \left(\frac{1}{\sqrt{\lambda}} - \frac{1}{\lambda^2}\right)$$

Im Vergleich mit allen anderen Modellen liefert das nichtaffine Reptationsmodell die beste Übereinstimmung mit den in den Beispielen verwendeten Messdaten.

Ein wesentlicher Kritikpunkt am nichtaffinen Reptationsmodell ist die in großen Teilen nicht nachvollziehbare Berücksichtigung der endlichen Dehnbarkeit der Netzbögen. Auch die der Ableitung der Spannungs-Dehnungs-Beziehung zugrunde liegenden Annahmen sind fragwürdig. Sind alle Entanglements fixiert ($T_e = 1$), so sollte sich die maximale Dehnbarkeit im Rahmen des nichtaffinen Reptationsmodells nicht mehr ändern und damit unabhängig von jeder weiteren Erhöhung der chemischen Netzstellendichte sein. Dies ist bisher experimentell nicht nachgewiesen.

4.3 Gefüllte Systeme

Bis hierhin beschränkte sich die Beschreibung des nichtlinearen Deformationsverhaltens auf ungefüllte, vernetzte Elastomere. Grundlage der Beschreibung war die Annahme eines rein entropieelastischen Verhaltens.

In der Praxis werden ungefüllte, vernetzte Vulkanisate selten eingesetzt. Nahezu jedes Compound wird durch die Zugabe von Füllstoffen modifiziert. Der Grund für die Verwendung von Füllstoffen wird schon bei der Betrachtung von Abb. 4.20 offensichtlich. Dargestellt sind Zug-Dehnungs-Messungen von vernetzten L-SBR-Vulkanisaten mit unterschiedlichen Mengen des aktiven Füllstoffs N220 (siehe dazu Abschnitt 3.16 ab Seite 245). Betrachtet man Spannungswerte bei gleichen Dehnungen, so steigen diese mit zunehmendem Füllgrad stark an. Die Bruchdehnung wird bei kleinen Füllgraden nur unwesentlich durch den Füllstoff beeinflusst und nimmt bei höheren Füllgraden ab. Die Bruchspannung steigt mit Erhöhung des Füllgrads stark an und durchläuft ein Maximum, um bei sehr hohen Füllgraden wieder abzunehmen. Die Systeme mit sehr hohen Füllgraden und abnehmender Bruchspannung bezeichnet man im Jargon des Compounding als überfüllte Systeme.

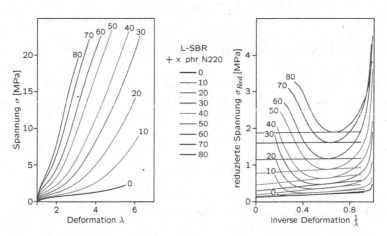

Abb. 4.20 Zug-Dehnungs-Messungen an gefüllten SBR-Vulkanisaten

Die Schwierigkeit bei der quantitativen Diskussion des Zug-Dehnungs-Verhaltens von gefüllten Systemen liegt nun darin, dass sich die nichtlinearen mechanischen Eigenschaften des polymeren Netzwerks und die durch Füllstoff-Füllstoff und/oder Füllstoff-Polymer verursachten Wechselwirkungen auf komplexe Art überlagern – eine einfache Separation beider Effekte ist deshalb nicht möglich.

Anschaulich wird dies, wenn man die im rechten Diagramm von Abb. 4.20 abgebildeten Zug-Dehnungs-Kurven in Mooney-Rivlin-Darstellung betrachtet. Bei unvernetzten Systemen war der Mooney-Rivlin-Parameter C_1, der aus der Extrapolation der reduzierten Spannungen bestimmt werden konnte ($2C_1 = \lim_{\frac{1}{\lambda} \to 0} \sigma_{\text{Red}}$) proportional zur chemischen Netzstellendichte (siehe Gl. 4.62). Die durchgezogenen Linien in Abb. 4.20 zeigen das Ergebnis der Mooney-Rivlin-Analyse für unterschiedliche Mengen an Füllstoff. Dabei wurde die Menge des Vernetzers, in diesem Fall Schwefel, konstant gehalten. Geht man davon aus, dass der Füllstoff die chemische Vernetzungsreaktion nicht beeinflusst, so führt die Ausbildung von Füllstoff-Füllstoff- bzw. Füllstoff-Polymer-Wechselwirkungen zu deutlich geänderten Mooney-Rivlin-Parametern. Mehr dazu in Abschnitt 4.3.2 auf Seite 324.

In gefüllten Systemen kann der Mooney-Rivlin-Parameter C_1 daher nicht mehr zur quantitativen Bestimmung der chemischen Netzstellendichte verwendet werden. Die mit steigender Füllstoffmenge zunehmenden Werte zeigen, dass C_1 sowohl von der chemischen Netzstellendichte als auch von den verstärkenden Eigenschaften der Füllstoffe beeinflusst wird.

Ein möglicher Ansatz zur Separation der nichtlinearen mechanischen Eigenschaften des polymeren Netzwerks von den verstärkenden Eigenschaften der Füllstoffe, das sogenannte Konzept der intrinsischen Deformation, wird in den folgenden Abschnitten sowohl im Rahmen der Bestimmung der chemischen Netzstellendichte von gefüllten Systemen als auch bei der Charakterisierung der verstärkenden Eigenschaften von Füllstoffen demonstriert.

4.3.1 Das Konzept der intrinsischen Deformation

Das Konzept der intrinsischen Deformation kann sehr einfach und anschaulich für den eindimensionalen Fall abgeleitet werden und ist in Abb. 4.21 schematisch dargestellt.

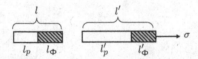

Abb. 4.21 Die intrinsische Verstärkung für den eindimensionalen Fall

Dabei bezeichnen l und l' die Längen des undeformierten bzw. des deformierten Probekörpers. l_P und l'_P bzw. l_Φ und l'_Φ entsprechen den Anteilen des Polymers und des Füllers im undeformierten bzw. im deformierten Zustand (siehe Abb. 4.21).

Die Deformation des Gesamtsystems ergibt sich definitionsgemäß zu

$$\lambda = \frac{l'}{l} = \frac{l'_P + l'_\Phi}{l_P + l'_\Phi} \tag{4.76}$$

Nimmt man an, dass der Modul des Füllstoffs sehr viel größer ist als der des Polymers, so wird der Bereich des Füllstoffs l_Φ bei Deformation nicht gedehnt.

$$l'_\Phi = l_\Phi$$

Dies bedeutet, dass die Deformation des Polymers deutlich höher ist als die Deformation des Gesamtsystems. Für den eindimensionalen Fall kann die Deformation des Polymers, die im Folgenden als intrinsische Deformation bezeichnet wird, noch relativ einfach abgeleitet werden.

$$\lambda_I = \frac{l'_P}{l_P} \tag{4.77}$$

Im eindimensionalen Fall ist die Länge l_ϕ proportional zum Anteil Φ des Füllstoffs und die Länge l_p proportional zum Anteil $(1 - \Phi)$ des Polymers im Vulkanisat.

$$l_\Phi = \Phi \cdot l \tag{4.78}$$

$$l_p = (1 - \Phi) \cdot l \tag{4.79}$$

Die Kombination der Gleichungen 4.76, 4.77, 4.78 und 4.79 führt auf die Beziehung zwischen der makroskopischen (λ) und der intrinsischen (λ_I) Deformation der Ketten im Netzwerk.

$$
\begin{aligned}
\lambda &= \frac{l'}{l} = \frac{l'_P + l'_\Phi}{l} = \frac{\lambda_I(1 - \Phi) \cdot l + \Phi \cdot l}{l} \\
&= \lambda_I(1 - \Phi) + \Phi \\
&\Downarrow \\
\lambda_I &= \frac{\lambda - \Phi}{1 - \Phi} = \frac{\lambda - 1}{1 - \Phi} + 1 \\
\lambda_I &= 1 + \frac{1}{(1 - \Phi)} \cdot (\lambda - 1) \tag{4.80}
\end{aligned}
$$

D.h. schon bei dem einfachen Fall der eindimensionalen Verstärkung erhöht sich die Dehnung der Netzbögen um den Faktor $(1 - \Phi)^{-1}$ gegenüber der makroskopischen Dehnung des gefüllten Vulkanisats.

Im dreidimensionalen Fall kann die erhöhte Dehnung der Netzbögen durch die von Einstein (siehe Einstein (1906, 1911)) berechnete hydrodynamische Verstärkung (siehe Abschnitt 3.16.2 ab Seite 248) beschrieben werden, wobei vorausgesetzt wird, dass die an die Füllstoffoberfläche angrenzenden Polymerketten auf dieser fixiert sind. Dies kann in Analogie zur Definition der Viskosität einer ideal newtonschen Flüssigkeit verstanden werden.

Vernachlässigt man Füllstoff-Füllstoff- und Polymer-Füllstoff-Wechselwirkungen und setzt voraus, dass der Modul des Füllstoffs sehr viel größer ist als der des polymeren Netzwerks, so ist die Dehnung ($\varepsilon_I = \lambda_I - 1$) der Polymerketten um den Faktor $(1 + 2.5\,\Phi)$ höher als die makroskopische Dehnung $\varepsilon = \lambda - 1$ des gefüllten Vulkanisats.

$$\lambda_I \;=\; 1 + (1 + 2.5\Phi) \cdot (\lambda - 1) \tag{4.81}$$

$$\Downarrow$$

$$\varepsilon_I \;=\; (1 + 2.5\,\Phi) \cdot \varepsilon$$

Das Ergebnis der Modellierung des Verstärkungsverhaltens von Füllstoffen durch das Konzept der intrinsischen Verstärkung ist in Abb. 4.22 exemplarisch für ein peroxidisch vernetztes HNBR dargestellt. Die Zug-Dehnungs-Messungen wurden dabei sowohl für ein ungefülltes als auch für ein mit 60 phr N330 gefülltes Vulkanisat durchgeführt.

Zur Berechnung des Zug-Dehnungs-Verhaltens des gefüllten Vulkanisats wurde in einem ersten Schritt das Zug-Dehnungs-Verhalten des ungefüllten Polymers durch das nichtaffine Reptationsmodell (siehe Abschnitt 4.2.10 auf Seite 312) gefittet. Weiterhin wurde angenommen, dass sowohl die chemische Vernetzung als auch die Ausbildung von Entanglements nicht durch den Füllstoff beeinflusst werden. Gilt diese Annahme, so können die Parameter G_C, G_e und T_e/n_e des ungefüllten Systems ungeändert auch zur Beschreibung des gefüllten Systems verwendet werden.

Zur theoretischen Beschreibung des Zug-Dehnungs-Verhaltens der gefüllten Systeme wird dann lediglich die Deformation λ in der Formel des nichtaffinen Reptationsmodells (siehe Gl. 4.75) durch die in Gl. 4.81 definierte intrinsische Deformation λ_I ersetzt.

Das Resultat der Modellierung ist nicht wirklich überzeugend und gibt das reale Deformationsverhalten des gefüllten Vulkanisats weder bei kleinen noch bei großen Deformationen richtig wieder.

Auch eine virtuelle Erhöhung des Füllgrads, wie im Konzept des Occluded Rubber (siehe Abschnitt 3.16.3 auf Seite 250) vorgeschlagen, bringt keine wesentliche Verbesserung. Deutlich wird dies, wenn man die zweite Linie in Abb. 4.22, die einer hydrodynamischen Verstärkung mit fünffach erhöhtem Füllgrad entspricht, mit dem gemessenen Zug-Dehnungs-Verhalten vergleicht. Auch hier findet man keine Übereinstimmung mit dem gemessenen Zug-Dehnungs-Verhalten. So sind die bei kleinen Dehnungen (bis ca. 150 %) berechneten Spannungswerte zu hoch, während sie bei hohen Dehnungen zu klein berechnet werden.

Dieses Ergebnis macht nochmals deutlich, dass die verstärkende Wirkung von Füllstoffen stark von der Deformation abhängt. Geht man analog zur Interpreta-

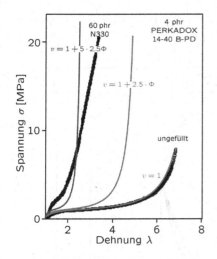
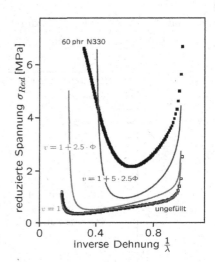

Abb. 4.22 Zug-Dehnungs-Verhalten von gefüllten und ungefüllten Vulkanisaten und hydrodynamische Modellierung

tion des Payne-Effekts (siehe Abschnitt 3.16 auf Seite 245) davon aus, dass mit steigender Deformation Füllstoff-Füllstoff- und/oder Füllstoff-Polymer-Bindungen aufgebrochen werden, so würde dies eine Abnahme der Verstärkung mit steigender Dehnung nach sich ziehen.

Im Gegensatz zum Payne-Effekt wird bei der uniaxialen Dehnung allerdings kein Gleichgewichtszustand zwischen Aufbrechen und Neubildung von Füllstoffagglomeraten erreicht (siehe dazu Abschnitt 3.16.3 auf Seite 252), vielmehr nimmt die Anzahl der aufgebrochenen Füllstoffcluster beim uniaxialen Zug-Dehnungs-Experiment mit steigender Deformation zu. Dies wird offensichtlich, wenn man das Zug-Dehnungs-Experiment nicht bis zum Bruch, sondern wiederholt bis kurz vor die Bruchgrenze durchführt. Bei dieser zyklischen Belastung werden Füllstoff-Füllstoff- und/oder Füllstoff-Polymer-Wechselwirkungen zerstört und nicht wieder aufgebaut.

In Abb. 4.23 ist dieses Vorgehen am Beispiel eines rußgefüllten L-SBR-Compounds dargestellt. In einem ersten Versuch wurde dazu die Bruchdehnung des Compounds bestimmt. Eine weitere Probe wurde dann mehrfach zyklisch bis zu 80 % der Bruchdehnung deformiert. Man erkennt sehr deutlich, dass der größte Effekt zwischen dem ersten und dem zweiten Zyklus auftritt und dass bei allen weiteren Zyklen kaum noch Unterschiede auszumachen sind. Dies bedeutet, dass beim ersten Zyklus Füllstoff-Füllstoff- bzw. Füllstoff-Polymer-Wechselwirkungen zerstört werden, die sich bei den nachfolgenden Zyklen nicht wieder bilden können. Durch die zyklische Vordeformation werden die mechanisch verstärkenden Eigenschaften des Füllstoffs abgebaut, und übrig bleibt der hydrodynamische Verstärkungseffekt, wobei der Füllgrad durch das von der äußeren Spannung abgeschirmten Polymers scheinbar erhöht wird (Occluded Rubber).

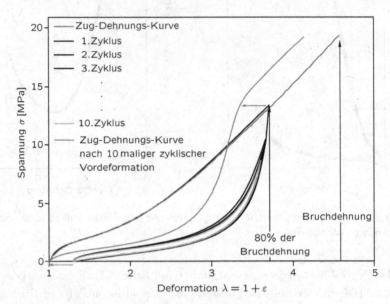

Abb. 4.23 Zug-Dehnungs-Verhalten bei zyklischer Deformation

4.3.2 Die Netzstellendichte in gefüllten Systemen

Zur Bestimmung der Netzstellendichte eines gefüllten Vulkanisats wird ein Probekörper mehrfach (hier zehnfach) auf bis zu 80 % seiner Bruchdehnung deformiert und anschließend einem weiteren Zug-Dehnungs-Experiment bis zum Bruch unterzogen.

Zur Bestimmung der chemischen Netzstellendichte des gefüllten Vulkanisats fittet man die vorzyklisierte Zug-Dehnungs-Kurve mit einem Materialmodell, wobei statt der makroskopischen Dehnung die intrinsische verwendet wird (siehe Gl. 4.81).

Ist der Verstärkungsfaktor $(1 + 2.5 \cdot \Phi')$ bzw. der Zusammenhang zwischen dem Volumenanteil Φ des Füllstoffs und den um den Anteil Φ' an Occluded Rubber erhöhten Füllgrad nicht bekannt, so kann er als weiterer Fitparameter angesetzt werden.

$$\Phi' = \alpha \cdot \Phi$$

Als Ergebnis des Fits erhält man dann neben der chemischen Netzstellendichte auch die Struktur des Füllstoffs (siehe dazu Gl. 3.274).

$$\alpha = 1 + \frac{DBP \cdot \rho}{100}$$

In Abb. 4.24 ist das Vorgehen für die gefüllten L-SBR-Systeme dargestellt. Im linken Diagramm ist die aus dem ursprünglichen Zug-Dehnungs-Experiment bestimmte reduzierte Spannung gegen die intrinsische Deformation der Polymermatrix geplottet. Zur Berücksichtigung des Occluded Rubber wurde Gl. 3.274 mit einem Strukturfaktor von $114\,\mathrm{ml}/(100\,\mathrm{g})$ für den im Beispiel verwendeten Ruß N220 verwendet.

Wie man aus der linearen Extrapolation der reduzierten Spannung in der Mooney-Rivlin-Auftragung erkennt, ist der Achsenabschnitt der extrapolierten Linien immer noch vom Füllgrad abhängig (siehe linkes Diagramm).

Extrapoliert man das lineare Verhalten nach zehnfacher zyklischer Vordeformation (siehe rechtes Diagramm in Abb. 4.24), so ist der Achsenabschnitt unabhängig vom Füllgrad. Durch die zyklische Deformation wurden alle Polymer-Füllstoff- bzw. Füllstoff-Füllstoff-Wechselwirkungen abgebaut, und das Zug-Dehnungs-Verhalten kann damit vollständig durch das Konzept der intrinsischen Deformation der Netzwerkketten beschrieben werden.

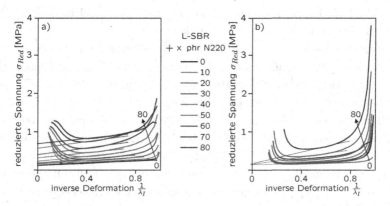

Abb. 4.24 Zug-Dehnungs-Verhalten vor (a) und nach (b) zyklischer Deformation in Mooney-Rivlin-Darstellung

Fittet man ein Materialmodell, wie beispielsweise das nichtaffine Reptations-modell an die Daten der zyklisch vordeformierten Kurven und ersetzt die makroskopische Deformation durch die intrinsische, so kann die chemische Netzstellendichte aus dem Modulwert G_C berechnet werden. Analog kann natürlich auch das Van-der-Waals-, das Mooney-Rivlin- oder jedes andere Materialmodell verwendet werden, dessen Parameter sich mit der Netzstellendichte verknüpfen lassen.

Abb. 4.25 zeigt das Ergebnis der Bestimmung der chemischen Netzstellendichte mittels zyklischer Vordeformation für verschiedene Füllstoffe als Funktion des Füllgrads.

Im linken Diagramm wurden vier unterschiedlich aktive Ruße in einem schwefelvernetzten L-SBR charakterisiert. Bis zu einem Füllgrad von ca. 50 phr ist bei allen untersuchten Rußen kein Einfluss des Füllstoffs auf die Netzstellendichte zu

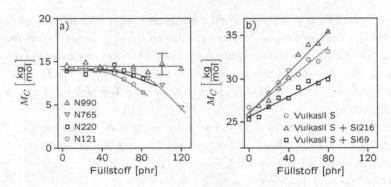

Abb. 4.25 Netzstellendichte von ruß- (a) und silika-gefüllten (b) Vulkanisaten

erkennen. Bei höheren Füllgraden nimmt die Netzstellendichte der Compounds mit den aktiven Füllstoffen scheinbar zu. Bei den hohen Füllgraden gelingt es damit nicht, alle Füllstoff-Füllstoff- und/oder Polymer-Füllstoff-Wechselwirkungen durch die zyklische Vordeformation aufzubrechen. Die verbleibenden Kontakte führen zu der scheinbar erhöhten Netzstellendichte.

Im rechten Diagramm wurde Silika als Füllstoff eingesetzt. Dieses wurde sowohl unbehandelt eingemischt als auch mit zwei unterschiedlichen Silanen, einem monofunktionalen Organosilan (Si216) und einem bifunktionalen, schwefelhaltigen Organosilan (Si69), modifiziert. Die Silane reagieren beim Mischvorgang unter höheren Temperaturen, üblich sind 150 °C bis 170 °C, unter Abspaltung von Ethanol mit den Hydroxylgruppen der Füllstoffoberfläche. Enthält das Silan Schwefel, so verbindet sich dieser bei der anschließenden Vulkanisation mit den Polymerketten und erzeugt eine mechanisch stabile Verbindung zwischen Füllstoff und Polymer.

Die Analyse der Zug-Dehnungs-Messungen zeigt, dass die chemische Netzstellendichte der silikagefüllten Vulkanisate mit steigendem Füllgrad abnimmt. Am stärksten ist dieser Effekt bei reinem und bei mit Si216 modifiziertem Silika. Deutlich schwächer ist der Effekt bei den mit dem Silan Si69 modifizierten Systemen. Dies wird verständlich, wenn man berücksichtigt, dass Si69 bei der Vernetzung Schwefel freisetzt. Dieser freigesetzte Schwefel erzeugt zusätzliche Netzstellen und erhöht damit die Netzstellendichte.

Da die chemische Netzstellendichte deutlich abnimmt, wenn Silika als Füllstoff eingemischt wird, geht man davon aus, dass die Silikaoberfläche mit dem Vernetzer reagieren kann. Bei Ruß wird dieser Effekt nicht beobachtet.

Zur Bestimmung der chemischen Netzstellendichte eines gefüllten Vulkanisats werden die Füllstoff-Füllstoff- bzw. Füllstoff-Polymer-Kontakte durch eine mehrfache zyklische Dehnung abgebaut. Üblicherweise dehnt man zehnmal bis etwa 80 % der Bruchdehnung.

Die intrinsische Dehnung ε_I der Polymerketten kann dann aus der Multiplikation der hydrodynamische Verstärkung $(1+2.5\Phi)$ mit der makroskopischen Dehnung ε des gefüllten Vulkanisats berechnet werden.

Zur Bestimmung der Netzstellendichte des gefüllten Vulkanisats wird die Zug-Dehnungs-Kurve der vorzyklisierten Probe durch ein Materialmodell (Reptation, Van-der-Waals etc.) beschrieben, wobei die makroskopische durch die intrinsische Dehnung ersetzt wird.

Die Netzstellendichte wird dann analog zur Vorgehensweise bei ungefüllten Vulkanisaten aus den Parametern der jeweiligen Modelle ermittelt.

4.3.3 Verstärkung

Bei der Bestimmung der chemischen Netzstellendichte von gefüllten Vulkanisaten wurde die verstärkende Wirkung von Füllstoffen durch einen konstanten Faktor modelliert, der dann als weiterer Parameter in einem Materialmodell berücksichtigt wurde. Voraussetzung war, dass alle Füllstoff-Füllstoff- bzw. Füllstoff-Polymer-Wechselwirkungen durch eine zyklische Vordeformation abgebaut wurden. Ist dies nicht der Fall, dann führen die Wechselwirkungen mit dem Füllstoff zu einer deutlich höheren, von der Deformation abhängigen Verstärkung.

Dieser Zusammenhang kann durch eine verallgemeinerte Definition der intrinsischen Deformation quantitativ dargestellt werden.

$$\lambda_I = 1 + v(\lambda, \Phi, T) \cdot (\lambda - 1) \tag{4.82}$$

Dabei ist $v(\lambda, \Phi, T)$ ein von Deformation, Füllgrad und Temperatur abhängiger Verstärkungsfaktor.

Zur experimentellen Bestimmung des Verstärkungsfaktors $v(\lambda, \Phi, T)$ benötigt man die Zug-Dehnungs-Messungen des gefüllten und des ungefüllten vernetzten Vulkanisats.

In einem ersten Schritt wird wieder ein Materialmodell (z.B. Van der Waals, nichtaffine Reptation etc.) an die Zug-Dehnungs-Kurve des ungefüllten, vernetzten Elastomers gefittet. Unter der Annahme, dass die Parameter der verwendeten Materialmodelle nicht oder nur wenig vom Füllstoff beeinflusst werden, kann der deformationsabhängige Verstärkungsfaktor dann aus der Zug-Dehnungs-Kurve des gefüllten Vulkanisats ermittelt werden.

Zur Beschreibung des Zug-Dehnungs-Verhaltens des gefüllten Systems ersetzt man die makroskopische Deformation durch die intrinsische, verwendet die aus den Zug-Dehnungs-Messungen des ungefüllten Vulkanisats bestimmten Modellparameter und variiert dann den Verstärkungsfaktor in Gl. 4.82 so lange, bis die berechnete Spannung der gemessenen Spannung des gefüllten Systems entspricht.

Das Ergebnis dieser Berechnung ist in Abb. 4.26 für ein rußgefülltes vernetztes HNBR dargestellt.

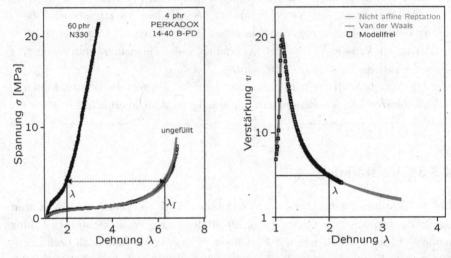

Abb. 4.26 Berechnung der deformationsabhängigen Verstärkung (b) aus Zug-Dehnungs-Messungen (a) der ungefüllten und der gefüllten Vulkanisate

Dabei wurden zwei Materialmodelle, das Van-der-Waals- und das nichtaffine Reptationsmodell zur Berechnung des deformationsabhängigen Verstärkungsverhaltens verwendet. Die Linien im linken Diagramm von Abb. 4.26 zeigen das Resultat des Fits der Modelle an die Messdaten des ungefüllten Vulkanisats. Im rechten Diagramm von Abb. 4.26 sind die mittels Gl. 4.82 berechneten Verstärkungsfaktoren des gefüllten Systems dargestellt.

Die □-Symbole im rechten Diagramm stellen einen Ansatz zur Berechnung der deformationsabhängigen Verstärkung dar, der ohne ein zugrunde liegendes Materialmodell auskommt. Zur Berechnung des Verstärkungsfaktors wird lediglich das Konzept der intrinsischen Verstärkung verwendet. Die Verstärkung ergibt sich aus Gl. 4.82 zu

$$v(\lambda, \Phi, T) = \frac{\lambda_I - 1}{\lambda - 1} \tag{4.83}$$

Zur Berechnung der Verstärkung bei der Dehnung λ bestimmt man die zugehörige Spannung im gefüllten System. Die intrinsische Dehnung der Netzbögen entspricht dann der Dehnung des ungefüllten Systems bei dieser Spannung.

In Abb. 4.26 ist die Berechnung der Verstärkung bei einer Dehnung $\lambda = 2$ skizzenhaft dargestellt. Die Spannung des gefüllten Vulkanisats beträgt bei dieser Dehnung ca. 4 MPa. Die Dehnung des ungefüllten Vulkanisats – die ja der intrinsischen Deformation der Netzbögen entspricht – besitzt bei dieser Spannung einen Wert von ca. 6.2. Die Verstärkung des gefüllten Vulkanisats bei der Dehnung $\lambda = 2$ berechnet sich somit zu

$$v(\lambda = 2, \Phi, T) = \frac{\lambda_I - 1}{\lambda - 1} = \frac{6.2 - 1}{2 - 1} = 5.2$$

Führt man diese Rechnung analog für jedes λ durch, so ergibt sich der im rechten Diagramm von Abb. 4.26 mit den $\square$-Symbolen dargestellte Zusammenhang zwischen Dehnung und Verstärkung.

Vergleicht man die drei Methoden zur Berechnung der Verstärkung, so findet man im gesamten Deformationsbereich eine gute Übereinstimmung. Dies war auch zu erwarten, da beide Materialmodelle das Zug-Dehnungs-Verhalten der ungefüllten Systeme sehr gut beschreiben.

Der Kurvenverlauf der Verstärkung ist in Teilen überraschend. So durchläuft die Verstärkung mit zunehmender Deformation ein Maximum, um dann stetig abzunehmen. Die Ausbildung des Maximums kann mit klassischen Theorien nicht erklärt werden. Nach klassischem Verständnis müsste eine steigende Dehnung zu einem fortschreitenden Aufbrechen von Füllstoff-Füllstoff- und/oder Füllstoff-Polymer-Kontakten führen. Damit sollte die Verstärkung mit steigender Amplitude stetig abnehmen.

Eine mögliche Erklärung für die Existenz eines Maximums der Verstärkung wäre eine Orientierung und/oder Dehnung von Füllstoffclustern, bevor diese bei weiterer Belastung brechen. Die orientierten und/oder gedehnten Cluster müssten damit anisotrope Eigenschaften und/oder eine nichtlineare Zug-Dehnungs-Charakteristik aufweisen.

Eine Ursache für das nichtlineare Deformationsverhalten könnte die schon in Abschnitt 3.16.7 diskutierte immobilisierte Polymerschicht sein. Ein aus Füllstoff-Füllstoff- und Füllstoff-Polymer-Kontakten aufgebautes Füllstoffcluster kann bei Belastung durch die Deformation der immobilisierten Polymerschicht zwischen den Füllstoffaggregaten gedehnt werden, bevor es bricht. Diese Dehnung könnte als Ursache für die Ausbildung des Maximums der Verstärkung angesehen werden. Bei höheren Dehnungen brechen die gedehnten Cluster, und dies führt dann zu der stetigen Abnahme der Verstärkung.

Der Einfluss von Füllstoff-Füllstoff- und Füllstoff-Polymer-Kontakten auf das nichtlineare Deformationsverhalten kann durch einen deformationsabhängigen Verstärkungsterm $v(\varepsilon, \Phi, T)$ quantitativ beschrieben werden.

Zur experimentellen Bestimmung dieser Verstärkung $v(\varepsilon, \Phi, T)$ benötigt man die Zug-Dehnungs-Kurven des gefüllten und des ungefüllten Vulkanisats. Die Verstärkung entspricht dem Verhältnis der Dehnungen von gefülltem und ungefülltem Vulkanisat bei gleichen Spannungswerten.

$$v(\varepsilon, \Phi, T) = \frac{\varepsilon_I}{\varepsilon} = \frac{\lambda_I - 1}{\lambda - 1}$$

> Betrachtet man die Verstärkung als Funktion der Dehnung, so findet man bei relativ kleinen Dehnungen ein Maximum, das durch klassische Füllstoffmodelle – nach denen eine Erhöhung der Dehnung immer zu einer Abnahme der Verstärkung führt – nicht erklärt werden kann.

Einfluss der Temperatur

Führt man die Zug-Dehnungs-Experimente am ungefüllten und am gefüllten Vulkanisat bei Variation der Temperatur durch, so kann der Einfluss der Temperatur auf Füllstoff-Füllstoff- bzw. Polymer-Füllstoff-Wechselwirkungen von dem temperaturabhängigen Verhalten der Polymermatrix extrahiert werden. Für ein vernetztes, ungefülltes Polymer konnte der Einfluss der Temperatur durch eine thermodynamische Beschreibung quantitativ abgeleitet werden (siehe Gleichung 4.44 auf Seite 295).

Der Einfluss der Temperatur auf das nichtlineare Deformationsverhalten von gefüllten, vernetzten Elastomeren ist in 4.27 exemplarisch für ein rußgefülltes, peroxidisch vernetztes Therban dargestellt.

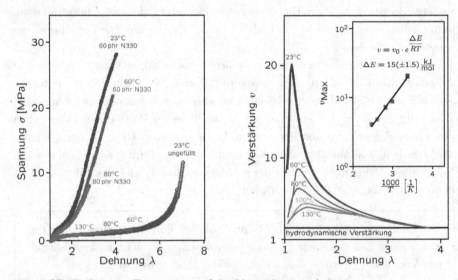

Abb. 4.27 Einfluss der Temperatur auf das Verstärkungsverhalten

Im linken Diagramm ist das Zug-Dehnungs-Verhalten der ungefüllten und der gefüllten Vulkanisate bei vier verschiedenen Temperaturen zwischen 23 °C und 130 °C dargestellt. Im rechten Diagramm finden sich die daraus extrahierten Verstärkungsfaktoren. Bei kleineren Deformationen steigen die Verstärkungsfaktoren für alle Temperaturen an, durchlaufen bei weiterer Erhöhung der Deformation ein Maximum und erreichen bei sehr hohen Deformationen den Grenzwert der hydrodynamischen Verstärkung. Bei Erhöhung der Temperatur sinken die maximalen Werte der Verstärkung, aber der prinzipielle Kurvenverlauf der Verstärkung bleibt allerdings erhalten. Der Zusammenhang zwischen Temperatur und maximaler Verstärkung ist im Inlay des rechten Diagramms grafisch dargestellt. Man findet, analog zur Ableitung des Platzwechselmodells in Abschnitt 3.11.1, eine lineare Beziehung zwischen inverser Temperatur und dem Logarithmus der Verstärkung. Die Steigung der Geraden ist proportional zur Aktivierungsenergie bzw. zu der Energie, die man benötigt, um eine Füllstoff-Polymer- oder Füllstoff-Füllstoff-Wechselwirkung zu lösen. Die Größenordnung der Aktivierungsenergie von ca. $15 \pm 1.5 \, \text{kJ/mol}$ deutet darauf hin, dass es sich bei den während des Zug-Dehnungs-Experiments abgebauten Wechselwirkungen um Van-der-Waals-Bindungen handelt.

Das Zug-Dehnungs-Experiment stellt somit eine einfache Möglichkeit zur quantitativen Bestimmung der Temperaturabhängigkeit von Füllstoff-Füllstoff- bzw. Polymer-Füllstoff-Wechselwirkungen dar.

Einfluss der Netzstellendichte

In Abb. 4.28 ist das nichtlineare Deformationsverhalten von Vulkanisaten mit gleichen Füllstoffmengen, aber variablen Mengen an Peroxid, dargestellt. Die Fragestellung bei diesem Experiment ist, ob und wie die Vernetzung die verstärkenden Eigenschaften des Füllstoffs beeinflusst. In den vorigen Abschnitten wurde gezeigt, dass Ruß die chemische Vernetzung nicht bzw. nur sehr geringfügig beeinflusst. Vergleicht man also das nichtlineare Deformationsverhalten von gefüllten und nicht gefüllten Vulkanisaten bei konstanter Füllstoffmenge bzw. das daraus berechnete Verstärkungsverhalten (siehe rechtes Diagramm in Abb. 4.28) für verschiedene Dosierungen des Vernetzers, so sind die Unterschiede im Verstärkungsverhalten ein Indiz für den Einfluss des chemischen Netzwerks auf die verstärkenden Eigenschaften des Füllstoffs.

Betrachtet man die Verstärkungsfaktoren als Funktion der chemischen Netzstellendichte, so zeigen die aus den Zug-Dehnungs-Messungen extrahierten Verstärkungsfaktoren eine mit steigender chemischer Netzstellendichte korrelierte Absenkung der maximalen Verstärkung.

Eine mögliche Erklärung dieses Verhaltens basiert auf der Flokkulation von Füllstoffaggregaten. Dies bedeutet, dass Füllstoffaggregate in einem unvernetzten Vulkanisat mit der Zeit zu immer größeren Clustern agglomerieren. Am deutlichsten ist dieser Effekt bei Silika; bei Ruß ist er vorhanden, aber wesentlich schwächer ausgeprägt.

Da die Viskosität der Polymermatrix mit steigender Temperatur abnimmt, kann die zur Reagglomeration nötige Diffusion von Füllstoffclustern schneller ablaufen.

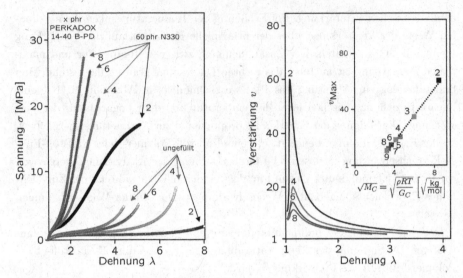

Abb. 4.28 Einfluss der chemischen Vernetzung auf das Verstärkungsverhalten

Die Flokkulation von Füllstoffagglomeraten beschleunigt sich daher mit steigender Temperatur.

Vernetzt man das gefüllte Polymer, so ist die Agglomeration von Füllstoffclustern eingeschränkt und nur noch für die Aggregate möglich, die deutlich kleiner als die Netzbogenlänge sind. Größere Füllstoffcluster werden vom Netzwerk fixiert und können damit nicht mehr agglomerieren.

Nimmt man an, dass die Größe eines Füllstoffclusters mit der Verstärkung korreliert – ein größeres Cluster verursacht eine höhere Verstärkung –, so muss die maximale Verstärkung mit steigender Netzstellendichte abnehmen.

Das Inlay im rechten Diagramm von Abb. 4.28 bestätigt diese These. Man findet eine lineare Beziehung zwischen der maximalen Verstärkung, die als Maß für die Clustergröße dient, und der Quadratwurzel der Masse der mittleren Netzbögen, die ein Maß für die Ausdehnung des Netzbogens zwischen zwei benachbarten Netzstellen darstellt.

Dieses Ergebnis bestätigt den Einfluss der Vernetzung auf die Flokkulation von Füllstoffen und zeigt, dass die Art und die Dauer der Vernetzung einen deutlichen Einfluss auf die verstärkenden Eigenschaften des Füllstoffs im Vulkanisat haben.

Literaturverzeichnis

Adam G., Gibbs J.H., J. Chem. Phys., Vol.43, p.139, 1965

Askadskii A., Chemistry and Life, Vol. 2, 1981

Askadskii A., Physical Properties of Polymers, G. a. B. Publishers, Amsterdam 1996

Beck R., Faserf. und Textiltech., Vol.29, p.361, 1978

Beevers R.B., White E.F.T., Trans. Faraday Soc., Vol.56, p.774, 1960

Bendel P., J. Magn. Reson., Vol.42, p.365, 1981

Berriot J. et. al., Macromolecules, Vol.35, p.9756, 2002

Boyer R.F., Simha R., J. Chem. Phys., Vol.37, p.1003, 1962

Boyer R.F., R. Chem. Technol., Vol.36, p.1303, 1963

Boyer R.F., J. Polym. Sci.: Symposium, Vol.50, p.189, 1975

Bueche F., J. Chem. Phys., Vol.20, p.1959, 1952

Cloizeau J., Europhys. Lett., Vol.5, p.437, 1988

Colby R.H. et al., Macromolecules, Vol.20, p.2226, 1987

Cole R., Cole H., J. Chem. Phys., Vol.9, p.341, 1941

Cole R., Cole H., H. Davidson, J. Chem. Phys., Vol.18, p.1417, 1950

Cox W.P., Merz E.H., J. Polym. Sci., Vol.28, p.619, 1958

deGennes P.G., J. Chem. Phys., Vol.55, p.572, 1971

Doi M., Edwards S.F., The Theory of Polym. Dynamics, Clarendon Press, 1986

Doi M., Introduction to Polymer Physics, Clarendon Press, 1996

Donnet J.P., Carbon Black Physics, Marcel Dekker, New York, 1976

Doolittle A.K., J. Appl. Phys., Vol.22, p.1471, 1951

Eckert G., Dissertation, Uni Ulm, 1997

Edwards S.F., Deam T.E., Phil. Trans. R. Soc, Vol.A280, p.370, 1976

Edwards S.F., Vilgis T.A., Polymer, Vol.27, p.483, 1986

Edwards S.F., Vilgis T.A., Rep. Prog. Phys., Vol.51, p.243, 1988

Ehrenstein G.W., Polymer-Werkstoffe, Hanser Verlag, München, 1978

Einstein A., Annalen der Physik, Vol.19, p.289, 1906

Einstein A., Annalen der Physik, Vol.34, p.591, 1911

Eisele U., Introduction to Polymer Physics, Springer Verlag, Berlin, 1990

Ferry J.D., Williams M.L., J. Polym. Sci., Vol.11, p.169, 1953

Ferry J.D., Viscoelastic Properties of Polymer, J.Wiley & Sons, New York, 1980

Fischer K.H. et al, Z., Physik der Polymere, IFF-Ferienkurs, 1987

Flory P.J., Principles of Polymer Chemistry, Cornell Univ. Press, Ithaca, 1979

Forrest J.A., Dalnoki-Veress K., Adv. Coll. Int. Sci., Vol.94, p.167, 2001

Fox T.G., Flory P.J., J. Am. Chem. Soc., Vol.70, p.2384, 1948

Fox T.G., Flory P.J., J. Appl. Sci., Vol.21, p.581, 1950

Berry G.C., Fox T.G., Adv. Polym. Sci., Vol.5, p.261, 1968

Thimm W., Friedrich C., Honerkamp J., J. Rheol., Vol.6, p.43, 1999

Fröhlich J., Füllstoffe und Chemikalien, WBK an der Universität Hannover, 2008

Funt J.M., Rubber Chem. Technol, Vol.61, p.842, 1987

Geisler H., Prüfung von Elastomeren, WBK an der Universität Hannover, 2008

Di Marzio E.A., Gibbs J.H., J. Polym. Sci., Vol.A1, 1963

Di Marzio E.A., Gibbs J.H., Macromolecules, Vol.9, p.763, 1976

Gordon M., Taylor J.S., J. Appl. Chem., Vol.2, p.493, 1952

Göritz D., Vortrag DKT, Nürnberg, 2006

Götze W., Z. Physik B, Vol.65, p.415, 1987

Guth E., Gold O., Phys. Rev., Vol.53, p.322, 1938

Guth E., J. Appl. Phys., Vol.16, p.20, 1945

Hayes R.A., J. Appl. Polym. Sci., Vol.5, p.318, 1961

Heijboer J., Brit. Polym. J., Vol.1, p.3, 1969

Heinrich G., Klüppel M., Rubber Chem. Technol., Vol.70, p.243, 1997

Heinrich G., Straube E., Helmis G., Adv. Polym. Sci., Vol.85, p.33, 1998

Heinze D., Chimia, Vol.22, p.123, 1968

Herzberg R.W., Def. and Frac. mech. of Eng. Mat., J. Wiley & Sons, New York, 1976

Hull D., Introduction to Dislocations, Pergamon Press, Oxford, 1968

Kanig G., Koll. Z.u.Z. Polym, Vol.1, p.190, 1963

Kellay N., Bueche F., J. Polym. Sci., Vol.50, p.549, 1961

Kilian H.G., Polymer, Vol.22, p.209, 1981

Kilian H.G., KGK, Vol.36, p.959, 1983

Vilgis T., Kilian H.G., Polymers, Vol.25, p.71, 1984

Kilian H.G., Vilgis T., Coll. & Polym. Sci., Vol.262, p.15, 1984

Kilian H.G., Ibid., Vol.39, p.689, 1986

Kilian H.G., Schenk H., Wolff S., Coll. & Polym. Sci., Vol.265, p.410, 1987

Kilian H.G., Prog. Coll. Polym. Sci, Vol.75, p.213, 1987

Kilian H.G., Schenk H., Appl. Polym. Sci., Vol.35, p.345, 1988

Klüppel M., Adv. Polym. Sci., Vol.164, p.1, 2003

Kovacs A.J., J. Polym. Sci., Vol.30, p.131, 1958

Kovacs A.J., Fortschr. Hochpolym. Forsch., Vol.3, p.394, 1966

Kraus G., Reinforcement of Elastomers, Wiley Intersci., New York, 1965

Kraus G., J. Appl. Polym. Sci., Vol.329, p.75, 1984

Kuchling H., Taschenbuch der Physik, Fachbuchverlag Leipzig, Leipzig-Köln, 1991

Langley N.R., Macromolecules, Vol.1, p.348, 1968

Leutheuser E., Phys. Ref. A, Vol.29, p.2765, 1984

Mandelkern L., Martin G.M., F.A. Quinn, J. Res. NBS, Vol.58, p.137, 1957

Mandelkern L., Martin G.M., J. Res. NBS, Vol.62, p.141, 1959

McKenna G., Compr. Polym. Sci., Vol.2, p.311, 1989

McLeish T.C.B., Larson R.G., J. Rheol., Vol.42(1), p.81, 1998

Medalia A.I., J. of Coll. and Int. Sci., Vol.32, p.115, 1970

Medalia A.I., Rubber Chem. Tech., Vol.45, p.1, 1972

Medalia A.I., Rubber Chem. Tech., Vol.51, p.437, 1978

Menzel H., Synthese und Analyse von Polymeren, WBK an der Univ. Hannover, 2008

Mooney M., J. Appl. Phys., Vol.11, p.582, 1940

Mooney M., J. Appl. Phys., Vol.19, p.434, 1948

Nabarro F.R.N., Theory of Crystal Dislocation, Clarendon Press, Oxford, 1967

Nye J.F., Physical Properties of Crystals, Clarendon Press, Oxford, 1985

Payne A.R., J. Appl. Polym. Sci., Vol.6, p.57, 1962

Payne A.R., J. Appl. Polym. Sci., Vol.7, p.873, 1963

Payne A.R., J. Appl. Polym. Sci., Vol.8, p.2661, 1964

Pearson D.S. et al., Macromolecules, Vol.27, p.711, 1994

Pechhold W., Blasenbrey S., Koll. Zt. u. Zt. f. Polym., Vol.241, p.955, 1970

Pechhold W., Sautter E., v. Soden W., Macromol. Chem. Suppl., Vol.3, p.247, 1979

Pechhold W., Böhm M., v. Soden W., Prog. Coll. Polym. Sci., Vol.75, p.23, 1987

Pechhold W., Böhm M., v. Soden W., Prog. Coll. Polym. Sci., Vol.268, p.1089, 1990

Rivlin R.S., Trans. R. Soc., Vol.A240, p.459, 1948

Rivlin R.S., Trans. R. Soc., Vol.A241, p.379, 1948

Rouse P.E., J. Chem. Phys., Vol.21, p.1272, 1953

Rubinstein M., Panyukow S., Macromolecules, Vol.30, p.8036, 1997

Rubinstein M., Colby R.H., Polymer Physics, Oxford Univ. Press, New York, 2003

Schmieder K., Wolf K., Kolloid-Z., Vol.65, p.127, 1953

Schröder A., Dissertation, DIK Hannover, 2000

Schwarzl F., Stavermann H.J., Physica, Vol.18, p.791, 1952

Schwarzl F., Stavermann H.J., Appl. Sci. Res. A., Vol.4, p.127, 1953

Schwarzl F.R., Polymermechanik, Springer Verlag, Berlin, 1990

Shen M., Eisenberg A., Rubber Chem. Technol., Vol.43, p.95, 1970

Soddemann M., Compounding von Elastomeren, WBK an der Universität Hannover, 2014

Stauffer D., Aharony A., Perkolationstheorie Eine Einführung, VCH, Weinheim, 1995

Sternstein S., Zhu A., Macromolecules, Vol.62, p.7262, 2000

Strobl G., The Physics of Polymers, Springer Verlag, Berlin, 1996

Strobl G., Physik kondensierter Materie, Springer Verlag, Berlin, 2002

Taylor G.I., Proc. Roy. Soc. London, Vol.41, p.A138, 1932

Thurnbull D., J. Chem. Phys., Vol.34, p.1003, 1962

Treloir L.R.G., The Physics of Rubber Elasticity, Clarendon Press, Oxford, 1975

Trinkle S., Friedrich C., Rheol. Acta, Vol.40, p.322, 2001

Trinkle S., Walter P., Friedrich C., Rheol. Acta, Vol.41, p.103, 2002

Twiss D.F., J. Soc. Chem. ind., Vol.44, p.1067, 1925

Ulmer J.D., Rubber Chem. Technol., Vol.69, p.15, 1996

Van der Waals J.D., Dissertation, Leiden, 1873

Van Gurp M., Palmen J., Rheol. Bull., Vol.67, p.5, 1998

van Krevelen D.W., Properties of Polymers, Elsevier, Amsterdam, 1990

Weiss R., Finite Elemente bei Elastomeren, WBK an der Universität Hannover, 2008

Williams M.L., Landel R.F., Ferry J.D., J. Am. Chem. Soc., Vol.77, p.3701, 1955

Wrana C., unpublished measurements, Leverkusen, 2000

Wrana C., Fischer C., Härtel V., ACS-Spring Meeting, Paper 20, 2003

Wrana C., Kroll J., Fall Rubber Colloquium, Hannover, 2006

Wrana C., Fischer C., Härtel V., KGK, Vol.12, p.647, 2008

Würstlin F., Kolloid-Z., Vol.120, p.84, 1951

Zanotto E.D., Am. J. Phys., Vol.66, p.392, 1997

Zanotto E.D., Am. J. Phys., Vol.67, p.260, 1998

Zimm B.H., J. Chem. Phys., Vol.24, p.269, 1956

Index